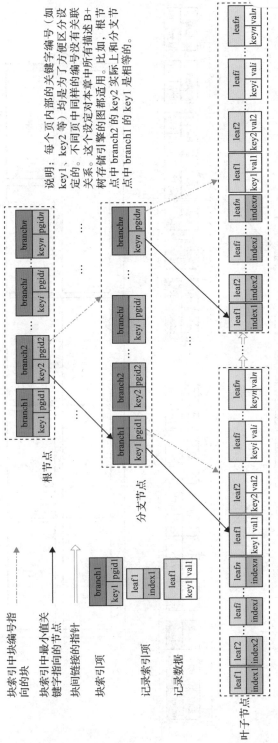

图 4-10 存储引擎的完整结构

说明：每个页内部的关键字编号（如 key1、key2 等）均是为了方便区分设定的。不同页中同样的编号没有关联关系。这个设定对本章中所有描述 B+ 树存储的图都适用。比如，根节点中 branch2 的 key2 实际上和分支节点中 branch1 的 key1 是相等的。

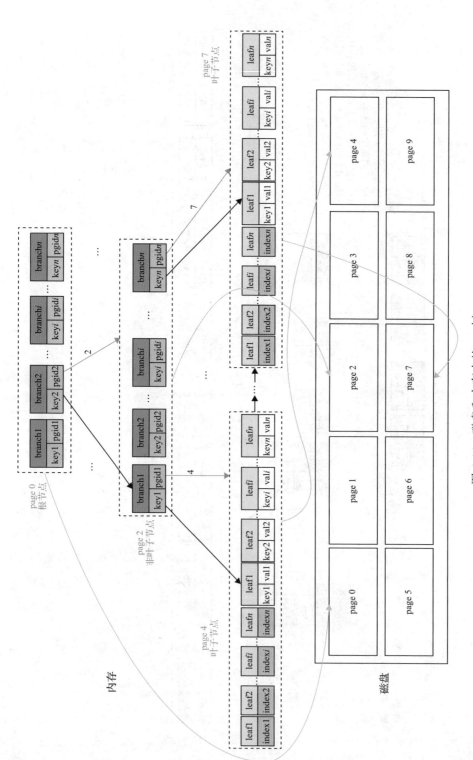

图 4-14 磁盘和内存中的 B+ 树

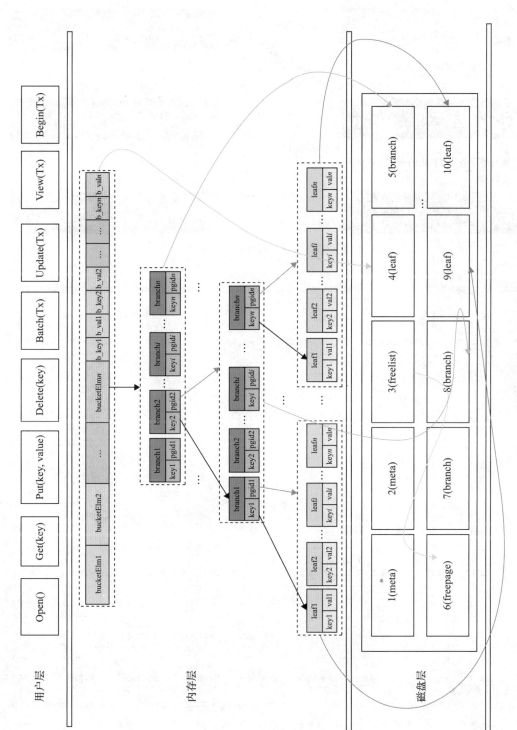

图 6-1 BoltDB 整体实现架构

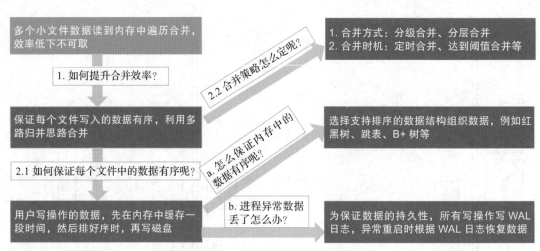

图 7-3 数据写过程推导总结

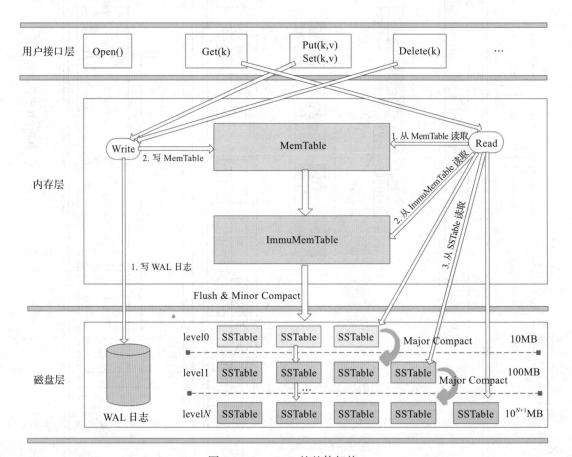

图 9-1 LevelDB 的整体架构

数据库 技术丛书

EXPLORING STORAGE ENGINES

From the Basics to the Advanced

深入浅出 存储引擎

文小飞 著

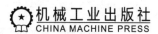机械工业出版社

CHINA MACHINE PRESS

图书在版编目（CIP）数据

深入浅出存储引擎 / 文小飞著. —北京：机械工业出版社，2024.4
（数据库技术丛书）
ISBN 978-7-111-75300-1

Ⅰ . ①深… Ⅱ . ①文… Ⅲ . ①存储技术 Ⅳ . ① TP333

中国国家版本馆 CIP 数据核字（2024）第 052872 号

机械工业出版社（北京市百万庄大街 22 号 邮政编码 100037）
策划编辑：杨福川 责任编辑：杨福川 侯 颖
责任校对：张勤思 李 杉 责任印制：邹 敏
三河市宏达印刷有限公司印刷
2024 年 5 月第 1 版第 1 次印刷
186mm×240mm · 23.5 印张 · 2 插页 · 506 千字
标准书号：ISBN 978-7-111-75300-1
定价：99.00 元

电话服务 网络服务
客服电话：010-88361066 机 工 官 网：www.cmpbook.com
　　　　　010-88379833 机 工 官 博：weibo.com/cmp1952
　　　　　010-68326294 金 书 网：www.golden-book.com
封底无防伪标均为盗版 机工教育服务网：www.cmpedu.com

为什么要写这本书

在互联网行业中，存储是一个非常重要的领域。所有的互联网应用都离不开数据的存储和检索。然而，存储系统是计算机中非常复杂的一类系统。想掌握它，不仅需要掌握数据结构、算法、操作系统等知识，还要掌握分布式系统相关知识。因此，存储领域的入门门槛较高，对于初学者或者存储爱好者而言并不友好。不幸的是，我也属于存储爱好者这个行列。此外，在日常工作和求职时，存储相关知识的运用和考察占比非常大。如果对存储系统的原理有深入的理解，在工作时能够更好地编写高效的软件，在求职时也将是明显的优势和加分项。

目前业界的存储系统主要包括关系数据库（如 MySQL、Oracle 等）、NoSQL 数据库（如 Redis、MongoDB、InfluxDB、OrientDB 等）、NewSQL 数据库（如 TiDB、OceanBase、CockroachDB 等），以及消息队列中间件（如 Kafka、RocketMQ、Pulsar 等）。这些存储系统绝大部分都是分布式系统，它们将多个单机节点有序地组织在一起来提供服务。如果按照模块化的思路进行拆解，这类系统可以分为单机存储组件和分布式组件。单机存储组件主要针对单个实例，关注数据如何高效地存储和检索，主要考虑数据如何组织、索引如何维护、数据如何在磁盘上布局、单机事务如何支持等问题。而分布式组件则更多关注多个实例之间的数据同步、故障发生后的故障自动迁移、数据一致性的保证、数据分片等问题。

虽然不同类型的存储系统有很多差异，但在本质上它们之间存在一些通用的技术点。市场上有几本相关的书籍介绍这些内容，比如 Martin Kleppmann 所著的《数据密集型应用系统设计》和 Alex Petrov 所著的《数据库系统内幕》等。此外，还有一些主要介绍关系数据库的书籍，比如 Hector Garcia-Molina 等人所著的《数据库系统实现》、Abraham Silberschatz 等人所著的《数据库系统概念》和 Baron Schwartz 等人所著的《高性能 MySQL》等。对于第一类书籍，我阅读完后发现其广度非常大，每个技术点都介绍到了，但在具体的技术专题上缺乏深度，需要搜罗其他资料进行深入学习；而第二类书籍更多的是从理论上介绍，读者阅读完以后很难直接上手去剖析任何一款数据库的源码。

2020 年年底，由于工作需要，我有幸负责了单机嵌入式的 KV（键值对）存储引擎的调研工作，随后接触并研究了 BoltDB、LevelDB、RocksDB、PebblesDB、Bitcask 等项目。在调研过程中我花费了很多的时间和精力，也走了很多弯路。当时在网上搜索了很多资料，但没有解开我内心的困惑。当时想，如果市面上有一本系统地介绍存储引擎的书就好了（比如存储引擎的分类、适用场景、设计上的共通之处及工程实现等），这样的书可以帮助我少走很多探索的弯路。后来偶然的机会接触到了《数据密集型应用系统设计》这本书，一读就被这本书的内容深深地吸引了。我反复读了第 3 章，每次读完书中对存储引擎简明扼要的介绍时，都有一种豁然开朗的感觉。在后来不断研究的过程中，我对单机的 KV 存储引擎有了深入的认识和个人理解。其间，我将其作为一个专题在团队内部和外部社区进行了分享，收到了不错的反馈，也有幸帮助到了一些技术小伙伴。

后来我想，像我当初一样，在入门存储时存在各种疑惑的初学者可能有很多。于是我决定尝试动手写一本解开上述疑惑的书，记录研究过程中的一些经验和感悟。于是，有了这本书。本书将给读者一个全新的视角，秉承大道至简的主导思想，聚焦于单机存储引擎本身，重点分析存储引擎如何处理存储和检索，编写上采用理论结合实践的方式，并给出项目源码分析。本书不仅仅是某种技能的分享，更致力于建立方法论，分享个人的一些想法和见解，希望能够抛砖引玉，为读者拓展出更深入、更全面的思路，帮助存储初学者和爱好者知其然并知其所以然。最后，希望本书能够填补存储领域的一些空白。

本书特色

本书主要有三个目标。首先，分析存储引擎和各种存储系统之间的关系，使读者明确存储引擎在存储系统中的位置和角色。其次，给出存储引擎的整体框架和分类，使读者对存储引擎有全面的了解。最后，对于每种存储引擎，主要关注数据的存储和检索过程，解释每类存储引擎背后的设计思想和方案选择，使读者既知其然又知其所以然。

本书在写作上采用了理论结合实践的方式。每一类存储引擎的介绍，分为理论部分和实践部分。理论部分重点介绍设计方案和思想，不仅告诉读者每一类存储引擎能解决什么问题、适用于什么场景，还告诉读者为什么它们能解决这些问题。在介绍设计原理的基础上，配套一个开源项目进行核心源码的分析，帮助读者更深入地理解存储引擎的原理。

本书的目的不是介绍某个项目或技术，而是阐述存储引擎背后通用的设计思想和方法论。我在前人的基础上抽象和整理出来的方法论可以帮助读者更好、更快、更轻松地理解存储引擎，解决存储领域门槛较高的问题。此外，这些设计思想不局限于存储系统，读者在深刻理解后可以在计算机的其他系统中复用。因此，处于不同工作阶段的不同人群可能有不同的阅读感受，读者可以根据需要在不同阶段多次阅读本书。

读者对象

在阅读本书之前，希望读者对计算机基本知识有一个大致的了解，同时具备一定的编程基础，至少熟悉一种编程语言（如 C++ 或 Go）等。如果有一些关系数据库或者其他数据库的经验会更好，否则阅读起来可能有些许困难。本书的读者对象主要包括：

- ❑ 数据库架构师。
- ❑ 开发应用架构师。
- ❑ 数据库开发人员。
- ❑ 后端开发人员。
- ❑ 存储、数据库爱好者。
- ❑ 其他计算机从业人员。

如何阅读本书

本书共 9 章内容，从逻辑上分为三部分。

第一部分为**存储引擎基础**，一方面对存储引擎进行概述，另一方面介绍存储引擎中高频使用的数据结构和存储介质。这部分包括以下 3 章内容。

第 1 章首先对互联网上的各种存储系统进行不同维度的分类，并在此基础上分析其内部数据存储的核心——存储引擎。接着对存储引擎进行分类。本章是提纲挈领的一章。

第 2 章按照读 / 写的时间复杂度从低到高的顺序介绍存储引擎中索引高频使用的数据结构。涉及的数据结构包括数组、链表、Hash（哈希）表、位图、布隆过滤器、二叉搜索树、红黑树、跳表、B 树、B+ 树等。

第 3 章对存储引擎中的存储介质进行介绍，主要包括内存、持久化内存、磁盘等介质。本章内容涉及了大量的操作系统知识，例如虚拟内存、文件系统等。

第二部分为**基于 B+ 树的存储引擎**，重点讨论处理读多写少场景的 B+ 树存储引擎的相关内容。这部分包括以下 3 章内容。

第 4 章从宏观角度分析 B+ 树存储引擎的原理。这一章采用了逐步推导的思路来展开介绍，告诉读者 B+ 树存储引擎背后的方案选型和取舍。

第 5 章从微观角度介绍 B+ 树存储引擎中的细节。一方面介绍了 B+ 树存储引擎的正常处理流程、边界条件的处理过程、异常情况的应对方案；另一方面介绍了存储引擎中事务的实现方案和多版本并发控制等内容。

第 6 章以 BoltDB 存储引擎为例，分析其核心源码实现逻辑。本章是实践内容，通过对 BoltDB 核心源码的分析，使读者更好地理解 B+ 树存储引擎的内部工作原理。

第三部分为**基于 LSM 派系的存储引擎**，主要介绍处理写多读少场景的 LSM 派系存储引擎的相关内容。这部分包括以下 3 章内容。

第 7 章也采用了逐步推导的方式，首先介绍 LSM Tree（LSM 树）存储引擎的内部原理和演变过程，其次对 LSM Tree 的几个核心问题（如数据合并、数据分区、放大问题、写放大优化等）进行详细的介绍。

第 8 章对 LSM 派系的各类存储引擎（如 LSM Tree、LSM Hash、LSM Array、消息队列 Kafka 等）进行阐述。其中，在介绍 LSM Tree 时重点对 KV 分离存储技术 WiscKey 进行了详细的讲解。

第 9 章以 LevelDB 为例，对其核心源码进行剖析。通过前面两章的理论介绍和本章的源码分析，读者可以深入理解 LSM Tree 存储引擎的原理。

其中，第 1 章、第 4 章、第 5 章、第 7 章、第 8 章为本书的重点。如果你没有充足的时间阅读全书，可以选择性地阅读重点章节。

勘误和支持

由于我的水平有限且编写时间紧张，书中难免会出现一些错误或者不准确的地方，恳请读者批评指正。读者可以通过邮箱 2282186474@qq.com 反馈宝贵的意见和建议，期待与大家在技术交流中互勉共进。

致谢

感谢那些为开源项目做过分享的技术大咖和发表过学术论文的学者，以及各社区和平台上的技术爱好者，尤其是《数据密集型应用系统设计》的作译者。他们的开源和分享对本书的编写起到了至关重要的作用。在编写本书的过程中，我一方面参考了大量相关论文、项目源码和资料，另一方面也参考了一些非常优秀的博客文章。这些资料对我的研究和探索也起到了非常重要的作用。

感谢我的妻子王淑明女士，为写作这本书，我牺牲了很多陪伴她的时间。也感谢我的其他家人，他们的关怀给了我坚持写作的动力。

特别感谢我职业生涯中的导师杨天琳先生，在本书写作之前的方案调研和准备过程中，他给了我很多建议。此外，在日常工作中我们进行过很多次技术讨论和交流，他给了我很多帮助。没有他在技术上的指导，我估计不会有写作本书的计划。

谨以此书献给我最亲爱的家人、朋友，以及为计算机行业做出巨大贡献的大师们。

文小飞

Contents 目　录

第 1 章 *Chapter 1*

存储引擎概述

本章对数据存储体系、存储引擎的整体框架、存储引擎的分类进行概述，以便让读者对存储引擎有一个基本的认识。

1.1 数据存储体系

不同的存储场景需要选择不同的数据库，不同的设计目标也使得每个数据库背后的方案选型、面临的问题不尽相同。例如有些组件设计之初就定位为关系数据库，而有些组件则定位为 NoSQL 数据库，随着技术的发展又诞生了 NewSQL 数据库。本节将对互联网中涉及存储数据的常用存储组件进行分类，并介绍它们的适用场景和设计目标。

1.1.1 OLTP、OLAP 与 HTAP

OLTP（在线事务处理）数据库的主要功能是处理用户的在线实时请求，直接为用户提供服务。因此，这类数据库通常对处理请求的时延要求比较高，正常情况下绝大部分请求会在毫秒级完成。OLTP 数据库很多，除了大家最熟悉的关系数据库（如 MySQL、Oracle）外，还有 Redis、MongoDB 等非关系数据库。

OLAP（在线分析处理）数据库的主要功能是对数据或者任务进行离线处理，不直接为用户提供服务。OLAP 系统对请求的处理通常比 OLTP 慢得多，一般为秒级、分钟级甚至小时级，通常在数据统计、报表分析、数据聚合分析等场景使用。这类数据库的典型代表有 HBase、Teradata、Hive、Presto、Druid、ClickHouse 等。互联网企业往往都需要使用 OLTP 和 OLAP，因此为了满足这两类需求，通常结合多个系统一起开发使用。这样的做法当然是可行的，而且多数企业采用的也是这种方式。

随着互联网技术的发展，需要存储的数据量呈爆炸式增长，这种模式带来的存储成本问题成为新的矛盾点，人们开始探索是否有一种数据库能将 OLTP 和 OLAP 这两类应用合二为一。于是，一种新的解决方案出现了，那就是下面要介绍的 HTAP（混合事务分析处理）数据库。

HTAP 在设计时就充分考虑了对 OLTP 和 OLAP 两种场景的需求，通过在系统内部实现上进行更好的兼容，为上层应用程序使用提供了统一的服务。在处理上述两种场景时，底层可以使用同一套数据库来完成。这类数据库既可以处理在线事务，又可以进行在线分析。可以认为 HTAP=OLTP+OLAP。HTAP 的主要代表有 TiDB、OceanBase、CockroachDB 等。

HTAP 数据库有它的优点，但是也间接带来了很大的挑战。只使用 HTAP 数据库就可以完成在线事务处理和在线分析处理这两类需求，这对用户而言无疑是一种好的选择，因为底层采用同一套系统存储数据，在存储资源和成本上有很大的优势。但随之而来的是系统复杂性的增加，这类数据库的复杂度相比纯 OLTP 数据库和纯 OLAP 数据库高很多，软件开发难度也大很多。

OLTP、OLAP 与 HTAP 之间不同维度的对比见表 1-1。

表 1-1　OLTP、OLAP 与 HTAP 之间不同维度的对比

维度	OLTP	OLAP	HTAP
系统功能	日常交易处理（在线事务处理）	统计、分析、报表（在线分析处理）	同时支持在线事务处理和在线分析处理
设计目标	面向实时交易类应用	面向统计分析类应用	服务于 OLTP 和 OLAP 两种场景
数据处理	当前的、最新的	历史的、聚集的	既支持最新数据处理，也支持历史数据聚合分析
实时性	实时性读 / 写要求高	实时性读 / 写要求低	实时性要求高
事务	强事务	弱事务	强事务
分析要求	低、简单	高、复杂	高
典型代表	MySQL、Oracle、Redis、MongoDB	HBase、Teradata、Hive、Presto、Druid、ClickHouse	CockroachDB、OceanBase、TiDB

1.1.2　关系数据库、NoSQL 数据库与 NewSQL 数据库

关系数据库、NoSQL 数据库、NewSQL 数据库这三者是现如今讨论很多的一组概念，其实要搞明白它们之间的区别，就不得不回到数据库的发展历程上来审视它们产生的背景和动机。数据库的发展历程如图 1-1 所示。

图 1-1　数据库的发展历程

1. 关系数据库

关系数据库也称为 SQL 数据库（为描述方便，后面简称为 SQL 数据库）。最早的数据库可以追溯至 20 世纪 70 年代 IBM 研发的第一个 SQL 数据库 System R，这也是最早的 SQL 数据库。再后来，20 世纪 80 年代至 90 年代涌现出大量的 SQL 数据库产品，例如 Oracle、DB2、SQL Server、PostgreSQL、MySQL 等。

SQL 数据库按照以"行"为单位的二维表格存储数据，这种方式最符合现实世界中的实体，同时通过事务的支持为数据的一致性提供了非常好的保证。这既是 SQL 数据库的优势，也是它的缺陷。在面对海量数据存储、高并发访问的场景下，SQL 数据库的扩展性和性能会受到限制。随着互联网的飞速发展，到 2000 年左右，存储海量数据、高并发处理读 / 写的需求变得非常强烈，这对 SQL 数据库提出了巨大的挑战。为了解决这个问题，出现了支持数据可扩展性、最终一致性的 NoSQL 数据库。因此，NoSQL 数据库可以看作基于 SQL 数据库的缺陷而诞生的一种新产品。

2. NoSQL 数据库

NoSQL 组件普遍选择牺牲复杂 SQL 的支持及 ACID 事务功能，以换取弹性扩展能力和更高的读 / 写性能。这类系统主要存储半结构化或非结构化数据。根据存储的数据种类，NoSQL 数据库主要分为文档数据库（Document-based Database）、键值数据库（Key Value Database）、图数据库（Graph-based Database）、时序数据库（Time Series Database）、列式存储（Column-based Store）及多模数据库（Multi-model Database）。

（1）文档数据库

文档数据库以文档作为基本的单元进行操作。这里的文档并不是传统意义上的"文档"，它所指的是一条数据记录，类似关系数据库中的一行数据。这个记录是可以进行自我描述的，主要的形式有 JSON、XML、HTML 等，文档数据库中存储的每个文档可以具有完全不同的结构。从广义上来看，文档数据库也是一种 KV 数据库，只不过它和键值数据库的区别在于它的值是文档。此外，文档数据库还可以通过文档内容构建复杂索引。这类数据库除了 MongoDB 外，还有 CouchDB、OrientDB 等。这类数据库通常很容易和关系数据库进行数据转换。文档数据库非常适用于爬虫、物流、游戏、物联网等场景，存储一些数据模型无法确定的数据。

（2）键值数据库

键值数据库也就是一般意义上的 KV 数据库，它提供的功能和数据结构中的哈希（Hash）表类似。通常添加或更新数据时调用 Put(k,v) 接口，而在检索和删除时都只需要传入 k 即可。一般用 Get(k) 接口来获取数据，用 Delete(k) 接口来删除数据。这类数据库最为常用的是 Redis，此外还有 Riak、Amazon DynamoDB 等。这类数据库的主要特点是读 / 写性能超高，系统内部可以支持弹性扩展，主要适用于对性能要求比较高的单点读 / 写场景，例如推荐系统，用于存储用户或物品特征、用户对内容的互动信息（点赞数、收藏数）等。

（3）图数据库

图数据库是一种使用图数据结构进行语义查询的数据库。图是一组点和边的集合，"点"表示实体，"边"表示实体间的关系，图数据库通过点和边来存储数据。鉴于它采用独特的图数据结构组织数据，类似于现实世界中的人际关系、交通网络，因此这类数据库比较适用于社交网络、数据挖掘等场景。这类数据库的主要代表有 Neo4j、Dgraph、TigerGraph 等。

（4）时序数据库

时序数据库又称为时间序列数据库，它是用来存储和管理时间序列数据的专业数据库，具备写多读少、海量数据持续高并发写入、数据冷热分离等特点。此外，这类数据库可以基于时间区间进行数据聚合分析和灵活检索。它被广泛应用在物联网、金融、工业制造、软硬件兼容系统等高频度、高密度、动态实时采集场景下。时序数据库的热门产品有 InfluxDB、KDB+、Amazon Timestream 和 TimescaleDB 等。

（5）列式存储

列式存储一般也指宽列式数据库，这类数据库一般采用列族数据模型存储数据。和关系数据库类似，列式存储也由多行数据构成，每行数据包含多个列族，每个列族又会对应多列。不同的行可以具有不同数量的列族。同一列族的数据存储在一起。简单来看这类数据库和关系数据库差不多，但实际上在数据存储上存在很大的差别。

传统的关系数据库中数据是按照行来组织的，多个列构成的一行数据在存储时会按照特定的行格式进行扁平化组织，然后写入文件中。当检索一行中的某列数据时需要读取整行数据，再返回该列的数据。这对每次总是使用整行中的多列信息的场景来说非常高效。

而在一些统计分析场景中，往往需要对海量数据中的某列或者某几列数据进行频繁的读取和聚合。在这样的模式下，关系数据库的处理方式就变得不太高效了，而列式存储的优势可以得到充分发挥。列式存储中的数据按照列组织后，同一类型的稀疏数据有时候可以采用一些手段（例如位图编码）进行压缩以节约空间。列式存储主要适用于 OLAP 场景，典型的产品有 HBase、ClickHouse、Cassandra、BigTable 等。

（6）多模数据库

多模数据库是下一代新型数据库，它与传统的支持单一数据模型的数据库不同。这类数据库是在一套系统内支持多种不同数据模型的数据库。这些数据模型可包括传统的关系模型、NoSQL 数据模型（文档模型、键值模型、图模型等）。多模数据库的主要特性之一是通常支持一种或者多种查询语言，可以以灵活的方式访问多种不同的数据模型，甚至跨越模型进行 join 等操作。这类数据库使得对数据的存储、组织、查询变得比以往的数据库更加灵活和便捷。目前有些关系数据库和 NoSQL 数据库正在通过扩展对其他数据模型的支持来转变为多模数据库。多模数据库的典型代表有 MongoDB（支持文档、图等模型）、Oracle（支持关系表、XML、文档等模型）、OrientDB（支持文档、图、键值等模型）、ArangoDB（支持文档、图、键值等模型）等。

目前，不同的多模数据库通过不同的底层架构来实现多模型数据的管理。多模数据库的总体实现有两种方式：一种方式是在原生存储引擎存储主数据模型，然后扩展实现其他数据模型，例如某些产品用文档来实现主存储，然后使用文档之间的关系实现图模型；另一种方式是在所有数据模型上层增加一个中间层来集成所有操作，这样每种数据模型都需要有对应的处理模块。

结合上述对各种 NoSQL 数据库的介绍，将它们对应存储的数据结构进行汇总，如图 1-2 所示。

虽然 NoSQL 数据库克服了关系数据库存储的缺陷，但它无法完全代替关系数据库。在 NoSQL 数据库出现后的一段时间内，互联网软件的构建基本上都是结合二者来提供服务的，在不同的场景下选择不同的数据库进行数据存储。虽然这样的合作方式很好，但是在这样的模式下，一个用户可能会因为场景的不同而存储多份相同的数据到不同的数据库中，在用户量级和存储数据量很小的情况下没什么问题，一旦量级发生变化就会引发新的问题。

3. NewSQL 数据库

随着存储数据量的不断增加，资源的浪费和成本的上升不容忽视，工业界和学术界都在寻找更好的解决方案。直到 2010 年左右，诞生了 NewSQL 数据库（也称为分布式数据库）。它的出发点是结合关系数据库的事务一致性，又具备 NoSQL 数据库的扩展性及访问性能。这无疑给系统的设计及实现带来了更大的挑战，NewSQL 数据库不仅要考虑单机环境下高效存储的问题，还需要考虑多机情况下数据复制、一致性、容灾、分布式事务等问题。目前，NewSQL 数据库的典型代表有 TiDB、OceanBase、CockroachDB 等。

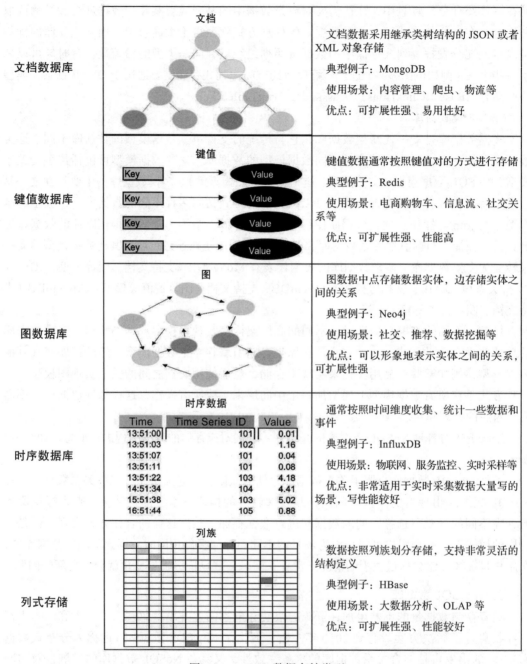

图 1-2 NoSQL 数据存储类型

从数据库的发展历程可以看到，每种类型数据库的产生都是为了解决特定场景下的问题，这也是计算机软件发展的一个永恒不变的规律。SQL 数据库、NoSQL 数据库、NewSQL 数据库不同维度的对比见表 1-2。

表 1-2　SQL 数据库、NoSQL 数据库、NewSQL 数据库对比

维度	SQL 数据库	NoSQL 数据库	NewSQL 数据库
关系属性	强，关系数据库主要遵循关系模型	弱，不遵循关系模型。设计理念和 SQL 数据库完全不同	强，上层支持关系模型
ACID 事务属性	支持，ACID 事务属性是其应用的基础	绝大部分不支持，这类系统提供 CAP 支持	支持，ACID 事务属性原生支持
SQL	支持 SQL	绝大部分不支持 SQL	对旧 SQL 有适当的支持，甚至增强了功能
OLTP	支持 OLTP，关系数据库效率一般	部分支持，但不是最适合的	支持 OLTP 数据库的功能，效率很高
扩展性	支持垂直扩展	支持水平扩展	支持水平扩展
查询处理	可以轻松地处理简单的查询，当查询的性质变得复杂时就会失败	在处理复杂的查询时比 SQL 更好	在处理复杂查询和小型查询时效率很高

　　如果以组件的类型是关系数据库还是非关系数据库，并结合服务的场景是 OLTP 还是 OLAP 来对业界的各种存储组件进行划分的话，可以得到图 1-3 所示的结果。关系数据库中既有为 OLTP 设计的，也有为 OLAP 设计的，同时还有新兴发展起来兼容二者的 HTAP 数据库。这些系统都有各自适用的业务场景，在实际方案选型时需要结合具体场景灵活选择合适的数据库。

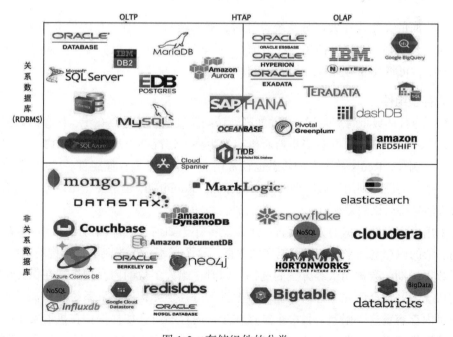

图 1-3　存储组件的分类

1.1.3 内存型存储组件与磁盘型存储组件

在计算机发展的几十年里，计算机的整体结构依然没有太大的变化，计算机中充当存储介质的主要有内存、磁盘两类。内存的访问速度要比磁盘快几个量级，但是内存的容量比磁盘要小很多。一般对磁盘进行访问时，首先会从磁盘文件加载数据到内存中，然后响应用户。内存和磁盘的各维度对比如图 1-4 所示。

维度	内存	磁盘（硬盘）
外形		
成本	高	低
容量（单机）	小	大
访问速度	快	慢（顺序 I/O> 随机 I/O）
存储特性	易失性存储，断电丢数据	非易失性存储，断电不丢数据

图 1-4　内存和磁盘对比

结合前面的介绍，在大部分系统设计时，通常会选择一种主要存储介质来存储数据，另一种存储介质则作为辅助使用。在目前的各种存储组件中，根据每个存储组件存储数据的主要介质，可将其分为两类：内存型组件和磁盘型组件。

1. 内存型组件

内存型组件的典型特点是读 / 写性能高、访问速度快。其缺点在于，保存的数据量受限于当前机器的内存容量，并且当机器宕机或发生突发情况断电后，保存在内存中的数据会全部丢失。例如，Redis 是大家较熟悉也较常用的一个内存型存储组件。Redis 主要采用内存存储数据，而磁盘则用于做辅助的持久化存储。RabbitMQ 也主要采用内存存储消息，同时支持将消息持久化到磁盘。

对采用内存存储数据的方案而言，难点之一在于如何在不降低访问效率的情况下，充分利用有限的内存空间来存储尽可能多的数据。这个过程少不了对数据结构的选型、优化，以及对数据过期、数据淘汰等方案的选择。同时，绝大多数的内存型组件在保证单机功能完备的情况下，都会优先考虑对存储的数据进行分片，并构建集群系统对外提供服务，以解决单机内存容量这一限制。另一个难点在于，内存型组件如何保证在机器发生故障的情况下，数据尽可能少丢失。针对这类问题，业界经典的解决方案是快照 + 广泛意义的 WAL

（Write Ahead Log）日志，其典型代表有很多，比如 Redis。

2. 磁盘型组件

和内存型组件不同，磁盘型组件的特点是单机磁盘存储的数据量非常大，要远大于内存型组件。同时，在机器宕机或者发生突发情况断电的情况下不会出现数据丢失（排除极端情况）。然而，磁盘型组件，尤其是典型的 HDD（机械磁盘），由于先天性的磁盘结构，其访问数据的速度比内存慢得多。同时，在相同的磁盘结构下，对磁盘的访问方式决定了磁盘访问的耗时。磁盘顺序访问要远远快于磁盘随机访问。磁盘型组件有关系数据库、NoSQL 数据库等，例如 MySQL、Oracle、MongoDB 等数据库主要采用磁盘组织数据，以合理利用内存提升性能。而像 RocketMQ、Kafka、Pulsar 消息队列，也是主要将数据存储在磁盘，通过内存来提升系统的性能。

对采用磁盘存储数据的方案而言，难点之一在于如何根据系统要解决的特定场景进行合理的磁盘布局。在读多写少的情况下，采用 B+ 树方式存储数据；在写多读少的情况下，采用 LSM 这类方案处理。另一个难点在于如何减少对磁盘的频繁访问。有几种解决思路：①采用 Mmap 进行内存映射，提升读性能；②采用缓存机制缓存经常访问的数据；③采用巧妙的数据结构布局，充分利用磁盘预读特性，以保证系统性能。

总的来说，针对写磁盘的优化，可采用顺序写提升性能，或采用异步写提升性能（异步写磁盘时需要结合 WAL 日志保证数据的持久化，事实上 WAL 日志也主要采用顺序写磁盘的特性）。针对读磁盘的优化，一方面是缓存经常访问的热点数据或者尽可能利用磁盘预读能力来降低访问磁盘的开销，另一方面是采用操作系统提供的 Mmap 内存映射等功能来加快读的过程。

上述存储方案上的权衡在关系数据库、NoSQL 数据库和 NewSQL 数据库中都可以看到。抛开数据库不谈，这些存储方案的选择对于消息队列等中间件选型也是通用的。

1.1.4　读多写少组件、写多读少组件和读多写多组件

互联网的存储组件可以根据读请求和写请求的比例分为三类：读多写少组件、写多读少组件和读多写多组件。读少写少的场景基本上属于小型系统，业务量低、数据量少，任何一种存储组件都可以用于这类场景，此处不进行讨论。本小节重点讨论读多写少和写多读少这两类组件。

如何理解此处的读和写的比例呢？这里给出一个定性描述，虽然不太严谨但容易理解：读多写少还是写多读少的主要判定条件首先是针对同一个系统而言，这样讨论读 / 写请求的量级才是有意义的。此外，还有一个前提，这类系统往往是磁盘型组件，因为对内存型组件而言，所有操作都是在内存中进行的，内存的读 / 写都很快，读 / 写操作基本上性能差距不是很大。例如，关系数据库 MySQL 就属于读多写少组件；而 HBase、Cassandra 这类组件则可以处理海量数据的写入，属于写多读少。

1.1.5 数据存储与检索

《数据密集型应用系统设计》中有一句话，即从最基本的层面看，存储组件只做两件事情：向它插入数据时，它就保存数据；之后查询时，它就应该返回之前写入的那些数据。

不管是单机系统还是分布式系统，它们都作为一个统一的系统对外提供服务。它们对外暴露给用户使用的接口不尽相同，有些是 HTTP 接口，有些则是 SQL 语言，有些甚至是可直接调用的 SDK 接口。但这些组件回归到单机节点上时，本质上都逃不出数据的读 / 写。数据的读 / 写又称为数据的检索与存储，而数据的检索与存储有一个专业的名词——存储引擎。这也是本书要阐述的核心内容。

本书重点讲解单机节点上基于磁盘型存储组件的存储引擎的设计原理。掌握了基于磁盘的存储引擎的设计原理后，内存型存储引擎也就不在话下了。因为对内存型存储引擎而言，只不过是去掉了磁盘这一层，存储引擎的其他内容是可以复用的。同时，在掌握了单机存储引擎的内部原理和设计思想后，上层可以构建各种各样的单机存储组件（关系数据库、NoSQL 数据库、NewSQL 数据库、消息队列等）。在此基础上，再结合分布式系统的数据复制、分区、共识等技术，即可构建各式各样的分布式存储组件。

下一节将讲述存储引擎的整体架构和内部的一些通用技术。限于篇幅，本书不涉及分布式系统的相关技术，对分布式技术感兴趣的读者可以自行查阅其他资料。

1.2 数据存储的核心：存储引擎

本节介绍的主要内容属于通用性内容，不仅适用于磁盘型存储引擎的设计，也适用于内存型存储引擎的设计。这部分内容是理解存储引擎内部工作原理的基础，认真学习这部分内容将会对理解 B+ 树存储引擎和 LSM Tree 存储引擎有很大的帮助。读者在掌握了这部分内容后，完全可以尝试自己动手实现一个内存型的本地缓存组件或者简易版的磁盘型存储引擎组件。

1.2.1 存储引擎整体架构

广义上的存储引擎在现实中有哪些用处呢？日常工作中通常会用到本地缓存组件（如 Go 中的 BigCache、FreeCache，Java 中的 Caffeine 等）、远程缓存组件 Redis、关系数据库 MySQL 中的 InnoDB、嵌入式数据库 BoltDB 和 RocksDB 等。这些组件都支持数据的存储和读取，并且暴露的接口基本相似（如 Set、Get、Delete 等）。它们之间有一个差异是数据是否需要落盘及是否实时落盘。数据落盘这种能力被称为数据的持久化。上述共性能力就是一个最基本的存储引擎要具备的功能。

在开始本小节的内容前，先对后面要介绍的存储引擎做一个限定和抽象。本小节所讨论的存储引擎是指对上层应用程序提供最基本的增删改查操作并且支持数据持久化能力的通用数据存储组件。通常会根据不同的使用场景来选择将持久化能力作为一个可选项还是必选项。例如，本地缓存类的组件会缓存数据到内存以提升系统的读性能，但往往不考虑数据的持久化。又如，单机的 Redis 数据库主要缓存数据到内存，但实际上也有一项暴露给上层用户开启异步持久化的功能（RDB、AOF 两种），只不过是异步非实时持久化的。本小节介绍的存储引擎指具备持久化能力，并且默认可实时同步（至少是 WAL）存储一份数据到磁盘。

为了接口的通用性，假定存储引擎提供的接口中，接收参数 key（下文简称 k）和 value（下文简称 v）的数据类型全部为 byte（二进制数据）。该存储引擎对于上层应用程序暴露的基本接口主要有以下几个。

- ❏ Set(k, v)：将一组 k-v 键值对添加到该存储引擎中。如果 k 已经存在，则更新其值 v。
- ❏ Get(k)：从存储引擎中查询 k 对应的 v。
- ❏ Del(k)：从存储引擎中删除 k 对应的数据。

上述定义的存储引擎可以服务于任何单机节点下需要数据持久化的场景，包括关系数据库、NoSQL 数据库、NewSQL 数据库、消息队列等。一次用户请求进来后，按不同存储介质的存储阶段划分，存储引擎可以分为用户接口层、内存层和磁盘层。整体结构如图 1-5 所示。

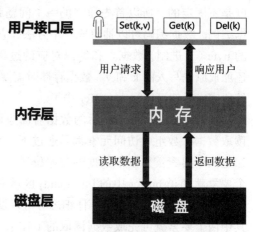

图 1-5　存储引擎处理用户请求的过程

（1）用户接口层

用户接口层为上层应用程序提供可以使用的各种接口，例如添加数据、查询数据、更新数据、删除数据等。这一层是离用户最近的地方，存储引擎的这些接口一般都是支持并发读 / 写访问的（排除个例）。对并发读 / 写访问而言，不同类型的存储引擎在设计实现上可能会有所差异。

以一些本地缓存类的存储引擎（如 BigCache、FreeCache）为例，它们内部绝大部分是通过不同语言提供的读写锁（RWLock）来保证的，这类锁可以保证读读不互斥，读写、写读、写写互斥，主要用于读多写少的场景中。如果整个组件只有一个全局锁，则明显锁的粒度很大，导致锁很"重"，会成为系统访问的瓶颈。所以绝大部分组件一般会对存储的数据进行分片，每个分片维护一个读写锁，这样就减小了锁的粒度，以保证系统的访问性能。

数据分片策略最常用的就是哈希分片。常规的做法是：缓存组件内部会维护一个大小为 n（分片数）的分片数组 shards；在初始化该组件时，会预先创建好 n 个数据分片对象存入 shards 中；后续在处理数据读 / 写时，首先根据传入的 k 值计算其对应的 Hash 值，然后用 Hash 值对分片数 n 取余（$m=hash(k)\%n$），取余后的数值 m 即该数据对应的分片在分片数组 shards 中的下标，也就是说，shards[m] 为存储数据 k 对应的分片；接着在该分片内部加锁，然后执行对应的操作即可。

再比如，一些存储引擎（如 InnoDB、LevelDB、RocksDB 等）则是通过保留一份数据的多个版本，不同请求访问不同版本的内容，来解决读/写并发问题的，即采用 MVCC（Multi-version Concurrency Control，多版本并发控制）技术。多版本并发控制内部比较复杂，后面章节会介绍这部分内容。

（2）内存层

由用户接口层接收的内容会首先传递到内存中，也就是到达内存层，那内存层一般会做什么工作呢？

在回答这个问题前，读者先将保存数据的内存空间想象成一个非常大的连续区域（假设为 buffer，buffer 为空间无限大的 byte 数组）。通过接口传递进来的 k 和 v 数据最终会存储到 buffer 中，后面查询时会从 buffer 中获取对应的内容。而 k 和 v 都是 byte 类型，而且长度是不固定的，所以首先面临的一个问题就是数据以何种格式进行组织，也就是常说的数据编码。数据编码可以抽象成一个方法，它的入参是要存储的 k 和 v，而返回值则是编码好的 byte（二进制）数据。和编码对应的过程是解码，解码的工作是将传入的 byte 数据解析还原成原先写入的 k 和 v。数据存储时需要编码，而数据读取时则需要解码。当 k 和 v 数据编码完成后就可以写入 buffer 中了。

接着来看写入 buffer 后的数据后面应该如何读取。先来思考一下如何从数组 buffer 中读取数据。数组中访问元素都是通过下标来实现的，因此要读取之前存入的数据，就必须知道两个要素：待读取数据的起始位置（start）、待读取数据的结束位置（end）。有了这两个要素就知道 buffer 中的 [start,end] 区域对应的就是之前写入的内容了，而 end-start 就是写入数据的长度（length）。仔细思考可以发现，<start,end,length> 这三个要素中只要知道了其中两个要素就可完成数据读取的工作了。简单来说就是，**用户将长度为 length 的数据写入数组 buffer 中，起始位置为 start**。那问题来了，这两个要素何时可以知道呢？自然是在写入数据的时候就知道了。因此在数据写入 buffer 时只要记录下 <start,length>，后面读取 buffer 中 [start,start+length] 的数据即可。类似 <start,length> 这种前置信息称为**索引**。

（3）磁盘层

内存层要做的主要工作是数据编码和索引存储。磁盘层主要负责数据的持久化，即将内存中存储的数据写入磁盘文件中，当节点宕机或者系统重启后，可以从磁盘中恢复数据，以保证数据的持久性。此处的磁盘是一种泛指，具体的磁盘介质可能有很多，例如 HDD（Hard Disk Drive，机械磁盘）、SSD（Solid State Drive，固态硬盘）、HHD（Hybrid Hard Drive，混合硬盘）等。

数据有落盘的存储引擎，在写入时会实时写入一份数据到磁盘，部分系统通过 WAL 日志数据落盘来保证，而在数据读取时一般都会先从内存已缓存的数据中检索待查找的数据是否存在，如果缓存中不存在则从磁盘加载数据，然后返回给上层应用程序。返回后需根据具体的缓存策略将该数据缓存一份到内存中。

1.2.2　存储引擎的共性问题

通过前面的介绍可以发现，数据如何编码、索引如何存储这两个问题是共性问题，不管是何种存储引擎还是何种存储组件都无法避免。

数据的编码经常采用 TLV 格式。而索引的存储主要是选择恰当的数据结构来维护索引信息。关于数据结构的详细内容将在第 2 章介绍。

存储介质可以分为两类：易失性存储和非易失性存储。寄存器、CPU 缓存、内存都属于易失性存储，而 PMEM、SSD、HDD 属于非易失性存储。非易失性存储 PMEM 既具备和内存访问差不多的速度，同时容量比内存大且支持持久化存储。关于存储介质将在第 3 章进行详细介绍。

1.3　存储引擎的分类

实际上，存储引擎已经有了几种成熟的可选方案，单机环境内部的存储引擎绝大部分是基于这些成熟的方案进行构建的，所以本节对目前业界主流的存储引擎进行介绍。

业界主流的存储引擎可以根据其适用的场景分为下面两大类。

❑ **基于 B+ 树的存储引擎**：B+ 树存储引擎主要适用于读多写少的场景，最典型的实现就是关系数据库 MySQL、Oracle 等内部使用的存储引擎，例如 InnoDB、MyISAM 等。这类存储引擎主要采用 B+ 树这类数据结构维护数据和索引信息。

❑ **基于 LSM 派系的存储引擎**：LSM 派系存储引擎属于一大类存储引擎，这类存储引擎主要为大量写而设计，适用于写多读少的场景。LSM 派系存储引擎中最典型的就是 LSM Tree 存储引擎，此外还有 LSM Hash、LSM Array 等存储引擎。

B+ 树存储引擎和 LSM 派系存储引擎开源组件的实现代表如图 1-6 所示。后续章节会重点介绍二者的设计过程、原理，并配合具体的开源项目源码进行分析。

图 1-6　两大类存储引擎开源组件的实现代表

1.3.1 读多写少：基于 B+ 树的存储引擎

顾名思义，B+ 树存储引擎内部采用 B+ 树这种数据结构来存储数据。B+ 树的特点主要有三个：一是它属于多叉树，一个节点内部可以存储多个孩子节点；二是内部存储的数据是有序的，支持顺序遍历维护的数据；三是根据不同类型的节点，内部保存的数据有所不同，根节点、分支节点保存的是数据的索引信息，而叶子节点则保存的是原始数据。第三个特性是其他一般的数据结构所不具备的。

这里只需要记住它的特性即可，这样设计的目的主要是数据读取快，原因会在第 4 章详细分析。

B+ 树存储引擎目前的实现主要分为以下两种。

❑ 类 InnoDB：泛指关系数据库中的各种存储引擎实现。

❑ 类 BoltDB：泛指嵌入式场景中的 KV 类存储引擎实现。

这两类实现的区别主要在于**采用 B+ 树维护的数据是否实时 / 同步刷盘**。在类 InnoDB 存储引擎内部，B+ 树维护的数据不是实时刷盘的。换言之，其内部 B+ 树中的数据是异步刷盘的。这么做是为了保证读 / 写效率，因为实时落盘的开销是很大的。那它是如何保证数据持久化的呢？答案是在这类异步刷盘的实现中，都是采用预写 WAL 日志来保证的。

异步刷盘这类组件处理写请求的具体逻辑为：在一次写操作进来后，首先调用 WAL 模块将数据写入日志文件中存储起来，以保证数据的持久性，当机器宕机或者重启后可以用该日志来恢复数据。当 WAL 日志写成功后，会更新内存 B+ 树中的数据。

上述操作完成后，就表示一次写入请求完成了，然后就可以响应客户端结果了（此处暂时不考虑主从数据之间的同步过程）。而后台会有单独的线程负责异步刷盘逻辑，它会按照一定的策略将内存中暂存的、已经修改完的脏页数据异步地写入磁盘中。当脏页数据写入磁盘后，对应的 WAL 日志通常也就没有用处了，此时就可以清理掉了。

通过上述过程可以看到，异步刷盘这类 B+ 树存储引擎的实现过程非常复杂，需要考虑的边界条件非常多，稍有不慎就会导致新的问题。但其带来的好处是系统的写性能会有所提高。这在早期使用机械磁盘存储数据的时代是一种非常主流的设计思路，各大系统也验证了这种做法是可行的。

另外，同步刷盘虽然听上去比较"粗糙"，但是在一些嵌入式的基于 B+ 树的存储引擎上有所应用。BoltDB 项目就是这么做的，优点是实现简单、易维护。它在一些请求量不是很大的场景下非常实用，比如用作分布式系统中的 WAL 日志模块的底层实现或者一些一致性系统的磁盘状态机实现等。它处理写请求的逻辑如下：一个写请求进来后，从磁盘上加载对应节点的数据到内存中，然后开始修改该节点对应的数据。修改完成后就开始将内存中的脏页数据写入磁盘，最后响应上层用户。通常，这种方式会结合 Mmap 对磁盘文件进行内存映射，以加速访问。注意：这种组件往往配置批量接口进行写操作，这样性能会更佳。

对于 B+ 树存储引擎，会在后面详细解读其原理。

1.3.2　写多读少：基于 LSM 派系的存储引擎

大部分读者或多或少都会听过 LevelDB 或者 RocksDB 这两个非常著名的项目，这两个项目就是基于 LSM Tree 存储引擎构建的。那为什么本小节的标题不是 LSM Tree 存储引擎而是 LSM 派系存储引擎呢？接下来为读者解答这个问题。

其实 LSM 这类组件是为了解决互联网中大量的写场景而出现的，其中最著名的莫过于 LSM 树了。之所以说 LSM 是一类组件，主要原因是它的目标是提升大量写场景下的写性能。早期磁盘的随机读 / 写性能非常低，但是对于需要存储大量数据，并且对数据安全要求非常高的场景，又不得不选择 HDD 来存储数据，这就出现了难题。选择用磁盘存储就会面临性能问题，而不用磁盘存储又解决不了实际问题。在这样的背景下，人们最终还是选择了用磁盘存储数据。机械磁盘的随机读 / 写速度确实慢，这一点毋庸置疑，但顺序读 / 写的性能要远远好于随机读 / 写。于是人们开始朝着顺序读 / 写这个方向前进，最终一种新的技术方案就出现了，即 LSM 类存储引擎。LSM 类存储引擎充分利用磁盘的顺序写来保证性能，既保持了持久性又提升了写性能。因此，笔者认为 LSM 其实是一种思想，它主要表达的是通过顺序写磁盘来解决大量写这类问题。这种思想不仅在数据库这个领域有很多应用，而且在大数据领域使用的消息队列中也有着广泛的应用。

从 LSM 在内存层中维护的数据是否实时落盘，LSM 派系的存储引擎分为以下两类。

❑ **数据同步落盘类**：原生满足数据持久性。
❑ **数据异步落盘类**：数据持久性通过预写 WAL 日志来保证。

这两类各自有一些项目在使用。数据同步落盘类的 LSM 存储引擎以 LSM Hash 模型为主，这种模型的实现中以 Bitcask 最为出名。Bitcask 是 NoSQL 数据库 Riak 内部的存储引擎。而数据异步落盘类组件最经典的是 LSM Tree 模型和 LSM Array 模型。LSM Tree 的典型实现有 Google 研发的 LevelDB，以及 Facebook 基于 LevelDB 改进的 RocksDB，还有大数据领域的 HBase、Cassandra、InfluxDB、ElasticSearch 等知名项目。而 LSM Array 实现的组件有开源项目 Moss 等。LSM Tree 和 LSM Array 的区别在于，它们在内存中存储数据的数据结构是树类（跳表、红黑树、B 树等）结构还是数组结构。

和同步落盘相比较，异步落盘模型虽然复杂一些，但它能为系统提供更强大的功能。例如通过异步落盘可在内存中将数据排好序再落盘，这样原生的数据存储就是有序的，这在有序查询的场景下更为通用。而同步落盘则只能简单地追加写数据，数据的有序访问只能依靠它维护的索引来实现，灵活性相对低一些。

LSM 派系的存储引擎的共同点都是充分利用顺序写磁盘进而处理大量写操作的场景，只是 LSM Tree 在业界用得最为广泛。下面以 LSM Tree 为例介绍它的基本原理。典型的 LSM Tree 架构如图 1-7 所示。

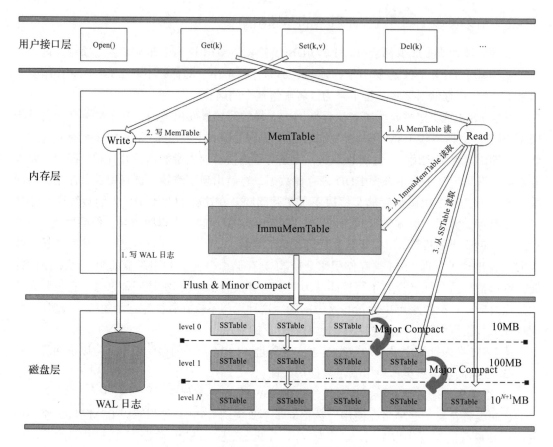

图 1-7 LSM Tree 架构

以经典的三层架构来介绍 LSM Tree。

在内存层中，LSM Tree 主要由 MemTable 和 ImmuMemTable 构成。二者的区别在于，当 MemTable 中数据写满（达到设定的最大阈值）后，它就会将当前的 MemTable 设置成只读，该 MemTable 就变成了 ImmuMemTable。之后重新创建一个新的 MemTable 来继续处理新的写请求。MemTable 是内存中实现的一个有序的数据结构，通常采用红黑树、B 树、跳表等数据结构来实现。

磁盘层由多层 SSTable（Sorted String Table）文件构成。这些 SSTable 文件有些是由内存中的 ImmuMemTable 定期落盘形成的，有些则是在后续过程中压缩数据后生成的。存储在磁盘上的 SSTable 会定期进行数据的合并，以减少 SSTable 的数目，提升空间利用率和读性能。有些系统把数据的合并称为数据压缩，本质上是通过合并相同 k 的数据以减少重复的数据条目。最主要的压缩策略有分层压缩和分级压缩。以分层压缩为例，层数越大，存储的数据越多，数据越旧，层数小的合并后的数据会迁移到下一层级。下面简单介绍一下 LSM Tree 存储引擎的读 / 写过程。

对于 LSM Tree 而言，它处理写操作的主要过程如下：当存储引擎接收到写请求时，首先会将数据记录一份到 WAL 日志文件中以保证数据的持久性，写完 WAL 日志后，紧接着它会将该条数据写入内存的 MemTable 模块中，当数据写入 MemTable 完成后这一次写操作就完成了，可以响应给客户端了。

对于读请求而言，LSM Tree 在处理时的流程如下：在接收到一个读请求后，LSM Tree 会首先从内存的 MemTable 中读取数据，如果没读到再从 ImmuMemTable 中读取数据，如果还没读取到则会从磁盘的 SSTable 文件中读取，依次从低层级向高层级读取。一旦读取到数据就停止读取过程，然后返回给客户端。从本质上来说，LSM Tree 由于是追加写数据的，因此读取时只需要逆序读取最新的数据即可，也就是说，它的数据读取过程是一个倒序读取的逻辑。把握了这一点就比较好理解了。

此外，LSM Tree 系统后台有专门的线程完成一些异步任务。例如，内存层只读的 ImmuMemTable 中维护的数据会定期被后台线程写入磁盘中形成 SSTable 文件，这个过程为 Minor Compact。再比如，每一层的 SSTable 数目一般都是有限制的，当超过限制后异步线程会进行层与层之间的数据压缩，这个过程称为 Major Compact。压缩是 LSM Tree 的重点内容，后面会有专门的章节进行详细介绍，此处不再赘述。

本节只是说明 LSM Tree 是什么以及做什么的，关于 LSM Tree 为什么由 MemTable、ImmuMemTable、SSTable 这几部分构成，为什么这样设计，以及压缩方式等核心内容，会在后面详细介绍。

1.4　小结

本章主要介绍了数据存储体系、存储引擎的整体架构和存储引擎的核心内容（数据编码、索引存储）及存储引擎的分类。

首先，从存储组件所属的领域、所属的类别、存储数据的主要介质、处理读 / 写请求的场景维度对业界主流的存储组件进行了分类，并介绍了存储组件和存储引擎之间的关系。

其次，抽象了存储引擎的整体架构，并在此基础上详细推导了存储引擎中最核心、最通用的内容，即数据编码格式和数据索引信息。

最后，简单介绍了处理读多写少场景的 B+ 树存储引擎、处理写多读少场景的 LSM 派系存储引擎。

阅读完本章，读者可以对互联网场景中各类耳熟能详的存储组件有一个基本的认识，并弄清它们和存储引擎之间的关系。

Chapter 2 第 2 章

索引数据结构

每种数据结构都是为了解决现实中的各种问题而产生的，这也决定了每种数据结构都有其适用的场景。本章除了尽可能详细地讲解每种数据结构的原理、特点和适用场景外，还尝试回答每种数据结构产生的动机，以让读者更好地掌握索引数据结构。

2.1 基础数据结构

数组和链表的特性是互补的，其他数据结构基本上都是由数组和链表至少一种构成的。比如，Hash 表底层就是采用数组来实现的，当 Hash 表中存储的元素发生 Hash 冲突时，根据不同的处理策略又会结合为不同的数据结构。当采用开放地址法解决 Hash 冲突时，Hash 表内部仍然只采用数组存储数据；而当采用链地址法时，Hash 表会将发生 Hash 冲突的元素用链表连接在一起，结合数组和链表来解决 Hash 冲突问题。再如，二叉树、红黑树可以看作具有两个指针的链表结构，这种结构是链表的一种进化版。跳表也是在链表基础上构建的一种高阶数据结构。B 树、B+ 树则是包含多个链表指针的数据结构，在内部实现时通常将数组和链表二者结合使用。

综上，数组和链表在存储引擎甚至整个计算机中的重要性毋庸置疑。为方便后续内容的学习，本节将快速回顾一下数组和链表的核心内容。

2.1.1 数组

数组是大家平常接触最多也最熟悉的一种数据结构了，目前主流的编程语言基本上都提供数组直接使用。本小节从数组的基本特性、数组操作的时间复杂度、存储引擎中数组的适用场景进行分析。

1. 数组的基本特性

数组是指在计算机内存中开辟一块指定大小的连续区域来存储相同类型的元素，其中内存起始地址为数组首地址。由于数组元素连续存储且类型相同，假设数组首地址为 A，存储的元素大小为 M 字节，则数组中存储的第 i 个元素对应的地址为 $A + i \times M$，这意味着可以通过数组的下标在常数时间内访问数组中的任意一个元素，数组的这种特性称为顺序存储随机访问。此外，数组在使用上也比较简单。数组的简单示意如图 2-1 所示。

数组的缺点主要有以下几个。

数组元素	3	2	5	7	4	1
数组下标	0	1	2	3	4	5

图 2-1　数组的简单示意

❑ **大小固定**：数组在使用前初始化时需要分配空间，因此需要指定大小。如果存储的元素个数明确，则大小比较好确定；如果存储的元素是动态变化的，则比较难确定分配空间的大小，设置得太大容易造成空间浪费，设置得太小又会导致存储不下所有元素。鉴于原生的数组有这样的特点，一些编程语言对数组进行了封装，提供了动态数组的特性。比如 Java 语言中的 ArrayList、C++ 中的 vector 等。在实际编程时会根据应用的实际情况动态地对数组的大小进行调整。

❑ **连续分配**：数组分配的空间是连续的，当数组规模太大并且连续的内存空间不够时会出现分配失败的情况。此外，连续分配的方式会使内存空间的利用率降低。

❑ **插入 / 删除慢**：在数组中，元素都是紧凑排列的。这也意味着，要在数组中插入或删除一个元素，操作的元素在数组中的位置就很重要。以插入元素为例，如果要在数组尾部插入一个元素，只需要给数组末尾的位置赋值即可。但如果要在数组的其他位置插入一个元素，则需要分为两个步骤：第一步，将插入位置及之后的数组元素依次往后移动一位，以便将当前待插入的数组位置空出来；第二步，对数组中待插入的位置进行赋值操作。尤其是在数组头部插入一个元素时，需要移动数组中的所有元素，这种情况下的开销还是比较大的。删除元素的过程和插入过程相反，当删除某个位置的元素时，需要将该位置之后的元素依次往前移动。

2. 数组操作的时间复杂度

对于数据结构而言，主要功能体现在对数据结构的操作上，数组也不例外。下面将依次分析在数组中**插入**、**删除**、**查找**指定下标的元素对应的时间复杂度。

在数组中插入、删除元素的主要开销在于移动数组元素，不同位置移动的元素个数不同。通常数组的插入、删除的平均时间复杂度为 $O(N)$，其中 N 为数组中元素的个数，而根据数组下标获取某个位置元素的时间复杂度则为 $O(1)$。

接下来思考一个问题：如果要查找某个元素是否存在于数组中，平均时间复杂度是多少呢？

要在一个数组中查找某个指定的元素，最直接的方式就是遍历一遍数组，然后逐个对比数组中的元素是否和查找的元素相等。在这个过程中，如果待查找的元素是数组中的第一个元素，则只需要遍历数组的第一个元素即可结束；而如果待查找的元素是数组中的最后一个元素或者数组中根本就不存在指定的元素，那么就需要遍历完数组中的所有元素后才能确定结果。所以查找的平均时间复杂度为 $O(N)$，其中 N 为数组中元素的个数。

上述查找操作其实是一般意义上的查找，未考虑数组是否有序。对于一个有序的数组，在查找某个指定的元素时可以采用折半的思想进行优化。为了方便叙述，假设当前数组为 Arr，数组长度为 N，待查找元素为 Target。具体过程为：首先根据数组大小计算出数组中间元素的下标 mid(mid=N/2)，然后比较当前查找元素 Target 和数组中间元素 Arr[mid]，比较结果有如下三种可能。

- ❑ Target = Arr[mid]：表示已经找到了待查找的元素 Target，结束查找即可。
- ❑ Target < Arr[mid]：表示当前查找的元素 Target 比数组中间的元素小，如果 Target 在数组中存在，则只可能位于数组 [0, mid) 这个下标区间内，故只需要在该区间继续进行递归查找。
- ❑ Target > Arr[mid]：表示待查找的元素 Target 比当前数组中间元素 Arr[mid] 大，如果 Target 存在于数组中，只可能位于数组 [mid + 1, N) 这个下标区间内，故只需要在该区间按照上述过程进行递归查找。

综上，在有序数组中查找某个指定元素时，可以采用不断缩小数组查找区间的方式加快查找过程。由于每次比较都可以将数组的区间一分为二（缩小一半），因此该方法称为二分查找法或者折半查找法。这种查找方法查找的平均时间复杂度为 $O(\log N)$。

3. 数组的适用场景

基于下标访问数组元素和有序数组的二分查找的时间复杂度都比较低，所以存储引擎使用数组时主要利用这两种方法。以 B+ 树存储引擎为例，在 B+ 树存储引擎中一个节点的多个孩子节点通过数组存储，在操作时始终保持该数组有序，同时叶子节点采用固定大小的数组来保存原始数据。当查找、更新、删除某个元素时，会按照根节点→分支节点→叶子节点的顺序查找，并利用有序数组的二分查找加快查找过程。当查找到达叶子节点时，表示已经定位到了待查询的数据信息。该信息中至少记录了当前待查找的数据在叶子节点的起始位置与长度。获取待查询的原始数据时，通常是通过数组的下标来得到的。

2.1.2 链表

数组会占用连续的内存空间，所以系统长时间运行后会使得内存空间的利用率降低，产生内存碎片，于是就有了链表。和数组一样，链表也是一种基础的数据结构。下面将从链表的基本特性、链表操作的时间复杂度、存储引擎中链表的适用场景几方面展开介绍。

1. 链表的基本特性

链表不同于数组，在使用时既不需要指定大小，也不要求元素之间连续存储。链表以节点作为单位，一个链表通常由多个节点链接而成。链表中的每个节点内部除了维护存储的元素外，还需要额外维护指向下一个节点的指针结构。链表的示意如图 2-2 所示。

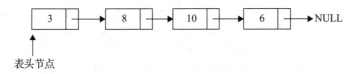

表头节点

图 2-2　链表的示意

链表根据包含指针的个数不同，可以分为单链表和双链表。顾名思义，单链表只包含一个指针，它只能向后遍历。而双链表包含两个指针，所以可以向前和向后遍历。例如 Java 语言中的 LinkedList、C++ 中的 list 等都属于双链表数据结构。

2. 链表操作的时间复杂度

链表是链式存储、顺序访问，这也决定了链表操作的时间复杂度和数组截然不同。下面分析在链表中插入、删除、查找元素的时间复杂度。假设链表的元素个数为 N。

如果插入和删除操作的元素位置是在链表的头部，则链表只需要重新设置指针指向即可，而不需要移动其他节点，因此时间复杂度为 $O(1)$。而如果是在链表尾部进行插入或删除操作则需要分两步：第一步，当链表只保存了头节点时，则需要先遍历到链表尾部，时间复杂度为 $O(N)$；第二步，当到达链表尾部后，进行真正的插入和删除操作，此时只需重新设置指针指向即可。在这种情况下，通常也可以通过额外保存一个链表的尾节点来避免遍历带来的开销。在保存头、尾节点的情况下，在尾部插入和删除的时间复杂度均为 $O(1)$。

在计算机中有一种针对有序链表进行优化的数据结构，它可以做到按照二分查找的思路查找元素，这种数据结构即为跳表，具体内容请参见 2.3.3 节。

3. 链表的适用场景

链表不仅可以非常方便地在头部 / 尾部插入或删除元素，而且不要求所有元素连续存储，因此能更好地利用碎片内存空间。基于这些特性，链表在存储引擎中发挥着重要作用。以 B+ 树存储引擎 InnoDB 为例，其内部就大量采用了链表结构，如采用链表对频繁插入或者删除的空闲页、脏页等进行管理。同时，InnoDB 的叶子节点也采用了链表的方式，以方便进行数据的全表扫描。此外，部分场景还会通过链表来构建环形队列或者缓冲区等高阶的数据结构来存储数据。总之，只要对元素或数据进行频繁插入、删除的场景都可以优先考虑使用链表，因为它的效率极高。

基于数组下标访问元素比较快，但在空间上要求元素连续存储；而链表对元素的增删比较方便，同时不要求元素连续存储。可以说，数组和链表在很多特性上是相反的，二者是互补的关系。表 2-1 总结了数组和链表的几种操作的时间复杂度。

表 2-1　数组和链表的几种操作的时间复杂度对比

操作	链表	静态数组	动态数组
按照下标访问	$O(N)$ 定位 $O(N)$	$O(1)$	$O(1)$
在头部插入 / 删除	$O(1)$	$O(N)$ 定位 $O(1)$、执行 $O(N)$	$O(N)$ 定位 $O(1)$、执行 $O(N)$
在尾部插入 / 删除	$O(N)$ 定位 $O(N)$、执行 $O(1)$	$O(1)$	$O(1)$
在中间插入 / 删除	$O(N)$ 定位 $O(N)$、执行 $O(1)$	$O(N)$ 定位 $O(1)$、执行 $O(N)$	$O(N)$ 定位 $O(1)$、执行 $O(N)$

2.2　Hash 类数据结构

在一些场景中，要求元素读和写的平均时间复杂度为 $O(1)$。仅使用数组或者链表是无法满足要求的，那是否有办法将二者结合使用以满足这样的要求呢？

答案就是采用 Hash 表、位图和布隆过滤器。这些数据结构均通过 Hash 算法来映射存储的元素，所以称为 Hash 类数据结构。Hash 类数据结构基本上都是构建在数组之上，同时在一些实现中结合使用链表。Hash 类数据结构在存储引擎中使用得非常频繁，理解其原理非常有必要。

2.2.1　Hash 表

Hash 表（也称为哈希表、散列表）是一种用来实现数据存储及快速检索的数据结构，在计算机中有着非常重要的作用。现如今很多主流的编程语言都提供了对 Hash 表的实现，比如 Go 中内置的 map 类型、Java 集合包中的 HashMap、C++ STL 中的 unordered_map 等。

Hash 表存储的元素包含两部分：一部分是关键字信息，另一部分是值信息。该数据结构通常是将关键字和值关联在一起，所有对值的操作都是通过关键字来完成的。Hash 表中的关键字可以是各种基本数据类型，值可以是任意类型。因此从这个角度来说，数组其实可以看作一种特殊的 Hash 表，它的关键字信息即数组的下标，必须是整数类型。

1. Hash 表基础

Hash 表底层通常采用数组来存储数据，而采用数组时一般都是通过数组下标（整数类型）来设置元素的值。因为传入 Hash 表的关键字不一定是整数类型，所以当关键字类型不是整数时，无法直接存储到数组中，此时就出现了矛盾。一种办法是在关键字和数组下标之间建立一层转换关系，比如通过 Hash 函数将关键字转换成数组下标，然后将值存储到数组中对应的下标位置上。这样就解决了这个矛盾，Hash 表确实也是这么做的。

对 Hash 表而言，通常对值的操作是通过传入的关键字完成的，内部通过 Hash 函数计算出关键字映射后的 Hash 值，然后将该 Hash 值作为数组下标访问元素，获取到的数组元素即为值。

在上面的分析中有几个问题需要解决，这几个问题是：如何选择 Hash 函数，即 Hash 函数应该满足什么要求？如果是两个不同的关键字，通过 Hash 函数计算出来的 Hash 值是否会相同？ Hash 值相同的情况一般称为 Hash 冲突，当发生 Hash 冲突时，关键字对应的值应该如何处理？下面将分别解决上述问题。

（1）常用的 Hash 函数

理想情况下，Hash 函数应该将可能存在的关键字映射到数组中唯一的下标，然而在实践中这往往很难实现。一个好的 Hash 函数应该在满足简单、快速计算 Hash 值的同时，最大限度地减少 Hash 冲突，并尽可能使存储在 Hash 表中的元素均匀分布。在实践中采用的 Hash 函数主要有直接寻址法、折叠法、平方取中法、除留余数法等几种。

- 直接寻址法。直接寻址法是指以关键字或者关键字的某个线性函数的结果作为 Hash 值。这种 Hash 函数也称为自身函数。具体的计算公式为 hashKey = key 或者 hashKey = $a \times$ key + b。
- 折叠法。折叠法的基本过程是把关键字的数字分成几组，然后几个组相加，最后取这几个组的叠加和（超过 Hash 表的长度时取余）为 Hash 值。一个组拥有几个数字是和数组容量相对应的，例如当 Hash 表的长度为 1000 时，每组包含 3 个数字。
- 平方取中法。平方取中法是指先对关键字进行平方计算，然后将得到的结果的中间几位作为 Hash 值。如果关键字是非数值类型，则需要预先进行处理（比如使用折叠法等）以变成数字。这种 Hash 函数的优点在于，Hash 值的计算过程中整个关键字都会参与地址的生成，因此为不同关键字生成不同的 Hash 值提供了更大的可能性。举个例子，假设关键字为 434，则对该关键字进行平方计算后得到的值为 188 356。因此对底层数组大小为 100 的 Hash 表而言，该关键字的 Hash 值为 83。83 为 434^2 的中间部分。在实际应用中，为了更有效地通过这种方法提取 Hash 值，往往会对关键字进行平方计算后将其结果按照二进制方式表示，并提取中间部分的二进制数作为 Hash 值，因为这样可以利用掩码和移位操作快速提取 Hash 值。
- 除留余数法。Hash 函数的主要作用是将关键字通过某种方法映射为 Hash 表底层数组的下标，那最简单、最直接的办法就是对关键字和 Hash 表底层数组长度进行取模运算，除留余数法就是源于这种想法。更一般的意义上而言，可以以关键字对某个数 p（p 的值小于 Hash 表底层数组长度 m）取模后的值作为 Hash 值，即 hashKey = key MOD p, $p \leq m$。p 的选择很重要，一般选择素数或者 m，如果 p 选得不好，很容易发生 Hash 冲突。另外要注意，这种方法中不仅可对关键字直接取模，也可以在折叠法或者平方取中法等运算后取模。

（2）Hash 冲突的解决方法

根据发生冲突时是否在 Hash 表中直接存储元素信息，可以将解决 Hash 冲突的方法分为直接链接法和开放定址法两类。

1）**直接链接法**。直接链接法通常是数组结合链表实现的，也称为链地址法。主要思想是当多条记录映射到 Hash 表中的相同位置时，这些记录具有相同的 Hash 值，将它们通过一个链表进行链接。其中 Hash 表内部的数组中存储每个链表的头节点。直接链接法示意如图 2-3 所示。

在 Hash 表中依次插入：A_2、A_5、A_7、B_9、C_9、B_5、B_2、C_2

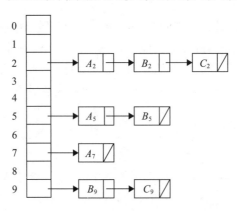

图 2-3　直接链接法示意

因为链表可以无限扩展，所以无论存储多少元素，Hash 表都不会产生溢出。然而，这种方法解决了 Hash 冲突后又有可能引入新的问题。新的问题主要在于链表，因为某个链表中维护的元素很多（Hash 冲突比较严重）时，当根据关键字检索某个值时需要遍历该链表，Hash 表查找的时间复杂度就会上升为 $O(N)$。尤其是当查找一个不存在的关键字时，需要遍历完整个链表才能知道结果。鉴于此，一种优化思路是将链表替换成其他数据结构（比如红黑树、二叉树等）以改善检索性能。

2）**开放定址法**。和直接链接法的思路不同，开放定址法是将所有的元素都存储在 Hash 表数组自身中，当某个关键字和其他关键字发生 Hash 冲突时，通过探测的方式重新在 Hash 表数组中找到其他可用的位置存储。假设 Hash 表数组长度为 h_{Size}，Hash 函数为 h，通过 Hash 函数计算得到的位置为 $h(key)$，则发生 Hash 冲突后探测新位置的计算方法如下：

$$norm(h(key)) + p(1), norm(h(key)) + p(2), \cdots, norm(h(key)) + p(i), \cdots$$

其中，函数 p 表示探测函数；i 表示探测指针；norm 表示一个规范化函数，通常用于对 Hash 表数组大小取模，该函数意味着当探测到 Hash 表最后一个位置后会循环到 Hash 表第一个位置继续进行探测。当重复探测到原来的位置时，表示 Hash 表已满。根据所选择的探测函数不同，可以将开放定址法分为线性探测法、二次探测法、双重散列探测法。

①**线性探测法**。线性探测法选择的探测函数为 $p(i) = i$。因此再次进行 Hash 操作

（rehash）的函数如下：

$$\text{rehash(key)} = (h(\text{key}) + i) \% h_{\text{Size}}$$

这个探测函数将探测间隔固定为 1，从通过 Hash 函数计算得到的 $h(\text{key})$ 这个位置开始依次探测，直到找到一个可用的位置为止。当探测到 Hash 表数组结尾时，如果还没找到可用位置，则会循环到 Hash 表数组头部，然后从头开始继续探测。这个方法虽然解决了 Hash 冲突，但是随着 Hash 表存储的元素越来越多，可能会使得 Hash 表中出现一组连续被占据的位置，即元素在 Hash 表中集中存储，这种现象称为聚集。聚集会导致探测变慢，从而降低 Hash 表的整体效率。因此，目前的核心矛盾就在于如何避免数据块的形成。可以通过选择探测函数 p 来解决。

②**二次探测法**。二次探测法选择的探测函数为 $p(i) = i^2$，再次进行 Hash 操作的函数如下：

$$\text{rehash(key)} = (h(\text{key}) + i^2) \% h_{\text{Size}}$$

线性探测法产生的聚集问题可以通过该方法解决。该探测的间隔为 i^2。同理，如果有必要，在探测到 Hash 表最后一个位置后可以循环到 Hash 表的第一个位置继续探测。二次探测法通过调整探测的间隔可以避免聚集，但还是存在出现聚集的可能。聚集由多个关键字映射得到同一个 Hash 值引起，所以这些关键字相关的探测序列随着重复冲突的出现而延长。这种方法产生的聚集称为"二次聚集"。

③**双重散列探测法**。双重散列探测法是指采用两个 Hash（散列）函数，Hash 函数 h 决定关键字在 Hash 表数组中的位置，而 p 则用第二个 Hash 函数来表示，它用来解决冲突。这种方式中探测间隔由 Hash 函数 p 来计算生成。该方法可以解决二次聚集问题。再次进行 Hash 操作的函数如下：

$$\text{rehash(key)} = (h(\text{key}) + i \times p(\text{key})) \% h_{\text{Size}}, i \geq 0$$

算法首次计算得到的位置为 $h(\text{key})$，当该位置已经被占据后，继续探测的位置为

$$h(\text{key}) + p(\text{key}), h(\text{key}) + 2 \times p(\text{key}), \cdots$$

三种开放定址法的对比见表 2-2。

表 2-2　三种开放定址法的对比

对比项	线性探测法	二次探测法	双重散列探测法
实现	最快	最容易实现和应用	实现相对复杂
探测	使用少量探测	使用额外的内存来保存链接，并不探测表中所有的位置	使用少量探测序列，但是需要花费更多的时间
数据聚集	存在数据聚集问题	存在二次聚集问题	能更有效地利用内存
探测间隔	探测间隔通常固定为 1	探测间隔的增加和 Hash 值成正比	探测间隔由专门的 Hash 函数计算确定

2. Hash 表的特性

总体来说，在各种数据结构中对 Hash 表读 / 写的平均时间复杂度是最低的。此外，Hash 表还有一大特点，就是它内部存储的所有元素是无序的，因此遍历 Hash 表无法得到元素的有序列表。

（1）读 / 写时间复杂度低

对于一个良好的 Hash 表而言，读 / 写的平均时间复杂度为 $O(1)$，读 / 写操作均需要先通过 Hash 函数计算关键字对应的 Hash 值，然后以该 Hash 值作为 Hash 表底层数组中的下标获取或者操作关键字对应的值。当多个关键字通过 Hash 函数映射到同一个数组位置发生 Hash 冲突时，如何保证 $O(1)$ 的时间复杂度呢？通常采用负载因子来解决该问题。负载因子通常是一个比较小的常数（例如 10 或者 20 等），它会确保 Hash 表中的每块平均存储元素的最大数量小于负载因子，在这种情况下就确保了时间复杂度为 $O(1)$。

如果某块中的平均元素数目大于负载因子，则需要对 Hash 表进行扩容，扩容后将维护的所有元素重新进行 Hash 操作分散到 Hash 表中，在这个过程中确保每块的元素数目小于负载因子，通常情况下在检索操作大于插入 / 删除操作时，会采用 Hash 表。

（2）元素无序性

Hash 表虽然可以支持 $O(1)$ 的平均时间复杂度进行读 / 写，然而通过 Hash 表存储的元素是无法保证整体有序的，因为元素关键字之间的顺序和通过 Hash 函数映射后的 Hash 值之间的顺序往往是不相干的。在一些场景中，Hash 表最多只能维持具有相同 Hash 值的元素内部有序排列（例如链表可以替换成红黑树等有序数据结构）。因此，如果要求存储的元素整体有序或者按照全局有序的方式访问，那么 Hash 表将无法满足该要求，需要借助其他数据结构解决该问题。

3. Hash 表的适用场景

存储引擎中主要借助 Hash 表高效的检索能力来提供查询功能。MySQL 专门有一类 Hash 索引，其底层就是用 Hash 表来实现的。Hash 索引在提供点对点的查询中非常方便和高效。除了关系数据库外，在一些存储键值对为主的数据库中，Hash 表更是发挥了巨大的作用，最典型的代表就是 Redis。Redis 基本上是以 Hash 表为核心，在此基础之上扩展出来其他丰富的数据结构对外提供。

此外，采用 Hash 表存储索引来实现存储和缓存的组件有很多，例如 Bitcask、FreeCache、BigCache 等。在这些组件中数据读 / 写时先从 Hash 表获取索引，然后根据索引访问对应的原始数据，通过 Hash 表来保证较高的读 / 写性能。

Hash 表还可以用于数据去重。很多编程语言更是借助 Hash 表实现了一种专门去重的数据结构——集合。基于 Hash 表的位图和布隆过滤器，在很多去重和判重的场景中发挥着重要的作用。

2.2.2　位图

在使用 Hash 表时通常会将待处理的全量数据集都映射到 Hash 表中，再处理其他的逻辑。如今处理海量数据是很常见的场景，而当映射到 Hash 表的数据集过大时，要将其进行映射存储，通常需要很大的存储空间，甚至在一些极端情况下存储空间根本容纳不下这些数据。然而，在一些场景中存储全量的数据只是为了判定数据的某些状态，从本质上来说，如果有办法达到这样的目的，其实完全可以不用存储这些数据。此时，采用位图是比较合适的。

1. 位图的基本原理

从严格意义上来说，位图并不算是一种数据结构，它只是一种特殊的 Hash 表。位图的核心在于"位"，指通过用计算机中的一个位（bit）来标记某个元素对应的值，位图的关键字就是该元素本身。在位图中，底层存储元素的数组称为位数组。

一个 int 类型的整数通常占据 4 字节（Byte, B），而 1B 包含 8 位（bit, b）。这也就意味着，如果要将一个 int 类型的整数转化为二进制的形式，会包含 32b。按照位图的定义，用 1b 来标识 1 个元素的话，它可以标识 0～31 范围内的 32 个数字。同理，在计算机中 char 类型和 byte 类型均占 1B，即 8b，因此它们可以标识 0～7 范围内的 8 个数字。由于采用位来标识元素，因此占据的空间比较小。一个包含 8 位的位图如图 2-4 所示。

图 2-4　位图示意

位图中一个位只有 0 或者 1 两种状态，因此位图处理主要包含**初始化位图**、**某位置 1**、**某位置 0**、**查询某位状态**这四个操作。

（1）初始化位图

在使用位图时需要先对位图进行初始化，简单来说就是需要开辟多大的位数组空间。在初始化时，一般需要传递待处理数据中的最大值 N，然后内部根据 N 来计算所需要的位数组空间，一般可以采用 char 数组或者 int 数组来表示位数组 bits。这里以 int 类型的位数组为例，需要的位数组空间大小 size 应为 $N/32 + 1$（1 个 int 类型的整数为 32 位，加 1 是为了兼容 N 不是 32 的整数倍的情况）。开辟空间后将所有位都置为 0 即可。

初始化位图后，后续的置 1、置 0、查询等操作均需要对指定的关键字 key 进行定位。所谓定位，是指确定当前要操作的关键字 key 对应的位在 bits 数组中的位置。该位置可以通过数组下标（index）和比特位（pos）来确定。index 和 pos 的计算公式为：index = key/32，pos = key%32。当得到 index 和 pos 的信息后，再针对不同的操作进行具体处理。

（2）某位置 1

在置 1 操作时，首先将 1 左移 pos 位，然后和 bits[index] 进行或（|）运算。具体表达式

为 bits[index] = bits[index]|(1<<pos)。为了便于理解，假设 bits[index] = 110010110，pos = 3，那么置 1 操作如图 2-5 所示。

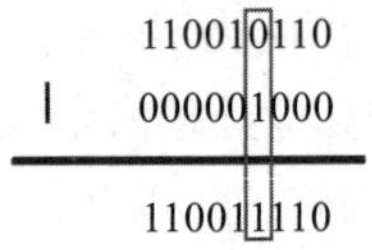

（3）某位置 0

在置 0 操作时，需要将 bits[index] 对应的数中的 pos 位设置为 0，此时的流程为先将 1 左移 pos 位，然后进行取反，最后将得到的结果和 bits[index] 进行与（&）运算。具体表达式为 bits[index] = bits[index] & (~(1<<pos))。为方便理解，同样假设 bits[index] = 110010110，pos = 4，则置 0 操作如图 2-6 所示。

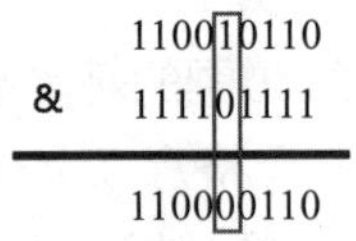

```
    110010110
|   000001000
    ─────────
    110011110
```

图 2-5　位图置 1 操作示意

```
    110010110
&   111101111
    ─────────
    110000110
```

图 2-6　位图置 0 操作示意

（4）查询某位状态

查询某位的数据时，只需要将 1 左移 pos 位，然后将得到的结果和 bits[index] 进行与（&）运算即可。具体表达式为 res = bits[index] & (1<<pos)。如果 res > 0，则表示该关键字对应位的值为 1，否则为 0。

2. 位图的适用场景

通常在需要以下几种功能时优先考虑使用位图。

- ❑ **快速查找**：给定一个海量的数据集，要求快速查找某个数据是否存在于该集合中。
- ❑ **排序**：给定一批无序且无重复的整数集合，要求对集合中的元素进行排序。
- ❑ **去重**：给定一批包含重复元素的整数集合，要求去除其中重复的元素。

位图也存在局限性：一方面，位图只能处理整型数据，其他类型的数据无法直接使用位图来解决问题；另一方面，如果用 1 位来存储元素的状态，只能有 0 和 1 两种结果，无法适用于元素状态超过两种的情景，比如，统计元素在集合中的状态有不存在、存在一次、存在两次、存在多次几种，此时可以考虑用 2 位或者几位来表示一个元素的状态。

2.2.3　布隆过滤器

位图只能用于映射整数类型的数据，无法用于字符串或者其他类型的数据。为了处理非整数类型数据的场景，就出现了一种新的数据结构——布隆过滤器。

1. 布隆过滤器的原理

布隆过滤器是 1970 年由布隆提出来的一种比较巧妙的、紧凑型的概率性数据结构。布隆过滤器本质上还是一种位图，底层通过位数组来实现。它的核心思想与 Hash 表类似，也是借助 Hash 函数对需要映射的关键字进行转换，其输出结果为整型的 Hash 值，之后用该 Hash 值设置位数组的对应位。在通过 Hash 函数映射时同样会出现 Hash 冲突，因此布隆过滤器通常选择多个 Hash 函数来映射关键字。经计算会得到多个 Hash 值，然后依次将这些 Hash 值设置为对应的比特位的值。通过采用多个 Hash 函数的方式可以有效地降低 Hash 冲突。

（1）布隆过滤器的基本原理

布隆过滤器一般由一个大小为 m 的位数组 bits 和 $k(k > 1)$ 个 Hash 函数组成。通常会将 n 个元素的数据集存储到布隆过滤器中，然后用作后续逻辑处理。向布隆过滤器中添加元素的过程如下：假设将元素 n_i 添加到 $m = 8$，$k = 3$ 的布隆过滤器中，用 k 个 Hash 函数计算得到 k 个 Hash 值 $hash_1, hash_2, \cdots, hash_k$，然后依次将 bits 中下标为 $hash_1, hash_2, \cdots, hash_k$ 的值置 1。布隆过滤器添加元素的过程如图 2-7 所示。

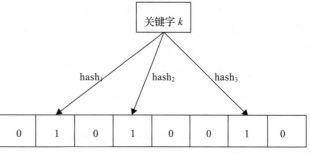

图 2-7 布隆过滤器添加元素的过程

（2）布隆过滤器的误判

需要注意的是，和位图一样，布隆过滤器存储的不是元素的值，因此无法从中获取元素的数据，但是可以借助它来判断元素的状态，例如判断某个元素在海量数据集合中是否存在。判断的方法是用 k 个 Hash 函数计算待判断元素的 Hash 值，然后判断这 k 个 Hash 值对应的比特位的值是否都为 1，如果都为 1 表示该元素可能存在，如果其中有一位为 0 则表示该元素一定不存在。

在利用布隆过滤器判断元素是否存在时一定要注意可能出现的**误判**情况，即"假阳性"。在图 2-8 所示的示例中，可以看到加入布隆过滤器（$m = 16, k = 3$）的数据集 $\{X, Y\}$，其中将 $X(hash_1 = 1, hash_2 = 3, hash_3 = 6)$ 和 $Y(hash_1 = 7, hash_2 = 10, hash_3 = 13)$ 加入后，布隆过滤器中的 6 个位已置成了 1。假设此时判断 $Z(hash_1 = 6, hash_2 = 10, hash_3 = 13)$，就会发现集合中未添加过 Z，但根据布隆过滤器返回的结果却判断 Z 存在，因此就出现了误判。

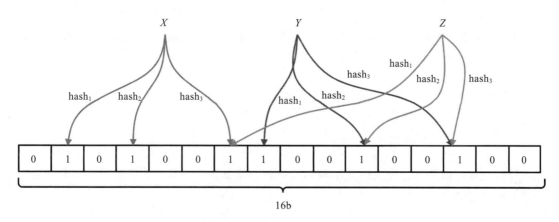

图 2-8 布隆过滤器误判示意

虽然布隆过滤器的空间利用率很高，但是它有一定的误判率，即便误判率很低。布隆过滤器的误判率和它自身的几个参数（位数组大小 m、Hash 函数个数 k）及映射的数据集大小 n 有关系，位数组越大，采用的 Hash 函数越多，映射的数据越少，发生误判的概率越低，反之则误判率越高。

此外，在布隆过滤器中无法进行删除操作，因为删除一个元素对应的多个比特位的值后会影响其他元素的状态，所以布隆过滤器只支持插入和查询操作，不支持删除操作。

（3）布隆过滤器相关公式推导

接下来介绍布隆过滤器相关的公式推导及证明⊖。这部分内容是扩展内容，不感兴趣的读者可以直接跳过，继续往下阅读。

在进行公式推导之前，提前做一些设定。假设布隆过滤器由 k 个 Hash 函数和空间大小为 m 的位数组构成，插入的元素个数为 n。

1）**误判率推导。**

假设 Hash 函数相互之间是无关的并且等概率选择比特位，当向布隆过滤器中插入一个元素时，它的第一个 Hash 函数会将其中的某个比特位置为 1，位数组中任何一个比特位被置为 1 的概率为 $\dfrac{1}{m}$，因此某一位未被置为 1 的概率为 $1-\dfrac{1}{m}$。执行一次元素插入操作，布隆过滤器需要执行 k 个 Hash 函数，因此插入一个元素后该比特位仍然没有被置为 1 的概率为 $\left(1-\dfrac{1}{m}\right)^{k}$。插入第二个元素后，该比特位依然没有被置为 1 的概率为 $\left(1-\dfrac{1}{m}\right)^{2k}$。同理，当 n 个元素都插入到布隆过滤器后，该比特位还没有置为 1 的概率为 $\left(1-\dfrac{1}{m}\right)^{kn}$。反过来，插入 n 个元素后，某个比特位被置为 1 的概率则为 $1-\left(1-\dfrac{1}{m}\right)^{kn}$。

当从布隆过滤器中检索一个元素是否存在于该集合中时，判断依据是 k 个 Hash 函数计算后的 Hash 值对应的比特位是否都为 1，该方法可能会错误地认为原本不在集合中的元素是存在的，因此就导致了误判。发生误判的概率为

$$p = \left[1-\left(1-\dfrac{1}{m}\right)^{kn}\right]^{k} \approx \left(1-\mathrm{e}^{\frac{kn}{m}}\right)^{k}$$

式中采用 ≈ 是因为使用了公式 $\lim\limits_{x\to\infty}\left(1-\dfrac{1}{x}\right)^{-x}=\mathrm{e}$。

根据上式可以得知，位数组大小 m 越大，误判率 p 越小，如果元素数量 n 增大，则误判率 p 也随之增大。

⊖ https://blog.csdn.net/quiet_girl/article/details/88523974

2）**最优 Hash 函数个数推导。**

从前面误判率的公式可以看出，误判率 p 与 Hash 函数个数 k 也有很大的关系。那么，当 k 取何值时，误判率可以最小呢？

$$f(k) = \left(1 - e^{\frac{kn}{m}}\right)^k$$

令 $b = e^{\frac{n}{m}}$，则上式可简化为

$$f(k) = (1 - b^{-k})^k$$

对上式两边取对数后可得

$$\ln f(k) = k\ln(1 - b^{-k})$$

再对两边求导可得

$$\frac{1}{f(k)}f'(k) = \ln(1 - b^{-k}) + \frac{kb^{-k}\ln b}{1 - b^{-k}}$$

若要使 $f(k)$ 取极值，则需 $f'(k) = 0$，故

$$\ln(1 - b^{-k}) + \frac{kb^{-k}\ln b}{1 - b^{-k}} = 0$$

$$\Rightarrow (1 - b^{-k})\ln(1 - b^{-k}) = -kb^{-k}\ln b$$

$$\Rightarrow (1 - b^{-k})\ln(1 - b^{-k}) = b^{-k}\ln b^{-k}$$

$$\Rightarrow 1 - b^{-k} = b^{-k}$$

$$\Rightarrow b^{-k} = \frac{1}{2}$$

$$\Rightarrow e^{\frac{kn}{m}} = \frac{1}{2}$$

$$\Rightarrow \frac{kn}{m} = \ln 2$$

$$\Rightarrow k = \ln 2 \cdot \frac{m}{n} \approx 0.7\frac{m}{n}$$

因此，当 $k = 0.7\dfrac{m}{n}$ 时误判率最低，且此时的 k 为最佳的 Hash 函数个数，对应的误判率为

$$p = f(k) = \left(1 - e^{\frac{kn}{m}}\right)^k = 2^{-\ln 2\frac{m}{n}} \approx (0.6158)^{\frac{m}{n}}$$

3）**内存空间占用推导。**

在实际应用中，通常插入元素的个数 n 和期望的误判率 p 是已知的，因此根据 $p = 2^{-\ln 2\frac{m}{n}}$ 及 n、p 这两个参数可以计算得到布隆过滤器占用的位数组大小：

$$m = -\frac{n\ln p}{(\ln 2)^2}$$

注意：期望的误判率 p 就是最低的误判率（最大上限），因此计算出来的 m 是位数组的最小值，即所需的最小位数组空间，最后根据 m、n 可以求得 Hash 函数个数：

$$k = \ln 2 \cdot \frac{m}{n}$$

2. 布隆过滤器的适用场景

布隆过滤器是一种非常特殊的数据结构，相比于其他数据结构它有以下几个优点。

❑ **时间复杂度低**：布隆过滤器插入和查询的时间复杂度均为 $O(k)$，是一个常数数量级。选择的多个 Hash 函数之间没有关系，在硬件层面可以实现并行计算。

❑ **占用空间少**：当需要处理的数据量非常庞大时，因布隆过滤器所需的存储空间非常少，所以采用该数据结构可以表示全集，而其他任何数据结构都不行。

❑ **不存储元素本身**：在布隆过滤器中存储的数据是元素通过 Hash 函数映射后的几个位状态，它并不存储元素本身的信息，因此非常适用于某些对保密性要求非常严格的场景。

尽管布隆过滤器的设计非常巧妙，但不代表它是完美的，它具有以下缺点。

❑ **存在误判**：在布隆过滤器中对元素的判存或者判重这类操作都存在一定的误判率，尤其随着存入元素的增加，误判率会增加。同时，如果布隆过滤器的几个核心参数设计不好的话，也会对误判率产生很大的影响。因此，在要求 "0 误判" 的场景中，布隆过滤器将无法很好地适配。

❑ **无法删除**：一般情况下不能从布隆过滤器中删除元素，因为布隆过滤器底层本身是采用位数组来实现的。虽然可以通过将位数组变成整数数组，每次插入元素时相应的计数器加 1 这种方式来支持删除操作（删除时计数器减 1），但是要保证安全删除元素并不容易，在删除时必须保证该元素之前已经被加入布隆过滤器中了，然而由于布隆过滤器会误判，所以无法保证满足这个要求。此外，采用计数器还会存在回绕等问题。

总之，布隆过滤器非常适用于对内存空间要求高、高效检索元素状态、数据去重等场景。例如 LevelDB、RocksDB 在检索数据时，内部就采用了布隆过滤器来快速拦截掉不存在的元素，以提高元素检索的效率。再如，推荐系统每次向用户推荐内容时会保留用户信息，用于在后续推荐过程中去重。在缓存场景中针对访问元素不存在而造成的缓存穿透这种问题，也可以借助布隆过滤器来提前校验一次以保证缓存系统的可用性。除了上述场景，布隆过滤器还可以应用于垃圾邮件过滤、爬虫去重等场景。

2.3 二叉树类数据结构

在读多写少并且要求元素有序的场景，有序数组可以勉强支持，而一旦面临写多的场景，有序数组的效率就比较低了，因此需要新的数据结构来解决这个问题。本节将介绍元素读 / 写时间复杂度均为 $O(\log N)$ 的三种数据结构：二叉搜索树、红黑树、跳表。其中，二叉搜索树、红黑树都属于二叉树类数据结构，而跳表属于改进的链表类数据结构。虽然它们的结构有所不同，但提供的功能基本上是相同的。

2.3.1 二叉搜索树

二叉搜索树尽管是一种有序的数据结构，但从结构上来看属于特殊的二叉树（因为普通的二叉树的元素是不要求有序的）。所以二叉搜索树具有二叉树的所有特性。本小节首先将简单介绍下二叉树的基础知识，这部分内容对二叉搜索树也适用，然后介绍二叉搜索树的相关内容。

1. 二叉树基础

二叉树是一种类似于链表的非线性结构，由 n 个节点构成的有限集合，每个节点最多可以指向两个节点。二叉树本身是一种递归结构。一棵二叉树一般由根节点和两个互不相交的左子树和右子树构成。图 2-9 所示就是一棵二叉树。

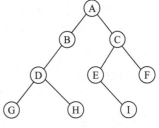

图 2-9　二叉树

（1）二叉树的特点

❑ 二叉树中每个节点最多有两个孩子节点，即一个节点有以下 4 种情况：没有孩子节点、只有一个左孩子节点、只有一个右孩子节点、既有左孩子节点又有右孩子节点。

❑ 在子树中，左孩子和右孩子是有顺序的，次序不能随便颠倒。

❑ 在二叉树中，如果每个节点都只有左孩子或者都只有右孩子，则二叉树就会退化成之前介绍过的单链表结构。

（2）二叉树的遍历

在二叉树中非常常见的一种操作就是对二叉树进行遍历（见图 2-10），而二叉树采用了一种非线性结构，针对不同的需要可以对二叉树进行不同方式的遍历，主要有深度优先遍历、广度优先遍历这两种。

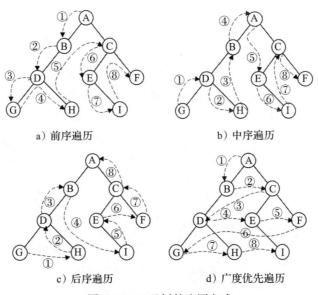

a）前序遍历　　　　　　　　b）中序遍历

c）后序遍历　　　　　　　　d）广度优先遍历

图 2-10　二叉树的遍历方式

1）**深度优先遍历**。深度优先遍历会尽可能沿着树的深度执行，一般会借助递归来实现，因为二叉树本身就是递归的。如果不借助递归，往往会采用栈这种数据结构来完成深度优先遍历。根据遍历父节点先后次序的不同可分为前序遍历、中序遍历和后序遍历。

①**前序遍历**。先遍历当前节点，再递归遍历该节点的左子树节点，最后递归遍历该节点的右子树节点，直到遍历完所有节点。因此，前序遍历可以总结为"根左右"。前序遍历过程如图 2-10a 所示。

②**中序遍历**。先遍历递归当前节点的左子树节点，然后遍历当前节点，最后递归遍历当前节点的右子树节点。中序遍历的规律可以总结为"左根右"。中序遍历的过程如图 2-10b 所示。

③**后序遍历**。先递归遍历当前节点的左子树节点，然后递归遍历当前节点的右子树节点，最后遍历当前节点，直到所有节点都遍历完结束。当前节点是在其左右子树都遍历完后才遍历。后序遍历的过程可以总结为"左右根"。后序遍历过程如图 2-10c 所示。

2）**广度优先遍历**。通常从二叉树的根节点开始，依次向下遍历逐层访问每个节点。在每一层上按照从左到右的方式访问每个节点。一般广度优先遍历会借助队列来实现。广度优先遍历的过程如图 2-10d 所示。

（3）特殊二叉树

在二叉树中存在一些特殊的二叉树，下面介绍几个比较典型的特殊二叉树。

1）**满二叉树**。如果一个二叉树中的每个节点恰好有两个孩子节点，并且叶子节点都在同一层，这样的二叉树称为满二叉树。满二叉树结构如图 2-11a 所示。在同样深度的二叉树中，满二叉树的节点总数最多，同时叶子数也最多。

2）**完全二叉树**。一个具有 n 个节点的二叉树按照层序编号，如果编号为 $i(1 \leqslant i \leqslant n)$ 的节点与同样深度的满二叉树中编号为 i 的节点在二叉树中的位置完全相同，则称该树为完全二叉树。完全二叉树如图 2-11b 所示。根据定义，满二叉树一定是一棵完全二叉树，但完全二叉树不一定是满二叉树。

3）**斜树**。顾名思义，斜树一定是倾斜的，所有节点中只有左子树的二叉树称为左斜树，所有节点中只有右子树的二叉树称为右斜树。这二者统称为斜树。斜树如图 2-11c 所示。斜树比较明显的特点是每一层只有一个节点，并且所有节点都只有左子树或者都只有右子树，节点个数与二叉树的深度相同。斜树其实就是树退化成了链表结构。

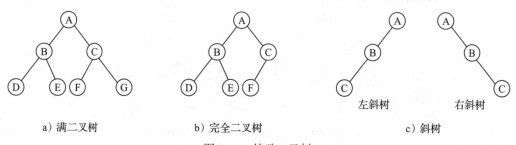

a）满二叉树　　　　　　　b）完全二叉树　　　　　　　c）斜树

图 2-11　特殊二叉树

2. 二叉搜索树基础

（1）二叉搜索树的特点

二叉搜索树（Binary Search Tree，BST）又称为**二叉排序树**，它除了具备普通二叉树的特点外，还有一个特点是它内部存储的元素是有序的。二叉搜索树具有以下特点。

- ❏ 如果当前节点存在左子树，则当前节点的值均大于左子树中所有节点的值。
- ❏ 如果当前节点存在右子树，则当前节点的值均小于右子树中所有节点的值。
- ❏ 当前节点的左、右子树也均为二叉搜索树。

根据上述二叉搜索树的特点可知，二叉搜索树中左子树的节点值一定比它的父节点的值小，同时右子树的节点值一定大于它的父节点的值。以整数集构成的二叉搜索树如图 2-12 所示。

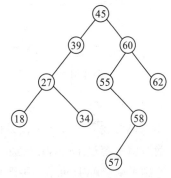

二叉搜索树可以跟有序数组一样，对待查找元素进行二分查找。在查找某个元素时，如果该元素的值等于当前节点的值，则说明找到了，直接结束查找即可；如果该元素的值比当前节点的值小，则只需要在当前节点的左子树中查找即可，反之只需要在当前节点的右子树中查找。通过每次查找，

图 2-12　二叉搜索树示例

平均可以筛选掉二叉搜索树中一半的元素，因此二叉搜索树中平均查找的时间复杂度为 $O(\log N)$。

然而之所以会出现二叉搜索树，并不仅是为了排序查找，还因为在有序数组中插入和删除元素效率比较低，而二叉搜索树则恰好弥补了有序数组的这个缺点，可以支持在有序集合中高效地进行插入和删除。具体而言，在二叉搜索树中执行插入、删除操作时需要先定位到待插入或者待删除元素的位置。定位完成后只需要进行有限数量的指针的设置即可完成操作，而不需要像有序数组一样，进行大量元素的复制和移动，因此二叉搜索树在支持高效查找的同时，又可以支持高效的插入和删除操作。同理，在二叉搜索树中插入、删除的平均时间复杂度为 $O(\log N)$。不过在二叉搜索树中删除元素的操作比较复杂，需要考虑删除的元素是叶子节点还是非叶子节点（有一个孩子节点还是两个孩子节点）。限于篇幅，读者可以自行查阅其他数据结构的书籍。

（2）二叉搜索树的缺点

二叉搜索树本身也是二叉树，而在介绍二叉树的时候提到过一种特殊的二叉树——斜树。因此对于二叉搜索树而言它的形状取决于构建的数据集，当构建二叉搜索树的数据集本身就是有序集合时构建出来的二叉搜索树就是斜树，数据集升序时对应的是右斜树，数据集降序时对应的是左斜树。具体示例如图 2-13 所示。在这种情况下，二叉搜索树本身退化成了一条有序的链表，其查找的平均时间复杂度为 $O(N)$。

之所以出现上述的情况是因为构建出来的二叉搜索树不平衡，一个平衡的二叉搜索树的深度与完全二叉树相同，均为 $\lfloor \log_2 n \rfloor + 1$，其查找的时间复杂度为 $O(\log N)$，类似于二分

查找。为了解决二叉搜索树不平衡的问题，可以在插入、删除元素时进行节点的旋转，使其保持平衡。平衡二叉树（Adelson-Velsky and Landis Tree，AVL 树）就具有这种特点。

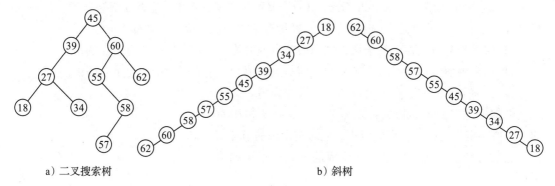

a）二叉搜索树　　　　　　　　　　　　　　　　b）斜树

图 2-13　二叉搜索树和斜树

AVL 树是一种带平衡条件的二叉搜索树，它规定每个节点的左子树和右子树的高度差绝对值不超过 1。AVL 树通过平衡因子来判定树是否平衡，当树不平衡时通过旋转节点来达到平衡。AVL 树是一种严格的平衡二叉树，插入与删除操作都必须满足平衡条件，一旦条件不满足就需要进行旋转。频繁的旋转比较耗时，在 AVL 树中维护这种高度平衡付出的代价比其带来的收益要大得多，因此在写多读少的实际应用中用得较少。

为了支持写多的场景，同时降低保持树平衡而付出的开销，又产生了支持弱平衡的排序树，比如红黑树与跳表。

2.3.2　红黑树

二叉搜索树的结构严重依赖于构建该树的数据集本身，当数据集无序随机分布时，构建的二叉搜索树比较理想，而当数据集接近有序或者本身已排好序时，构建出来的二叉排序树则不太理想，尤其排序好的数据集构建出的二叉排序树会退化为链表结构，导致其读 / 写的时间复杂度从 $O(\log N)$ 变为 $O(N)$。而平衡二叉树因其严格的平衡条件，导致在写多读少的场景下为了保证树的平衡付出的开销远大于带来的收益。因此开始尝试放宽平衡条件，从严格平衡向弱平衡过渡，在这样的改进下出现了一系列弱平衡的树结构。本小节将重点介绍其中一种弱平衡的树结构——**红黑树**。

红黑树不是凭空产生的，虽然其结构类似于二叉树，但严格来说它是在 2-3 树的基础上进化而来，因此为了讲清楚红黑树的原理，首先简单介绍一下 2-3 树。

1. 2-3 树的原理

在普通二叉排序树中每个节点只包含一个值，同时最多包含两个孩子节点，左孩子节点的值均小于当前节点的值，右孩子节点的值均大于当前节点的值。而 2-3 树是普通二叉排序树演变而来的一种树结构。2-3 树规定一个节点最多包含 2 个值（假设两个值分别为 $a1$

和 $a2$，并且 $a1<a2$），同时这两个值可以将数据划分为（$-\infty, a1$）、（$a1, a2$）、（$a2, +\infty$）三个区间，即每个节点最多可以包含 3 个孩子节点。

（1）2-3 树的特点

如果将原先的二叉排序树的节点称为 2- 节点，则 2-3 树和二叉排序树相比，2-3 树在原先二叉排序树的基础上新增了 3- 节点。下面给出 2-3 树的定义，一棵 2-3 树是一棵排序树，它或者为一棵空树，或者由以下节点构成。

- ❑ **2- 节点**：2- 节点包含 1 个值 a，同时最多包含 2 个孩子节点（或者 2 条边），左孩子节点中的值均小于 a，右孩子节点的值均大于 a。
- ❑ **3- 节点**：3- 节点包含 2 个值 $a1$ 和 $a2$（$a1<a2$），同时最多包含 3 个孩子节点（或者 3 条边），左孩子节点的值均小于 $a1$，中间孩子节点的值介于 $a1$ 和 $a2$ 之间，右孩子节点的值均大于 $a2$。

一棵普通的 2-3 树结构如图 2-14 所示。一棵平衡的 2-3 树的所有叶子节点到根节点的距离应该是相同的。

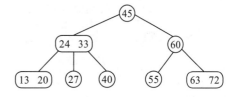

图 2-14　2-3 树示例

（2）构建 2-3 树

在 2-3 树中插入一个元素主要分为两步：第一步定位到元素要插入的位置；第二步执行插入逻辑。其实在 2-3 树中，定位的过程就是查找的过程，且查找过程与二叉排序树的类似。首先将根节点的值和待查找元素的值对比，如果它和其中任意一个值相等，则表示找到，否则就根据比较的结果找到对应区间的孩子节点，然后在该孩子节点指向的子树中递归查找，当找到叶子节点并且值不相等时，表示查找未命中。按照上述流程一直查找，最终未找到时所在的位置即为该元素插入的位置。

下面介绍具体的插入逻辑。在 2-3 树中存在两种节点，因此在插入元素时需要区分不同的情况进行考虑，下面逐一介绍。

情况 1：向 2- 节点中插入新节点。当待插入的元素定位到的位置是一个 2- 节点时，只需要将待插入的元素加入该节点，使其从 2- 节点变为 3- 节点。这种情况是最简单的，只需要进行节点转换即可。其处理过程如图 2-15a 所示。而当待插入的元素定位到的位置是一个 3- 节点时情况比较复杂，需要考虑结合这个 3- 节点的父节点进行讨论。

情况 2：向只含有一个 3- 节点的 2-3 树插入新节点。当该 3- 节点无父节点时，此时如果在该 3- 节点中加入一个元素，该节点就会变成 4- 节点，该节点内部包含 3 个值及 4 个孩子节点。这显然是不符合 2-3 树的定义的。所以需要将该 4- 节点进行调整，使其符合 2-3 树的条件。这种调整也称为分裂。具体做法为：将该 4- 节点中的中间值抽取出来，形成一个新的 2- 节点，然后剩余的两个值分别作为该 2- 节点的左、右孩子节点，左、右孩子节点也均为 2- 节点。这样原先树的高度为 0，在分裂后将变为高度为 1 的 2-3 树，3 个节点均为 2- 节点。其处理过程如图 2-15b 所示。

插入 35

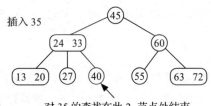

对 35 的查找在此 2- 节点处结束

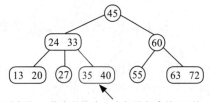

将原先的 2- 节点替换为一个新的包含值 35 的 3- 节点

a) 向 2- 节点中插入新节点

插入 23

该 3- 节点中没空间存储 23 了

将 23 加入后该 3- 节点成为一个 4- 节点

将 4- 节点分解成 3 个 2- 节点，形成新的 2-3 树

b) 向只含有一个 3- 节点的树中插入新节点

插入 18
对 18 的查找在此 3- 节点处结束

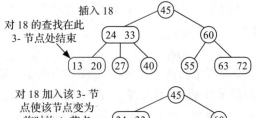

对 18 加入该 3- 节点使该节点变为临时的 4- 节点

将中键加入该 3- 节点的父节点使其变为临时的 4- 节点

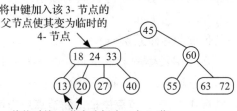

将临时的 4- 节点分解为 3 个 2- 节点，并将中键移动到父节点中

将中键加入该 2- 节点的父节点使其变为 3- 节点

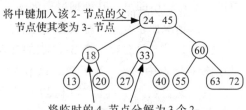

将临时的 4- 节点分解为 3 个 2- 节点，并将中键移动到父节点中

d) 向一个父节点为 3- 节点的 3- 节点中插入新节点

插入 65

对 65 的查找在此 3- 节点处结束

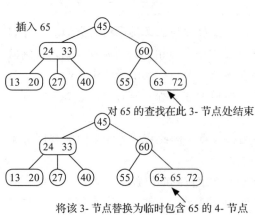

将该 3- 节点替换为临时包含 65 的 4- 节点
将 2- 节点的父节点替换为包含中键的 3- 节点

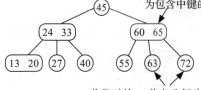

将临时的 4- 节点分解为 3 个 2 节点，并将中键移动到父节点中

c) 向一个父节点为 2- 节点的 3- 节点中插入新节点

图 2-15   2-3 树插入过程示意

情况 3：向一个父节点为 2- 节点的 3- 节点中插入新节点。若当前 3- 节点的父节点为 2- 节点时，同样将待插入的元素加入 3- 节点后形成临时的 4- 节点，而该 4- 节点同样需要分裂，按照分裂原则，一个 4- 节点会分裂成 3 个 2- 节点（1 个父节点、2 个孩子节点）。但是由于当前节点的父节点为 2- 节点，还有空位可以容纳一个值，因此分裂后只需要将 3 个 2- 节点中的父节点和当前的父节点合并，即将两个为 2- 节点的父节点合并形成 1 个为 3- 节点的父节点。这样分裂后树的高度并未发生改变，只需要调整当前节点和其父节点。其处理过程如图 2-15c 所示。

情况 4：向一个父节点为 3- 节点的 3- 节点中插入新节点。如果当前 3- 节点的父节点也是 3- 节点，则与情况 3 类似，只不过当父节点为 3- 节点时，将当前的 3- 父节点和分裂后的 2- 父节点合并后形成的节点依然是 4- 节点，此时还需要继续对该父节点进行递归分裂，直到后面遇到父节点为 2- 节点的情况结束。如果一直没遇到 2- 节点的父节点，则会一直递归到根节点（仍为 3- 节点），继续对根节点进行分裂，这里的处理和情况 2 相同。其详细处理过程如图 2-15d 所示。

通过上面的介绍应对 2-3 树有了一定的认识。2-3 树的构建过程和二叉搜索树的构建过程不同，2-3 树是自下而上的。当插入一个元素而引起树的结构发生变化后，它会自下而上地进行节点的分裂调整，直到最终满足 2-3 树的结构为止。因此在最坏情况下，和二叉查找树相比，2-3 树具有比较好的读 / 写性能。

理论上的 2-3 树非常好理解，但距离工程实现还有一段距离。虽然可以用不同的节点类型来标识 2- 节点和 3- 节点并实现各种变换逻辑，但通过这种方式实现大多数的操作并不是很容易，要考虑的边界条件非常多。例如，在实现过程中需要维护两种不同类型的节点，可能需要将节点从一种类型转换为另一种类型，将节点和其他信息从一个节点复制到另外一个节点等。然而 2-3 树的核心出发点是，在对该树执行一些操作（插入、删除等）引起树结构变化后，它内部会通过分裂、合并等方式来维持树结构的平衡，以此来消除二叉搜索树中出现的最坏情况。而为了实现该目标，则希望这种实现所带来的代码可读性尽可能强、产生的额外开销尽可能可控。在数据结构中有一种满足上述要求的 2-3 树的实现，它就是接下来要介绍的红黑树。

2. 红黑树的原理

从本质上来说，红黑树是 2-3 树基于标准的二叉搜索树扩展而来的。二叉搜索树的每个节点都可以看作 2-3 树中的 2- 节点。而 2-3 树中除了 2- 节点外，还有 3- 节点，那红黑树是如何描述 2-3 树中的 3- 节点的呢？

（1）红黑树的特点

红黑树有两种表示方式：一种是通过树中链接的颜色来表示，另一种是通过节点的颜色来表示。本书以节点颜色（虚线红色节点，实线黑色节点）来表示。红黑树通过给每个节点新增一个颜色标识字段来实现区分 2-3 树中的 2- 节点和 3- 节点。其中黑色节点表示 2- 节点，而红色节点和其相连接的左孩子节点构成了 3- 节点。这样则可以直接使用二叉搜索树的查找方法,而无须做任何的修改。还有一些额外的工作,即在红黑树中插入、删除元素时,需要对节点进行转换以保证符合红黑树的定义。

下面再给出一个和 2-3 树——对应的红黑树的定义。一个二叉搜索树中包含红、黑两种节点,并且满足以下条件,其则可以称为红黑树。

❑ 红色节点均为左孩子节点。
❑ 没有任何一个节点同时和两个红色节点相连。
❑ 该树上任意叶子节点到根节点的路径上包含的黑色节点数量是相同的,即该树是完美黑色平衡的。

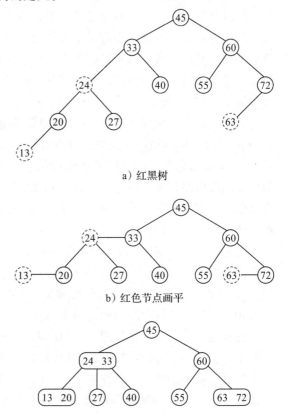

a) 红黑树

b) 红色节点画平

c) 2-3 树

图 2-16 红黑树和 2-3 树的对应关系

满足上述条件的红黑树是可以和 2-3 树进行相互转化的。红黑树和 2-3 树相互之间的转换对应关系如图 2-16 所示。

(2)插入

既然红黑树可以和 2-3 树相互转化,那下面仍然借助 2-3 树的插入过程来理解在红黑树中插入节点的处理过程。在插入新节点的过程中,可能会出现红色节点是右孩子节点或者出现连续两个红色节点相连的情况。此时,插入可能会导致树结构不满足定义。所以,需要在插入操作完成前将这些情况进行修复,修复的主要操作是对节点进行旋转,对节点进行旋转后会改变节点之间的父子关系。根据节点旋转方向的不同可分为左旋和右旋。节点的旋转过程如图 2-17 所示。

左旋会将当前节点及当前节点的右孩子节点的关系进行转变,旋转后右孩子节点称为父节点,而当前节点则称为右孩子节点的左孩子节点。左旋实际上是将父节点 – 右孩子节点转变成左孩子节点 – 父节点的过程。对照图 2-17a 旋转前后辅助理解。同理,右旋是将左孩子节点 – 父节点变成父节点 – 右孩子节点的过程。通过旋转操作可以保证红黑树的有序性和平衡性。下面介绍在节点插入红黑树的不同情况下如何利用左旋、右旋来保证红黑树其他的性质(即不存在连续的两个红节点、不存在红色的右孩子节点)。

在执行插入操作时同样需要先定位到元素待插入的位置(插入后的父节点)。下面根据定位后的插入位置来分场景讨论。

1)**场景 1:向 2- 节点(黑色节点)插入新节点。**当待插入元素定位到的其父节点为黑色节点时，且待插入元素的值小于父节点的值，则该元素为父节点的左孩子节点，此时直接新增一个红色节点即可；否则，为父节点的右孩子节点，此时如果只是简单新增一个红色的右孩子节点，则会违背前面红黑树的定义，因此需要通过左旋来修复这种情况。左旋后红色的右孩子节点变为父节点，节点颜色为父节点之前的颜色，而原先的父节点则变为左孩子节点同时颜色为红色。当一棵红黑树只包含一个黑色节点时，处理情况和上述一致。向 2- 节点（黑色节点）插入新节点的过程如图 2-18 所示。

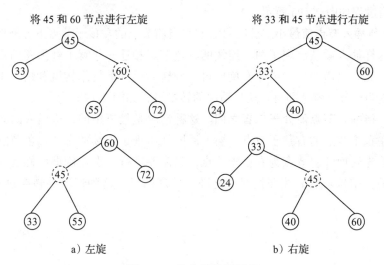

图 2-17　节点的旋转过程

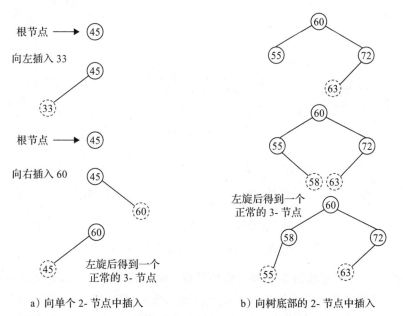

图 2-18　向 2- 节点（黑色节点）插入新节点

2）场景 2：向一个 3- 节点（红色节点）插入新节点。首先分析最简单的情况，即如果当前的红黑树只有两个节点，此时如果再插入一个新的元素，总共会有以下三种情况。

情况 1：待插入节点值最大。当待插入节点的值最大时，此时待插入的节点位于父节点的右孩子节点，并且颜色是红色。此时树是平衡的，根节点的左右两个孩子节点均为红色节点，所以只需要将两个孩子节点的颜色变为黑色即可。处理后得到的红黑树是一个由三个节点构成的 2-3 树。这种情况最为简单，后续的两种情况最终也会转化为这种情况。这种情况的转换过程如图 2-19a 所示。

情况 2：待插入节点值最小。此时只需要在当前节点的左孩子节点下方新增一个红色左孩子节点。这样插入后就出现了两个连续的红色节点相连，违背了红黑树的定义，因此需要进行修复。此时只需要将父节点右旋即可，旋转后得到的树结构就和情况 1 相同了，接着按照情况 1 调整节点颜色即可。这种情况的转换过程如图 2-19b 所示。

情况 3：待插入节点值介于二者之间。这种情况是最复杂的，待插入的元素会插入为当前节点的左孩子节点的右孩子节点。插入后同样出现了连续的两个红色节点相连，需要进行修复。首先处理红色节点为右孩子节点，只需要进行一次左旋即可修复，修复完后得到了情况 2 的树结构。然后按照情况 2 再进行处理即可。这种情况的转换过程如图 2-19c 所示。

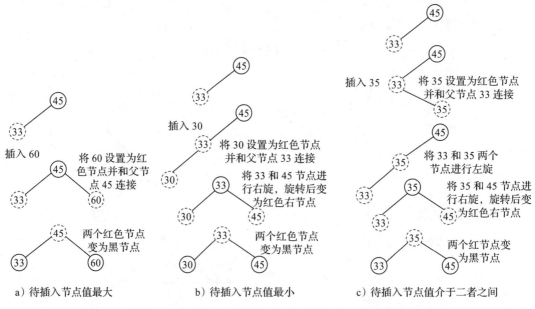

a）待插入节点值最大　　b）待插入节点值最小　　c）待插入节点值介于二者之间

图 2-19　向一个 3- 节点（红色节点）插入新节点

3）场景 3：向树底部的 3- 节点（红色节点）插入新节点。接着来看往红色节点插入新节点时的一种复杂情况。当待插入元素定位到的插入位置在树的底部，并且其父节点为红色节点时，场景 2 中介绍到的三种插入情况都有可能出现。插入节点为右孩子节点时只需要调整颜色；插入节点为左孩子节点时先进行右旋，然后转换颜色；插入节点为中间节点时先左旋插入节点及父节点，然后右旋父节点及父节点的父节点，最后再转换颜色。通过上述处理后中间节点颜色会变为红色，这实际上相当于将中间节点插入到父节点中了，这样插入后可能会引起新的树结构不平衡，因此可以继续采用相同的方法来进行解决。至此可以看出，这种插入过程其实是自底向上的，通过这种方式红色节点会一直向上传递，直到遇到 2- 节点或者根节点结束。这种场景的转换过程如图 2-20 所示。

（3）删除

在红黑树中进行删除操作要比执行插入操作复杂得多，下面大致介绍删除操作的原理。在红黑树中执行删除操作时，当定位到待删除的节点后，接着查找离当前待删节点最近的叶子节点来作为代替节点。一般该节点选择以当前节点为根节点的左子树中的最右节点，或者右子树的最左节点。按照这样的方式找到替换节点后可以保证替换后仍然满足红黑树中元素的有序性。找到替换节点后替换掉当前被删节点，然后删除该替代叶子节点，并从替代的叶子节点向上递归修复，以保证满足红黑树的结构。

如果替代节点为红色节点，即该叶子节点为 3- 节点，此时可以直接删除该叶子节点。如果替代节点为黑色节点，即 2- 节点，意味着删除该替代节点后所在的子树高度降低一层，此时需要分以下三种情况考虑。

情况 1：替代节点的兄弟节点为红色节点，即 3- 节点，即兄弟节点的左孩子节点为红色节点，此时删除该节点后，通过旋转树结构并修正颜色，以保证树平衡。

情况 2：替代节点的父节点是红色节点，即 3- 节点，此时将父节点变为黑色节点，并通过旋转树结构保证树平衡。

情况 3：如果父节点和兄弟节点均为黑色节点，将子树高度降低一层后将父节点作为替代节点，然后递归向上修复。

需要说明的是，红黑树的删除过程非常复杂，由于篇幅有限关于红黑树的内容就介绍到此，如果读者感兴趣的话可以进一步参考其他数据结构的书籍进行阅读。此外，本小节介绍的红黑树是以 2-3 树的角度来理解的，可以看作特殊的红黑树。其实 2-3-4 树也可以通过红黑树来表达，和 2-3-4 树对应的红黑树属于广泛意义的红黑树，相应的对红黑树的所满足的条件也更加宽松，比如，这种红黑树中没有红色节点必须是左孩子节点这一限制等。

3. 红黑树的应用场景

红黑树作为一种弱平衡的数据结构，在保持高效查找性能的同时还保证了极高的插入、删除性能。因此在实际环境中用得非常多。Linux 的内存管理及网络编程 Epoll 的实现就用到了红黑树。另外，其他编程语言，比如 Java 中的 HashMap 和 C++ STL 中的 map 等均有采用红黑树实现的结构。当存储引擎对读 / 写操作的性能要求都很高时，可以直接通过红黑树来实现。一般红黑树会在内存型组件中使用，用来存储数据或者保存索引信息。

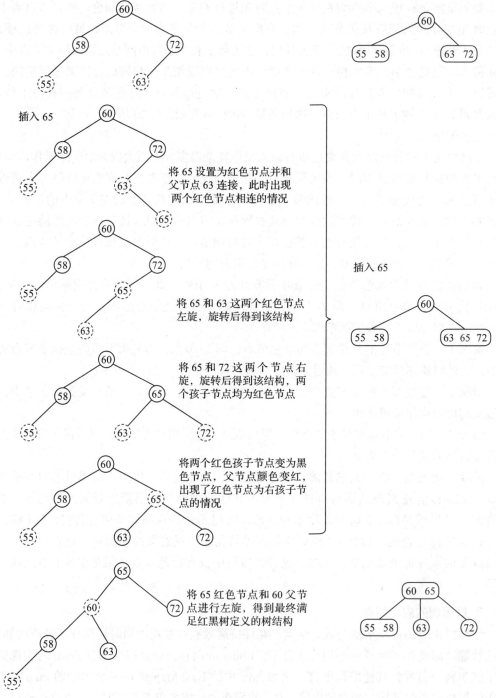

插入 65

将 65 设置为红色节点并和
父节点 63 连接，此时出现
两个红色节点相连的情况

将 65 和 63 这两个红色节点
左旋，旋转后得到该结构

插入 65

将 65 和 72 这两个节点右
旋，旋转后得到该结构，两
个孩子节点均为红色节点

将两个红色孩子节点变为黑
色节点，父节点颜色变红，
出现了红色节点为右孩子节
点的情况

将 65 红色节点和 60 父节
点进行左旋，得到最终满
足红黑树定义的树结构

图 2-20 向树底部的 3- 节点（红色节点）插入新节点

虽然红黑树是结合了 2-3 树和二叉搜索树的优点实现的，但其实现上的复杂度仍然不可小觑，在实际编程时存在非常多的边界条件。这在一定程度上也可以算作红黑树的一大缺点。下一小节将介绍另外一种跟红黑树表现一样优异，但实现相对简单并且非常巧妙的数据结构——跳表（Skip Lists）。

2.3.3 跳表

虽然红黑树尽量减少了维护树平衡所花的开销，但简化后的红黑树在工程上实现的复杂度仍然很高。在这样的背景下出现了一种新的、可替代红黑树的数据结构——**跳表**。跳表在保证了与红黑树近似的读 / 写性能的同时，在实现上比红黑树要简单得多。这也为跳表的广泛应用奠定了基础。

跳表是由 William Pugh 在 1989 年发明的，全称是跳跃列表，简称跳表。跳表是一种概率性数据结构。William Pugh 对跳表的评价是：跳表在很多应用中有可能替代平衡树作为实现方法的一种数据结构。跳表的算法有同平衡树一样渐进的预期时间边界，并且更简单、更快速，也使用更少的空间。下面将从跳表的基本原理、查找过程、插入和删除过程、应用场景这几个方面对跳表展开讲解。

1. 跳表的基本原理

跳表的本质是有序链表。为什么这么说呢？根据 2.1 节中对数组和链表的介绍，链表属于链式存储结构，在链表中查找一个元素时需要顺序遍历，无论链表是否有序。而有序数组则可以采用二分方式加速查找过程。之所以有序数组能采用二分方式查找，是因为数组的索引其实就是数组的下标。数组的下标井然有序，当数组有序时便可以根据数组下标来二分加速查找元素。而有序链表则没有下标这一概念，因此在不做额外的扩展时无法利用其有序这个特性。

一个直接的想法就是可以针对有序链表建立索引。具体的建立过程为：首先创建一个新的链表，该链表存储原链表的索引信息。这样可以将原链表按照某种策略进行分段，比如每隔几个节点抽取一个节点，然后将抽取的节点作为索引节点添加到索引链表中。执行完一遍建立索引的过程后，将得到原链表对应的索引链表。该索引链表包含原链表中的一部分节点。如果每隔一个节点就抽取一个节点作为索引节点，即间隔设为 1，则索引链表包含 1/2 个节点。在查找时先遍历索引链表，当通过索引链表定位到待查找元素的位置后，再在原始链表中查找该元素即可。如果索引节点恰好是待查找节点，则直接返回即可。

当原链表存储的节点非常多时，索引节点也会比较大，这时可以在索引链表之上再建立索引，按照这种思路可以不断建立多层索引，最终得到的结构其实是一条原始链表和多条索引链表。这种复合的数据结构就是跳表的原型，其中总的链表条数称为跳表的高度。

在上述介绍中假设了一个前提：每次建立索引时抽取的间隔是固定的。而固定间隔在实际中处理时会有一系列问题，比如当某个链表节点删除时其对应的间隔就会被破坏，此时如果为了保证间隔，则需要做额外的工作来更新索引信息。在实际的跳表中并没有采用固定间隔的这种方式，而是采用一个随机数产生器来决定某个节点的层数，即通过随机的方式决定是否将该节点抽取为索引节点，以及抽取为几级索引节点。也就是说，采用随机概率的方式来解决固定间隔所带来的问题。从局部来看可能随机概率抽取索引节点的方式并不是很均匀，但是从全局来看这种方式还是非常不错的，整体上能够达到不错的效果。图 2-21 所示为链表的基本结构，操作 a 到操作 d 展示了一个有序链表如何逐步通过建立索引得到高度为 4 的跳表的过程。

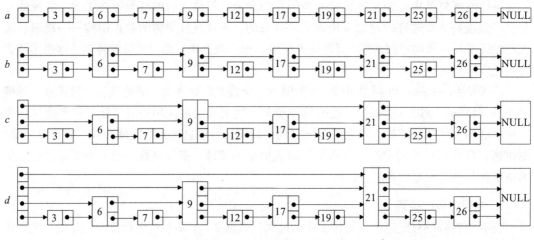

图 2-21　链表的基本结构

在跳表中每个元素以节点的形式存在，每个节点被抽取为索引节点的级数也称为层数（level），层数是在该节点插入时随机生成的，后续不会再发生改变。假设某个节点的 level 为 i，则该节点包含 i 个前向指针，索引从 1～i。通常节点的 level 会控制在一个适当的范围内。跳表的 level 为所有节点中最大的 level。

了解了跳表的基本原理后，接下来介绍如何在跳表中进行增删改查操作，对跳表中的节点的增加、更新、删除等操作均离不开节点的查找定位功能，因此先介绍在跳表中的查找过程，然后再介绍插入和删除。

2. 跳表的查找过程

下面仍以上述建立的跳表为例来介绍如何在该跳表中查找值为 12 的节点。查找的过程如图 2-22 所示。

12 的查找过程

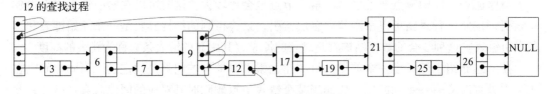

图 2-22　跳表的查找过程

在跳表中查找时，总共有以下三种情况。

1）如果跳表中当前节点的值等于要查找的值，则直接返回，结束查找即可。

2）如果跳表中当前节点的值小于查找的值，则说明待查找的值在该节点所在的位置后面，因此在该层取出下一个节点继续比较。

3）如果跳表中当前节点的值大于查找的值，则说明待查找的值在该节点及该节点的前驱节点范围内，因此需要进一步缩小查找范围。下面需要分两种情况讨论：

- ❑ 层高不为 0：意味着还可以降低层高。因此具体的操作是降低层高，并从该节点的前驱节点开始，重新查找低一层中的节点信息。
- ❑ 层高为 0：表示当前层已经是跳表的最后一层，即第 0 层。此时只需要返回当前节点的前驱节点，返回值返回的是当前节点的插入位置。

总的来说，跳表中的查找分为两层遍历：外层遍历主要控制层，而内层遍历则控制层内节点的比较。此外，跳表的核心出发点是利用稀疏的高层节点，快速定位到待查找元素的大致位置，然后利用密集的低层节点比较具体节点的内容。这点和后面将要介绍的 B 树 / B+ 树很类似。

3. 跳表的插入和删除

在跳表中插入或者删除时首先需要定位到当前节点的位置或者待插入的位置，使用前面介绍的查找方法即可得到待插入的位置。不过和单独的查找过程相比较，插入和删除还需要在定位到元素后进行一系列节点信息的更新。

下面先介绍插入过程，插入的过程可以总结为以下三步。

1）**定位**。定位待插入元素的插入位置。当每一层结束层内查找时，需要记录当前结束节点的前驱节点，即图 2-23 中圆圈表示的节点。

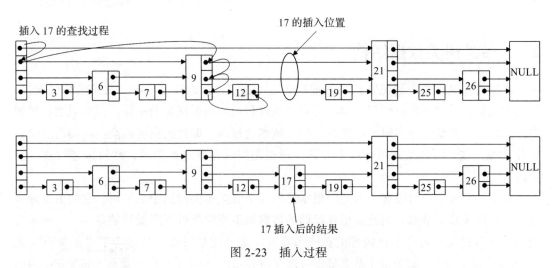

图 2-23　插入过程

2）**定层**。定位后，为待插入的元素生成层高（采用随机数来完成）。

3）**插入**。有了前两步记录的定位信息和层高后，创建一个新节点，然后为该节点依次设置每层的链接指向（将当前节点指向的下一节点设置为前驱节点的下一节点，然后将前驱节点的下一节点指向当前节点），将该新节点加入每一层中，即可完成插入。

跳表中的删除过程和插入过程类似，在定位待删除元素时记录每一层的定位信息，在删除时只需要遍历定位信息，然后依次按照链表的删除方式（前驱节点的下一节点指向当前节点的下一节点）删除该节点，最后释放当前节点即可。

跳表中的更新操作更加简单，一种便捷的实现方式是直接将当前节点进行删除，然后执行插入操作即可完成更新。

4. 跳表的应用场景

跳表的特点是简单、平均读/写时间复杂度为 $O(\log N)$，这也直接决定了跳表的应用场景。在对读/写要求比较高的场景中均可以使用跳表这种数据结构。比如 Redis 中的 Zset 底层实现就采用的是跳表。再如，LevelDB、RocksDB 也均在内存中采用跳表来高效存储元素并维护元素的有序性。

如前所述，跳表的产生就是为了成为平衡树的一种可替代方案。如今的方案选型和调研中经常会将红黑树和跳表相提并论，主要的原因在于二者在读/写性能方面表现得差不多，但是跳表除了比红黑树简单外，还有一个比较大的特点——可以更好地支持范围查询，查询时只要定位到起点或者终点位置，并按顺序遍历即可，这是红黑树无法比拟的。因此，如果是点对点的查询，则二者均可；而如果可能面临范围查询时，跳表是更好的选择。

由于跳表内部采用随机算子来生成节点的层高，因此在全局来看是比较优的，而在局部来看有可能不一定最优的，而红黑树则由于每次操作都会保证树的平衡，因此不存在这种情况。

2.4 多叉树类数据结构

红黑树在绝大部分情况下已经表现得非常不错了，树的高度要比二叉搜索树低得多，因为在元素插入和删除时红黑树内部会对节点进行微调以保证树的平衡。而如果当红黑树中存储的元素数量非常多时，红黑树的层级依然会很高，即树的高度很高。树的高度会影响什么呢？这个问题留到第 4 章来解答，现在先假设存在这种需求，然后来进行进一步分析。

其实红黑树也会出现这个问题的根本原因在于红黑树仍然属于二叉树，它的节点最多也只能有两个孩子节点。因此要想在存储的数据集不变的条件下降低树的高度，一种最有效的方法就是增加每个节点内部的孩子节点的个数。比如可以支持每个节点最多有 3, 4, 5, …, n 个孩子节点。这种每个节点最多可以有 $n(n \geq 3)$ 个孩子节点的树就称为**多叉树**。前面介绍的 2-3 树其实就是一种特殊的多叉树，它允许一个节点最多有 3 个孩子节点。除了 2-3

树外常见的多叉树还有 2-3-4 树、B 树、B+ 树、Trie 树等。2-3-4 树和 2-3 树类似（和 2-3 树唯一的区别在于它可以允许每个节点最多有 4 个孩子节点而已），B 树和 B+ 树由于其数据结构本身的独特性，使得其在数据库领域的索引中用得非常多，Trie 树在搜索引擎、数据压缩等方面有广泛的应用。本节将专门介绍这些多叉树数据结构的内部原理。

2.4.1　B 树

B 树和 B+ 树的原理非常类似，但 B+ 树本身结构又比 B 树复杂，所以先来介绍 B 树的相关内容，理解了 B 树后再理解 B+ 树就相对容易了。下面将从 B 树的基本概念、查找、插入、删除、应用场景这几个方面对 B 树展开介绍。

1. B 树的基本原理

B 树是一种多路平衡查找树，假设它的每个节点内部最多可以存储 m 个节点，则 m 称为 B 树的阶（m 是所有节点中孩子个数的最大值）。一个 m 阶的 B 树可以是一棵空树，倘若不是空树则一定是满足以下条件的 m 叉树。

❑ 树中的每个节点最多有 m 个子树，该节点内部最多有 $m{-}1$ 个关键字。

❑ 如果根节点不是叶子节点，则至少有两棵子树。

❑ 每个非根的分支节点都有 k 个关键字和 $k+1$ 个子树，每个叶子节点都有 k 个关键字，其中 $\left\lceil \dfrac{m}{2} \right\rceil -1 \leqslant k \leqslant m-1$。分支节点的结构如图 2-24 所示。其中，$K_i(i = 1, 2, 3, \cdots, k)$ 为节点内部存储的关键字，并且内部的关键字是有序存储的，即 $K_1 < K_2 < K_3 < \cdots < K_k$。$P_i(i = 0, 1, 2, 3, \cdots, k)$ 为指向子树根节点的指针，并且指针 P_{i-1} 所指的子树中所有节点存储的关键字均小于 K_i，指针 P_i 所指的子树中所有节点存储的关键字的值均大于 K_i。$k\left(\left\lceil \dfrac{m}{2} \right\rceil -1 \leqslant k \leqslant m-1 \right)$ 为节点中存储的关键字的个数。

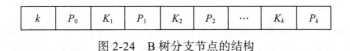

| k | P_0 | K_1 | P_1 | K_2 | P_2 | $\cdots$ | K_k | P_k |

图 2-24　B 树分支节点的结构

❑ 所有的叶子节点都出现在同一层。

根据 B 树的定义可以知道，B 树至少是一个半满的、层数较少的，而且完全平衡的多叉树。2-3 树实际上就是一个阶数为 3 的 B 树。图 2-25 所示的则为一个 5 阶的 B 树。

假设 B 树的阶数为 m，存储的元素个数为 n，则可以根据 B 树的定义计算出 B 树的高度 h 的范围。下面分别进行讨论。

1）当 B 树中的分支节点和叶子节点存储的关键字最少（此时子树个数 $k = \left\lceil \dfrac{m}{2} \right\rceil$），根节点只有一个关键字时，B 树的高度最高。第一层有 1 个关键字，第二层有 $2(k-1)$ 个关键字，第三层有 $2k(k-1)$ 关键字，第四层有 $2k^2(k-1)$ 个关键字，以此类推，第 h 层则有 $2k^{h-2}(k-1)$

个关键字。因此，B 树中总共有

$$1+2(k-1)+2k(k-1)+2k^2(k-1)+\cdots+2k^{h-2}(k-1)=1+2(k-1)\left[\sum_{i=0}^{h-2}k^i\right]$$

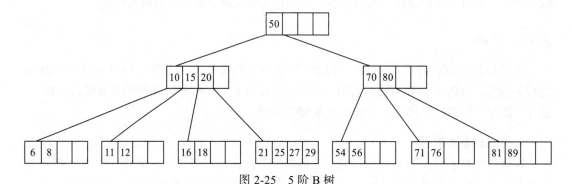

图 2-25　5 阶 B 树

前 n 项的几何级数求和公式为

$$\sum_{i=0}^{n}k^i=\frac{k^{n+1}-1}{k-1}$$

因此，在这种情况下 B 树中的元素个数可以表示为

$$1+2(k-1)\left[\sum_{i=0}^{h-2}k^i\right]=1+2(k-1)\frac{k^{h-1}-1}{k-1}=2k^{h-1}-1$$

上式计算出来的元素个数为 B 树中存储的元素个数的最小值，即

$$n\geqslant 2k^{h-1}-1$$

化简上述不等式可以得到

$$h\leqslant\log_k\frac{n+1}{2}+1$$

利用上述公式求出来的是高度的最大值。假设 $m=200$，$n=2000000$，则计算出来的 $h\leqslant 4$。这意味着如果 B 树的阶数 m 设置得足够大时，即便存储在 B 树中的元素数目很大，但树的高度依然很小。

2）当 B 树中每个节点达到最多的子树（即每个节点有 $k=m$ 个子树），内部存储的关键字个数为 $k-1$（即 $m-1$）时，B 树的高度最低。此时第 1 层元素个数为 $m-1$，第 2 层元素个数为 $m(m-1)$，第 3 层元素个数为 $m^2(m-1)$，以此类推，最后一层的元素个数为 $m^{h-1}(m-1)$。此时，高度为 h 的 m 阶 B 树内部存储的元素个数应满足下式

$$n\leqslant(m-1)+m(m-1)+m^2(m-1)+\cdots+m^{h-1}(m-1)=m^h-1$$

化简上述不等式可得到

$$h\geqslant\log_m(n+1)$$

通过对上述两种情况的分析可以得到存储 n 个元素的 m 阶 B 树的高度范围。同理，设 $m = 200$，$n = 2000000$ 设，则计算出来 $h \geqslant 2.7$。

2. B 树的查找

在 B 树中查找和在普通的二叉树中查找并无太大差别，唯一的区别在于，在二叉树中查找时每次都是对当前节点的值和待查找的值进行比较后按照二分方式进行搜索，而在 B 树中，由于一个节点内部会存储多个关键字的值（这些值有序存储），因此对应的划分并不是简单的二分，而是需要继续在有序的多个值中再次进行二分查找，最终定位到待查找的值所属的范围，然后在对应范围的子树继续查找。综上，在 B 树中的查找可以分为以下两步。

1）在 B 树中定位待查找的值可能所在的子树对应的节点。

2）在节点内定位待查找的值，如果在节点内恰好找到该值，则直接返回，结束查找；否则，可以定位到当前待查找的值可能所在的子树节点，继续按照第 1）步进行查找。

下面以在图 2-25 中查找 27 和 58 为例分别进行详细讲解。

示例 1：查找 27。首先在根节点进行判断，27 < 50，因此 27 如果存在，则一定会在关键字 50 的左子树中。继续在 50 的左子树中查找，50 的左子树根节点中存储了 3 个值（10，15，20），在该节点内依次比较后，可知 27 比三者都大，因此如果 27 存在，则一定在关键字 20 对应的右子树中。继续在 20 的右子树中查找，20 的右子树根节点中存储了 4 个值（21，25，27，29），在该节点内依次进行比较可知 27 位于第三个，找到了 27。查找成功，返回结果结束查找过程。

示例 2：查找 58。首先在根节点中判断，根节点中就存储了 50 这一个值，58 > 50，因此 58 如果存在，则一定位于 50 的右子树中。继续在 50 的右子树根节点中查找，该节点内部存储了 2 个值（70，80）。通过比较可知，58 比二者都小，因此如果 58 存在则一定位于 70 的左子树中。继续在 70 的左子树根节点中查找，该节点内部存储了 2 个值（54，56），通过在节点内部比较发现 58 比二者都大，而此时该节点已经是叶子节点，因此 58 在该 B 树中不存在。查找失败，返回结果结束查找过程。

3. B 树的插入

在 B 树中插入元素时，首先需要根据前面介绍的查找方法定位插入的位置，当定位结束时定位的位置为 B 树的叶子节点。根据前面对 B 树的介绍可知，B 树的每个节点内部存储的关键字个数有一个范围。当要插入的关键字所定位的该叶子节点内部有空余空间（叶子节点未满）时，只需要保证将该关键字有序地插入到该节点中即可；而当该节点内部没有空余空间（叶子节点已满）时，强行插入该关键字会引起该叶子节点溢出，通常的处理方法是首先插入该关键字，然后紧接着创建一个新的叶子节点，并将当前叶子节点存储的关键字集合一分为二对这些关键字进行重新分配，分配完成后并将新的叶子节点中的一个关键字移动到当前节点的父节点中，移动完成后即可完成插入操作。如果此时父节点已经满了，没有空余空间可供插入，则继续重复上述过程。如果根节点也满了，则需要创建一个新的根节点。上述当节点已满时创建新节点并重新分配关键字的过程也称为节点的分裂过程。至此，整个插入的过程就介绍完了。下面以 5 阶的 B 树为例，具体说明插入过程。

　　情况 1：叶子节点有空余空间，直接插入。当定位到的待插入元素的叶子节点有空余空间时，对应的情况如图 2-26 所示。当插入元素 7 时，叶子节点有空余空间，此时只需要保证叶子节点中关键字的顺序，然后按序插入即可。示例中 7 大于 5 且小于 8，因此只需将 8 后移 1 位，然后在空出来的位置将 7 插入。

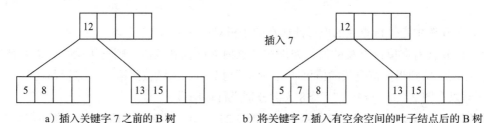

a) 插入关键字 7 之前的 B 树　　　　　　　　　b) 将关键字 7 插入有空余空间的叶子结点后的 B 树

图 2-26　叶子节点有空余空间时，直接插入

　　情况 2：叶子节点没有空余空间，对节点分裂后插入。示例场景如图 2-27a 所示，定位到插入元素 6 的节点为 12 对应的左叶子节点，该叶子节点已经满了，没有空余空间用来存储 6，此时强行插入 6 会导致该节点溢出，因此需要创建一个新节点。将原先的节点中的关键字一分为二，拆分后一半存储到新节点中，分裂完成后将要插入的 6 添加到新节点中（见图 2-27b），然后将新节点中加入 B 树中。新节点加入 B 树中比较简单，只需两步：第一步，将该节点的第一个元素添加到原叶子节点的父节点中，本例中是将 6 添加到上一层的父节点中；第二步，在父节点中设置一个指针指向该新节点。最后插入完成后的结果如图 2-27c 所示。

　　情况 3：插入元素后，B 树递归分裂，重新生成根节点。这种情况在 B 树中并不常见，但是并不意味着它不存在，图 2-28 描述了这种情况。在图 2-28a 中，B 树的根节点已经是满的，同时它的叶子节点也是满的。当插入元素 15 时，定位到根节点 12 的右节点。在插入 15 时会先按照前面介绍的情况 2 进行分裂插入，该过程如图 2-28b 所示。当插入 15 后新节点需要添加到 B 树中，但 B 树根节点已经满了没有空余空间，因此继续对 B 树的根节点分裂，将其一分为二，如图 2-28c 所示。分裂完成后，现在需要将两个分裂的 B 树合并成一个，此时就需要重新创建一个新的根节点，并将原根节点的中间的关键字 15 移动到新的根节点中，并在新的根节点中设置两个指针分别指向这两个 B 树，使其合并在一起，该过程如图 2-28d 所示，最终完成了元素的插入。在这种情况下可以发现，生成新的根节点是唯一会引起 B 树高度增加的一个场景。

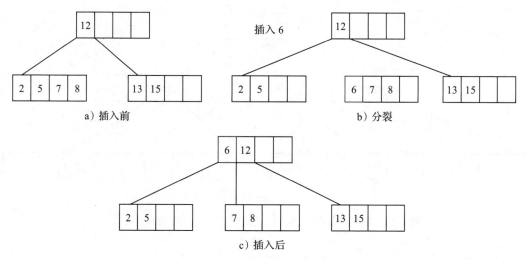

图 2-27 叶子节点没有空余空间，对节点分裂后插入

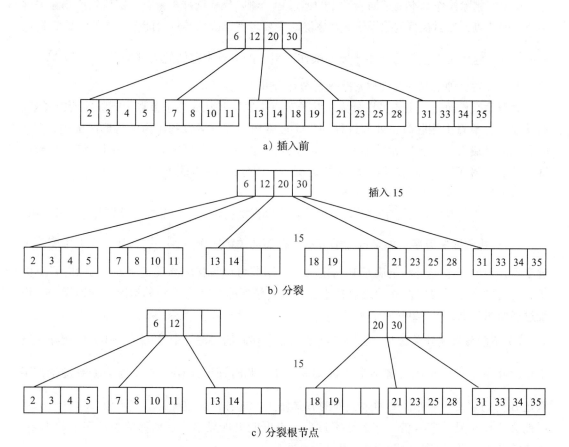

图 2-28 B 树根节点已满，插入元素后重新生成根节点

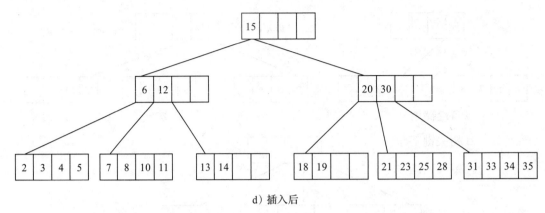

d）插入后

图 2-28　B 树根节点已满，插入元素后重新生成根节点（续）

4. B 树的删除

B 树的删除操作基本上是插入操作的逆过程。删除操作同样需要首先定位到待删除关键字所在的节点，然后执行删除操作。在删除时需要考虑删除后节点可能会出现不满足 B 树定义的情况。这种情况主要是指由于删除操作而引起的节点中存储的关键字个数小于 $\left\lceil \dfrac{m}{2} \right\rceil - 1$ 的情形。针对这种情况的处理通常是进行节点合并。

对删除操作而言，主要可以分为从叶子节点中删除和从非叶子节点中删除这两类场景。而从非叶子节点中删除时，处理过程和二叉搜索树一样，可以利用当前待删除的关键字 p 的前驱或者后继的关键字 p' 来替代 p。完成替代后，在对应的叶子节点中删除该前驱或后继关键字 p' 即可。下面同样以 5 阶 B 树为例，具体分析各种删除场景。

（1）从叶子节点中删除关键字 p

从叶子节点中删除关键字时需要考虑是否可以直接删除、是否需要进行节点合并等问题。

1）**直接删除关键字**：如果该叶子节点中存储的关键字个数 $\geq \left\lceil \dfrac{m}{2} \right\rceil$，从该节点中删除关键字后，该叶子节点仍然是满足 B 树定义的，因此可以直接删除关键字 p，删除时只有大于 p 的关键字才需要向左移动以填补空位。这种情况是插入操作中的情况 1 的逆操作，详细过程如图 2-29a 和 2-29b 所示。

2）**不能直接删除关键字**：如果该叶子节点中存储的关键字个数 $= \left\lceil \dfrac{m}{2} \right\rceil - 1$，则删除关键字后，叶子节点内部的关键字个数将 $< \left\lceil \dfrac{m}{2} \right\rceil - 1$，此时该节点存储的关键字个数过少，不满足 B 树的定义，因此需要通过额外的方式修正。这种情况也称为节点下溢。这种情况下可能会选择从兄弟节点借一些关键字过来，也可能出现兄弟节点内部的关键字个数不多，无法借出的情况，需要选择相邻节点进行合并。

①**兄弟节点存储的关键字足够多，可以借出**：当该叶子节点的兄弟节点内部的关键字数

目大于 B 树关键字个数下限 $\left\lceil \dfrac{m}{2} \right\rceil - 1$ 时，说明兄弟节点可以借出适当的关键字给当前节点。那么该叶子节点和兄弟节点中的所有关键字将在这两个叶子节点中重新分配。在重新分配的过程中会将父节点中划分这两个叶节点的关键字也迁移到所有的关键字中，重新分配后从中选择中间的关键字再加入父节点中。这种情况如图 2-29c 所示。

②**兄弟节点存储的关键字不够多，无法借出**：如果该叶子节点的兄弟节点内部的关键字数目等于 B 树关键字个数下限 $\left\lceil \dfrac{m}{2} \right\rceil - 1$ 时，说明该兄弟节点无法借出其内部的关键字给当前节点，这种情况下需要将当前的叶子节点和兄弟节点进行合并。合并的逻辑是将这两个节点内部的所有关键字及父节点中划分这两个叶子节点的关键字一起放进该叶子节点中，然后删除其兄弟节点。如果父节点中划分的关键字移掉后出现空位，则需要移动父节点中的关键字补齐空位。该过程如图 2-29d 所示。如果父节点也出现了下溢，则会引发一系列操作，这时只需要将父节点当作叶子节点，重复上述步骤，一直到可以执行上一步骤或者只有一个关键字的根节点为止。这种情况其实就是前文介绍的插入的情况 2 的逆操作。

③**特殊情况**：当父节点是一个只有一个关键的根节点时，有可能会出现一种特殊的情景，即合并该根节点的两个孩子节点时，两个孩子节点的所有关键字及该根节点的唯一关键字会一起放在一个新的节点中组成一个新的根节点，并删除原根节点和其兄弟节点。这种情况下树的高度会减 1，这是插入情景 3 的逆操作。该过程如图 2-29e 所示。

（2）从非叶子节点中删除关键字 p

从非叶子节点中删除关键字可能会引起树结构的重新组合，因此这种情况可以转化成用待删除关键字 p 的前驱节点或者后继节点 p' 来替换 p。p 的前驱关键字或者后继关键字是指按照升序排序后的位置，该关键字一定会出现在叶子节点中。替换后再从叶子节点中删除 p' 关键字，此时转化为第一种删除情况。该处理过程如图 2-29f 所示。

> 💡提示　在 B 树中对某个关键字而言，查找其前驱关键字的逻辑是：首先找到它的左子树，然后在左子树中一直递归地找最右子树，直至叶子节点，最后叶子节点内部最大的关键字即为当前关键字的前驱关键字。同理，后继关键字是在其右子树中，一直递归地找左子树，直至叶子节点，叶子节点内部的最小关键字即为当前关键字的后继关键字。

5. B 树的应用场景

B 树在单点查询上的性能非常高，平均时间复杂度在 $\log(N)$。此外，B 树不仅可以非常方便地在内存中实现，而且也很容易在磁盘结构上维护。这就造就了 B 树在存储引擎、数据库、文件系统中都有广泛的应用。B 树通常用来维护索引，高效地支持读 / 写访问。然而如果想通过 B 树来支持范围查询、获取全量数据这类需求，则需要按照中序的方式遍历 B 树。这对内存中维护的 B 树而言是非常容易做到的，但如果是在磁盘上组织的 B 树，则通常会导致访问的耗时开销比较大。针对后面的这类需求，可由它的伙伴 B+ 树来解决。

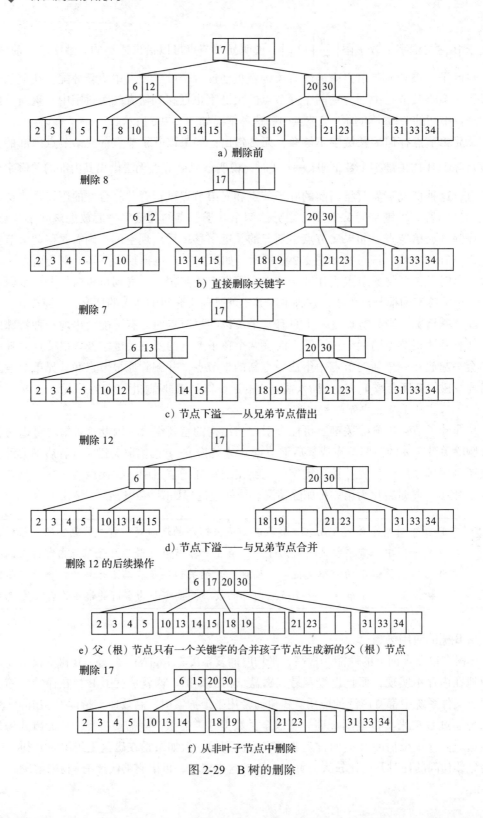

a）删除前

删除 8

b）直接删除关键字

删除 7

c）节点下溢——从兄弟节点借出

删除 12

d）节点下溢——与兄弟节点合并

删除 12 的后续操作

e）父（根）节点只有一个关键字的合并孩子节点生成新的父（根）节点

删除 17

f）从非叶子节点中删除

图 2-29　B 树的删除

2.4.2　B+ 树

B 树在范围查询、全量数据查询时需要按照中序的方式来完成，这对于数据存储在磁盘上的 B 树而言实现是非常低效的。B+ 树的产生就是为了高效地解决这类问题。B+ 树在 B 树的基础上进行了树结构的改进，它属于 B 树的一种变形树。下面也从 B+ 树的基本概念、查找、插入、删除、应用场景这几个方面对 B+ 树进行展开介绍。

1. B+ 树的基本原理

B+ 树也是一棵多叉树，它的所有节点中孩子个数的最大值称为 B+ 树的阶。对一个 m 阶的 B+ 树而言，它的节点需要满足以下几个条件。

1）非叶子节点（即根节点、分支节点）需要满足以下 3 个条件。

①每个节点最多可以有 m 个孩子节点或子树，最少含有 $\left\lceil \dfrac{m}{2} \right\rceil$ 个孩子节点或子树。非叶的根节点至少包含两个孩子节点。

②每个节点内部存储的关键字个数和孩子节点个数相等。

③每个节点内部仅包含它的各个孩子节点中关键字的最大值（或最小值），以及指向孩子节点的指针。

2）叶子节点有以下两个特点。

①每个叶子节点内部包含所有的关键字及相应记录的数据或者指针。叶子节点内部的关键字有序排列。

②每个叶子节点之间也有序链接在一起。

图 2-30 所示就是一个 4 阶、高度为 3 的 B+ 树的例子。实际上，B+ 树中叶子节点保存了所有的关键字的记录，而非叶子节点则充当叶子节点的稀疏索引。

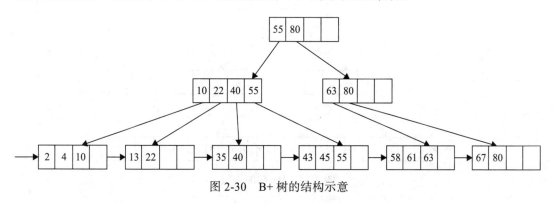

图 2-30　B+ 树的结构示意

从 B+ 树的定义来看，有些约束和 B 树类似，但也有些规定是 B 树没有的。对 m 阶 B+ 树和 m 阶 B 树做比较，二者主要的差异有以下两点。

1）**关键字个数和子树个数不同**。在 B 树中，如果一个节点内包含 k 个关键字，则它一定有 $k+1$ 个子树。同时，B 树中非根节点的关键字个数范围是 $\left\lceil \dfrac{m}{2} \right\rceil - 1 \leqslant k \leqslant m-1$，根节点关

键字个数范围是 $1 \leq k \leq m-1$。而在 B+ 树中，如果一个节点内包含 k 个关键字，则它有 k 个子树。同时，它的非根节点的关键字个数范围是 $\left\lceil \dfrac{m}{2} \right\rceil \leq k \leq m$，根节点的关键字个数范围是 $1 \leq k \leq m$。

2）叶子节点和非叶子节点的作用不同。在 B 树中，叶子节点和非叶子节点的功能一样，都存储关键字的记录，且叶子节点和非叶子节点中存储的关键字是不重复的；而在 B+ 树中，叶子节点存储着所有的关键字的记录，非叶子节点则存储着叶子节点的索引，它并不存储关键字的记录，并且叶子节点和非叶子节点中存储的值是会重复的。

2. B+ 树的查找

在 B+ 树中进行查找的过程和 B 树的查找过程基本类似，也是分为两步：第一步是定位节点；第二步是在节点内查找。具体的查找过程可以参考第 2.4.1 小节中 B 树的查找部分。下面以图 2-31 所示的 4 阶 B+ 树为例，详细说明查找关键字 13 和 16 的过程。

在图 2-31 中查找 13 时，首先从根节点开始，根节点包含 2 个关键字 19、80，13<19，所以 13 可能存在于关键字 19 所指的子树中；接着在 19 的子树中查找，该子树中包含 2 个关键字 11、19，而 13 介于 11 和 19 之间，因此继续在 19 所指的子树中查找；此时 19 所指的节点已经是叶子节点了，在该叶子节点中内部包含 3 个关键字，即 13、15、19，其中包含待查找的 13；此时返回查找成功，结束查找过程。

查找关键字 16 的过程和 13 的类似。在根节点下一层的子树节点内定位时，16 介于 11 和 19 之间，所以还是继续在 19 所指的叶子节点中查找，而该叶子节点中包含 13、15、19 这 3 个关键字，通过二分查找发现 16 并不存在于该叶子节点中，因此返回查找失败，结束查找过程。

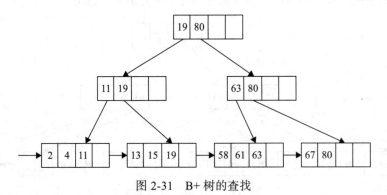

图 2-31　B+ 树的查找

3. B+ 树的插入

B+ 树的插入操作和 B 树的插入操作也类似。在插入关键字时，首先需要通过前面介绍的查找方法定位到该关键字待插入的叶子节点。确定插入的叶子节点后需要分情况考虑。

如果要插入的叶子节点中本身有空余空间，则可以直接插入，此时只要保证插入后叶子节点中所有的关键字仍然有序即可。在这种情况下，如果插入的关键字不是该叶子节点内的最大值或者最小值，则不需要更新索引信息，受影响的仅是叶子节点；否则，就需要同步更新父节点中的索引信息。该情况的插入过程如图 2-32b 所示。

　　如果插入的叶子节点已经满了，没有空余空间了，则插入关键字后会引起节点溢出，此时需要通过分裂该叶子节点来解决溢出问题。分裂后，一个叶子节点变成两个叶子节点，同时将内部所有的关键字平均分配给两个新的节点。完成分裂后还需要将新的叶子节点加入 B+ 树中。具体操作就是在原叶子节点的父节点内部的关键字集合中添加新节点的最大关键字或者最小关键字并保证有序，同时在父节点中新增一个指针指向该节点。该情况的详细插入过程如图 2-32c 所示。

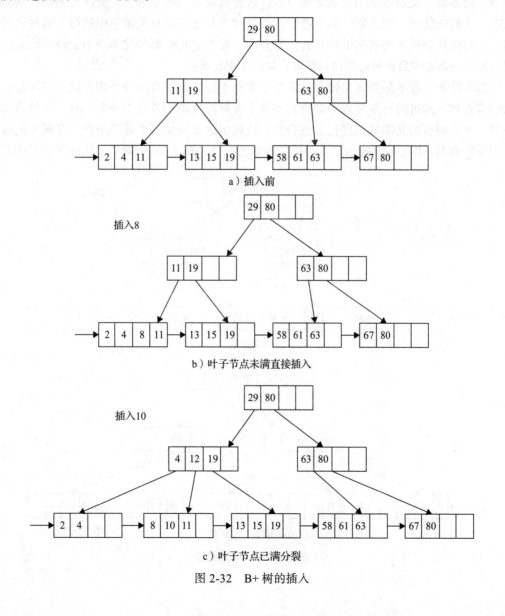

a）插入前

b）叶子节点未满直接插入

c）叶子节点已满分裂

图 2-32　B+ 树的插入

如果父节点此时也是满的，则继续向上分裂父节点，分裂的过程和上述过程类似。最终直到遇到有空余节点可以存储或者到达根节点为止。

4. B+ 树的删除

B+ 树的删除过程也跟 B 树的类似，在执行删除操作时同样首先需要通过查找定位当前待删除的关键字存储在 B+ 树中的哪个叶子节点上，确定叶子节点后下一步就需要分情况考虑了。

如果在叶子节点内部删除该关键字后不会引起节点下溢，则只需要直接从该叶子节点中删除该关键字并保证剩余关键字有序即可。绝大部分情况下，删除操作只影响当前叶子节点，而不需要更新索引信息和其他节点，这种情况是最简单的。需要注意的是，这种场景有一个特殊情况，如果删除的关键字恰好是叶子节点内所有关键字中的最大值或者最小值，此时该值会被作为索引维护在其父节点中，那么这时需要将父节点中记录的该关键字用当前叶子节点中最新的最值进行更新，如图 2-33b 所示。

当从叶子节点中删除该关键字后发生了节点下溢，此时有两种处理方式：一种是将该叶子节点和其同级的兄弟节点中的所有关键字重新在这两个节点中分配；另一种是将该叶子节点和其同级的兄弟节点进行节点合并，然后删除多余的一个叶子节点，并同步更新父节点中的索引。图 2-33c 展示了合并的这种场景，当关键字 10 删除后，该叶子节点中只有

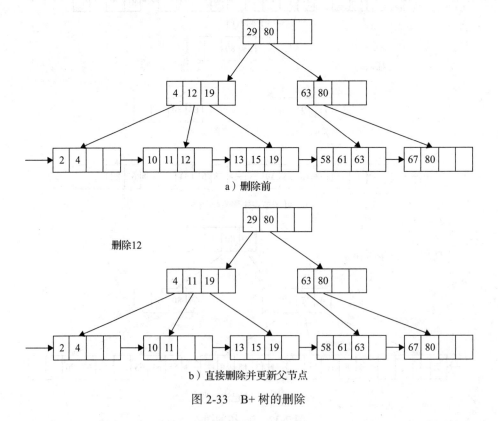

a）删除前

b）直接删除并更新父节点

图 2-33 B+ 树的删除

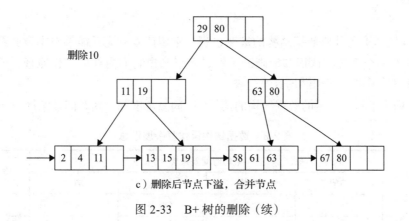

c）删除后节点下溢，合并节点

图 2-33　B+ 树的删除（续）

1 个关键字 11，发生了下溢。因此将其和同级相邻的兄弟节点进行合并，合并后将多余的叶子节点删除并同时在父节点中移除该节点对应的索引和指针。需要注意的是，删除操作也可能会导致父节点发生合并操作，甚至极端情况下会发生级联合并，最终直到根节点或者遇到未发生溢出的节点结束。

5. B+ 树的应用场景

B+ 树和 B 树均属于平衡多叉树，尤其 B+ 树通过对 B 树结构调整以后，不仅可以支持高效单点的查询功能，而且还能灵活高效地支持范围查询、全量数据有序遍历等，这也使得 B+ 树成为 MySQL、Oracle 等关系数据库的存储引擎索引结构选择的不二之选。耳熟能详的 MySQL 中的 InnoDB、MYISAM 等存储引擎均采用 B+ 树来存储数据，支持高效的读 / 写访问。除此之外，还有部分嵌入式数据库，比如 SQLite、单机 KV 数据库 BoltDB 等均采用 B+ 树来构建索引。除了数据库以外，在操作系统中的文件系统、内存管理中，B+ 树也有着广泛的应用。

本小节介绍了数据结构中 B+ 树原生的结构，在内存中实现 B+ 树比较方便，但在磁盘上如何实现 B+ 树呢？需要做哪些改造和映射？这部分内容将在第 4 章详细介绍。

2.4.3　其他多叉树

其实多叉树不仅只有 B 树和 B+ 树，还有 B* 树、前缀 B+ 树、k-d B 树、R 树、FD 树、BW 树等诸多多叉树。这些树都是针对某些场景演变得到的。由于篇幅有限，本书不对这些数据结构进行介绍，感兴趣的读者可以查找相关资料进行深入阅读和了解。

2.5　小结

本章重点介绍了存储引擎中索引存储选型上通常会涉及的各种数据结构。从最基础的数组和链表开始介绍，按照每种数据结构的平均读 / 写时间复杂度从低到高的顺序进行了归类和讲解。

图 2-34 展示了各种树数据结构的演变过程。希望读者看完后能够对本章介绍的各种树的数据结构有一个系统的认识和清晰的了解，不仅知道它们内部的工作原理，而且掌握它们之间的差异，及各自适用的场景等内容。

表 2-3 列出了本章介绍的数据结构的读 / 写时间复杂度和空间时间复杂度。

表 2-3　数据结构操作复杂度汇总

数据结构	平均时间复杂度				空间复杂度
	访问	搜索	插入	删除	
数组	$O(1)$	$O(N)$	$O(N)$	$O(N)$	$O(N)$
链表	$O(N)$	$O(N)$	$O(1)$	$O(1)$	$O(N)$
Hash 表	—	$O(1)$	$O(1)$	$O(1)$	$O(N)$
二叉搜索树	$O(\log N)$	$O(\log N)$	$O(\log N)$	$O(\log N)$	$O(N)$
红黑树	$O(\log N)$	$O(\log N)$	$O(\log N)$	$O(\log N)$	$O(N)$
跳表	$O(\log N)$	$O(\log N)$	$O(\log N)$	$O(\log N)$	$O(N)$
B 树	$O(\log N)$	$O(\log N)$	$O(\log N)$	$O(\log N)$	$O(N)$
B+ 树	$O(\log N)$	$O(\log N)$	$O(\log N)$	$O(\log N)$	$O(N)$

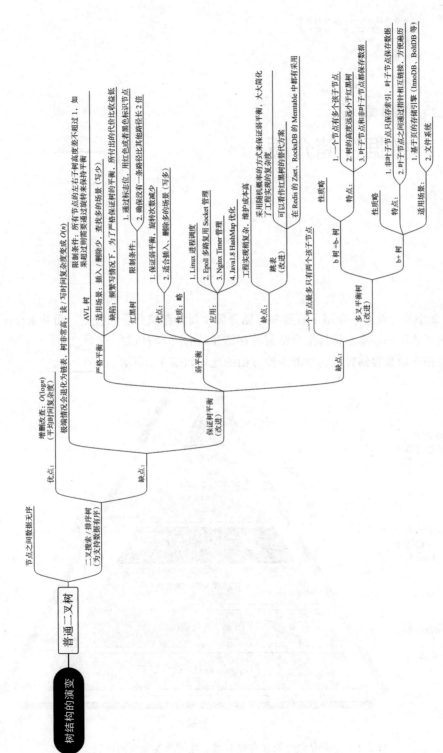

图 2-34 树结构的演变过程

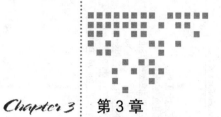

数据存储介质

第 1.2.2 小节中仅简单介绍了有哪些存储介质及每种存储介质的特点，而并未介绍每种存储介质的工作原理。本章将详细介绍每种存储介质的读 / 写机制。

主流存储介质在存储容量、性能维度方面的比较如图 3-1 所示。

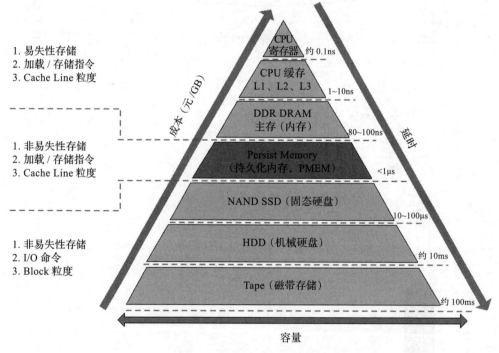

图 3-1　主流存储介质在存储容量、性能维度方面的比较

3.1　内存

现在操作系统已经对内存的封装和管理达到了非常不错的效果。对工程师而言，在不太深入了解内存工作原理的情况下，也可以编写出符合逻辑且正常运行的程序。然而，掌握了内存的工作原理可以在编程开发时写出更优秀、更高性能的软件，也能有明确的性能优化方向。本节内容主要围绕内存是如何工作这个话题展开，主要内容包括内存的基本内容、内存管理机制和虚拟内存管理机制三部分。

3.1.1　内存的基本内容

本小节首先介绍内存的概念，包括内存是什么、内存的内部构成等内容。其次，介绍内存在计算机中所处的位置，它是如何和 CPU 一起配合工作的。最后，通过两个示例介绍如何访问内存。

1. 内存的概念

日常在提及内存时，通常将内存、RAM、易失性存储等这几个概念混用，其实它们之间还是有一些区别的。下面来介绍这几个概念之间的关系。

易失性存储经常和非易失性存储一起对比，这二者之间的主要区别在于，系统断电后数据能否永久保留。非易失性存储在断电后数据仍然能够保存，其代表有闪存存储（如 NAND 闪存、固态硬盘等）、只读存储器（ROM）、大多数类型的磁性计算机存储设备（例如磁盘驱动器、软盘、磁带等）、光盘，以及早期的计算机存储介质（如纸胶带和打孔卡）。而易失性存储需要持续供电才能保留存储数据，断电后数据就会丢失。易失性存储通常也称为 RAM（Random-access Memory，随机访问存储器），它在任何时候都可以读 / 写，因此有时也把 RAM 称为可变存储器。最常见的易失性存储就是各种 RAM 存储器。

RAM 根据其内部存储构件的不同，可以进一步分为 SRAM（静态 RAM）和 DRAM（动态 RAM）两大类。SRAM 将每位存储在一个双稳态的存储器单元里，每个存储单元用一个六晶体管电路实现。基于存储器单元的双稳态特性，只要有电就可以永久保存它的值，即便有干扰，当干扰消失后电路可以恢复到稳定值。DRAM 则是采用电容来存储数据的，它将每位存储为对一个电容充电。通常 DRAM 每个单元由一个电容和一个访问晶体管构成，并且由于采用电容构成，因此可以制造得非常密集。DRAM 对干扰非常敏感，当电容的电压被干扰后就很难恢复了。SRAM 和 DRAM 二者的内部存储构件不同决定了它们的应用场景也不同。SRAM 单元和 DRAM 单元相比，需要使用更多的晶体管来构建，同时其密集度更低、价格更贵、功耗更大。通常，SRAM 用作 CPU 的高速缓存存储器；而 DRAM 则用作计算机的主存，也就是常说的内存，因此内存等同于 DRAM。

综上，日常生活中经常提及的内存指的是 DRAM，属于易失性存储。这也是内存断电后数据会丢失的原因。

2. 内存在计算机中的位置

鉴于内存的上述特点，内存在计算机中主要充当数据暂存的角色，它往往是 CPU 访问磁盘存储数据的一个中间介质。那 CPU 和内存之间是如何交互的呢？图 3-2 所示为 CPU 和内存之间的总线连接结构。

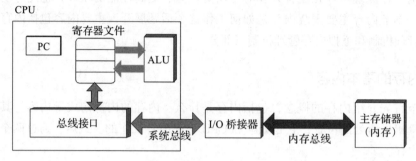

图 3-2　CPU 和内存之间的总线连接结构

CPU 和内存并不是直接相连的，而是通过一个中间结构——I/O 桥接器进行连接的。CPU 和 I/O 桥接器通过系统总线连接，内存和 I/O 桥接器通过内存总线（Memory Bus）连接。I/O 桥接器可以将系统总线和内存总线上传输的数据进行翻译转换。注意：I/O 桥接器也将系统总线和内存总线连接到 I/O 总线，连接例如键盘、鼠标、磁盘等这些 I/O 设备，以共享 I/O 总线。这里主要将关注点集中到内存总线上。

在 CPU 和内存之间传输的数据流是通过这些总线的共享电子电路来回传递的。一般，CPU 和内存之间的数据传输往往是通过一系列步骤来完成的，这些步骤通常也称为总线事务（Bus Transaction）。其中，从主存传输数据到 CPU 的过程称为读事务（Read Transaction），而数据从 CPU 传输到内存的过程称为写事务（Write Transaction）。

3. 如何访问内存

下面从宏观的角度介绍 CPU 访问内存的过程。为方便介绍内存的读 / 写过程，下面分别以 CPU 读取内存数据和写入数据到内存为例进行说明。

（1）从内存读取数据

汇编指令 movq A,%rax 表达的含义是将地址 A 的内容加载到寄存器 %rax 中。读取数据的流程如下。

首先，CPU 将待读取数据的地址 A 发到系统总线上，地址信号会经过 I/O 桥接器传递到内存总线上；内存感知到内存总线上的地址信号并读取到地址，然后从内存对应的地址中获取数据，并将获取到的数据写回到内存总线；接着，I/O 桥接器将内存总线信号翻译成系统总线信号，信号沿着系统总线传递；最后，CPU 感知到系统总线上的数据后从系统总线上读取数据，并将数据复制到目标寄存器 %rax 中。

这里是以寄存器为例，在实际过程中，目标地址既可能是寄存器，也可能是应用程序

对应的缓冲区，比如网络编程中的 Socket 的输入缓冲区等。读取内存数据的全过程如图 3-3
所示。

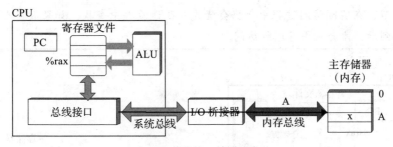

a）CPU 将地址 A 放到总线上

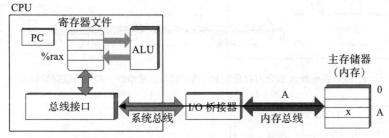

b）内存从内存总线上读出地址 A，然后取出数据 X，并放到总线上

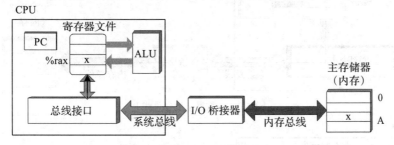

c）CPU 从系统总线上读取值 X，然后将其复制到寄存器 %rax 中

图 3-3　movq A,%rax 从内存加载数据的过程

（2）写数据到内存

写数据到内存的过程和上述读取内存数据的过程恰恰相反，下面仍以寄存器为例。
movq %rax,A 这条汇编指令表达的含义是将寄存器 %rax 中的数据写到内存中地址 A 中。整
个写入数据的流程如下。

首先，CPU 会将待写入数据的内存地址 A 发往系统总线上，该地址信号被 I/O 桥接器
翻译后传递到内存总线上，内存读取到地址信息后等待数据到达；接下来，CPU 将待写入
的数据 y 从寄存器复制到系统总线上，数据 y 经过 I/O 桥接器传递到内存总线上，内存感
知到数据到来了后从内存总线上读取数据 y 并将其存放到前面读取的内存地址 A 中。经过
上述环节，一次写入内存的操作就完成了。在实际场景中，这里的寄存器也可能是应用程

序对应的输出缓存区。数据写入内存的全过程如图 3-4 所示。

> **注意** 上述两个例子为了方便读者直观理解访问内存的过程，中间省去了 CPU 高速缓存这个环节，在实际访问过程中数据会优先从高速缓存中查找，如果数据在高速缓存中查不到后，才会对内存进行访问。

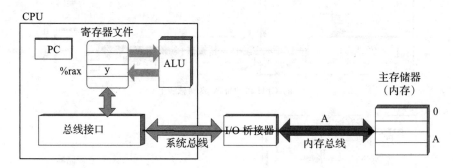

a）CPU 将地址 A 放到内存总线上，内存读取出来地址，并等待数据的到来

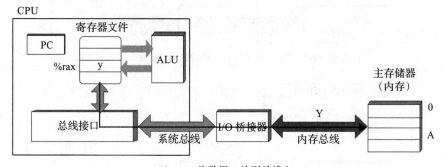

b）CPU 将数据 y 放到总线上

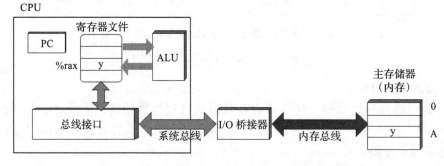

c）内存读取总线上的数据 y，然后将其写入地址 A 对应的位置

图 3-4　movq %rax,A 数据写入内存的过程

上述两个示例直观地展示了访问内存这一过程，其实，在实际中针对内存的访问还存在诸多细节。操作系统为了更好地使用内存，通常会对内存进行合理的协调分配，即对内

存进行管理。内存的管理分为两部分：一部分是对物理内存的管理；另一部分是对虚拟内存的管理。后边两小节将分别介绍操作系统如何管理物理内存和虚拟内存。

3.1.2 内存管理机制

本小节介绍操作系统对物理内存的管理机制。一个用户程序被装入内存时，操作系统需要给该程序分配一定大小的内存空间。根据对进程分配的内存是否连续，可以将内存分配方式分为连续内存分配和离散内存分配两大类。

1. 连续内存分配

连续内存分配，顾名思义，内存分配给每个进程的内存空间是连续的。举个例子，如果一个进程需要 1GB 的内存空间，则在连续内存分配的方式下，操作系统会给该进程分配一块连续的 1GB 的空间。采用连续内存分配方式的话，程序的代码或者数据的逻辑地址是相邻的，并且内存空间的物理地址也是相邻的。根据分配方式的不同，连续内存分配可以分为三类：单一连续分配、固定分区分配、动态分区分配。

（1）单一连续分配

单一连续分配主要在单道程序环境下使用。通常内存空间会分为系统区和用户区两部分。系统区一般在低地址部分，供操作系统使用。而用户区则是除去系统区的剩余内存空间。用户区中仅装有一道程序在运行，整个用户空间被该进程独占，所以这种分配方式被称为单一连续分配。这种分配方式最大的优点是简单，同时无内存碎片。其缺点也很明显，就是只能运行单道程序，多个进程无法共享内存空间，内存利用率低。

（2）固定分区分配

为了能运行多道程序就产生了固定分区分配方式。固定分区分配方式也很简单，就是把内存空间划分成固定大小的区，每个进程装入进来时，分配到不同的内存分区。根据划分内存分区的策略不同，固定分区分配分为分区大小相等、分区大小不等两种。分区大小相等意味着内存按照指定大小划分。这种方式适合于用一台计算机控制多个相同对象的场合，而该方式最大的问题就在于缺乏灵活性。当运行的程序太小时，空间浪费严重；当运行的程序太大时，一个分区又不能完全装下，导致无法运行。针对其缺点就出现了按照分区大小不等的方式来划分内存。这种做法通常是将内存划分成若干不同大小的区。为了维护每个分区的信息，方便分配空间，往往会建立一张分区表。分区表中记录了每个分区的起始地址、大小、是否已分配等状态信息。在分配内存时首先在该表中检索可用的分区，如果找到了可用分区则分配给进程，如果没有找到合适的分区，则拒绝给进程分配空间。

虽然固定分区分配方式支持多道程序的运行，但它存在两个问题：第一，当一个程序太大时，无法放到分区中运行；第二，进程所需的空间小于固定分区大小时，也占用一个完整的分区，导致分区内部存在一些剩余空间，造成内部内存碎片，内存利用率低。由于固定分区分配存在这些问题，从而产生了动态分区分配方式。

（3）动态分区分配

动态分区分配最核心的原则是**按需分配**，即一个程序需要多少内存空间，操作系统就给它分配指定大小的内存空间。这样就解决了固定分区分配中内部内存碎片的问题。动态分区分配方式在一开始工作得很好，但是随着时间的推移，也会产生很多内存碎片。这种内存碎片和固定分区产生的内部内存碎片恰恰相反，因此被称为**外部内存碎片**。可以通过紧凑压缩的方法来消除外部内存碎片。但紧凑压缩内存碎片需要 CPU 来完成，还需要重定位寄存器的配合，压缩过程相对耗时。

为了实现动态分区分配，操作系统内部要维护一个空闲分区链表。当分配空间时遍历该链表。根据分配策略的不同，分配算法主要有以下四种。

- ❑ 首次适应（First Fit）算法：该算法要求空闲分区链表维护的分区是地址递增有序的。在分配时顺序遍历链表找到第一个满足要求的内存分区，然后将其分配给进程。
- ❑ 邻近适应（Next Fit）算法：该算法又称为循环首次适应算法。它由首次适应算法改进而来，它单独维护了一个变量，用于记录上次分配空间遍历到的位置，在下次分配时从该变量记录的上次分配结束的位置开始继续往后遍历分配。
- ❑ 最佳适应（Best Fit）算法：该算法的核心出发点是"按需分配"。空闲分区链表中的元素按照容量递增排列，分配时找到第一个满足条件的可用空闲分区，即可完成分配。这种算法和首次适应算法的区别在于，首次适应算法是空闲分区按照地址递增排列，而最佳适应算法是按照空闲分区的容量递增排列。最佳适应算法和固定分区分配类似，同样存在内部内存碎片的问题。
- ❑ 最坏适应（Worst Fit）算法：该算法和最佳适应算法相反，它要求空闲分区链表按照容量递减排列，在分配时找到第一个满足条件的分区，该分区是可用空间中容量最大的分区，然后从中切割一部分内存空间分配给进程。因此将其称为最坏适应算法。

上述分配算法有一个共同点，它们都是基于空闲分链表进行顺序遍历而得名的算法。除了上述顺序遍历的分配算法外，还有一些基于索引搜索的动态分区分配算法，比如快速适应算法、伙伴系统、Hash 算法等。限于篇幅，不再对这些算法进行展开介绍，感兴趣的读者可以自行查阅相关资料。

对连续内存分配的三种管理方式进行总结，见表 3-1。

表 3-1　三种连续内存分配方式的对比

维度	单一连续分配	固定分区分配	动态分区分配
运行作业道数	单道程序	多道程序	多道程序
内存碎片	产生内部内存碎片	产生内部内存碎片	产生外部内存碎片
硬件	界地址寄存器、越界检查机构	上下界地址寄存器、越界检查机构	基地址寄存器、长度寄存器、地址转换机构
解决碎片办法	—	—	紧凑压缩
可用区管理	—	链表	数组或链表

2. 离散内存分配

连续内存分配三种方式的最大特点是，一个进程的所有数据都是连续存放在分配的内存空间中的。然而随着系统长时间的运行，这会导致内存分配过程中产生的碎片越来越多。虽然碎片可以通过"紧凑压缩"的方式让操作系统进行整理，但是这个过程极其费时，带来的开销也比较大。那么换个角度思考，如果不强迫将一个进程的所有数据都连续存放在一起，可不可行呢？换言之，是否可以将一个进程的数据分散存放在内存的多个空间中呢？答案是可以的。基于此就产生了离散内存分配方式，又称为非连续内存分配。在离散内存分配方式中根据其分配内存空间单位的不同，又可以划分为以下三类。

- ❑ **分页内存管理**：在分页内存管理方式下，系统将用户程序划分成若干个固定大小的块，块也称为页。同时物理内存也被划分为相同大小的物理块，一般称其为页框（Frame）。通过划分后可以将用户程序的任何一页放入到页框中，做到离散存储。
- ❑ **分段内存管理**：分段内存管理方式是站在软件开发人员角度考虑的，为满足用户需求而提出来的一种内存管理方式。该方式将应用程序划分为若干个大小不等的段，每个段包含有完整的信息，在内存分配空间时以段为单位。这些段在物理内存中存放时也是不要求连续的，因此也实现了离散存储。
- ❑ **段页结合内存管理**：顾名思义，该方式是将分段内存管理和分页内存管理结合起来，先将应用程序进行分段，每个段在分配内存时又是以页为单位分配的。该种方式同时具有分页内存管理和分段内存管理两者的优点。

段页结合是目前应用最为广泛的一种内存管理方式，而理解分页内存管理、分段内存管理是理解段页结合内存管理的基础。下面来详细介绍上述三种离散内存分配管理方式。

（1）分页内存管理

下面从分页的基本概念（分页系统中逻辑地址构成、页表结构）、分页内存管理中逻辑地址如何转换成物理地址、地址转换过程中出现的问题（效率低、占空间）等几个方面展开介绍分页内存管理。这部分内容是按照循序渐进、环环相扣的方式展开的，读者在阅读时要重点关注前一部分和后一部分之间的核心矛盾，以便更加深入地理解这部分内容。

1）分页的基本概念。

分页内存管理中应用程序和内存都按照固定大小的区域块进行划分，划分的块不同的场景叫法各不相同，在进程维度称为页，而在物理内存中则称为页框，在外存（比如磁盘）中又称为块，但它们本质上都是一样的，都指的是固定大小的区域块。以页为单位划分后，在对进程进行分配空间时，会以页为单位进行分配。

分页的好处是给一个进程分的内存空间可以不连续，但划分后进程的最后一页往往很难保证恰好是一页大小，因此导致在内存空间的使用上产生一些内部内存碎片。内存碎片与页大小的选择有关，选择合适的页大小会使内存碎片大大降低。分页内存管理产生内存碎片的原因和固定大小分区分配比较类似，而二者的区别主要在于分页内存管理中页的大小要比分区的大小小得多，所以产生的碎片相对进程而言是很小的。据统计，平均一个进程产生的内部碎片大概是半个页大小。

下面来看看分页后进程地址是如何组织的。以 32 位寻址系统为例，图 3-5 所示为分页内存管理中逻辑地址的结构。

31	...	12	11	...	0
页号 P			页内偏移量 W		

图 3-5　分页内存管理中逻辑地址的结构

分页内存管理中逻辑地址由**页号 P** 和**页内偏移量** W 两部分构成。页内偏移量由页大小来限定，给定页的大小即可确定页内偏移量的范围。整个地址空间共占 32 位，页大小为 4K（2^{12}）B 的情况下需要用 12 位来存储，从低地址开始算起，需要用 0～11 位来记录页内偏移量 W，W 的取值范围为 0～4K（0～2^{12}）B。剩余的 12～31 位用来记录页号 P 的信息，P 的取值范围为 0～2^{20}。

按照页划分后，进程中相邻的区域可以分配到不相邻的物理块上。通过这样的方式来实现对一个进程离散地分配空间。但是如何知道进程中某一页存放到内存中哪个页上呢？在分页内存管理系统中是通过页表这个中间结构来保存映射关系的。每个进程有自己独立的页表，页表中的每一项称为页表项，页表项记录了该进程内部的某一页存放在物理内存中的哪一页上。页表维护的是进程中页号到物理页号的映射关系。进程、页表及物理空间之间的映射关系如图 3-6 所示。

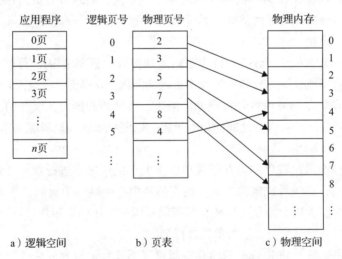

图 3-6　分页内存管理中的页表映射

那么，页的大小选择多少合适呢？

首先可以定性分析一下如果页的大小取得比较大，则相应的进程和物理内存空间划分出来的页的个数就比较少，进而需要存储映射关系的页表中维护的页表项个数也就越少，页表占用的空间越少，但缺点是进程内的内存碎片就越大；而如果页的大小取得比较小，虽然进程内的内存碎片得到了减少，但带来的问题是同样大小的进程划分出来的页个数增加了，这间接导致了页表中页表项的数目增多，页表所占空间增大。由此来看，页大小的选择其实是一个折中的选择。通常为方便处理，页的大小一般会取 1～8KB 范围中 2 的 n 次幂。

2）逻辑地址和物理地址转换。

在程序访问数据的时候，传递的是逻辑地址，而实际上数据是存储在内存空间的物理地址上。因此，需要对逻辑地址和物理地址进行转换。由于程序中每一页都是和物理内存上的页一一对应的，因此页内的偏移量是相同的，无须再进行转换。所以逻辑地址到物理地址的转换只需要将逻辑地址中的页号转换为物理地址中的页号即可。而根据前面介绍的内容可知，二者的映射关系是维护在页表中的，故逻辑地址到物理地址的转换需要借助页表来完成。

在进程运行期间，每次数据的访问都需要进行地址的转换，执行频率非常高，所以需要通过硬件来实现。理论上，页表是由一组寄存器组成的，其中每个页表项对应一个寄存器。可以通过访问速度较高的寄存器来提升地址转换的速度。然而，现在计算机的页表通常很大，维护的页表项很多，总数可以达到几万甚至几十万个，同时寄存器的成本较高，在这样的现状下，每个页表项对应一个寄存器几乎是无法实现的。目前，普遍的做法是将页表存放到内存中，然后专门设置一对页表寄存器（Page Table Register，PTR）用来存放页表的起始地址 F 和页表长度 M。在程序未运行时页表的起始地址和页表长度记录在进程的 PCB（Process Control Block，进程控制块）中，只有当该进程开始运行后才会将二者加载到页表寄存器中。

为了方便介绍逻辑地址到物理地址的转换过程，先做一些设定：假设程序中页大小为 L，某次数据访问的逻辑地址为 A，其中页号为 P、页内偏移量为 W，页表寄存器中存放的页表起始地址为 F、页表长度为 M，页表项长度为 N，页号 P 在页表中对应的物理页号为 b，转换后的物理地址为 E。图 3-7 展示了逻辑地址转换为物理地址的过程。

第 1 步：根据页大小 L 和逻辑地址 A，计算出页号 $P = A/L$，页内偏移量 $W = A\%L$。

第 2 步：将页号 P 跟页表寄存器中的页表长度 M 进行比较，做安全性校验，如果 $P \geq M$ 则意味着非法访问，数据产生了越界，系统会产生越界中断。

第 3 步：在 $P < M$ 的情况下，接下来根据页表寄存器中的页表起始地址 F、当前页号 P 和页表项长度 N 计算 P 对应的页表项地址，即 P 的页表项地址 $= F + PN$。根据计算出的 P 的页表项地址可以进一步得到页号 P 对应的物理页号 b。

第 4 步：由于进程的页大小和物理内存页大小相等都是 L，所以可以得出逻辑地址 A 对应的物理地址 $E = bL + W$。

至此，就完成了一次逻辑地址到物理地址的转换。由于页表内容是存放在内存中的，因此一次数据访问需要访问两次内存：第一次是根据逻辑地址中的页号查找内存中的页表得到物理页号；第二次是根据拼接好的物理地址查询内存获取到对应的数据。这也就意味着在这种方式下 CPU 的处理效率下降了一半。为了解决这个问题产生了一种加速地址转换方案——**引入快表**。

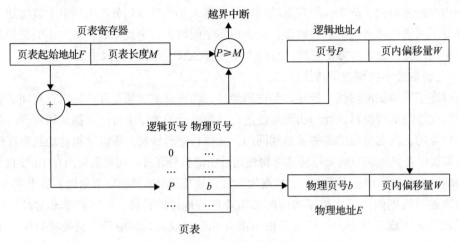

图 3-7　分页内存管理地址转换过程

3）快表加速地址转换。

为了解决普通地址转换过程中两次访问内存的问题，提升地址转换的效率，很多系统在地址转换中引入了一个新的组件——快表。快表是一种具有并行查找能力的高速缓冲寄存器，部分系统也将快表称为相联寄存器（Associative Memory）。快表缓存了频繁访问的若干页表项，因此可通过它来加速地址转换。引入快表后的地址转换过程如图 3-8 所示。

还是以前面逻辑地址 A 到物理地址 E 转换的过程来说明引入快表后地址转换的过程。

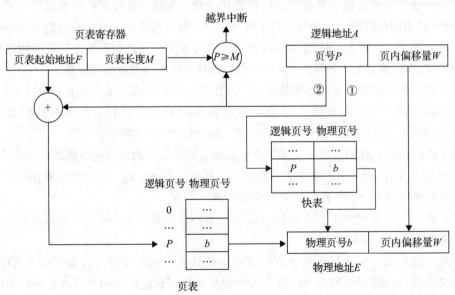

图 3-8　分页内存管理结合快表的地址转换过程

注：①表示命中快表的地址转换过程；②表示未命中快表的表示过程。

第 1 步：由 CPU 给出用户程序的逻辑地址后，解析出来对应的页号 P 和页内偏移量 W，然后将页号 P 送入到快表中进行查找，看页号 P 对应的页表项是否有缓存。

第 2 步：如果表中有缓存页号 P 对应的页表项，则直接获取到该页表项，然后根据物理页号 b 和页内偏移量 W 计算得到实际的物理地址，这样访问数据只需要一次访问内存即可。

第 3 步：如果在快表中没有找到页号 P 对应的页表项，那么就需要按照之前的逻辑在内存中的页表中查找页号 P 对应的页表项，找到后再和页内偏移量 W 计算得到物理地址再访问数据。同时，将页号 P 的页表项缓存一份到快表中（在加入时还需要考虑是否有足够的空间，如果在快表空间不够的情况下，还需要考虑淘汰其中的一项缓存项释放空间，以便缓存新的待缓存的页表项），以便下次进行相同地址转换时能在快表中直接找到。可以看到，在没有在快表中直接找到时，还是按之前介绍的普通地址转换的逻辑执行的。

上述过程有两点需要注意：在部分系统中是快表和页表同时并行查找的，当在快表中找到后则中止页表的查找；本质上快表其实是内存页表的一份数据缓存，通过缓存的手段来加速地址转换过程。由于快表是通过硬件制作的，考虑到成本通常不会制作得很大。对于中小型程序而言，一般足够将所需的页表项全部缓存到快表中；而对于大型应用程序而言却无法做到。但由于程序的访问通常遵循局部性原理，因此据统计，一般的快表命中率可以达到 90% 以上，这样通过分页进行内存管理带来的速度上的损失基本上可以降低到 10% 以下，绝大部分系统可以接受这种方案。

快表的引入直接提升了分页内存管理系统地址转换的性能。目前，很多系统都支持非常大的逻辑地址空间（$2^{32}\sim2^{64}$）。以 32 位寻址系统为例，假设页面大小为 4K（2^{12}）B，则每个进程的页表项最多可达 1M（$1M=2^{32}/4K=2^{32}/2^{12}=2^{20}$），即大约 100 万个，每个页表项占 4B，这就意味着对于运行中的每个进程需要分配 4MB 连续的内存空间用来存放页表。毫无疑问，这是很难做到的。针对这个问题解决方案有两个。

- ❑ 对于所需要的页表空间，采用离散的方式分配空间，以解决无法分配连续空间的问题。
- ❑ 只将当前进程运行所需要的部分页表项调入内存空间，其他页表项需要的时候再按需调入。

离散分配页表空间的实现意味着需要对一个大的页表进行分页，分成多个小的页表，然后通过一个索引表来维护映射关系。依据这种思路就产生了二级页表和多级页表。而按需调入页表项这个涉及了虚拟内存的实现，在下一小节介绍。下面来介绍二级页表和多级页表的相关内容。

4）二级页表和多级页表。

在无法找到连续的内存空间用来存放页表时，可以采用对页表也按照页的大小进行拆分，将一段连续的页表内存空间拆分成多个页面。拆分后的页表页面从 0 开始编号。拆分完成后，每个页表页面可以在物理内存空间找到空闲的页进行关联。在这个过程中，同样需要通过一个外层页表记录映射关系。该页表记录的是某个页表页面存放在内存空间的物理页。下面仍然以前文介绍的 32 位寻址空间、4KB 页大小的例子来说明。在只有一级页表的情况下，页内偏移量占 12 位，剩余 20 位存放页号，页号最大上限为 1MB。而如果采用二级页表，每页包含 2^{10}（1024）个页表项的话，则 1M 的页表项可以分为 2^{10}（1024）页。这样拆分后的逻辑地址结构如图 3-9 所示。一级页号占 10 位，二级页号也占 10 位，页内偏移占 12 位。

一级页号 P_1	二级页号 P_2	页内偏移量 W
31　　　　　22	21　　　　　12	11　　　　　　　　　　0

图 3-9　二级页表逻辑地址结构

根据上面的分析，二级页表其实是在一级页表的基础上多增加了一层外围页表。二级页表的结构如图 3-10 所示。

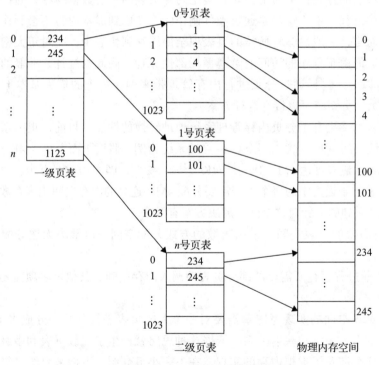

图 3-10　二级页表的结构

二级页表地址转换的过程如下。

第 1 步： 首先根据 CPU 给出的逻辑地址计算出一级页号、二级页号和页内偏移量。然后，根据一级页号在一级页表中查找页表项，该页表项记录了二级页表页面的起始地址。

第 2 步：得到二级页表页面的起始地址后，就可以在二级页表中根据二级页号查找对应的物理内存的页号了。

第 3 步：找到物理页号后和页内偏移量进行拼接，从而形成物理地址，然后访问数据。

值得注意的是，上述分页方式的二级页表只解决了离散存放页表的问题，即仍然是全部页表都存放到内存中的情况。可以想到，如果内存中离散的内存空间仍然不能够存放下某个进程的页表，那该进程还是无法加载到内存中运行。也就意味着，这种方式并未解决用较少内存存放页表的问题。解决该问题的方案是按需存放程序运行的页表，而不需要把全部页表都加载到内存，这部分内容在后面虚拟内存的实现时再进行讨论。

二级页表针对 32 位的系统已经足够，但是对于 64 位的系统而言却无法很好地解决。下面来分析，64 位系统中，页的大小仍然为 4K（2^{12}）B，则页内偏移占据 12 位，剩下的 52 位中，按照二级页表分页的话，二级页表的页号占据 10 位，一级页表还有 42 位来存放。42 位的一级页号可以存储 4096G（2^{42}）个页表项，每个页表项占 4B 的情况下则需要 16384GB 空间存储。这显然是不可行的。因此，很多系统则采取对一级页表再进行分页的方案继续拆分，即按照多级页表进行管理内存。

此外，当系统的寻址空间很大时，分页内存管理中需要给每个进程分配至少一个页表，统计下来进程数比较多的情况下页表占用的内存空间还是比较大的。因此，部分系统采用倒置页表或者反置页表的方案来进行优化。反置页表是全局的一个页表，它给每个物理页分配一个页表项，页表项中的内容记录了逻辑页号和所属进程的标识符。不过，在这种方案中反置页表只维护了已经存在的页表项信息，对于不存在的页则还需要通过给每个进程维护一个单独的页表，该页表记录了每个页在物理外存中的位置，当在反置页表中找不到该页时需要读取该页表加载对应的页。关于反置页表的内容限于篇幅就不展开介绍了，感兴趣的读者请自行查阅相关资料。

（2）分段内存管理

分段内存管理是离散内存分配的另一种方式，它和分页内存管理不同的是，分页内存管理是以计算机的视角出发考虑的，而分段内存管理更多的是为了方便编程和使用而设计的。下面将从分段的基本概念（分段逻辑地址构成、段表结构）、分段地址转换这两个方面介绍分段内存管理的主要内容。

1）分段的基本概念。

分段内存管理中显式地将用户程序地址空间划分为若干个大小不等的段，每个段包含一组逻辑信息，比如主程序段、数据段、堆段、栈段等。在分配内存空间时是以段为单位进行分配的。每段起始地址都以 0 开始。同样以 32 位寻址系统为例，分段的逻辑地址结构如图 3-11 所示。其中，高 16 位存放段号 S，低 16 位存放段内偏移量 W。由此可知段号的范围是 0～65536（2^{16}），段内偏移量的范围也是 0～65536（2^{16}）。

进程申请空间时会以段为单位，段内连续段间非连续，这也是离散内存分配的一种体现。和分页内存管理一样，分段内存管理同样需要一个维护进程段空间和物理内存空间映射关系的结构，该结构称为**段表**。段表中每一项记录的是当前段（段号标识）存放在内存中的哪一段空间上。由于段的长度是不固定的，因此段表项中记录段空间映射关系时通过起始地址和该段的长度两部分来描述。段表项的结构如图 3-12 所示。

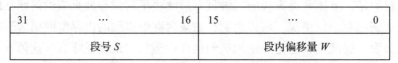

图 3-11　分段内存管理的逻辑地址结构

段号	该段在内存中的起始地址	段长

图 3-12　段表项的结构

有了段表以后，在数据访问的过程中就可以将逻辑地址通过段表中的映射关系进行转换。分段内存管理的进程空间、段表、内存空间之间的映射关系如图 3-13 所示。

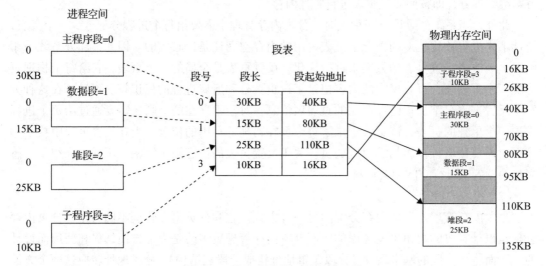

图 3-13　分段内存管理的段表映射

2）分段逻辑地址到物理地址的转换。

进程的段表和页表一样，为了加速地址转换的过程，理论上可以通过寄存器实现。但实际上，考虑到成本的原因往往还是将段表存放到内存中。系统中通常采用一个段表寄存器来存放段表的起始地址 F 和段表长度 M。在了解了分段内存管理的基本原理后，下面来介绍分段内存管理中逻辑地址到物理地址的转换过程。先来做一些假设，假设程序某次访问的逻辑地址为 A，其中段号为 S、段内偏移量为 W，转换后的物理地址为 E。分段逻辑地址 A 到物理地址 E 的转换过程如图 3-14 所示。

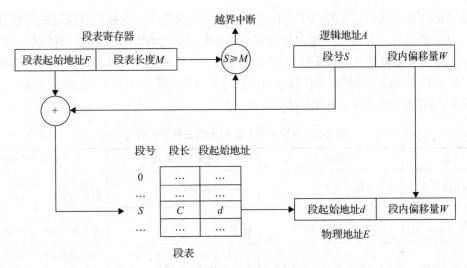

图 3-14　分段内存管理的地址转换过程

分段逻辑地址到物理地址的转换过程如下。

第 1 步：CPU 给出一个逻辑地址 A，根据逻辑地址构成从逻辑地址中解析出段号 S 和段内偏移量 W。

第 2 步：将段号 S 和段表寄存器中的段表长度 M 进行比较，判断段号 S 是否有效。如果 $S \geq M$ 则说明段号越界，系统会产生一个越界中断。

第 3 步：当 $S < M$ 时，将段号 S 送入段表中查找是否有对应的段表项。如图 3-14 所示，段号 S 在段表中找到对应的段表项，段的起始地址为 d、段长为 C。

第 4 步：检索到段表项后，接着对段内偏移量进行合法性校验。如果段内偏移量 $W \geq C$，说明段内偏移量越界，系统会产生一个越界中断。

第 5 步：$W < C$ 表明合法，将段起始地址 d 和段内偏移量 W 拼接在一起即可得到物理地址，即 $E = d + W$。然后就可以用得到的物理地址访问内存中的数据了。

至此，分段内存管理中的逻辑地址到物理地址的转换完成。上述过程和分页内存管理一样，也面临着访问内存次数的增加进而影响 CPU 处理效率的问题。解决方案也是类似的，通过增加一个 TLB 快表结构来缓存频繁访问的段表项，以此加速地址转换效率。值得注意的是，由于段表中段表项的个数要远远小于分页内存管理中页表项的个数，所以分段内存管理需要的 TLB 也相对较小。在引入 TLB 后可以显著减少数据存取的时间。

（3）段页结合内存管理

根据前面介绍的内容可知，分页内存管理方式中以页为单位进行内存分配，可以尽可能地提升内存空间的利用率，而分段内存管理方式则以段为单位进行内存分配，它可以方便数据共享，满足用户多方面的需要，二者各有优势。将二者结合起来就形成了段页结合的内存管理方式。

在段页结合的内存管理方式中，用户程序地址空间仍然是先按照逻辑段进行划分，每个段有自己的编号，每段在分配内存时以页为单位进行分配，每个段有自己对应的页表。分段信息通过段表来描述，段表项中记录当前段号、页表长度，以及该分段对应的页表的起始地址。页表中仍然维护的是逻辑地址中段内页号到物理内存中页号的映射关系。

离散内存分配管理的三种方式对比见表 3-2。

表 3-2　离散内存分配管理的三种方式对比

维度	分页内存管理	分段内存管理	段页结合内存管理
内存分配单位	大小固定的页	大小不固定的段	大小不固定的段 + 大小固定的页
优点	提升内存的利用率	更容易实现信息共享、动态增长	结合了分页内存管理和分段内存管理的优点
地址空间维度	一维空间，只需要一个页号就可以表示一个页的地址，采用页表维护信息	二维空间，表示一个段的地址时需要段号和段内偏移量，采用段表维护信息	一维空间 + 二维空间采用段表 + 页表两种结构维护信息
出发点	为计算机方便管理内存设计的，对用户透明不可见	为满足用户的多方面需要设计，对用户可见	结合二者的特点

3.1.3　虚拟内存管理机制

虚拟内存是操作系统中对内存管理引入的一项非常重要的技术，它是操作系统提升对内存管理的核心。

1. 虚拟内存概述

在介绍虚拟内存之前，先来讲一讲为什么操作系统要引入虚拟内存这个概念。前面介绍操作系统对内存的管理方式时，实际上做了一个假设，即假设操作系统给进程分配内存时给该进程全部所需的空间，将进程所有的数据都加载到内存中然后进程才开始运行。这样的方式就面临两个难题。第一个难题是如果一个进程所需要的空间很大，剩余空闲的内存空间无法满足，那么该进程是无法装载到内存中运行的。这个问题再极端点就是如果一个进程本身需要的内存空间就超过了当前计算机的物理内存空间，则该进程将永远无法在该计算机上运行。第二个难题是一台计算机上有很多进程需要运行，而操作系统的内存空间无法容纳所有进程，此时就只能让一部分进程运行，另外一部分程序等待，直到有其他进程退出释放空间后再将等待的进程加载到系统中让其运行。

这两个难题其实本质上就是计算机的内存容量不够大，如果一台计算机的物理内存空间足够大，则上述问题将不复存在。针对这种状况的解决方法也很简单，就是对计算机的内存容量进行扩容。然而实际上，很多情况下出于成本和机器本身的限制，这种方案无法很好地适用于任何场景。于是计算机的设计人员开始朝着其他解决这个问题的方向探索，一种新的具有普适性的解决方案出现了，它就是本节要介绍的**虚拟内存**。

虚拟内存出现的最根本原因是为了解决计算机内存容量不够大的问题。在计算机的世界中有一个很普遍的原理，一个进程在运行过程中，往往符合**局部性原理**。虚拟内存思想的产生也得益于该原理。局部性原理主要体现在时间和空间两个维度。

时间局部性：时间局部性是指，对于指令而言，如果某条指令被执行，在执行后不久仍然有可能再次被执行；对于数据而言，如果某条数据被访问过，则在不久的将来该条数据极有可能被再次访问。时间局部性产生的主要原因是程序中普遍存在着循环结构。

空间局部性：空间局部性是指，某条指令执行完后，它附近的指令也会有很大概率被执行；对于数据而言同样如此，一条数据被访问过后，它邻近的数据也很有可能在一定的范围内被访问。空间局部性主要的根源在于程序是按照顺序执行的。

基于局部性原理可知，一个进程在执行时可以只将其当前执行需要的指令和数据加载到内存中，而无须将该进程所有的数据都加载到内存。这样，一个进程在运行时就可以分配当前它需要的很少的一部分内存空间让其先运行起来，而不需要分配它所需的全部空间。这种方式乍一看好像很有道理，但仔细一想会发现一个很明显的问题：如果一个进程在运行期间发现需要执行的指令或数据并未加载到内存中，又该如何处理呢？

当一个程序在执行过程中发现它所需要的数据不存在，此时就需要告知操作系统将缺失的数据加载到内存中，从告知操作系统到加载数据到内存中这段时间该进程需要短暂等待。操作系统将这个过程交由专门的中断进行处理。数据加载的过程一般称为数据的迁入或者换入。

假如操作系统在加载数据到内存的过程中，出现了没有剩余空闲空间可用的情况，又该如何处理呢？一种简单的处理办法是通知进程加载数据失败，此时该进程会一直处于等待状态而无法运行。这种方式很直观却不是人们能接受的。理由有二：其一，这种方式从进程层面来看它会导致部分进程一直挂起等待，造成用户体验的不友好，同时让系统的多道程序执行的吞吐量降低；其二，这种方式随着系统的长时间运行会是一个无法避免的问题。为了让系统更好地提供服务，这种处理方式不可行。那么，另外一种解决方案则是当加载数据到内存失败时，可以选择淘汰一部分暂时无用的数据，让其占用的空间空闲出来，存放当前要加载的数据。这种方式中数据淘汰的过程一般称为数据迁出或者换出。这就涉及用什么样的策略来选择要换出的数据。这种策略一般称为置换策略或者置换算法。

至此，关于虚拟内存的基本原理已经介绍完了。虚拟内存主要是基于局部性原理，将一个进程原先运行时需要分配全部内存空间才能启动运行的过程，转变为分配当前所需的部分内存空间，将当前所需的数据先加载进来，然后就让进程运行起来。后面运行过程中遇到未加载的数据再按需载入。综上，所谓的虚拟内存其实是指具备数据换入和置换功能，能从逻辑上扩充内存容量的一种存储器管理系统。当通过虚拟内存扩充了内存容量后，用户进程就可以运行在内存空间远远小于它的计算机系统上了，当用户程序正常运行时给用户的感觉是系统的内存容量比实际内存容量大，而用户看到的一种大容量其实是假象，是虚拟的，所以这也是虚拟内存名称的由来。

虚拟内存和前一小节介绍的传统内存管理相比有以下两个特点。

- **多次载入**：传统内存管理中，不管是连续内存分配还是离散内存分配都是一次性将数据载入内存中。而虚拟内存管理则是允许一个进程的指令和数据可以分多次按需载入。
- **数据置换**：在传统内存管理中，一个进程的数据加载到内存中后，除非该进程退出了，否则它的数据会长期驻留在内存中一直占用内存空间。而虚拟内存则引入了数据置换功能，即一个进程中暂时无用或者等待进程的数据可以换出，以便腾出空间供其他运行的程序载入数据，或者将空间分配给其他需要运行的进程。当数据被换出的进程在运行期间需要这部分数据时再按照数据换入流程正常加载即可。

根据虚拟内存原理可知，虚拟内存能实现的前提是必须能对内存进行离散分配。一般来说，虚拟内存的实现主要有三种方式：请求分页内存管理、请求分段内存管理、请求段页式内存管理。

同时在此基础上，再将以下几个问题解决后，虚拟内存就得以实现了。

- 如何处理数据换入。
- 通过何种置换算法腾出空闲空间。
- 如何处理数据换出。

2. 请求分页内存管理

请求分页内存管理是在分页内存管理的基础上演变而来的，它在分页内存管理的基础上增加了页面换入、页面置换、页面换出的功能，从而形成了虚拟分页存储系统。请求分页内存管理允许一个进程将当前运行所需的一部分页面载入内存中，然后启动运行。在后续运行过程中遇到页面缺失时，可以通过页面换入功能换入所需的页面，并通过一定的置换算法将部分暂时无用的页面选出来并换出到外存中，置换是以页为单位的。注意：页面换入和页面置换需要请求分页的页表机制、缺页中断机制、地址转换机制等软/硬件的同时支持。

（1）页表结构

请求分页内存管理中的页表的主要功能也是记录逻辑页号到物理页号之间的映射关系的。和前一小节介绍的分页内存管理的页表不同的是，它在原先页表项的基础上新增了几个字段。其页表项结构如图 3-15 所示。

页号	物理页号	状态位	访问字段	修改位	外存地址

图 3-15　请求分页内存管理的页表项结构

- **页号**：指逻辑地址中的页编号。
- **物理页号**：指逻辑地址中的页号在物理内存空间中的物理页编号。
- **状态位**：该字段用来表示当前页号对应的内容是否已经在内存空间中存在。值为 1

表示存在，值为 0 表示不存在，在地址转换时需要请求换入对应的页面到内存。

- ❑ **访问字段**：该字段用来记录访问次数等信息。当页面被访问时需要更新该字段。该字段用来在页面置换时供置换算法使用。
- ❑ **修改位**：该字段标识该页面是否被修改，当页面发生写操作时需要更新。该字段主要用来在页面换出时使用。如果该页面没有被修改，则页面换出时可以直接换出；否则，需要将当前页面回写到外存才可以换出。
- ❑ **外存地址**：该字段用来记录当前逻辑页号对应的内容存放在外存空间中的地址，在页面换入时需要根据该字段读取外存数据到内存空间。

从上述几个字段的含义可以看出，新增的几个字段都是为了方便实现页面换入 / 换出功能而添加的。页表本身的功能没有发生改变，仍然是用作逻辑地址到物理地址的转换。下面来介绍请求分页内存管理中地址是如何转换的。

（2）地址转换过程

请求分页内存管理的地址转换过程同样是从基本的内存分页管理的地址转换过程中改进而来的。在最初的内存分页管理中由于给一个进程分配了其所需要的全部内存空间，所以它运行时全部数据都已载入内存中了，不存在页面缺失的情况。而现在请求分页内存管理中可能会出现当查询页表时遇到部分页缺失的情况。所以，在页缺失时需要有专门的一套机制来换入页面。图 3-16 所示为请求分页内存管理的地址转换过程。

当程序请求访问某一页时，首先从逻辑地址中解析出逻辑页号和页内偏移量。然后将该逻辑页号与页表长度进行比较，页号超过页表长度时抛出越界中断，否则接下来先将页号送入快表中检索，快表中页表项存在时可以直接结束流程，去访问数据，当快表未命中时，再从页表中查找，此时分为两种情况。

第一种情况，当前页号对应的页表项中状态位为 1，说明该页已经在内存中了，此时可以从页表项中得到物理页号然后拼接页内偏移量形成物理地址访问数据。同时，需要更新访问位和修改位（写操作时更新）并将该页表项缓存一份到快表中。这种情况和普通的分页内存管理的逻辑是一致的，只不过需要同步更新页表项中的其他字段。

第二种情况，当前页号对应的页表项中状态位为 0，表明当前页号对应的数据不在内存中，系统会产生一个缺页中断。对于缺页中断程序而言，则是根据当前页表项中的外存地址发送一次 I/O 操作，去外存中读取缺少的页。同时，系统会检测目前该进程的内存空间是否已满（此处涉及页面分配策略，后文会详细介绍），如果页面还有剩余空间则不需要执行换出处理，如果页面已满的话就需要通过某种页面置换算法选择出一个页面进行换出（此时选择的置换算法可能会用到页表项中的访问位）。在页面换出的同时还需要结合页表项中的修改位来判断该页面是否被修改过，如果修改位为 1，则表示该页面修改过因此需要在换出时回写该页面存储的数据，如果修改位值为 0 表示该页面未被修改过可以直接换出。换出这一步的操作是给即将要换入的页面腾出足够的空间。换出操作完成后，操作系统让 CPU 读取缺失的页数据，之后将该页数据装入内存。

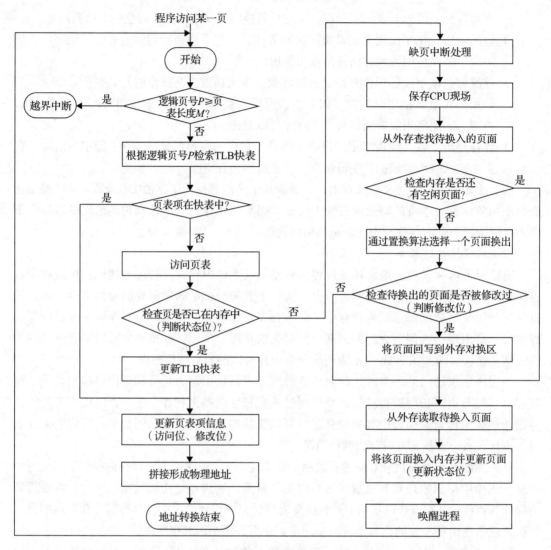

图 3-16 请求分页内存管理的地址转换过程

> **注意** 缺页中断和其他中断一样，同样要经历保护 CPU 现场、分析中断原因、转入缺页中断处理程序、恢复 CPU 现场环境等过程。但它又是一种特殊的中断，和其他中断有以下区别：第一，其他中断是在指令执行完成后处理中断，而缺页中断则是在指令执行期间产生和处理中断程序；第二，缺页中断可能在执行期间多次产生中断。

3. 页面换入策略

前面详细介绍了页面换入的过程。下面再从换入页面的时机、换入页面的存储空间两个方面做进一步的补充。

（1）何时换入页面

页面换入的时机可以根据换页的动作划分为两种方式：第一种，系统主动预加载页，也称为预调页或者预换页；第二种，应用程序主动请求换页。

预换页指的是，如果一个进程的许多页是连续存放在外存空间中的，一次性批量换入多个页比换入单个页的性能要好很多。但是这里有一些值得商讨的点，批量换入的这些页都是占用内存空间的，如果这些页后面访问频率很低，则会出现内存空间利用率降低的情况。常见的思路是通过预测（预测将来哪些页可能被使用）的方式来结合预换页，但目前预测的准确率不高。预换页有它独特的高效换页优势，常在一些采用"工作集"的系统中使用，用来在程序初次启动时候加载工作集中的所有页。

应用程序主动请求换页是目前很多系统主要采用的换页方式。它主要的过程就是当程序运行过程中发现访问的页在内存中不存在，然后系统就会触发缺页中断加载所缺失的页面。这种方式的优点是换入的页面肯定会被访问，同时容易实现；而弊端则是每次请求换页仅换入一页数据，如果频繁发生换页的话，系统换页开销比较大。

（2）从何处换入页面

一般来说，请求分页的系统外存会划分为对换区和文件区两部分。其中，对换区是采用连续分配的方式得到的一段连续空间，而文件区则是离散分配的空间。对换区在数据读取时采用磁盘 I/O 顺序访问的方式效率要比文件区高。而实际应用程序的数据通常是以二进制文件形式存放在文件区，因此需要按照以下三种情况进行区分讨论。

1）**系统拥有足够的对换区空间**：应用程序的数据可以全部从对换区换入，以提升换页的效率。要想实现这种效果，需要在程序启动前将所有的数据复制一份到对换区空间中，以保证对换区中有应用程序的数据。

2）**系统缺少足够的对换区空间**：需要对换入的页面做区分。如果是未修改的页面，则直接可以从文件区换入，换出时由于页面未被修改所以不需要回写到磁盘，直接换出即可。而对于修改的页面则在首次换入时从文件区换入，以后换出时回写到对换区空间，而再次换入时也从对换区空间换入。

3）**UNIX 方式**：UNIX 系统中应用程序数据全部放在文件区，因此未运行的页面首次都需要从文件区换入，曾经访问过但被换出的页面，会被放入到对换区。下次换入时优先从对换区换入。此外，UNIX 系统允许页面共享，因此某个进程访问的页面有可能已经被其他进程换入，此时则无须再从对换区换入。

4. 页面分配策略

一个进程在运行前，操作系统要给该进程分配一定数量的内存页面。给一个进程分配的页面数目越多，进程的缺页率就会下降，但系统能允许运行的进程数量就越少了。如果分配给进程的页面越少，则进程在运行中缺页率就会增加，从而降低进程执行的速度。因此，为了让进程能有效运行，需要分配合适数量的页面。在请求分页内存管理中，内存分配策略有两种，即固定和动态可变，而页面置换策略也有两种，即局部置换和全局置换。将二者结合在一起就产生了固定分配局部置换、动态分配全局置换、动态分配局部置换这三种页面分配策略（不存在固定分配全局置换这种）。

（1）固定分配局部置换

固定分配局部置换是指一个进程启动执行前，为它分配固定数量的物理内存页，之后该进程在运行过程中不会再调整内存页。当一个进程运行过程中发生缺页的情况下，且页面已满，则只能从该进程已分配的页面中选出一页进行换出，所以称为固定分配局部置换。通常这种策略下给进程分配的内存页面数是根据程序类型和开发人员的建议确定的，往往很难分配恰当的页面给每个进程。

（2）动态分配全局置换

动态分配全局置换这种策略是指给一个进程一开始分配一定数量的内存页面。操作系统全局也维护一个空闲页面链表，当后面该进程运行过程中出现了缺页且进程页面已满，此时需要考虑换出，则从操作系统全局的空闲页面列表中选择一个页面分配给该进程。在这种情况下，一个进程所拥有的页面数目是动态变化的，所以称为动态分配全局置换。随着运行，进程所拥有的页面数目会不断变化。如果有进程发生缺页，而系统中可用的空间页面全部用尽后，则会从内存中选择任意一个进程的一个页面进行换出，被换出页面的进程页面数目也就减少了。

（3）动态分配局部置换

在动态分配全局置换中，当系统中内存不够用频繁发生缺页时，会导致运行在该系统上的多个进程之间相互干扰。为了避免这种问题的发生，就出现了动态分配局部置换。这种策略和动态分配全局置换类似，只不过它的置换策略有所不同。进程一开始启动时也是分配一定数目的页面，让其正常运行。在运行过程中如果该进程频繁发生缺页现象，则系统会从全局的空闲页面链表中为该进程再分配一些页面，以降低进程的缺页率。反过来，如果一个进程在运行过程中发生缺页的概率非常低，则系统会考虑在不引起该进程缺页率上升的情况下，适当地减少分配给该进程的页面，以保证系统中能有部分空闲页面以供其他进程需要时使用。

前面一直提到系统给进程首次分配时会分配固定数量的页面，但没说固定数量到底如何得到。通常一般有平均分配、按比例分配、按优先级分配等方式。平均分配意味着系统给每个进程分配的页面数量都是相同的。这种做法最简单但明显是最不合理的。因为不同的进程运行所需的页面肯定是不相同的。而按比例分配则是根据系统可用的总页面、运行的各进程所需页面总数，以及该进程所需页面数的比例计算出来的。按优先级分配则是对不同的进程设置了不同的优先级，对于高优先级的进程适当地多分配一些页面，让它能快速运行，而对于低优先级的进程则适量地少分配一些页面。

在实际场景中往往会结合比例分配和优先级分配这两种方式综合判定给一个进程分配多少页面，以使得各进程能高效、正常的运行。

5. 页面置换算法

在通过缺页中断换入页面时，有时会遇到分配给该进程的页面已经都被占满，没有空闲空间了，此时就需要通过一种策略从所有的页面中选择一个页面进行换出，以腾出空间存放即将换入的页面。这种选择换出页面的策略称为页面置换算法。页面置换算法有很多，例如 OPT（Optimal，最佳）置换算法、FIFO（First In First Out，先进先出）置换算法、LRU（Least Recently Used，最近最少使用）置换算法、LFU（Least Frequency Used，最近最少访问）置换算法，以及 Clock（时钟）置换算法等。但从本质上讲，这些页面置换算法最核心的一个原则是：从所有页面中选出一个将来或者最近一段时间内访问频率最低的页面将其换出。

（1）OPT 置换算法

顾名思义，最佳置换算法是淘汰最近一段时间内不被访问或者访问频率最低的页面。这种算法的置换效果最佳，但实际上只是理论上的一种算法。因为在当下无法准确知道程序会访问哪些页面。所以该算法无法在真实环境落地。通常用该算法来评判其他页面置换算法的性能。

（2）FIFO 置换算法

FIFO 置换算法通常的做法是按照页面换入进程的先后顺序进行排序，在页面置换时每次选择最早换入的页面进行换出。它其实是一种队列的特性。这种算法最大的优点是非常容易理解、好实现，但往往效果并不是很好，因为在进程中有些很早换入的页面（例如全局变量、常量函数等）会经常被访问，如果将这部分页面换出，则程序接下来运行时仍然需要将这些页面换入。这样频繁地换入 / 换出会导致程序运行效率降低，甚至还会产生进程抖动。

（3）LRU 置换算法

前面介绍 OPT 置换算法时提到其难点在于无法在当前时间点准确预测将来会访问的页面。如果把时间往后倒退一点就会发现，进程在运行的过程中知道过去一段时间页面的访问信息。那么这个信息是否有用呢？答案是肯定的。因为进程在运行过程中符合时间局部性和空间局部性，这也就意味着根据时间局部性来看，最近一段时间访问的数据将来很可能被再次访问。基于时间局部性就出现了 LRU 置换算法。该算法的思想是，在每次访问页面时记录该页面访问的当前时间，然后在页面置换时选择访问时间最小的页面进行换出。因为访问时间越小，表明该页面访问后过的时间越久，也就意味着该页面最近最少使用。

（4）LFU 置换算法

在介绍 LRU 算法时提到它是基于时间局部性原理提出的，而 LFU 算法则是基于空间局部性提出的。该算法的思想是，过去频繁访问的数据在最近一段时间内也极有可能被频繁访问。这种算法在页面访问时需要更新页面访问的频率，然后在置换时选择访问频率最低的进行换出。因为访问频率越低，根据空间局部性原理，它在最近一段时间内也不会被频繁访问。可以看到，LFU 和 LRU 算法的主要区别在于，LFU 算法是以访问频率来判定换出哪个页面，而 LRU 算法则是根据访问页面的时间来判定换出哪个页面。二者都是基于局部性原理产生的算法。

（5）Clock 置换算法

LRU 算法和 LFU 算法二者的性能通常比较好，在软件层面二者也比较容易实现，但是在硬件层面实现时则需要比较多的寄存器或者栈，成本比较高。因此，这两种算法在上层应用程序中用得非常多，而在页面置换算法中通常采用近似于 LRU 的算法。Clock 置换算法就是一种近似 LRU 的置换算法。

基本的 Clock 算法示意如图 3-17 所示。它的思想是，内存中所有的页面通过链表链接在一起形成一个循环队列。当有页面访问时，系统就将该页面的访问位置 1。当需要通过该置换算法选择一个页面换出时，只需要遍历该链表检查页面的访问位是否为 0。如果找到了访问位为 0 的页面，则直接将该页进行换出。如果检查的当前页面访问位为 1，则重新将该访问位置 0 暂不换出，再给该页面一次机会，然后继续往后查找。如果整个链表都遍历完没有找到页面被换出，则从头检索。此时，前面页面访问位被置为 0 的页面就会被换出了。由于该算法只用一个访问位来记录是否被访问，置换时将未使用的页面优先换出，因此该算法也被称为 NRU（Not Recently Used，最近未用）算法。同时，由于其查找页面的过程是循环进行的，类似于时钟，所以被称为 Clock 算法。

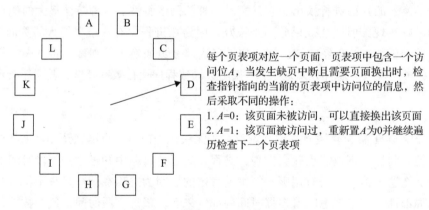

每个页表项对应一个页面，页表项中包含一个访问位 A，当发生缺页中断且需要页面换出时，检查指针指向的当前的页表项中访问位的信息，然后采取不同的操作：

1. $A=0$：该页面未被访问，可以直接换出该页面
2. $A=1$：该页面被访问过，重新置 A 为 0 并继续遍历检查下一个页表项

图 3-17　基本的 Clock 算法示意

可以看出，基本的 Clock 算法其实就是在 FIFO 算法的基础上对页面做了区分，区分出来访问和未访问的页面。换出时优先考虑未访问的页面换出。然而在页面换出时还需要考虑该页面是否被修改过，如果该页面访问过程中被修改了换出时还需要将其回写到磁盘上以保证数据的一致性。如果未被修改则可以直接换出，无须再写回磁盘。为了提升页面换出的效率，顺着这个思路来考虑，访问的页面又可以根据是否被修改一分为二。在换出时明显为了减少写回磁盘的效率，可以优先换出未被访问同时未被修改的页面，然后考虑未被访问但修改了的页面。于是一种新的改进的 Clock 算法就出现了。

改进的 Clock 算法是在基础的 Clock 算法的基础上对页面增加了修改位这个标志位。

假设访问位用 A（Access）来表示、修改位用 M（Modify）表示，则一个页面可以根据是否被访问、是否被修改分为四种类型。

- 未访问且未修改（A=0，M=0）：表示页面最近既未被访问，同时也未被修改，换出时优先考虑。
- 未访问且修改（A=0，M=1）：表示页面最近未被访问但之前访问时被修改了，在换出时需要写回磁盘。
- 访问且未修改（A=1，M=0）：表示页面最近有被访问但未被修改，则该页面有可能再次被访问。
- 访问且修改（A=1，M=1）：表示页面最近有被访问且被修改，则该页面有可能被再次访问。

改进后的 Clock 算法的置换过程如下。

第 1 步：遍历该页面链表并查找 A=0，M=0 类页面，如果找到则结束遍历，进行换出。

第 2 步：如果第 1 步未结束，需要找 A=0，M=1 类页面，找到则结束遍历并在写回磁盘后执行换出。同时，在跳过 A=1 的页面中将 A 置 0。

第 3 步：如果第 2 步未结束，则继续按照第 1 步的逻辑执行。

第 4 步：如果第 3 步未结束，则继续按照第 2 步的逻辑执行。

改进的 Clock 算法的核心思想和基本的 Clock 算法的一致，只不过在页面换出时新增了一个检查逻辑（检查页面是否被修改）。页面换出时优先换出未被访问且未被修改的页面。通过这样的方式可以节约页面置换的时间。

最后扩展说明，上述几种页面置换算法其实并不局限于页面置换中，在很多数据缓存的应用场景下同样适用。它们从本质上讲都是由于空间不够需要通过淘汰元素来释放部分空间，核心思路是从多个已缓存的元素中选择一个或几个元素进行淘汰。其核心原则是选择将来一段时间内最不可能被访问的或者性价比最低的元素。

6. 请求分段内存管理

请求分段内存管理是基于基本的分段内存管理演变而来的。它在分段内存管理的基础上新增了请求换段和分段置换功能，形成了虚拟分段内存管理方式。该方式允许用户进程在载入部分段后即可运行，当运行过程中遇到缺段时，再将缺失的段换入内存，同时将暂时无用的段换出到外存。与请求分页内存管理类似，请求分段内存管理也需要软件和硬件的支持，包括分段段表、地址转换和缺段中断处理等。不过，与请求分页内存管理不同的是，分段内存管理中不同段的长度是不固定的，因此虚拟分段内存管理的实现难度更大一些。下面将从段表结构和地址转换两个方面对请求分段内存管理进行介绍。

（1）段表结构

请求分段内存管理同样需要段表来存储不同段在内存中的映射关系。除了段号、段起始地址和段长外，还新增了额外的字段，用于实现请求分段和分段置换功能。请求分段内存管理段表中段表项的结构如图 3-18 所示。

段号	段起始地址	段长	存取方式	访问字段	修改位	状态位	增补位	外存地址

图 3-18   请求分段内存管理段表中段表项的结构

- **段号**：指每个段的编号，主要用来根据段号定位段表项。
- **段起始地址**：指段存放在物理内存空间的起始地址。
- **段长**：指该段对应的长度，不同段的长度不同。
- **存取方式**：用来对段进行保护，如果该字段为两位的话，可以表示段的三种状态：可读、可写、可执行。
- **访问字段**：用来记录该段的访问信息，在段置换时供置换算法使用。
- **修改位**：用来记录该段是否被修改，当段需要被换出时结合该字段进行考虑，值为 1 表示被修改过，值为 0 表示未被修改过。如果该段被修改过，则需要在换出前先写回磁盘，否则可以直接换出。
- **状态位**：用来表示该段是否被调入内存中，值为 1 表示已在内存中，0 表示不在内存中。如果在访问时发现不存在则需要执行段的换入逻辑。
- **增补位**：该字段是请求分段内存管理独有的一个字段，用来表示该段在运行过程中是否有发生过动态增长。
- **外存地址**：用来记录该段在外存中存储的起始地址。当发生缺段后，要换入该段的数据时需要根据该地址来读取外存中的段数据。

（2）地址转换过程

请求分段内存管理的地址转换和基本的分段内存管理的地址转换过程类似，唯一的区别是，在基本的分段内存管理中，该进程的所有段在初次启动前都已经载入到内存中。因此，在后续的执行过程中发生地址转换时不会出现段在内存中不存在的问题，处理方式比较简单。而在请求分段内存管理中，由于只有部分段在进程启动前被载入，因此在进程运行期间难免会出现访问不在内存中的段的情况。这时，需要先阻塞该进程，然后由系统发出一个缺段中断，将缺失的段信息换入。当换入段的操作完成后，该进程才能继续运行。图 3-19 所示为请求分段内存管理中逻辑地址到物理地址的转换过程。

请求分段系统地址转换的详细过程如下。

首先，当一个进程运行过程中访问到某个段时，CPU 会形成一个逻辑地址，其中包含了段号和段内偏移量。接着将段号送入段表寄存器进行校验，如果段号超过了段表长度，则说明该段是非法的，系统会产生一个越界中断。若段号合法，根据段号在段表中找到对应的段表项，首先会根据段表项中的存取方式来做安全保护。当该段访问安全时，根据状态位来判断该段是否已经载入到内存中。状态位为 1 时，表明该段已在内存中，系统直接使用段的起始地址和段内偏移量构成物理地址访问数据，同时同步更新段表中的访问位和修改位（写操作时更新该字段）。如果状态位为 0，则表明该段对应的数据不在内存中，此时系统会发出一个缺段中断。该中断和缺页中断执行的逻辑类似，通过中断处理程序换入需要的段。在这个过程中，可能会有两种情况。

第一种情况：如果当前进程的空间中存在足够的空闲区来容纳新换入的段，此时就不需要发生段置换的操作，直接换入新段即可。

第二种情况：如果没有足够的内存空闲空间来存放新换入的段，此时就需要按照前文介绍的置换算法选择一个或几个要换出的段，然后将其换出，腾出空间来存放新换入的段。换出段时同样需要考虑段是否被修改过，如果被修改过，则在换出时还需要写回磁盘。在新段换入后，同步更新段表中的段表项中相关字段（状态位、访问位）。换段完成后，唤醒该进程继续往下执行。上述过程就是当访问的段不存在时的请求换入段的逻辑。

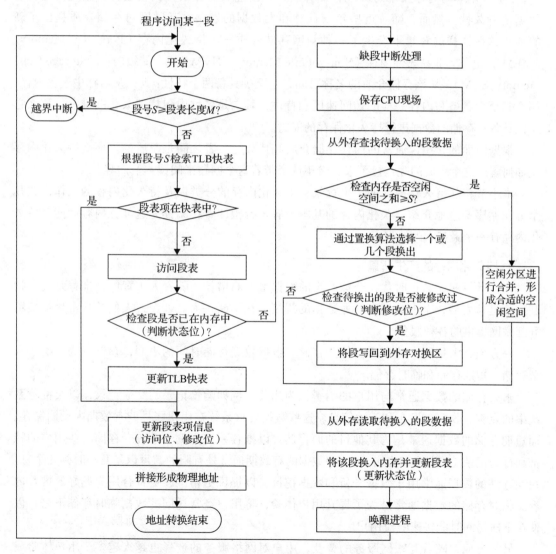

图 3-19　请求分段内存管理中的地址转换过程

可以看到，请求分页内存管理和请求分段内存管理的中断处理类似，主要区别在于段是变长的而页是定长的。这也使得缺段处理的过程稍微复杂一些。

对于请求段页式内存管理，其处理逻辑和前面介绍的段页结合内存管理基本类似。由于篇幅限制，此部分内容不再展开介绍。

3.2 持久化内存

3.1 节介绍的内存属于易失性存储介质，在断电后保存的数据会丢失，因此无法保证数据的持久性。然而，随着近些年云计算和大数据的发展，互联网对存储介质提出了新的要求，在这样的背景下产生了一种新型存储介质——持久化内存（Persistent Memory，PMEM），也称为非易失性内存（Non-volatile Memory，NVM）或存储级内存（Storage Class Memory，SCM）。从该存储介质的名称可知，它至少具备两个特性：其一是名称中包含内存，那么它至少具备和内存一样的访问速度和特性；其二是名称中包括持久化关键字，那么它应该具备对存储的数据进行持久化保存的能力。

根据前面的介绍，通常的内存存储介质和持久化二者之间是矛盾的。那么持久化内存是如何解决这个矛盾的呢？接下来，希望读者带着这个问题来阅读本节内容。

本小节将从持久化内存的产生背景、持久化内存的分类以及持久化内存的工作模式几个方面循序渐进地介绍持久化内存的基本内容。希望读者在阅读完这部分内容后能对持久化内存有一个最基本的认识。

1. 持久化内存的产生背景

在云计算和大数据时代，全球产生的数据量不断增长。随着人工智能、推荐系统和物联网的迅速发展，个人数据和商业数据的规模也在不断扩大。如今，人们的日常生活离不开互联网提供的各种服务。

一方面，大量用户数据需要持久存储。根据数据存储时间的不同，存储分为三类：永久存储、短期存储和临时存储。

永久存储的数据通常与用户的消费行为相关，例如购物记录、交通记录，以及推荐系统中的点赞、收藏、发布和互动信息。这些数据要求系统在用户账号的有效期内长期保存。而短期存储的数据通常是为其他目的而存储，以推荐系统为例，系统会存储一些用户的特征和行为记录（如曝光和点击）。这些数据的有效期通常是有限的，可以是几小时到几个月。短期存储的数据通常用于数据分析和数据挖掘，以提供更精准、更符合用户偏好的推荐内容。临时存储的数据通常是为了提升用户体验，将用户经常访问的数据临时存储下来，以便在下次访问时能快速响应用户。

另一方面，随着互联网服务的普及，用户对网络服务的选择也越来越多。用户体验成为广大用户选择服务的重要指标之一。在可选择的情况下，用户往往更倾向于选择访问速度较快的互联网系统。

　　大量数据存储带来的直接问题是系统存储成本的增加。如果不考虑用户体验，成本的增加相对容易控制，因为普通磁盘容量大且成本较低。然而，普通磁盘的访问速度非常慢，通常比内存慢几个数量级。尽管存储架构在计算机发展过程中一直在不断演进，但外部存储的访问速度仍无法与 CPU 的运算速度匹配。这就意味着要实现可控的存储成本同时为用户提供更好的体验，对于许多系统来说是非常具有挑战性甚至是矛盾的。在计算机硬件条件的限制下，大多数企业和服务提供商最终会在成本上做出妥协，为用户提供更好的体验。

　　综上所述，在受限于计算机硬件内存和外部存储性能差距的条件下，面对大量持久存储需求，很难同时实现良好的用户体验和可控的系统成本。在这种情况下，计算机研究人员一直在探索解决这个问题的硬件方案。近年来，一种新型的存储介质——持久化内存的出现，使得从根本上解决这个难题成为可能。

　　持久化内存可以使用磁随机存储、相变存储、3D-XPoint 等不同的介质构成。图 3-1 展示了持久化内存在存储介质中的位置。从硬件层面来看，持久化内存在内存和 SSD 之间，弥补了内存和 SSD 之间的性能差距。在某些场景下，持久化内存甚至可以扩充甚至代替内存的使用。基于持久化内存的特性，它可以有效降低系统的成本。

　　SNIA（Storage Networking Industry Association，存储网络工业协会）对持久化内存的典型属性进行了规定，包括大、快、持久性。

- ❑ 大：目前服务器单条内存容量一般为 32GB/64GB，而单条持久化内存容量最大可达到 512GB。这意味着如果使用持久化内存，单台服务器的内存容量很容易达到 TB 级别。同时，从成本角度来看，持久化内存的成本要低于内存。
- ❑ 快：内存访问延时为 10~100ns，SSD 访问延时为 10~100μs，而持久化内存的访问延时通常小于 1μs。虽然持久化内存的访问延时比内存大，但比普通 SSD 快 1~2 个数量级。在许多磁盘 I/O 是瓶颈的情况下，持久化内存是一个非常好的选择。
- ❑ 持久性：持久化内存具有接近内存的访问速度，同时具备常规外部存储介质的持久性特征。当计算机断电后，持久化内存中保存的数据不会丢失。这是持久化内存非常重要的一个特性。

2. 持久化内存的分类

　　目前，非易失性双列直插式内存模块（NVDIMM）是持久化内存的一种具体实现。NVDIMM 通过 DIMM（双列直插内存模块）进行封装，并兼容标准的 DIMM 卡槽，通过 DDR 总线进行通信。根据 JEDEC 标准，NVDIMM 的实现可以进一步分为三类：NVDIMM-N、NVDIMM-F 和 NVDIMM-P。

　　（1）NVDIMM-N

　　NVDIMM-N 内部将 DRAM 和 NAND 闪存放在同一个模块中，并配备了一个后备电源，通常采用超级电容。这种实现支持按字节寻址和块寻址。在正常情况下，CPU 可以直接访问 DRAM，因此访问延时和传统 DRAM 相同，为 10~100ns 级别。当机器断电后，通过后备电源供电，将数据从 DRAM 复制到 NAND 闪存中，以保证数据的持久性。当电力恢复后，再将数据重新加载到 DRAM 中。受限于工作方式，NVDIMM-N 中的 NAND 闪存无法直接寻址访问，而在正常工作时，闪存起到备份的作用。由于 NVDIMM-N 采用了两种存储介质，成本会增加。然而，它为业界提供了持久化内存的概念。在市场上已经有许多商用的 NVDIMM-N 产品可供选择，容量范围为 8～32GB。

（2）NVDIMM-F

NVDIMM-F 采用 DDR3 或 DDR4 总线的 NAND 闪存，仅支持块寻址。在工作时，它需要通过 STAT 控制器和 DRAM-STAT 桥接器，将 DDR 总线接口传递的信息转换为符合 SATA 协议的信息，然后再将其转换为闪存的操作指令。NVDIMM-F 的工作方式与 SSD 相似，延时为 10～100μs。由于需要在多个协议之间进行转换，NVDIMM-F 的性能受到了一些影响，但其优势在于容量很容易达到 TB 级别。

（3）NVDIMM-P

NVDIMM-P 与 DDR5 标准一起发布，内部支持 DDR5 接口，与 DDR4 相比提供了双倍带宽。NVDIMM-P 采用混合 DRAM 和 NAND 闪存作为存储介质，其中 Flash（闪存）的容量远大于 DRAM。在工作时，通过 DRAM 充当缓存来提高系统的读/写速度，并优化对 Flash 的读/写操作。与 NVDIMM-F 一样，NVDIMM-P 的容量可轻松达到 TB 级别，访问延时保持在 100ns 级别。此外，NVDIMM-P 既支持块寻址，又支持传统 DRAM 的字节寻址。通过将数据介质直接连接到内存总线，CPU 可以直接访问数据，无须任何驱动程序或 PCIe 开销。NVDIMM-P 在避免了前面两者缺点的基础上，提供了接近 DRAM 性能的持久化内存的实现。

英特尔公司在 2018 年 5 月发布了基于 3D XPoint™ 技术的英特尔傲腾持久化内存（Intel® Optane™ DC Persistent Memory），可视为 NVDIMM-P 的一种实现。

3. 持久化内存的工作模式

以英特尔傲腾持久化内存为例来说明持久化内存的工作模式。它支持内存模式（Memory Mode）和直接访问（App Direct，AD）模式两种工作模式。

（1）内存模式

在内存模式下，持久化内存可以被用作大容量的内存扩展，方便增加内存容量。需要注意的是，持久化内存在内存模式下无法利用其持久性特性，因此与普通内存相同，断电后数据会丢失。在内存模式下，内存和持久化内存构成了两级内存模式，普通内存也称为近端内存，持久化内存作为远端内存，近端内存充当远端内存的缓存。当读/写操作命中近端内存时，访问延时为 DRAM 级别的延时，通常为 10ns 级别；而如果访问未命中近端内存，从远端持久化内存获取数据将产生额外的访问延时，延时将接近 μs 级别。当内存缓存命中率较高时，CPU 带宽取决于内存 DRAM 通道的利用率；而当内存缓存命中率较低时，则受限于持久化内存的带宽。内存模式下的数据读/写访问过程如图 3-20 所示。

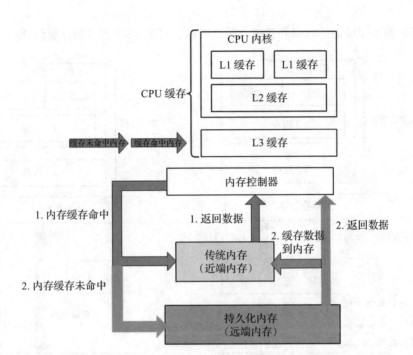

图 3-20　内存模式下的数据读 / 写访问过程

　　内存模式适用于以下情况：应用程序的热点数据工作集小于内存容量，但数据访问容量可能大于内存容量。根据局部性原理，热点数据会完全缓存在内存中，并且数据访问命中内存的概率较高。当访问冷数据时，持久化内存的访问延迟比 SSD 更低，基本接近内存的访问速度。这种应用场景可以充分利用持久化内存的优势。然而，如果程序的热点数据大于内存容量，并且程序需要访问较大的内存空间时，内存模式就不太合适了，它会对程序性能产生一定的影响。此时，可以考虑使用 AD 模式。

　　（2）AD 模式

　　在 AD 模式下，持久化内存存储的数据是持久性的，断电后不会丢失，并且它按字节寻址。与内存模式相比，AD 模式是一级内存模式，持久化内存充当持久化的存储设备。在这种模式下，持久化内存直接暴露给应用程序使用。应用程序通过持久化内存感知文件系统（PMEM Aware File System）将用户态的内存空间和持久化内存设备映射起来，从而可以直接进行读 / 写操作。这种方式也被称为直接访问（DAX）。为了方便开发者更便捷地使用持久化内存进行软件开发，英特尔提供了用于持久化内存编程的上层应用软件编程库 PMDK。图 3-21 展示了传统磁盘访问和 AD 模式下持久化内存访问的过程。

　　通常，在基于内存访问数据时，操作系统以页为单位组织数据。当操作系统访问的数据在页缓存中不存在时，会触发缺页异常（Page Fault）；然后，通过缺页中断将缺失的数据从磁盘加载到内存中，并在加载完成后继续访问。而在 AD 模式下，应用程序可以通过 DAX 机制直接访问持久化内存，而无须通过访问内存触发缺页的方式进行访问。由于

DAX方式避免了按页访问的额外开销，因此可以获得比SSD更低的存取性能。

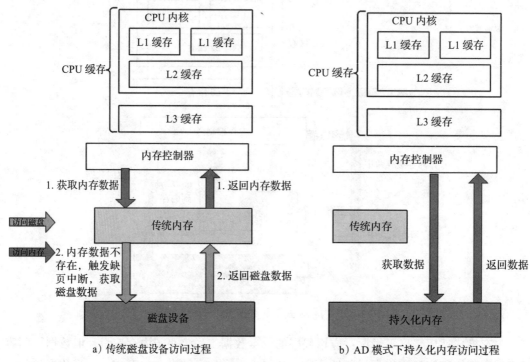

图3-21 传统磁盘访问和AD模式下持久化内存访问的过程

在AD模式下，持久化内存具有较低的访问延迟，这可以大幅提升传统磁盘访问数据的性能。通常情况下，AD模式的使用场景主要有两个：一个是容量的优势可以将原本存放在内存中的数据部分转移到持久化内存中，以扩大容量；另一个是较低的访问延迟优势可以将传统磁盘上的部分数据转移到持久化内存中，将原本按块访问的数据转变为按字节的DAX方式。这样一来，在减少页缓存数据复制开销的同时，还可以直接受益于低延迟设备带来的性能优势。

3.3 磁盘

磁盘和前面介绍的内存、持久化内存不同，它作为早期数据持久化存储设备，在计算机中扮演了至关重要的角色。日常接触到的计算机上的文件都是存储在磁盘中的，比如可运行的程序、图片、音乐、视频、各种文档（文本文档、Word、Excel、PPT、PDF等）。虽然磁盘具有数据持久化的特性，但是它和内存相比是一种低速设备，访问效率较低，因此也导致它读/写性能较弱。然而随着技术的发展，对于数据持久化要求较高的需求无法避免，在硬件环境无法短期改善的情况下，诞生了基于磁盘存储用户数据的应用层软件，比如 MySQL、Oracle 等关系数据库。这些数据库主要适用于处理读多写少的场景，所有数据都存储在磁盘中供用户访问。除了关系数据库外，后来还出现了 LevelDB、RocksDB 等适用于写多读少场景的磁盘型存储引擎。这些应用层软件无一例外地都对低速的磁盘设备在上层软件开发层面做了很多优化，以提升系统性能。本节的内容围绕以下几个问题展开。

- ❑ 磁盘如何工作？
- ❑ 为什么磁盘的访问效率低？
- ❑ 针对磁盘型的存储组件，如何进行优化？

为了回答上述问题，本节将从磁盘的基本内容（磁盘在计算机中的位置、磁盘的内部结构、磁盘的访问过程等）、磁盘管理机制、加速磁盘访问的方案这三个方面介绍磁盘的相关内容。

3.3.1　磁盘的基本内容

磁盘设备通常也被称为外存或者外部设备。本小节首先从整体上介绍磁盘在计算机中所处的位置，在了解了磁盘的定位后再对磁盘的基本构成做一个详细的介绍，要了解磁盘的访问耗时就不得不了解磁盘的基本结构。此外，除了机械磁盘外还有一种使用广泛的外存——固态硬盘，也会对其进行简单介绍。

1. 磁盘在计算机中的位置

磁盘设备本质上属于 I/O 设备，它和鼠标、键盘、显示器这些设备一样在计算机中是通过 I/O 总线连接到 CPU 和内存的。I/O 总线和系统总线、内存总线相比有两个特点：第一个特点是 I/O 总线在设计时被设计成与 CPU 无关的，同时它可以连接各种各样的 I/O 设备；第二个特点是 I/O 总线的速度相对而言比较慢。磁盘在计算机中的位置如图 3-22 所示。

主机总线适配器一端通常可以连接一个或者多个磁盘，然后另外一端再连接 I/O 总线，和 CPU、内存交互。主机总线适配器通常使用特定的主机总线接口定义的通信协议。磁盘接口最主要的有 SCSI（Small Computer System Interface，小型计算机系统接口）、SATA（Serial Advanced Technology Attachment，串行高级技术附件）两个。SCSI 是一种广泛应用于小型机上的高速数据传输技术，它具有应用范围广、任务多、带宽大、CPU 占用率低及热插拔等优点，但较高的价格使得它很难像 SATA 般普及，因此 SCSI 主要应用于中高端服务器和高档工作站中。此外，和 SATA 相比，SCSI 可以支持多个磁盘驱动器，而 SATA 只能支持一个驱动器。

目前广泛使用的磁盘主要是**机械磁盘**，而这类磁盘的特点是成本低、容量大，同时读 / 写性能也比较低。于是又发展起来了一类比机械磁盘性能高的存储设备——**固态硬盘**。下面分别介绍这两种存储设备。

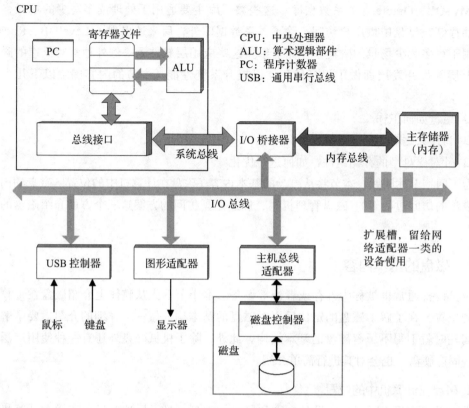

图 3-22　磁盘在计算机中的位置

2. 机械磁盘

机械磁盘属于一种电磁设备，安装在磁盘驱动器中，由磁头、磁臂、磁盘旋转的主轴、多个物理盘片构成。机械磁盘的结构如图 3-23a 所示。每个盘片一般分为一个或者两个盘面。每个盘面会划分成多个磁道，这些磁道属于同心圆，所有盘面上相同的磁道构成了柱面。磁道之间保留了一定的间隙，通常为了方便处理，每个磁道存储数据的数量是相同的。靠近内侧的磁道和靠近外侧的磁道相比，内侧磁道面积较小，这也就意味着内侧磁道存储数据的密度较大，越靠近内侧的磁道存储的数据密度越大。为了方便数据的读 / 写，每个磁道又被划分成多个扇区，扇区的大小通常是固定的（范围为 512B～4KB）。相邻的扇区之间也保留了一定的间隙。扇区一般也被称为盘块或数据块，对磁盘读 / 写数据时以扇区为单位。磁盘盘片的结构如图 3-23b 所示。一般，机械磁盘的容量由盘面数、磁道数、扇区数、扇区大小这几个因子决定，同时磁盘地址的定位也是由盘面号、磁道号（柱面号）、扇区号这三部分确定。

磁盘的访问时间由三部分组成。

1）寻道时间：指磁头移动到目标磁道的时间。这部分时间主要由启动磁臂的时间和磁头移动的时间两部分构成。假设启动磁臂的时间为 s，移动磁头到达目标磁道需要穿过的磁道数为 n，则寻道时间为 $m \times n + s$。其中，m 是与磁盘驱动器速度相关的常数，取值大约为 0.2ms；启动磁臂的时间 s 大约为 2ms。

2）旋转时间：指扇区移动到磁头下面所需的时间，该时间和磁盘的旋转速度有关。假设磁盘的旋转速度为 r，则旋转时间为 $1/r$，平均旋转时间为 $1/2r$。通常软盘和硬盘的转速不同，软盘的转速一般为 300~600r/min，而硬盘转速一般为 7200~15000r/min。以硬盘转速 15000r/min 为例，转一周所需的时间为 4ms，平均旋转时间为 2ms。

3）传输时间：指从磁盘读取数据或者将数据写入磁盘所需要的时间。假设磁盘的旋转速度为 r，一条磁道上所能容纳的数据量为 N 字节，则传输 b 字节数据所需要的传输时间为 b/rN。

综上，对一次磁盘数据的访问而言，总的平均访问时间应该为寻道时间、旋转时间、传输时间三者的总和，即 $T = (m \times n + s) + 1/2r + b/rN$。其中，寻道时间和旋转时间与传输的数据量大小无关。而且寻道时间由电动机驱动磁臂移动磁头，属于机械运动，相对比较耗时，占据了大部分的磁盘访问时间。所以，在磁盘访问过程中适当减少寻道时间可以有效提升磁盘访问的效率。磁盘的顺序写恰恰就是通过尽可能减少寻道时间来提升性能的，这也是磁盘的随机访问比顺序访问慢得多的根本原因。

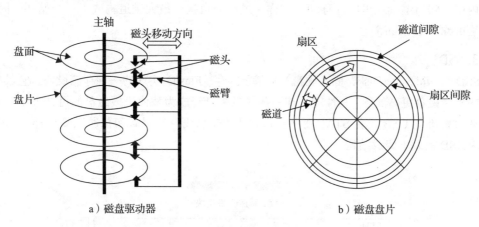

a）磁盘驱动器　　　　　　　　　　　　b）磁盘盘片

图 3-23　机械磁盘的组成结构

此外，操作系统为了减少进程对磁盘的访问时间，提供了各种磁盘调度算法。这些磁盘调度算法的主要目标是使磁盘的平均寻道时间最小。目前，常用的调度算法有以下几个。

1）FCFS（First Come First Served，先来先服务）算法。FCFS 算法是一种基于磁盘访问顺序进行调度的算法。它的优点是简单、公平，缺点是没有对寻道进行优化。因此，当有大量进程使用磁盘时，它的调度类似于随机调度，导致平均寻道时间较长。FCFS 算法适用于少量进程访问磁盘且大部分请求访问的扇区比较密集的情况。

2）SSTF（Shortest Seek Time First，最短寻道时间优先）算法。SSTF 算法属于贪心算

法，其调度原则是每次选择距离磁头最近的磁道，这样可以保证每次的寻道时间最短。从局部来看，它是最优的，但实际上不能保证平均寻道时间最短。同时，这种调度算法也可能导致"饥饿"现象，即访问距离磁头较远的磁道长时间无法得到处理。

3）Scan（扫描）算法。SSTF算法存在"饥饿"现象的根本原因在于，它只考虑了磁道与磁头之间的距离。而扫描算法是在SSTF算法的基础上改进而来的一种算法。该算法不仅考虑了待访问磁道和磁头之间的距离，还考虑了磁头的移动方向。当磁头从里向外移动时，它选择的磁道是位于当前磁头所处磁道的外侧同时距离最短的磁道；当磁头移动到最外层时，它切换磁头移动方向，变为从外向里移动。从外向里移动时，它选择的磁道是位于当前磁头所在磁道的内侧同时距离磁头最近的磁道。通过这种方式，磁头不断来回运动，类似于电梯的调度策略。因此，该算法也被称为电梯调度算法。

4）C-Scan（Circular Scan，循环扫描）算法。Scan调度算法可以很好地减少平均寻道时间，并避免"饥饿"现象。该算法被广泛应用于大、中、小型的磁盘调度中。然而，它的问题在于当磁头从里向外移动经过某一磁道后，如果恰好有一个进程访问该磁道，则该进程需要等待，直到磁头从里向外移动完，并从外向里移动到该磁道后才能被处理。这种情况导致该进程等待的时间大大增加。为了解决这个问题，提出了C-Scan算法，该算法规定磁头只能单向移动，例如只能从里向外移动。当移动到最外层的磁道后，直接快速移动到最内层，然后继续从里向外移动。这样，最小磁道接着最大磁道构成了一个循环。因此，该算法被称为C-Scan算法。

3. SSD

SSD（Solid State Disk，固态硬盘）是基于闪存（Flash）实现的一种存储设备，它具有比普通的机械磁盘更高的读/写性能，在一些场景中已经成为替代机械磁盘的可选方案。固态硬盘通过标准的USB或者STAT硬件接口接入I/O总线，使用时和普通磁盘一样。图3-24所示为SSD的基本组成结构。

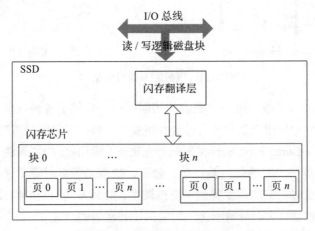

图3-24　SSD的基本组成结构

SSD 内部由闪存芯片和闪存翻译层两部分组成。

1）**闪存芯片**。闪存芯片在 SSD 中类似于机械磁盘中的磁盘驱动器。SSD 中闪存芯片可以有一个或者多个。每个闪存芯片内部划分成多个块，每个块又由若干个页（32~128）组成，通常页的大小为 512B~4KB，块的大小为 16~512KB。数据是以页为单位进行读/写的。在首次数据读/写时需要提前对该页所属的块进行擦除再读/写。一个块在大约进行 10 万次重复写之后就会磨损，块坏掉后将无法再使用。

2）**闪存翻译层**。闪存翻译层是一个硬件设备，它在 SSD 中扮演的角色和机械磁盘中磁盘控制器是一样的。其主要功能是对逻辑块地址进行翻译，转换成对底层闪存芯片的访问。

和机械磁盘不同，SSD 由半导体存储器构成，没有磁头、磁臂等机械设备。这使 SSD 具备了很多优点，比如随机访问要比机械磁盘快得多。SSD 的缺点主要是在数据反复写的过程中，闪存块会磨损，这也导致 SSD 的使用寿命比机械磁盘短。考虑成本的话，通常 SSD 的容量会比机械磁盘小一些。不过随着技术的发展，SSD 的使用场景越来越广泛，二者的成本差值也在不断减小。

4. 磁盘的访问过程

结合前面的介绍可知，磁盘最终是通过 I/O 总线和 CPU、内存连接的，数据访问磁盘时数据也是通过 I/O 总线传输的，进而到达内存。图 3-25 从宏观角度展示了从磁盘读取数据的过程。

从磁盘读取数据可以分为三步。

第 1 步：当一个进程访问磁盘数据时，由于数据在磁盘上还未加载到内存中，因此 CPU 会将该进程挂起等待，接着发起对该磁盘数据的读取操作，该操作主要包含的要素是从磁盘文件的哪个位置（逻辑块号）读取多少内容（数据长度）并放到内存中的什么位置（内存地址）。该指令通过系统总线传递到 I/O 总线，进而被磁盘控制器接收。该过程如图 3-25a 所示。

第 2 步：磁盘控制器根据传递进来的信息中的逻辑块号将其转换为底层磁盘对应的物理块号（盘面号、磁道号、扇区号），有了这三个要素就可以从物理磁盘上找到唯一确定的扇区并读取数据。当从磁盘读取到数据后数据会通过 DMA（Direct Memory Access，直接内存访问）的方式传送到内存的指定地址。该过程并不需要 CPU 的参与，CPU 可继续运行其他进程。该过程如图 3-25b 所示。

第 3 步：当 DMA 传送完数据后，磁盘控制器会给 CPU 发送一个中断信号来通知 CPU。CPU 收到中断信号后会暂停当前执行的任务转而处理该中断。CPU 会将数据从内核态的内存地址中复制到用户态空间，并唤醒进程，让它继续运行。该过程如图 3-25c 所示。

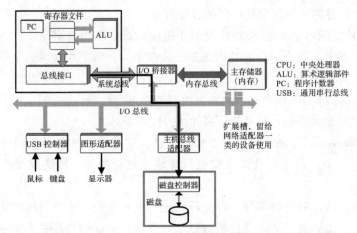

a）CPU 将命令、逻辑块号、目标内存地址写到磁盘相关联的内存映射地址，发起磁盘读操作

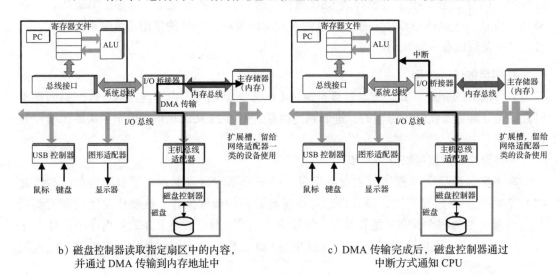

b）磁盘控制器读取指定扇区中的内容，
并通过 DMA 传输到内存地址中

c）DMA 传输完成后，磁盘控制器通过
中断方式通知 CPU

图 3-25　磁盘读取数据过程

3.3.2　磁盘管理机制

在了解了磁盘的基本内容后，应该知道计算机中对磁盘的访问基本上都是以文件的方式访问的。那文件内部到底是如何工作的呢？写入文件中的数据在磁盘上是如何存储的呢？本小节将围绕这些问题介绍磁盘管理的相关内容。

磁盘的管理主要涉及磁盘的访问及空间的分配等。操作系统为了方便用户高效、便捷地使用磁盘空间，进而抽象出来了文件系统。文件系统中以文件为基本单元，文件是磁盘管理的一种具体形式，是以磁盘为存储载体的信息集合。文件结构分为文件逻辑结构和文件物理结构。其中，文件逻辑结构是针对用户而言的，文件为上层用户暴露了访问磁盘的公共接口，用户关心如何使用文件，比如如何命名、如何查询、如何操作等功能，而不关心具体文件是如何在磁盘上存储的，占用了磁盘上的哪些空间等细节。而文件物理结构则是从实现角度出发的，它是文件在磁盘上的存储形式。文件的物理结构和具体的磁盘设备有很大关系，而文件的逻辑结构则与存储设备无关。

1. 文件逻辑结构

文件逻辑结构可以从文件内部结构和文件外部结构两个层面来看。对文件内部结构而言，最基本的要求是要方便检索和修改文件内容（增加、删除、更新记录等），此外，附加的要求就是要提高磁盘空间利用率，尽可能减少文件所占用存储空间的碎片。而从文件外部结构来看，则要求当使用一个文件时能从众多的文件集中快速找到待操作的文件。

（1）文件逻辑结构的分类

文件的逻辑结构根据是否有结构可以分为**无结构文件**和**有结构文件**。无结构文件是由字符流组成的文件，也将其称为流文件。而有结构文件则是由一个或者多个记录组成的文件，因此也将其称为记录文件。

1）无结构文件。无结构文件是以字节为单位的，数据按照顺序组织保存。这种文件管理简单，但是涉及数据检索时需要顺序检索。这种方式主要以二进制文件为主。

2）有结构文件。有结构文件中每条记录用于描述一个实体，每条记录的长度可以是定长的，也可以是变长的。定长记录能有效提高检索的速度和效率，同时能方便修改和处理。变长记录中每条记录的长度不固定，检索速度慢，同时不便于修改，但它很适合一些场景的需要。因此，目前这两种方式都有使用。根据文件内部记录的组织方式可以将有结构文件分为以下几类。

❑ **顺序文件**。顺序文件是指若干条记录按照某种顺序排列所形成的文件。通常的顺序有两种：一种是时间顺序，另一种是按照关键字排序。顺序文件比较适用于对存储的记录大批量存取的场景，同时对于磁带这种顺序存储设备也只能采用顺序文件才能正常工作。顺序文件的缺点是检索或者更新（增加、删除、修改）比较困难。

❑ **索引文件**。顺序文件中对变长记录的访问需要从头顺序查找，然后依次统计其长度，最后得到要查找的该记录的首地址后再进行访问。这种方式效率非常低。之所以需要顺序查找是由变长引起的，当记录是定长时访问某条记录，可以直接根据记录长度和记录编号计算出来该记录的地址，而变长则无法计算。为了解决这个问题，可以通过给变长记录建立一个索引表，索引表项中记录要查找的记录编号、该记录写入文件的位置、该记录的长度。索引表示意如图 3-26 所示。索引表项长度固定属于定长记录的顺序文件。通过这种方式可以实现较快的查找速度。

❑ **索引顺序文件**。索引顺序文件是顺序文件和索引文件的结合。它既保留了顺序文件的特征又引入了索引表。通过索引表实现对索引顺序文件的随机访问。索引顺序文件的基本思想是将存储的所有记录划分为若干组，然后在索引表中为每一组的第一条记录一个索引项，索引项主要包括关键字和该记录写入的位置。索引顺序文件是最常见的一种逻辑文件形式。索引顺序文件示意如图 3-27 所示。在查找某条记录时首先在索引表中找到该记录所在组的第一条记录的表项，从而得到该组记录写入的起始位置，然后从起始位置往后开始顺序查找即可。

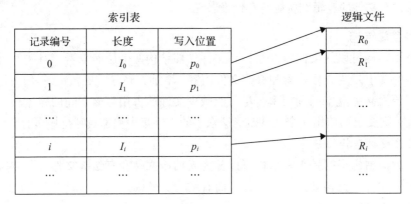

图 3-26　索引表示意

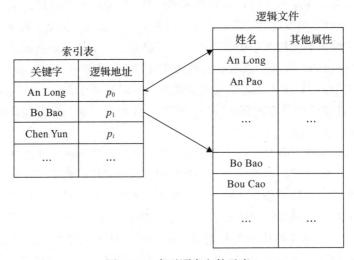

图 3-27　索引顺序文件示意

❑ **直接文件或哈希文件**。该文件是根据待查找记录的键值或者通过哈希函数映射后的键值来得到该记录存储的地址。这种方式具有很高的存储效率，但特点是无序。而且哈希文件会有哈希冲突的问题（不同的关键字通过哈希函数得出相同的哈希值）。

（2）文件逻辑结构的管理（目录）

在计算机中通常有大量的文件存在，这些文件需要有合理的组织和管理才能为用户提供良好的服务。因此操作系统提出了目录这个概念，一个目录中可以包含多个文件。目录维护着多个文件的信息，供检索时使用。目录最基本的功能是实现根据文件名来存取文件。用户只需要提供访问文件的文件名，操作系统便可以准确地找到该文件在磁盘上的存储位置。

为了实现目录对文件的管理,操作系统为每个文件关联了一个数据结构——文件控制块(File Control Block,FCB),它用来描述和控制文件。在操作系统中目录也是通过文件来实现的,文件目录是一组 FCB 的有序集合,一个 FCB 就是一个文件目录项。

1)**文件控制块(FCB)**。文件控制块中定义了文件的基本信息、控制信息、使用信息这三类信息。

- ❑ **基本信息**。基本信息包括文件名、文件物理位置、文件逻辑结构、文件物理结构等信息。文件名用来唯一地标识一个文件,用户通过文件名来对文件进行存取。文件物理位置是指文件在磁盘上的存储位置,包括存放文件的设备名、文件在磁盘上的起始盘块号、占用的盘块数、文件长度等信息。文件逻辑结构表示文件是流文件还是记录文件,文件是定长记录还是变长记录等。文件物理结构表示文件是顺序文件还是链接文件或者是索引文件等。

- ❑ **控制信息**。控制信息包括文件主的存取权限、标准用户的存取权限,以及一般用户的存取权限。

- ❑ **使用信息**。使用信息包括文件的创建日期和时间、上一次修改的日期和时间等信息。

2)**索引节点**。文件目录通常是存放在磁盘上的,当文件很多时文件目录需要占用大量的磁盘块。在检索目录文件时通常只会用到文件名,当根据文件名精准地找到一个目录项后才需要从该目录项中读取该文件的物理位置,在检索时并不会用到文件描述信息,这就意味着文件描述信息可以按需加载到内存中。因此,部分操作系统采用了将文件名和文件描述信息分离的方式。文件描述信息采用单独的一个结构来存储——索引节点,简称 i 节点。文件目录项由文件名和 i 节点的指针构成。通常索引节点存放在磁盘上,主要包含以下信息。

- ❑ 文件类型。文件类型用于标识该文件的类型,表示文件是目录文件还是常规文件或是特别文件等。

- ❑ 文件存取权限。该项信息表示各类用户的存取权限。

- ❑ 文件物理地址。每一个索引节点中含有 13 个地址项,iaddr(0)~iaddr(12),它们以直接或者间接的方式给出数据文件所在的盘块编号。

- ❑ 文件长度。文件长度是以字节为单位的。

- ❑ 文件存取时间。文件存取时间包括该文件最近被进程存取的时间、最近被修改的时间、索引节点最近被修改的时间。

当文件打开后磁盘索引节点会被加载到内存中形成内存索引节点。内存索引节点比磁盘索引节点多了索引节点编号、状态、链接指针、访问计数等信息。

3)**目录检索方式**。在操作文件时,必须先显式地打开文件,打开文件时需要指定文件名,操作系统根据执行的文件名找到对应的目录项,然后从目录项中获取到该文件对应的索引节点信息,进而得到文件在磁盘上的物理位置,再通过磁盘驱动程序将该文件内容读入内存中。目前,目录的实现主要有线性检索法和 Hash 检索法两种,目录实现的本质就是查找。

- ❑ 线性检索法。线性检索法是指目录表通过线性表维护,在创建文件或者删除文件时更新该目录表。查找时根据文件名在该表中查找。

❑ Hash 检索法。Hash 检索法是指建立一个 Hash 索引文件目录，当检索时将文件名通过 Hash 函数转换得到 Hash 值，再去目录表中查找。Hash 检索法的优点是增、删、改、查的复杂度非常低，但是需要一些额外的措施来避免和解决哈希冲突。

目录的检索是在磁盘上反复搜索完成的，因此需要不断地进行 I/O 操作。为了避免开销，减少 I/O 操作，会把当前所使用的文件目录加载到内存中，以后使用该文件时只需要在内存中检索即可，这样可以降低磁盘 I/O 操作次数提升系统性能。

2. 文件物理结构

和文件逻辑结构相对应的是文件物理结构。文件物理结构主要涉及给文件分配了哪些磁盘空间（磁盘块）、磁盘还有哪些空闲空间可用，这部分内容属于磁盘空间管理，下面将从磁盘空间分配和磁盘空闲空间管理这两个方面进行介绍。

（1）磁盘空间分配

以机械磁盘为例，分配磁盘空间时主要以磁盘块（扇区）为单位，磁盘空间分配的核心内容是将磁盘的哪些块分配给了某个文件。分配方式主要有：连续分配、链接分配、索引分配这三种方式。

1）连续分配。连续分配是指在创建一个文件时给该文件分配一组连续的磁盘块。这些磁盘块由于是连续的，所以都位于同一磁道上，在数据读 / 写时不需要移动磁头。为了查找文件地址，可在目录项中的"文件物理地址"字段记录该文件第一个盘块号和文件长度（以盘块为单位）即可。连续分配方式主要的优点是存取速度快、实现简单；而缺点是分配空间时需要事先知道文件的长度，而且分配完空间后插入和删除记录需要移动盘块，反复的插入、删除操作会产生磁盘外部碎片。这种分配方式对于需要动态变化的文件不太友好。图 3-28 所示为连续分配方式示意。

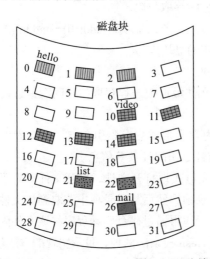

图 3-28　连续分配方式示意

2）链接分配。为了解决连续分配的问题，就出现了链接分配方式。链接分配方式不要求磁盘块是连续的，文件是分散装入多个磁盘块中的。通过在每个盘块上增加链接指针来实现将多个离散的磁盘块形成一个链表。因此这种方式形成的物理文件称为链接文件。这种分配方式的优点是消除了磁盘的外部碎片，提升了磁盘空间利用率，同时能很方便地进行插入、删除、更新等操作。在分配空间时，无须知道文件长度大小，这对于动态变化的文件非常友好。链接分配方式主要有隐式链接和显示链接两种方式。顾名思义，隐式链接是隐藏的，每个盘块内部除了维护文件数据外还会记录指向下一个盘块的指针（盘块号），在目录项中需要包含链接文件的第一个盘块指针和最后一个盘块指针。隐式链接分配示意如图 3-29a 所示。显式链接则是将链接各个盘块的指针从每个盘块中抽离出来，显式地存放在一张链接表中，该表在整个磁盘中只有一张。链接表也称为 FAT（File Allocation Table，文件分配表），链接表中表项记录的内容是当前盘块指向的下一个盘块号。这种方式下在目录项中只需要记录第一个盘块号（起始块号），后续其他的盘块号可以通过 FAT 查找得到。显式链接分配示意如图 3-29b 所示。

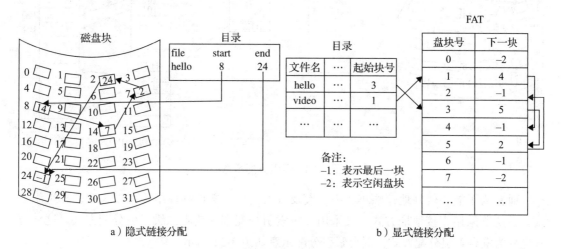

a）隐式链接分配　　　　　　　　　　　　　b）显式链接分配

图 3-29　链接分配示意

3）索引分配。链接分配虽然解决了碎片问题，但是又引入了新的问题。

❑ 不能高效地直接存取。对于一个较大文件而言，需要在 FAT 中查找很多盘块号。

❑ FAT 需要占用较大的内存空间。一个文件所使用的磁盘块是随机分散在 FAT 中的，因此需要将整个 FAT 载入内存才能保证查到一个文件所需要的全部盘块号。实际上，在某个文件打开时只需要按需调入该文件占用的盘块号到内存中即可，无须将整个 FAT 调入。基于这样的思想出发就出现了索引分配。

索引分配方式为每个文件分配一个索引块，索引块中集中存放了该文件所有的盘块号。在目录项中只需要记录该文件对应的索引块号即可。在访问文件的某个盘块时分为两步：第一步先读取该文件的索引块；第二步再从索引块中找到对应的盘块号即可访问。索引分配示意如图 3-30a 所示。索引分配方式的优点是支持直接访问。但是它需要给每个文件都分配一个索引块，每个索引块可以存放数百个盘块号。此时要分情况讨论，中小型文件通常占用的盘块较少，这种方式下索引块的空间利用率是很低的。而对于大文件分配磁盘空间，如果一个索引块容纳不下所需要的盘块号，此时有两种解决方案：第一种是将多个索引块通过链接方式链接起来，形成一个索引块链表；第二种方案是采用多层索引。以图 3-30b 所示的二级索引为例，第一层索引块指向第二层的索引块，第二层的索引块则指向文件块。这种方式可以根据文件大小的上限进行扩展，扩展出三级索引或者四级索引等。

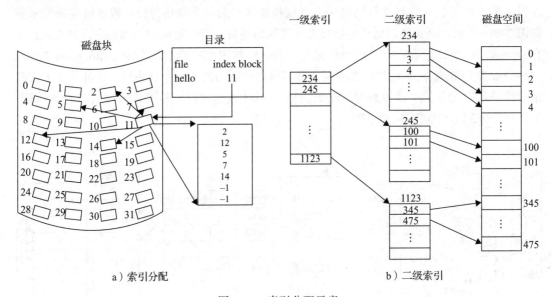

a）索引分配   b）二级索引

图 3-30　索引分配示意

通常为了能够较好地兼顾小、中、大及特大文件，文件物理结构可以采取多种组织方式。系统既采用直接地址方式，又采用一级索引分配方式或者二级索引分配方式。这种方式也称为混合索引分配方式。混合索引分配示意如图 3-31 所示。

以盘块大小为 4KB 为例，介绍混合索引分配中对文件进行空间分配的过程。

对于大小为 4～40KB 的小文件而言，最多会用到 10 个盘块存放数据。为了提高对小文件的访问效率，在索引节点中可设置 10 个直接地址项，即用 i.addr(0)～i.addr(9) 存放直接地址（盘块号）。这样，小文件就可以直接从索引节点中获取到该文件的所有盘块号。这种方式称为直接地址。

对于大小在 40KB～4MB 范围内的中等文件，采用直接地址是不可行的。因此可以采用单级索引的方式组织，利用索引节点中的地址项 i.addr(10) 来存放文件的索引块，该文件所占用的盘块号都存放在索引块中。为了获取文件的盘块号地址，首先需要从索引节点中获取其索引块信息，然后再从索引块中获取盘块地址，这种方式称为一次间接地址。

对于大型或者特大型文件（文件长度大于 4MB+40KB）时，一次间接地址和 10 个直接地址仍然存不下该文件的盘块信息，此时可以采用二级索引分配方式。用地址项 i.addr(11) 提供二级间接地址，实现二级索引分配方式。此时，系统在二级地址块中记录的是所有一次间接块的盘块号。采用二级索引分配时文件最大的长度可达 4GB。同理，对于更大的文件可以采用三级索引来完成。

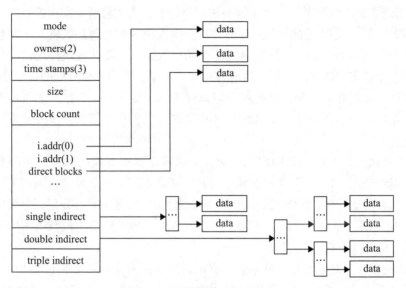

图 3-31　混合索引分配示意

综上，表 3-3 列出了连续分配、链接分配、索引分配三种分配方式的对比结果。

表 3-3　磁盘空间三种分配方式对比

磁盘空间分配	磁盘访问次数	优点	缺点
连续分配	访问第 n 条记录，需要访问磁盘 1 次	顺序存取非常高效，当记录定长时可以计算出任何一条记录的地址，支持随机访问	分配的连续存储空间会产生外部碎片，同时不适合文件动态增长
链接分配	对于隐式链接分配而言，访问第 n 条记录，需要访问磁盘 n 次	避免产生磁盘外部碎片，方便文件动态增长，磁盘空间利用率较高	需要额外空间存放链接指针信息，随机访问效率低
索引分配	访问第 n 条记录，在 m 级索引的情况下，需要访问磁盘 $m+1$ 次	既方便文件扩展，又可以随机访问。结合了连续分配和链接分配的优点	需要额外的空间存储索引表信息。不同的索引表查找策略对文件系统效率影响较大

（2）磁盘空闲空间管理

在将磁盘空间分配给文件时，需要分配空闲的盘块。为了高效地进行盘块分配，需要通过一些方式来管理磁盘中的空闲盘块。根据采用的数据结构不同，磁盘空闲空间的管理方法主要有以下几种：空闲表法、空闲链表法、位示图法、成组链接法。

1）空闲表法。空闲表法是指系统为磁盘上的所有空闲区建立一个空闲表。空闲表项主要记录表序号、空闲区的第一个盘块号及空闲盘块数等信息。空闲表中的所有表项按照空闲盘块号依次递增排列。在为文件分配时，按照连续分配方式执行，类似于内存的动态分配。主要的分配策略有首次适应算法、循环首次适应算法等。在空间回收时，需要考虑相邻分区合并等细节。

2）空闲链表法。顾名思义，空闲链表法通过链表的方式将所有空闲区链接在一起。根据链接单位的不同，空闲链表法主要有两种：空闲盘块链和空闲盘区链。空闲盘块链是将所有空闲的盘块链接在一起，分配时从链头开始依次摘下需要的盘块分配给文件；在回收时，将回收的盘块依次链接到链尾。这种方式非常简单，但当需要分配的盘块数目较多时，需要重复多次分配操作。空闲盘区链则是以盘区为单位链接，一个盘区通常由若干个盘块组成。每个盘区上包含指向下一盘区的指针和当前盘区大小等信息。该分配方法同样可以采取首次适应等算法。

3）位示图法。位示图法是指用二进制位来表示磁盘中盘块的状态，例如有些系统以"0"表示该盘块空闲，以"1"表示盘块已分配。通常采用一个二维的位数组来维护所有盘块的状态。在分配空间时，需要找位示图中状态为"0"的盘块进行分配，分配后将该盘块对应的状态置"1"。而在回收时，则需要将待回收的盘块号转换为位数组中的下标，然后再将其下标对应的状态置"0"。

4）成组链接法。对于大型文件系统，空闲表法和空闲链表法通常不太适用，因为它们的长度较长。在 UNIX 系统中，采用的是成组链接法。这种方法结合了前面两者的优点，同时又避免了表太长的问题。该方法的思想是将文件区的所有空闲盘块划分成若干个组。假设总共有 10000 个盘块，以 100 个盘块为一组。将每一组的盘块总数和该组所有的盘块号记录在前一组的第一个盘块中，这样各组的第一个盘块即可构成一个链表。通常该方法与空闲盘块号栈一起配合工作。成组链接法示意如图 3-32 所示。

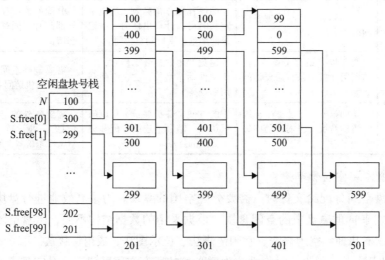

图 3-32　成组链接法示意

当需要为文件分配盘块时，首先会对盘块号栈进行加锁。加锁成功后，从栈顶取出一个空闲盘块号分配出去。当该盘块号已经到栈底时需要进行特殊处理。因为栈底的盘块号中记录的是下一组可用的盘块号信息，所以此时需要先从磁盘读取该盘块号对应的内容到栈中，读取完成后再将该盘块号分配出去。当回收空闲块时，系统将待回收的盘块号加入空闲盘块号栈顶，并执行空闲盘块数加一操作。当栈中的空闲盘块数达到分组的上限时，表示栈已满，此时将栈中的所有盘块号记录到新回收的盘块号中，再将盘块号作为新的栈底。

3.3.3　加速磁盘访问的方案

磁盘的性能表现在多个方面，但至关重要的一个指标就是磁盘文件的访问速度。目前磁盘访问速度还是远低于内存的访问速度。在采用磁盘作为主要存储介质的场景中，提升磁盘访问性能成为至关重要的一个话题。提升磁盘访问速度对于上层应用程序而言，最核心的出发点是尽可能通过各种手段减少对磁盘的访问。本小节将从加速磁盘读和加速磁盘写这两个方面展开介绍。

1. 加速磁盘读

对于磁盘读的场景而言，最核心的思路是利用尽可能少的磁盘 I/O 获取到要访问的数据。顺着这个思路来看，加速磁盘读的主要有 Mmap、磁盘预读、数据缓存等方式。

（1）Mmap

Mmap 是一种内存映射技术，它将一个文件的磁盘空间和进程虚拟地址空间中的一段虚拟地址建立对应关系。通过映射关系进程就可以采用指针的方式对这一段内存空间进行读 / 写，当数据更新后，系统会自动回写脏数据到对应的文件磁盘上，用户可以通过这种方式完成对文件的读 / 写操作。采用 Mmap 方式读文件和用传统方式读文件相对比，减少了数据从内核空间到用户空间的复制过程，从而提升了读的效率。Mmap 加速读的案例有很多，比如 RocketMQ、BoltDB、Bitcask 等项目。

（2）磁盘预读

在操作系统读 / 写磁盘时通常是以扇区为单位的，而一个扇区的大小通常是 512B～4KB。即便应用程序每次只读取磁盘上一个字节的数据，在操作系统内部也是读取这一字节所在扇区的全部数据到内存中，然后返回时只返回一个字节。因此，部分系统通过巧妙地设计落到磁盘上的数据结构来提高磁盘读的性能，比如 RocketMQ 中消息的索引数据就是设计成定长结构，通过充分利用磁盘预读的特性来提升系统性能。

（3）数据缓存

对于频繁访问的磁盘上的数据，一方面操作系统会在内存中开辟一段空间（称为磁盘高速缓存）用作磁盘块的缓冲区，缓冲区会缓存从磁盘读取进来的数据。当要从磁盘读取数据时首先在磁盘高速缓存中查找，没找到后再启动磁盘 I/O 加载数据。值得注意的是，磁盘高速缓存空间有限，同样会面临需要数据置换处理。另一方面，应用程序也可以对频繁访问的数据进行应用层面的缓存，以此来减少对磁盘 I/O 的访问，提升系统读的性能。

2. 加速磁盘写

对于写磁盘而言，要提升写磁盘的性能，最主要的两种方法是**顺序批量写**、**异步延迟写**。

（1）顺序批量写

对于磁盘 I/O 而言，随机写磁盘性能很低，主要原因是随机写时磁头的随机移动比较耗时。所以对于大量写并且数据保存在磁盘的场景下，最有效提升写性能的方案就是顺序写磁盘。在顺序写磁盘的同时尽可能以批量的方式写数据，这样性能会更佳。一般，数据库中持久化日志（WAL log）通常采用这种方式来设计实现。

（2）异步延迟写

异步延迟写是指对数据的写操作会短暂地暂存在内存中，当积累一定数量的数据后再集中将数据写到磁盘中。这种方式通常结合持久化日志一起使用。持久化日志保证数据的持久性，而异步延迟写保证写的性能。当异步延迟写操作完成后通常会调用刷盘操作，确保数据写入到磁盘块中。这种设计方式在 MySQL、Oracle 等关系数据库的存储引擎，以及其他磁盘型组件中应用非常广泛。

3.4　小结

本章围绕数据存储介质这一话题展开，按照计算机存储器介质依次介绍了内存、持久化内存、磁盘这三类存储介质。

3.1 节首先介绍了内存的基本概念及内存的访问过程，其次重点介绍了操作系统对物理内存的管理和虚拟内存的管理。3.2 节主要介绍了持久化的基础知识，包括持久化内存的分类和内部组成，其次重点介绍了在不同工作模式下的适用场景，在实际使用持久化内存时起到一些参考作用。3.3 节重点介绍了机械磁盘和固态硬盘的内部结构，并在此基础上介绍了访问磁盘的过程。这一节中最重要的内容是操作系统对文件的管理，主要包括文件的逻辑结构和物理结构。在掌握了文件的工作原理后，对理解后面要讨论的磁盘型存储引擎会非常有帮助。

本章的内容涉及很多操作系统的相关知识，如虚拟内存管理、磁盘管理、文件管理等内容。由于本章只是作为存储引擎中存储介质的基础知识介绍，上述内容旨在让读者更好地了解存储引擎内部是如何工作的，关于更多操作系统的内容，读者可以查阅其他相关书籍。

第 4 章 *Chapter 4*

从宏观角度理解 B+ 树存储引擎的原理

在数据库或存储领域，存储引擎一直处于核心地位。存储引擎的主要功能是存储和检索数据，简单来说其职责就是如何读 / 写数据。实际上，如何快速、高效地实现上述功能是存储引擎需要解决的关键问题。本章将重点讨论基于页结构的 B+ 树存储引擎，因此后续内容提到的存储引擎，如无特殊说明，指的都是 B+ 树存储引擎。这类存储引擎在关系数据库中出现的频率较高，典型代表就是 MySQL 中的 InnoDB，此外还有 SQLite、BoltDB 等。

在绝大部分讲解存储引擎的文章或者书籍里，一上来就抛出一个结论——**读多写少的磁盘存储引擎采用的是 B+ 树**，然后对此结论展开讲解。此外，日常技术讨论、面试中涉及数据库、存储引擎等内容时也大多是展开讨论上述话题。下面来看几个问题。

❑ 为什么读多写少的磁盘存储引擎内部一定要采用 B+ 树来实现呢？

❑ 除了 B+ 树还有其他可选方案吗？哈希表、红黑树、B 树、跳表等数据结构可以吗？

❑ 读多写少的磁盘存储引擎在方案选型时是如何取舍的？

实事求是地说，上面几个问题笔者在最初研究存储引擎时被困扰了许久。笔者查阅了很多资料和书籍，也没有得到一个清晰、易理解的答案。后来随着不断深入学习和思考，笔者对上述问题有了自己的理解和答案。

从短期来看，即使不清楚上述问题的答案也不影响对数据库和存储的学习，但从长远来看，掌握以上问题的答案能更深刻地理解存储引擎的内部机制。

笔者将前面提到的几个问题按照结构化的思路整理了一个提纲，如图 4-1 所示。在开始阅读本章内容之前，读者不妨先尝试回答一下这几个问题，读完本章后回过头来再对比一番，或许会有不一样的收获。

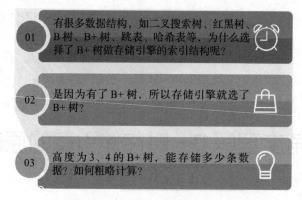

图 4-1　B+ 树存储引擎先导问题

4.1　B+ 树存储引擎产生的起点

要回答前面提出的几个问题，需要回到 B+ 树存储引擎产生的起点。众所周知，B+ 树存储引擎是计算机工程领域针对现实问题的一种解决方案。它的产生是为了解决一些实际工程问题。

即使是发展到今天的互联网，面向用户的很多系统提供的仍然是读多写少的服务，只不过用户的量级和服务的复杂度发生了巨大的变化。服务器上存储数据的软件这里统一称为数据库。数据库的内核是存储引擎，因此支撑**读多写少**就成了存储引擎必须具备的一项基本能力，同时也是数据库面临的第一个背景。

4.1.1　诞生的背景

1. 关系数据库按照行组织

早期存储引擎这个概念主要出现在关系数据库中。MySQL 中经常提到存储引擎这个词，因为其内部对存储引擎的设计是插件式的。大家耳熟能详的有 InnoDB、MYISAM、Memory 等，用户可以根据不同的场景选择不同的存储引擎。

在关系数据库中，一个数据库可以包含多张数据表，每张表又由多列字段构成。对插入表中的一条数据而言，它会包含多列字段对应的值，这条数据通常称为行。也就是说，关系数据库中数据是通过**数据库→表（多列）→行**的方式来组织的。当数据库收到一条数据插入的请求后，内部会对这条数据按照行格式（扁平化）来组织。最终落到存储引擎这一层时，基本上得到的数据可以看作广义 KV 形式。其中，K 一般是标识该行数据的主键，而 V 则就是扁平化的行数据。不同的存储引擎设计的行格式会有所差异，但本质是一样的。行格式的有关内容超出了本书的范畴，此处不再展开。这里的主要目的是引出关系数据库中**数据按照行格式来存储**这个背景。为了方便讲解，下文介绍的存储引擎读 / 写的数据都是

KV 形式的。

2. 存储千万量级数据

互联网发展初期，要存储的数据规模和量级相对可控。但受当时计算机硬件的发展水平限制，一台服务器的内存要比磁盘的空间小得多，内存能保存的数据量实际上是有限的。随着互联网的迅速发展，一方面数据存储的量级日益增长，另一方面很多应用存储的数据都需要永久保存，这意味着随着时间的推移和系统的运转，存储的数据越来越多。很快，存储的数据量级就可以达到万、十万、百万，甚至千万。

因此在设计存储引擎时必须提前考虑可扩展性问题。此外，从未来的角度来看，这个问题肯定会发生并成为一个潜在问题。因此，将**存储千万量级数据**作为存储引擎设计时面临的第三个背景。

3. 采用性价比高的存储

由前面可知，**磁盘**就是人们期望的存储介质，因为它具有成本低、容量大两个特点。但由于先天结构的限制，**访问磁盘的速度要比访问内存的速度慢得多**。选择磁盘作为存储介质意味着必须想办法改善或者解决它所带来的速度慢的问题，这是存储引擎在设计时面临的第四个背景。在前面的讨论中，其实一直有一个隐性的要求：在满足功能的情况下，存储引擎本身的访问速度要尽可能快，否则即便功能再好也无法很好地为用户提供满意的服务。

磁盘顺序 I/O 要比随机 I/O 快多少呢？图 4-2 所示是磁盘和内存两个存储介质在顺序 I/O 和随机 I/O 这两种方式下的性能对比结果。具体数据指标可能会受不同环境和硬件的影响而产生一定的偏差，但足以反映出每种存储介质中顺序 I/O 和随机 I/O 的性能差距。

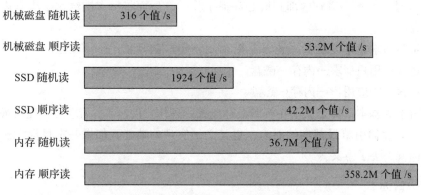

图 4-2 磁盘和内存顺序 I/O 与随机 I/O 的对比

下面总结一下在介绍采用性价比高的存储过程中得出的结论。

❑ 磁盘随机 I/O << 磁盘顺序 I/O ≈ 内存随机 I/O << 内存顺序 I/O。

❑ **采用磁盘作为数据存储介质**，成本低，容量大，数据持久存储。

知道了面临的问题还不够，我们还需要明确目标。

4.1.2 设计的目标

上层应用程序发送到存储引擎的输入数据为 KV 格式的数据，假设输入为（k, v）。存储引擎最终数据的输出，即数据写入磁盘中存储数据。在明确了存储引擎的输入和输出之后，接下来的目标可以拆解为以下两个小目标。

❑ **基本目标**：存储引擎在上述四个背景下能够实现最基本的数据读 / 写功能。这是对它最基本的要求和目标。

❑ **终极目标**：在保证基本目标的情况下，尽可能**高效**、**快速**地完成上述功能。

1. 基本目标

先来看看在基于磁盘存储数据的条件下，存储引擎对一次常规的用户请求是如何处理的。下面分别以写请求和读请求来说明。

当用户发送一次写请求到存储引擎时，它首先会通过接口 Set(k,v) 将 KV 数据传递给存储引擎。存储引擎内部通过该接口获得用户传递的数据后，会进行参数合法性的校验。当校验通过后，KV 数据就会被存放到内存中。然后存储引擎再按照内部规定好的数据格式组装数据。这个过程也称为对 KV 数据编码。当编码工作完成后，将编码后的数据写入磁盘文件中存储下来，以便后续用户的读请求来查询。至此，一次写请求就处理完成了。

当用户发送一次读请求到存储引擎时，它首先将要查询的关键字数据通过接口 Get(k) 传递给存储引擎。存储引擎内部首先还是做参数的合法性校验，当校验通过后，存储引擎内部根据该关键字信息从磁盘上读取对应的数据。当数据读取到内存中后，存储引擎进行解码工作。解码完成后再将数据返回给上层用户。至此，一次读请求就处理完成了。

上面的分析是从计算机处理数据的过程进行描述的。注意：这里仍然是把存储引擎当作一个黑盒对待，不知道它内部到底是如何工作的。后面将重点围绕这个黑盒内部的工作原理展开介绍。

不管是写请求还是读请求，整个请求与响应过程都会经历三个阶段。

请求过程：用户请求→内存→磁盘。

响应过程：响应用户←内存←磁盘。

存储引擎的基本目标是保证在按照上述流程处理用户的读 / 写请求时，完成最基本的功能。这是一个存储引擎最基本的能力，也是必须实现的功能。如果基本目标无法达成，讨论终极目标就失去了意义。

2. 终极目标

存储引擎的终极目标则更多地关注存储引擎在性能上的要求，要求它的性能足够高、读 / 写操作的耗时尽可能少。

那么，什么样的存储引擎才算高效呢？什么样的存储引擎才算快速呢？要回答这些问题，必须通过定量的指标来度量。

在计算机中评价一个系统性能的好坏，最直接的指标就是耗时，即处理用户请求的速度。系统的性能越好，它在单位时间内处理的用户请求就越多，单个请求处理所用的耗时就越少。因此，可以通过单个用户请求的耗时来定量评价存储引擎的性能。

假设存储引擎中存储了 N（千万级）条数据，如果想随机地查询其中的某一条数据，怎样预估其处理耗时呢？实际上，这与存储引擎内部存储数据时所采用的数据结构有关，计算机中的数据结构就是用来组织数据的。同样量级的数据采用不同的数据结构存储后，相同的操作在执行时对应的时间复杂度是不同的，处理的耗时也是不同的。例如，存储引擎内部采用链表或数组来组织数据，基于关键字查询数据时需要逐个遍历比较才能得到结果，因此平均读 / 写时间复杂度为 $O(N)$；而如果采用二叉树、红黑树、跳表、B 树、B+ 树等数据结构存储，它们可以保证在 $O(\log N)$ 的平均读 / 写时间复杂度内完成查询操作；如果内部采用哈希表存储数据，则可以在 $O(1)$ 的平均读 / 写时间复杂度内得到该条数据。

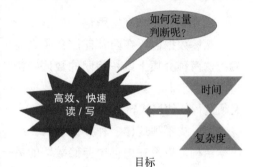

因此，问题进一步转化成存储引擎内部维护的数据如何存储、如何组织，这就涉及数据结构方案选型的问题了。整体推理的思路如图 4-3 所示。

图 4-3　终极目标的转化思路

4.2　B+ 树存储引擎方案选型

本节将继续探讨存储引擎方案的选型，并揭示图 4-1 中列出的前两个问题的答案。

4.2.1　数据结构方案对比

几种数据结构的对比结果如图 4-4 所示。

平均读 / 写时间复杂度	典型数据结构	特点
$O(1)$	Hash 表等	原生数据结构不太支持时间复杂度较低的范围查询、排序等操作
$O(\log N)$	二叉搜索树、AVL 树、红黑树、B 树、B+ 树、跳表等	天生支持范围查询、排序操作
$O(N)$	数组等	数据量大时，时间复杂度太高

图 4-4　数据结构对比

对存储引擎而言，排序、范围查询是必须支持的一项能力。所以在做方案选型时，必须提前考虑到支持**排序、范围查询**等操作。

二叉搜索树、红黑树、跳表、B 树、B+ 树等数据结构从理论上看都能满足排序的需求。

但是存储引擎中维护的数据最终是要输出到磁盘的，既然在内存层面得不出什么结论，那不妨尝试从磁盘的角度来看看磁盘上这些数据结构哪种好维护。

4.2.2 目光转向磁盘

存储引擎中的数据流向分为三个阶段。以读取操作为例，读取的顺序是**磁盘→内存→用户**。在读取时，首先将数据从磁盘上读取到内存，然后在内存中进行数据格式转化、合法性校验、数据解码、其他逻辑处理等操作，最后再将查询的数据进行组装返回给用户。

1. 直接想法与间接思路

既然数据需要在两种存储介质之间传递，那么**最直接的想法就是：如果能够在内存和磁盘这两种介质上维护相同的数据结构，那就最好了**。假设上述想法能够实现，当用户发起读取请求时，就会从磁盘加载数据，此时只需原封不动地将数据直接加载到内存中，而无须进行任何格式转换工作，最后进行一些处理即可返回给用户。

如果找不到这样一种数据结构，那只能采用**间接思路：选择一种在磁盘上存储数据的数据结构，以及在内存中存储数据的另一种数据结构。当处理读取请求时，数据会从磁盘读取到内存中，在这个过程中需要进行一层格式上的转换**。与直接想法相比，显然这种做法的效率略低，因为中间数据格式的转换不可避免地会带来一些性能损耗和开销，而且这部分开销往往比较大。但是，这种做法的优点是相对更灵活，并且更具有普适性。

相比之下，直接想法显然更有吸引力。因此，下面先尝试按照直接想法进行探索，看看是否存在这样一种数据结构。

2. 从直接想法验证

存储引擎的终极目标是**快速、高效地读/写**。那么在磁盘层面上，应该如何操作磁盘才能实现这个目标呢？

对于磁盘而言，应该尽可能地利用顺序 I/O 来访问磁盘，以使其能够快速、高效地读/写。具体到工程实现上，以读/写操作为例，典型的顺序读、顺序写（追加写）就是顺序 I/O。下面来看看在采用顺序 I/O 访问磁盘时是如何完成写操作和读操作的。

假设用户发来一个写请求，数据在内存中完成一系列操作后，最终采用追加写的方式将数据写入磁盘进行存储。在这种方式下，磁盘访问的顺序写性能得到了提升，因此整个写请求处理也变得更快了。但是接下来，如何处理读请求呢？

通常，K 和 V 都属于变长数据（比如字符串等），而存储引擎写入磁盘中的数据是二进制数据。因此，存储引擎在将数据写入磁盘之前，也需要对 K 和 V 进行编码处理后打包成二进制数据，以方便写入磁盘。通常，一种最常用也最简单的编码方式是按照 TLV 格式进行扁平化编码存储。下面将一条 KV 编码后的数据称为一条记录。

由于编码后每个 KV 数据长度不固定，导致得到的每条记录的数据长度不同（变长的数据）。在这种情况下，如果要保证读取的正确性，就需要考虑额外保存一些信息（offset 和

size）来辅助处理用户的读请求。简而言之，每条记录可以保存一个图 4-5 所示的二元组索引信息，以确保数据的正确读取。

图 4-5　抽象每条记录的索引

3. 排序、范围查询功能的支持

在上面介绍的高效写入场景下，每来一条记录都是直接追加的，因此数据在磁盘上的存储顺序和它的写入顺序是一致的。这种顺序并不是按照数据本身排序的，因此将其称为乱序存储。而上面提到的排序则是指数据本身的排序，比如按照 K 升序或降序排列。在数据乱序的情况下，顺序写入磁盘后，如果需要支持排序、范围查询功能，那就必须把磁盘上存储的所有记录都加载到内存中，然后在内存中进行排序，等排序完成后再找出满足条件的记录返回给用户。从实现功能的角度来分析，这种方式是可以的，但显然效率很低。主要原因有以下两点。

- ❑ 每次排序、范围查询均需要对所有数据排序。
- ❑ 如果磁盘上存储的数据量大于内存空间，则无法将所有的数据一次性加载到内存中排序，需要考虑用其他方式完成排序。

因此，需要更高效、更优雅的方案来解决该问题。对于排序和范围查询等需求，只有在数据有序的情况下才能高效完成，有两种做法。

- ❑ 第一种：数据写入磁盘前排好序，保证写入磁盘的数据是有序的。
- ❑ 第二种：数据写入时没有排序，当发生数据读取时先从磁盘读取数据，然后对数据进行排序。

第一种做法需要先排序再写入磁盘，这样在后续做排序和范围查询操作时就无须再进行排序，效率肯定更高。但是难点在于必须对数据排序后再写入磁盘，而不能每次写入一条数据。那么，如何保证顺序写入的性能呢？而第二种做法在写入时没有对数据排序，因此比较方便。但是带来的问题是，要在处理查询之前对全部数据进行排序，这个排序是对整个数据集进行的，数据量越大排序耗时越长，性能也就越低。

前面的分析实际上恰恰是第二种做法的情况。因为一开始按照直接的想法实现时，每条数据写入磁盘时都是直接追加写入的，所以这种方式根本无法保证写入磁盘的数据有序，并且分析后发现它无法支持排序和范围查询这样的功能。既然第二种写入方式存在上述问题，那么，接下来深入探索第一种方式。

按照第一种方式写入数据时，假设执行了三次写操作，分别对应三条记录。这三条记录在内存中排序后，就连续写入磁盘了。此时写入磁盘的数据是有序的，那么在执行查询（如按升序遍历）时，只需要定位到第一条数据，后面的数据就是有序的，可以很快地进行按序读取。因此，如果能够**实现数据有序和顺序写磁盘**，就可以从根本上解决排序和范围查询的问题了。

为了保证数据有序和顺序写入磁盘，只需要在写入数据时使用有序的数据结构来组织数据即可。然后可以按照一定的时间间隔或记录条数阈值将有序的数据定期写入磁盘。

这样来看，第一种方式实际上是在之前推导的顺序写磁盘并记录每条数据索引的基础上，新增了保证数据有序的限制。因此，得到的结论如图 4-6 所示。

至此，点对点查询、排序、范围查询功能都得到支持了。

4. 索引项的存储

存储引擎的定位是用于存储千万级的数据，这就带来了一系列问题。

图 4-6 保证数据有序写与抽象每条记录的索引

❑ 千万个索引项怎么存储？选哪种数据结构存储？

❑ 索引项存储在哪里，内存还是磁盘？

随着存储数据的增加，索引很有可能会面临内存不足的问题。现在要明确上述问题的根本原因，看看是否会有一些新的发现。

问题：为什么会产生千万个索引项？

分析：因为每一条记录都是变长的，需要对每条记录分别维护一个索引项，所以保存千万条记录就得存储千万个索引项。

针对千万个索引项这个问题，一起来看看有没有解。直接的想法是分为两种情况。

❑ **能减少索引项**：减少索引项数可以降低维护成本和占用的存储空间。常见的做法是通过稀疏索引来减少密集索引，以节约空间。

❑ **不能减少索引项**：如果不能减少索引项数，可以尝试找到合适的数据结构来组织索引。这里的"合适"可以理解为空间压缩、查询优化等。

在目前遇到的问题中，减少索引项数似乎不太可行，因为每条记录都可能被访问，所以每条记录都必须有一个对应的索引。

在继续介绍之前，先将上述推理过程总结一下，以加深印象。本节所分析的整体脉络如图 4-7 所示。

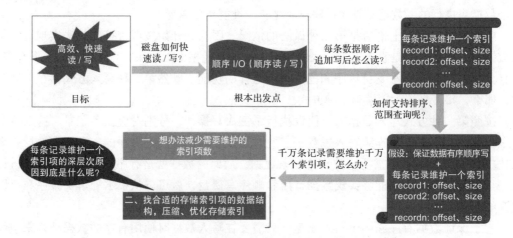

图 4-7 从磁盘角度出发推导如何读 / 写

4.2.3　索引维护和存储

根据前面的分析，送到存储引擎中的每条记录是变长的，所以需要为每条记录都维护一个索引项。而为了保证写入磁盘的数据是有序的，不能再一条一条地写磁盘了，需要在内存中先对数据排好序，然后再按照一定的策略写入磁盘。这种策略可以是按照固定的时间间隔，或者是设定记录条数阈值或写入的记录所占的空间阈值等，甚至这几个策略可以组合使用。其中，最难的策略应该就是最后一个了。

1. 划分磁盘块

如果采用的策略是写入的记录所占的空间阈值，则需要确定该阈值的大小。这个阈值表示若干条记录在内存空间所占的大小，并且是将这些记录写入磁盘后所占的磁盘空间的大小。因此，每次写入磁盘时都是按照阈值大小来写入数据。这就要求对磁盘块上的区域进行逻辑划分，划分成阈值大小的块。关于阈值应该设置为多大合适，我们暂时先保留，在后面回答。

将磁盘划分成一段一段的固定大小的连续块（Block）。如果想定位其中某一块的位置，只需要给每一个块设置一个编号，即不同的块通过块编号（no）来区分。只要知道了块的编号，就能根据块大小和编号这两个信息很快地计算出它在磁盘上的地址。假设块大小是 100B，那么第 0 块在磁盘上对应的地址范围是 0～99，第 1 块对应的磁盘地址范围是 100～199，以此类推。因此，可以将块编号称为块索引。

每个块内继续保留原先过程中的两大特性：**数据有序、顺序写**。此时对于存储引擎而言，数据的写入过程为：用户传递进来的记录先在内存中进行有序维护；当存储空间大于设定的阈值大小后，再顺序写入磁盘，此时写入磁盘的数据已经是排好序的。这个过程中有两类索引：一类是前面推导的记录的索引，它在处理查询请求时使用；另一类是块索引，它记录块的编号信息。

此处有一点需要补充说明：**在最初一条记录一条记录地追加写时，维护的记录的索引是写入磁盘上的绝对位置；而现在将磁盘划分为块以后，数据会写入块中，因此，这里将存储的每条记录的索引改为该条记录在磁盘块内部的写入位置，即从原先的绝对位置调整为相对位置**。磁盘块间和块内的结构如图 4-8 所示。

为了方便后续介绍，假设划分的块空间足够大，足以存储至少一条记录的数据，这样的话就能避免出现一个块存不下一条记录的特殊场景。在这样的结构下，如何进行数据的读取操作呢？

首先需要解决定位块的问题。当明确定位到具体的块后，将当前块的数据从磁盘加载到内存中。块内部的数据是有序存储的，因此可以通过二分方式找到具体数据对应的索引项，最后再根据索引项来读取数据。同理，虽然执行写操作的过程对外来看是对单条记录进行写，但实际上内部以块为单位来写磁盘。下面重点解决如何定位块的问题。

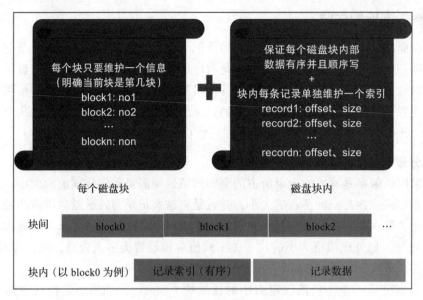

图 4-8　磁盘块间与块内的结构

2. 块索引的升级

目前的块索引仅记录了一个块的编号，可以通过块编号快速定位该块在磁盘中的位置。然而，某条记录具体写入哪个块中，目前是无法确定的。为了解决这个问题，需要升级块索引，额外保存一些信息来辅助定位。

由于每个块上的数据是有序存储的，因此当在块上写入多条记录时，很容易知道这个块上写入记录的范围区间。为了方便举例，假设存储引擎中存储的 K 是整数类型，它是该条记录的序号，通过它可以唯一区分不同的记录。例如，第 0 块保存的是 K 在 0～10 范围内的记录，第 1 块保存的是 K 在 11～23 范围内的记录。

这样一来，当查询 K 为 7 的记录时，就可以很快知道该条记录存储在第 0 块上，然后查找 K 为 7 的记录索引项，最后读取该条记录的数据。

经过上述分析自然而然地想到，需要在原先只保存一个块编号 no 的基础上，再给每个块多保存两个信息：**该块保存的若干记录中序号的最小值 min、该块保存的若干记录中序号的最大值 max。这样，每块对应的索引信息就变成了一个三元组（no, min, max）。这个三元组表达的含义是第 no 块保存的记录范围是 min～max。**

当通过升级块索引解决了记录到块的定位问题后，就可以很方便地进行查询了。同时，同一条记录的更新也很容易实现。其实，如果写入存储引擎中的记录数据是有序的，那么此时情况会更加简单。对于存储引擎底层的磁盘块而言，不但块内的数据是有序的，而且块间的数据同样是有序的。因此，上面的块索引对应的三元组还可以进一步改进。因为写入的时候，每个块都是按序写的，块内数据是有序的，块间数据也是有序的，也就是说，对于第 i 块而言，第 i 块存储的记录范围就是第 i 块的最小值拼接上第 i+1 块的最小值，所以可以将上述三元组简化成一个二元组 (no, min)，同时附加每块之间保存的数据逻辑有序的保证。

实际上，还有一种普适性的方法可以将任何场景转化为有序写入。如果写入存储引擎的记录是无序的，那么相邻磁盘块之间的数据必然也是无序的。比如，第 0 块写入的记录范围是 0～12，第 1 块写入的记录范围是 23～31，第 2 块写入的记录范围是 13～22。在这种情况下，只需要通过链表将这些块按有序方式连接（0 → 2 → 1），就可以解决这个问题了，即通过链按照保存记录的范围升序或降序将其连接起来，形成逻辑上的有序集合。

引入磁盘块的概念后，除了支持点对点查询，执行排序、范围查询等操作时，大部分情况下可以减少磁盘 I/O 次数。因为一次读取的是一块数据，而一块中的数据包含多条记录。如果一次范围查询所涉及的数据都在一块内，多条数据只需要读取一次磁盘。即使不在一块内，也可以通过指针快速读取下一块的数据。因此，在这种场景下，无论是点对点查询还是范围查询，性能改进都比较可观。块索引的详细推导思路如图 4-9 所示。

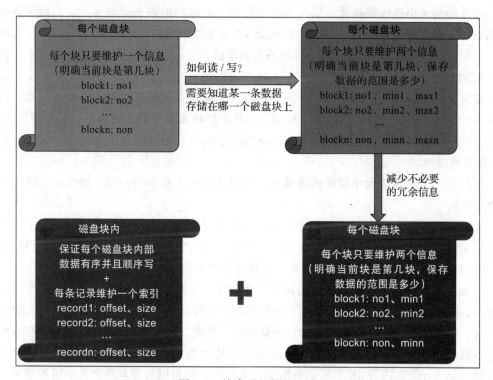

图 4-9　块索引的推导思路

3. 解决遗留问题

虽然整体流程已经比较清楚了，但是之前还遗留了 4 个问题需要解决。

❑ 千万个索引项怎么存储？选哪种数据结构存储？
❑ 索引项存储在哪里，内存还是磁盘？
❑ 划分磁盘的块大小定多大？

❑ 块索引需不需要存储？怎么存储？

前两个问题是前一小节遗留下来的，它们是与记录索引相关的；后两个问题则是本小节引入磁盘块的概念后遗留的。下面逐一解决上述问题。

（1）千万个索引项怎么存储，选哪种数据结构存储

索引项是有序连续存储的，它们也被存储在磁盘块中。对应的数据结构则为磁盘块内部的有序数组。

（2）索引项存储在哪里，内存还是磁盘

索引项是保存在磁盘上的。在定位到某一条记录所属的磁盘块后，会将该磁盘块加载到内存中。该磁盘块中记录了存储在其中的若干条记录的索引数据和原始数据。

（3）划分磁盘的块大小定多大

针对磁盘块大小这个问题，可以进行辩证的思考。

磁盘块的大小选择得越大，那么一个磁盘块上能保存的数据就越多，在存储同等数据量的条件下所需的磁盘块数就越少，进而需要维护的**块索引个数也就越少**。但是，每次读写记录时需要的额外读 / 写空间越多（因为对磁盘的读 / 写是以磁盘块为单位进行的），因此**读 / 写效率越低**。

磁盘块的大小选择得越小，那么一个磁盘块上能保存的数据就越少，在存储同等数据量的条件下所需的磁盘块数就越多，进而需要维护的**块索引个数也就越多**。但是，每次读 / 写记录时需要的额外读 / 写空间越少（因为对磁盘的读 / 写是以磁盘块为单位进行的），因此**读 / 写效率越高**。

因此，关于**磁盘块大小应该选择多大**，本身就是一个折中的问题。那么，具体应该如何确定呢？

在分析这个问题时，可以从操作系统的角度考虑。由于数据最终存储在磁盘上，而应用程序是运行在操作系统之上的，因此需要考虑如何让操作系统为应用程序提供更好的服务，即如何更好地利用操作系统的特性，发挥其最大的价值。

每次读 / 写数据都涉及对磁盘的操作，例如读 / 写磁盘、刷盘等。在数据最终写入磁盘之前，它会先被暂存到内存中，而在操作系统中管理内存是以页为单位的。操作系统读 / 写磁盘、刷盘的时机都与管理内存的页密切相关。因此，为了更好地利用操作系统的特性，可以**以操作系统的页作为基本单位来确定磁盘块的大小**。最简单的方法是将磁盘块的大小设置为一页大小（默认为 4KB）。如果需要更大的块，则可以将磁盘块的大小设置为页大小的整数倍，例如 8KB、16KB、32KB 等。

实际上，InnoDB 中默认的页大小为 16KB，而 BoltDB 中默认的页大小为操作系统的页大小 4KB。既然选择操作系统的页作为磁盘块大小的基本单位，那么就不需要引入新的概念 "磁盘块"，而可以将**块称为页**，以减少引入新术语带来的额外理解成本。

（4）块索引需不需要存储，怎么存储

首先，如果没有块索引，就无法解决定位问题，查询和更新操作也无法实现。因此，

"块索引需不需要存储"这个问题的答案是确定的——"需要存储"。

其次，需要考虑如何存储块索引。存储在内存中是否可行？答案是否定的。这是因为，如果只将块索引存储在内存中，那么在机器断电或发生其他异常情况时，内存中的数据就会丢失。这意味着，在应用重启或断电后恢复时，需要重新建立块索引。然而，存储引擎中存储的数据可能是千万量级。在存储如此多的数据时，重建块索引是一件相当耗时的事情。在重建索引期间，服务基本上对外不可用，这对许多应用程序来说是不可接受的。因此，块索引也需要持久化到永久性的存储介质中，即保存到磁盘中。具体来说，可以采用以下两种方案进行存储。

- ❑ **划分独立的块来保存块索引**：将所有块索引数据和记录数据存储在同一个磁盘文件中，只不过使用不同的块来区分它们。在数据库中，这种索引和数据存储在一起的方式称为聚簇索引。
- ❑ **采用单独的文件来存储块索引**：为块索引建立一个新的索引文件，专门存储索引信息。同时，记录的索引和数据也可能会被拆分开。记录索引和块索引都会存储在同一个索引文件中，而所有记录的原始数据则存储在一个数据文件中。这种数据和索引分离的存储方式称为非聚簇索引。

4.2.4　选择 B 树还是 B+ 树

本小节将揭示前面花费大量篇幅要得到的结果。由前面的分析可知，存储引擎的完整结构如图 4-10 所示。

下面来分析一下图 4-10 中各个形状的含义。图 4-10 中每个虚线框表示一个磁盘页（块），其中每一页保存的要么是记录索引和数据（暂且称其为**数据页**），要么是块索引数据（称其为**索引页**）。

数据页之间的每一页会有指针链接，确保数据页之间是逻辑有序的，并且数据页位于底层，每个数据页内部分为两部分数据：块内所有记录的索引项和块内所有的记录数据。其中，记录索引项是固定大小并且有序存储的，其中记录 offset 和 size。

每个索引页内部包含的是多个块索引项，这些块索引项也是有序存储的，并且是固定大小的。除了底层的数据页之外，其余的页都是索引页。每个索引项中存储的数据由两部分组成：页编号、该页编号唯一标识的最小值或者最大值。在关系数据库中通常会采用主键来充当该值。因此，图中实线箭头表示的含义是页编号所指向的磁盘页，而点画线箭头的含义是该唯一标识对应于指向的磁盘页中的最小数据项（图中采用的是最小值）。

试想一下，如果把图 4-10 中的虚线框去掉，剩下的是一种什么结构呢？

答案是**多叉树**，这是因为如果将每个页看作一个节点，该节点内部会包含多个元素（块索引项或记录索引项），每个元素指向一个孩子节点。因此，一个节点可以包含多个孩子节点，这也意味着它是一个多叉树。

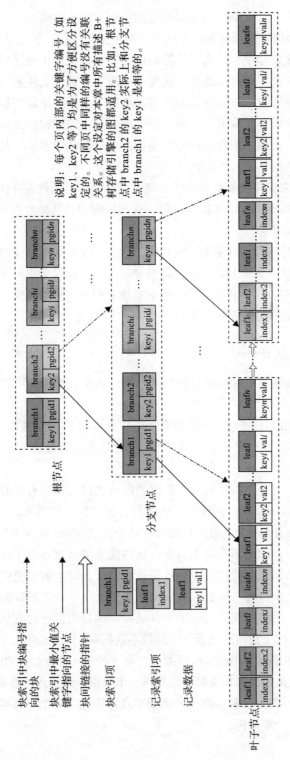

图4-10 存储引擎的完整结构（详见彩插）

说明：每个页内部的关键字编号（如 key1，key2 等）均是为了方便区分设定的。不同页中同样的编号没有关联关系。这个设定对本章中所有描述 B+ 树存储引擎都适用。比如，根节点中 branch2 的 key2 实际上和分支节点中 branch1 的 key1 是相等的。

块索引中块编号指向的块

块索引中最小值关键字指向的节点

块间链接的指针

块索引项

记录索引项

记录数据

接下来再来思考两个问题。如果只保存一个最小记录关键字，还需要一直往下遍历。那么，**每页中的索引项是否有必要存储该条记录的原始数据呢？存储和不存储会有哪些差异呢？** 二者之间的详细对比如图 4-11 所示。

方案选型	存储原始数据	不存储原始数据
特点 1	查询到该索引项时，可以直接返回数据，而不必遍历到底层节点	不存储时，所有的查询数据都需要遍历到底层节点，才能返回数据
特点 2	存储同等级的数据时，树的高度会偏高，部分读 / 写请求涉及的磁盘 I/O 相对较多	存储同等量级的数据时，树的高度相对较低，因此涉及的磁盘 I/O 较少
特点 3	不同的查询请求，时间复杂度不均衡	不同的查询请求，时间复杂度均衡
数据结构	B 树	B+ 树

图 4-11　存储原始数据和不存储原始数据的对比

根据图 4-11 的对比结果可知，如果对应的页索引项中保存了原始数据，则对其稍微变形后（将叶子节点中对应的记录移除，严格意义的 B 树中同一关键字不会在多个节点内重复），它对应的就是 B 树的数据结构；而如果不存储原始数据，则它对应的就是 B+ 树的数据结构。分析清楚了存和不存的区别，那到底选择存还是不存呢？

答案是：不存。理由是：同样大小的一页，如果页索引项存储了额外的记录数据的话，一页中存储的页索引个数必然就会减少，进一步会导致存储同等量级的数据时树的高度会比不存时高太多。而树的高度在这个场景里其实对应的就是磁盘 I/O 的次数。显然为了达到快速、高效读 / 写的目标，那就要尽可能减少不必要的磁盘 I/O 次数。因此不需要存储，**也就确定了选择的数据结构就是 B+ 树。**

既然在磁盘维度上推导出来需要选择 B+ 树存储，那自然内存中也就选择 B+ 树来实现。下面再来看看内存中的 B+ 树和磁盘中的 B+ 树如何相互转化。

内存中 B+ 树的任意一个节点对应磁盘上的一个磁盘页。内存中一个节点内部存储的多个数据项对应磁盘上每一页中保存的每一个元素（索引页和数据页均是）。当执行写操作时是将内存中的 B+ 树的一个或者多个节点写入磁盘对应的磁盘页上，而在发生数据读取或者查询时则是将磁盘上对应的磁盘页的数据加载到内存中并恢复成为 B+ 树中的一个节点。

最后说明一点，当存储同等量级的数据时，使用 B+ 树作为索引平均磁盘 I/O 次数要少于使用 B 树作为索引。同时，对 B+ 树而言，不同请求的时间复杂度比较平均，因为每条记录的数据都保存在叶子节点上，所有的查询操作都必须结束于叶子节点。

4.3 B+ 树存储引擎方案选型结果

本节一方面对前面的推导过程做一个总结,另一方面对本章最初抛出的三个问题给出答案。

4.3.1 方案选型结果

到此为止,本章的核心内容基本上就结束了。我们采用自问自答的方式,通过分析存储引擎方案选型的过程来回答"为什么选择 B+ 树作为存储引擎索引结构"这个问题。最终的方案选型结果总结如图 4-12 所示。

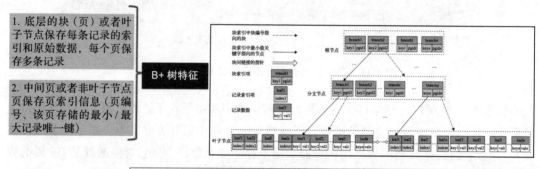

图 4-12 B+ 树存储引擎方案选型结果

最后再对比一下数据结构中的 B+ 树和磁盘 / 内存中的 B+ 树,看看它们之间的关系。图 4-13 所示为数据结构中的 B+ 树,图 4-14 所示为磁盘和内存中的 B+ 树。这两个 B+ 树的结构基本一致,只不过节点内存储的数据格式不同。

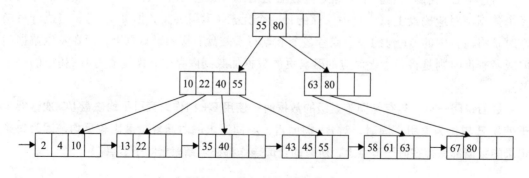

图 4-13 数据结构中的 B+ 树

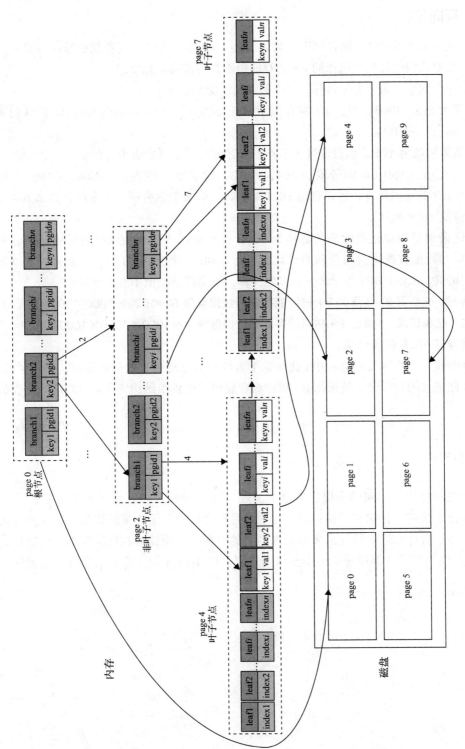

图 4-14　磁盘和内存中的 B+ 树（详见彩插）

4.3.2 反向论证

对于指定页大小的 B+ 树存储引擎来说，3 或 4 层高度的 B+ 树存储引擎能存储多少条数据呢？可以反向论证最终选择的 B+ 树存储引擎是否能够满足要求。

针对这个问题，为了方便计算，事先假设几组关键数据。

❑ **页大小为 16KB**。假设 B+ 树存储引擎选择的页大小为 16KB（InnoDB 默认的页大小就是 16KB）。

❑ **页索引项为 16B**。假设非叶子节点中保存的每一个页索引项（页编号、记录唯一键）的大小为 16B（页编号取 uint64、占 8B，记录唯一键也取 uint64、占 8B）。对于 16KB 的一页而言，可以存储 1024（16KB/16B）个索引项。为方便计算，下文以近似值 1000 来计算。

❑ **记录索引项和记录数据的总和为 160B**：假设叶子节点中保存的每条记录的索引项和原始数据这两项总和的平均大小为 160B。对于 16KB 的一页而言，可以存储 102.4(16KB/160B) 条记录。为方便计算，下文以近似值 100 来计算。

由前面的介绍可知，3 层的 B+ 树所能存储的数据量级 $N \approx 1000 \times 1000 \times 100 = 10^8$，即大约能存储 1 亿条记录。4 层的 B+ 树所能存储的数据量级 $N \approx 1000 \times 1000 \times 1000 \times 100 \approx 10^{11}$，即大约能存储 1000 亿条记录。

也就是说，一个 3 层的 B+ 树在此场景下大约可以存储千万级的数据量，而 4 层的 B+ 树可以存储更大的数据量，故选择 B+ 树作为存储引擎的索引结构完全可以解决当初面临的问题。

4.4 小结

本章通过抛出 3 个问题来引出本章的主题。首先分析了当时所面临的背景，然后在此背景基础上确定了存储引擎的目标。在明确目标之后，花了大量的篇幅一步一步分析为什么这么做、为什么这么选等诸多方案选型上的取舍。希望读者在阅读完本章内容后，能对 B+ 树存储引擎的内部原理有一个整体的理解。图 4-15 所示为存储引擎方案选型的完整过程。

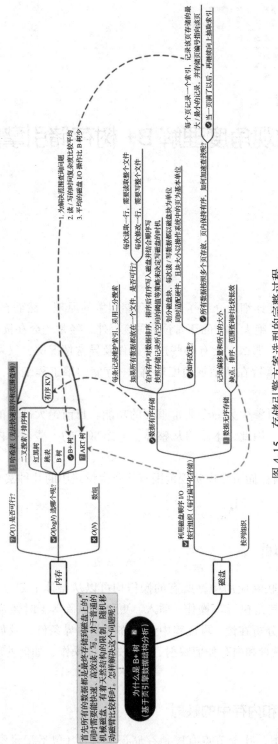

图 4-15　存储引擎方案选型的完整过程

从微观角度理解 B+ 树存储引擎的工程细节

第 4 章中从宏观角度详细地介绍了 B+ 树存储引擎的原理。然而在实际工程中采用 B+ 树构建存储引擎时，除了绝大部分的正常读 / 写流程外，经常还会在读 / 写过程中面对许多的边界条件及异常情况。那么，会有哪些边界条件及异常情况呢？又可用哪些方案和手段来解决这些问题呢？本章旨在从微观角度理解 B+ 存储引擎工程细节，分析上述问题的细节，并最后给出答案。

此外，事务是存储引擎中另一个非常重要的功能。目前绝大部分的实际场景都对事务或多或少有一定的要求。因此，本章将从整体上介绍事务的一些基础内容和实现事务的几种常用方案。

最后，介绍在 B+ 树存储引擎中实现范围查找及全量遍历的几种实现思路，希望能为读者扩展技术视野。

5.1　边界条件处理

在存储引擎甚至互联网应用中，所有的操作均可以从整体上划分为读操作和写操作。在执行读 / 写操作，尤其是执行写操作（插入、更新、删除等）时经常会产生一些边界条件。因此，本节将详细分析在读 / 写过程中会面临哪些边界条件，及如何处理这些边界条件。本节将从 B+ 树在磁盘和内存如何映射、如何处理读操作、如何处理写操作这三个方面展开介绍。

5.1.1　B+ 树在磁盘和内存中的映射

在 B+ 树存储引擎中，叶子节点有序地存储记录数据（包括记录索引项和记录原始数据），叶子节点之间通过指针将数据以有序的方式链接在一起。非叶子节点只存储索引信息，充当叶子节点的索引节点，非叶子节点内部的数据也是有序存储的。因为磁盘空间 [通常以操作系统的内存页大小（默认是 4KB）为基本单位，磁盘页大小设置为内存页的整数倍] 划分为大小相等的磁盘页，内存中的每个 B+ 树节点会映射为磁盘上的一个磁盘页，所以 B+ 树存储引擎在读 / 写磁盘时是以磁盘页为单位访问磁盘的。在内存中的 B+ 树节点和磁盘上的磁盘页之间建立映射，就实现了在内存和磁盘中维护同一种 B+ 树数据结构。

图 5-1 所示为在基于磁盘页结构的 B+ 树存储引擎中，内存中的 B+ 树和磁盘上的 B+ 树的映射关系。可以清晰地看到，内存中不同的节点在磁盘空间上都有对应的磁盘页。假设在执行读 / 写操作时，内存中某个节点的数据不存在，此时可以通过该节点内部记录的对应磁盘页编号快速定位到其在磁盘上的位置，然后从磁盘读取该节点的数据到内存中。反之，写入操作也类似。

5.1.2 读操作的处理

实际上，在 B+ 树存储引擎中执行读操作的过程就是在 B+ 树数据结构中进行查找的过程，只不过在之前为了方便理解，以 B+ 树中每个节点内部存储的元素都是整数类型来介绍，而实际场景下存储的数据类型稍微复杂一些，但基本的流程还是一致的。下面来详细介绍 B+ 树存储引擎中处理读操作的流程。

图 5-2a 所示为 B+ 树存储引擎在内存中一个高度为 3 的 B+ 树结构，在其中查找一条记录的完整流程如下。[以点对点的查找（查找接口为 Get(k)）为例进行说明。]

1）获取待查找的关键字 k，同时获取内存中 B+ 树的根节点，然后在根节点内部记录的索引项列表（inodes）中采用二分查找确定关键字 k 所在的索引项。假设在根节点中定位到的索引项为图 5-2b 所示的 branch2。

2）定位到根节点中的索引项后，接着读取 branch2 所指向的节点中的索引项列表，然后继续通过二分查找的方式定位关键字 k 在该节点中所在的索引项。假设定位到图 5-2b 中分支节点的 branch1。

3）branch1 此时指向的已经是叶子节点了，因此关键字 k 所指向的记录如果存在的话，一定是位于该叶子节点内，因此继续读取 branch1 指向的叶子节点内的记录索引项集合，并在该记录索引项中通过二分定位查找关键字 k 所命中的记录索引项。假设此时它命中的是 index i。注意：查找记录索引项一定是判定该记录索引项中记录的 key$i$ 和当前的关键字 k 相等。如果最终定位后没有找到相等的记录索引项，则说明该关键字所指向的记录不存在，否则，说明找到了对应的记录索引项。

4）定位到记录索引项之后，就可以根据记录索引项进一步获取该记录的原始数据了，即图 5-2b 所示叶子节点中的 leaf i 这条数据。找到这条数据后，将其对应的 v 返回即可。此次查找成功，查找过程结束。

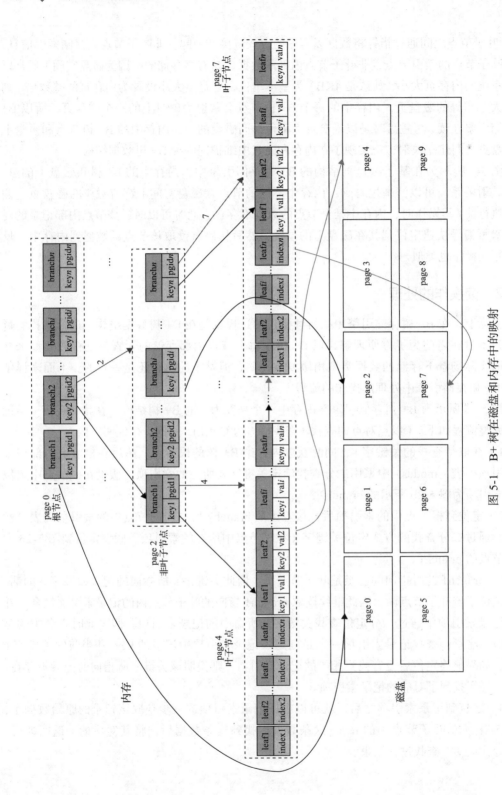

图 5-1 B+ 树在磁盘和内存中的映射

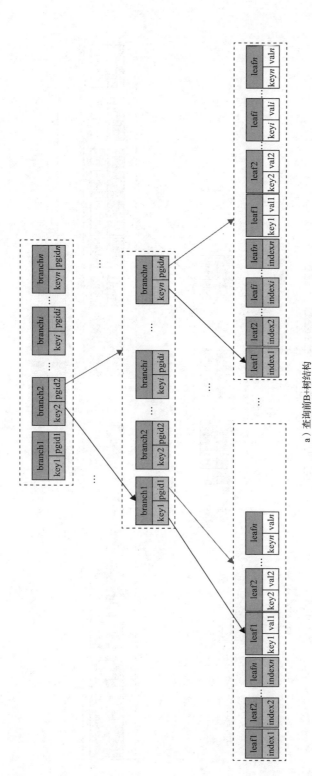

a）查询前B+树结构

图 5-2　B+ 树存储引擎读操作执行过程

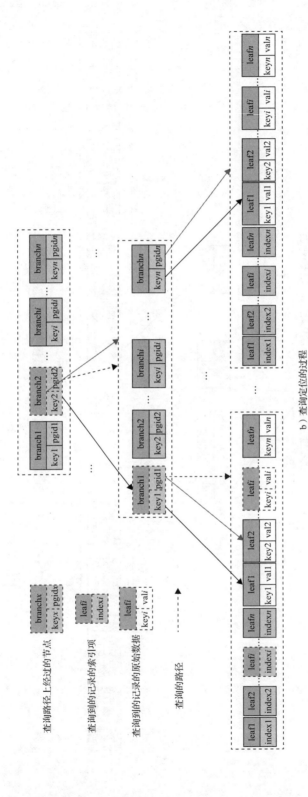

b）查询定位的过程

图 5-2　B+ 树存储引擎读操作执行过程（续）

以上就是 B+ 树存储引擎中完整的点对点读操作查找过程。图 5-2b 中粗虚线箭头标识的是查找的路径。范围查找或者排序遍历的过程和点对点类似。先根据范围的起始点对应的关键字定位到叶子节点所在的位置，这个过程是点对点的查找，接着就在叶子节点内按照范围获取数据即可。假如获取范围对应的数据超过了当前叶子节点存储的数据，则只需要在遍历到叶子节点末尾时，根据指针的指向获取链接的下一个叶子节点，继续按照范围获取数据即可。

可以看到，B+ 树因叶子节点之间的指针指向，成功地保证了存储在其上的所有数据的有序，所以在范围查找、排序遍历时非常方便。叶子节点之间的指针可以采用单向指针和双向指针。单向指针只能完成升序或者倒序的遍历，而双向指针可以同时实现升序遍历和倒序遍历。

以上就是 B+ 树存储引擎读操作的执行过程，感兴趣的读者可以将图 5-2 和 2.4 节中介绍 B+ 树查找的图进行对比，相信对 B+ 树查找的理解会更深刻一些。掌握了 B+ 树存储引擎的读操作过程后，下面来介绍写操作。写操作和读操作比起来会更复杂一些，因为写操作内部会涉及更多的边界条件处理。

5.1.3　写操作的处理

写操作根据功能的不同，主要分为插入 / 添加、更新、删除这三种。删除操作其实是插入 / 更新操作的逆过程。在 B+ 树存储引擎中也同时支持这三种写操作。

> **注意**　在前面介绍的 B+ 树存储引擎方案的选型中，上述三种写操作对外暴露的接口分别为 Set(k,v)、Delete(k)。其中，Set(k,v) 既支持插入 / 添加，也支持更新功能。当调用 Set(k,v) 时，假设当前的 k 在 B+ 树存储引擎中没有对应的记录，则该次操作对应的是插入 / 添加的记录；而如果当前的 k 在 B+ 树存储引擎已存在，那么此时进行的就是更新操作，有时也称为覆盖操作。而 Delete(k) 的含义相对就比较清晰，它就是执行删除操作，仅当 k 对应的记录在 B+ 树存储引擎中存在时才执行删除操作。

由于插入和更新这两个操作对应的接口相同，在 B+ 树存储引擎中的执行流程也大体相同，因此下面主要以插入操作为主来介绍。

例如，在 B+ 树存储引擎中的某个叶子节点内部插入一条记录，下面根据该叶子节点内部剩余的空间情况展开讨论。

1. 叶子节点内部有足够的空间能容纳插入的记录 [节点 (页) 不分裂]

在这种情况下，叶子节点内部有足够的空间可以插入该条记录，操作比较简单。详细的插入过程如图 5-3 所示。

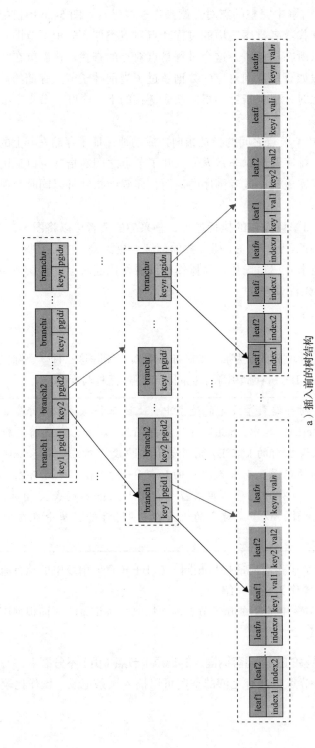

a) 插入前的树结构

图 5-3 插入操作不会引起分裂的情景

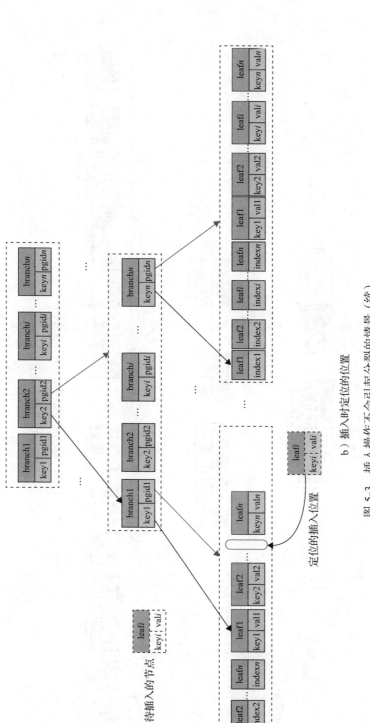

b）插入操作不会引起分裂的情景

图 5-3　插入操作引起分裂的情景（续）

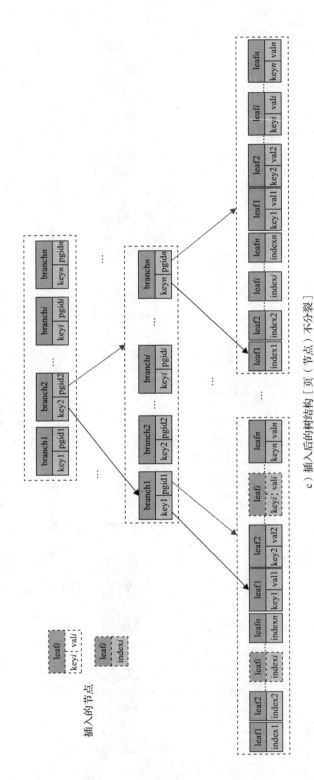

c）插入后的树结构［页（节点）不分裂］

图 5-3 插入操作不会引起分裂的情景（续）

在这种场景下插入该条记录时，由于当前叶子节点剩余的空间足够容纳该条记录，因此只需要将这条记录插入到定位的位置即可。在节点内定位的过程如图 5-3b 所示。如果该条记录定位位置不是叶子节点内的最后一个位置，则需要先将该位置之后的数据全部后移，然后腾出空间插入该条记录的原始数据和记录索引项。插入记录后，该叶子节点内存储的数据仍然是有序的。详细的插入过程如图 5-3c 所示。当数据完成插入后该节点中的数据发生了变化，就和磁盘中的数据不一致了，因此最后还需要将发生变化的节点再写回到磁盘上，以保证数据的一致性。这种在内存中数据发生变化的节点一般称为**脏节点**，在某些书籍中也将其称为**脏页**。

> 🔍 注意　假设构建 B+ 树存储引擎的数据集是降序输入的，而 B+ 树又是按照最小键构建的，那么每次插入时还需要考虑更新非叶子节点中的页索引项中存储的最小键信息。这种情况在图 5-3 中并未体现，感兴趣的读者可以自行尝试画图实现这种特殊的场景。

2. 叶子节点内部没有足够的空间能容纳插入的该条记录［节点（页）分裂］

下面重点关注该条记录插入到叶子节点后的处理逻辑。如果当前叶子节点所占的空间已经超过了 B+ 树存储引擎中节点的阈值大小（页大小），一般把这种情况称为节点溢出。节点溢出的情景如图 5-4c 所示。当节点发生溢出后就需要对其进行处理，而处理的方法主要就是对节点进行分裂，由于一个节点对应一个磁盘页，因此节点分裂也称为页分裂。

节点分裂的过程：先为新的叶子节点提取一个页索引项，并将该页索引项遵循有序的原则加入原叶子节点的父节点中，此时原叶子节点的父节点就包含了一个指向该叶子节点的指针，并在该叶子节点内部设置其父节点为原叶子节点的父节点。上述双向的设置标志着一次页分裂处理完成，一次涉及页分裂的插入操作也处理完成了。节点分裂和加入 B+ 树存储引擎的过程如图 5-4d 所示。当完成分裂后最终将所有的脏页再写回磁盘中，保证数据的持久性和一致性。

为了理解页分裂的过程，上面介绍的时候特意简化了场景。如果在往父节点中插入新的叶子节点的页索引项时没有足够的空间时，这种情况的处理过程与叶子节点的分裂过程一样，只不过是叶子节点分裂换成了非叶子节点而已，所以继续按照叶子节点的分裂过程对父节点进行分裂即可。在极端情况下，这种节点分裂的过程有可能会一直持续到根节点。当持续到根节点时，原先的根节点会一分为二，然后会再创建一个新的根节点，把原先的根节点和分裂后创建的新节点作为新的根节点的孩子节点加入该根节点中，最终完成分裂过程。这种情况也是唯一会造成 B+ 树存储引擎中的 B+ 树高度增加的场景。这种级联分裂发生的概率非常低，读者了解处理过程即可。

其实，B+ 树存储引擎中的插入过程和第 2 章中介绍的 B+ 树数据结构的插入过程大致类似，唯一不同的是 B+ 树中存储的数据结构和格式。

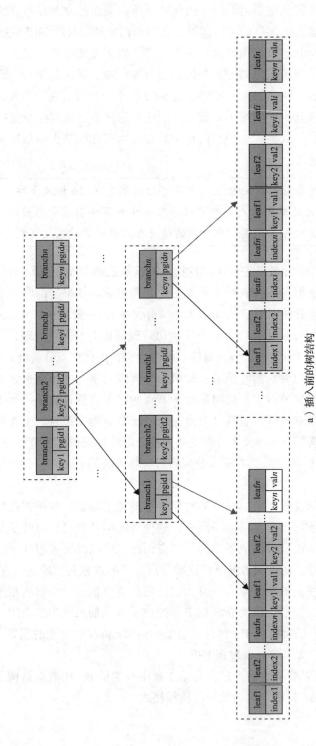

a）插入前的树结构

图 5-4　插入操作后引起页分裂的情景

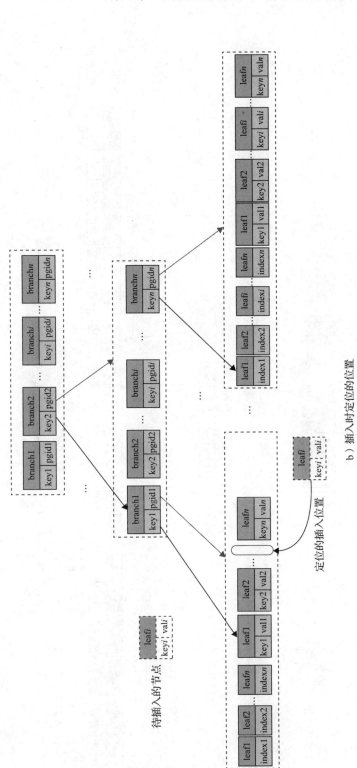

b）插入时定位的位置

图 5-4 插入操作后引起页分裂的情景（续）

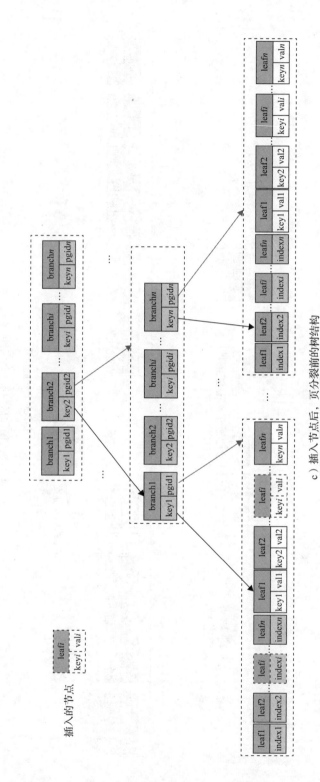

c）插入节点后，页分裂前的树结构

图 5-4 插入操作后引起页分裂的情景（续）

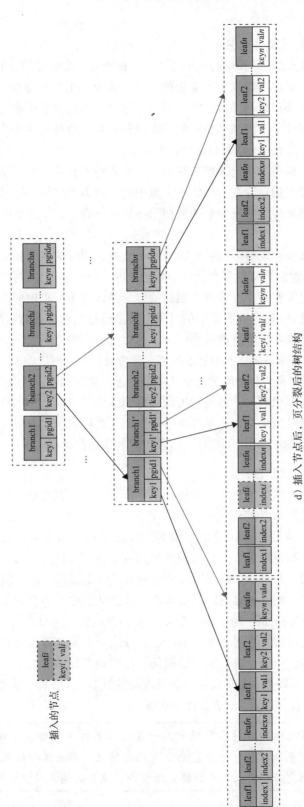

d）插入节点后，页分裂后的树结构

图 5-4　插入操作后引起页分裂的情景（续）

3. 删除数据 [节点（页）不合并]

删除操作其实是插入 / 更新操作的一个逆过程，在插入操作时可能会出现因为叶子节点空间不够，导致在插入记录后出现节点溢出的情况，进而产生节点分裂。对应地，在执行删除时可能会出现在某条记录删除后，叶子节点存储的数据过少甚至成为一个空节点的情景。其处理方法是将该叶子节点和其相邻的节点进行合并，合并成一个节点。因此删除操作也会按照节点是否合并来分为两种情况进行考虑。

对删除操作而言，待删除的记录如果在该叶子节点中不存在，则无须进行任何处理直接返回即可。当待删除的记录存在于该叶子节点中时，只需要将该条记录的索引项和原始数据从叶子节点内部移除掉，并将剩余的数据紧凑地存储在一起。完成删除操作后的树结构如图 5-5c 所示。

这种情景下的删除操作，通常只会影响该叶子节点，同时需要将删除后发生变动的脏节点 / 脏页写回磁盘以保证数据的持久性和一致性（内存数据和磁盘数据的一致性）。这种情景下有一种特殊情况需要考虑，那就是删除的记录是该叶子节点中的边界值。下面以最小值来举例说明。假设 B+ 树存储引擎中的页索引项是通过节点中存储的最小值来构建的，那么如果删除的记录是该叶子节点的最小记录，那么需要同步更新其父节点中存储的索引项的键信息。这种情况并未在图 5-5 中展示出来，读者可以自行画图模拟。

上面介绍的删除操作是将待删除的记录从磁盘上进行物理删除，在一些 B+ 树存储引擎的实现中往往采用的是逻辑删除，即通过给该条待删除的记录设置一个标记，表示该记录已被删除，当再次查询时如果某条记录存在这个已删除的标记，则查询结果中不会返回该条记录的数据，而是返回该条记录不存在。这种逻辑删除操作也可以看作一种更新操作。

4. 删除数据 [节点（页）合并]

除了前面介绍的比较简单的删除情景外，接下来要介绍稍微复杂一些的删除情景。删除前定位叶子节点的过程如图 5-6b 所示。删除节点后，会出现叶子节点内部存储的元素过少造成空间浪费，且不满足 B+ 树的概念，极端情况下该叶子节点有可能会成为一个空节点。此时，应该先寻找和该叶子节点相邻的其他兄弟节点，寻找到兄弟节点后将其兄弟节点内部存储的记录数据合并到当前叶子节点内。合并后该节点所占的空间如果不超过一个磁盘页大小的话，就可以删除掉之前的兄弟节点，并且从该叶子节点的父节点中移除其兄弟节点的索引项。处理过程如图 5-6c 和图 5-6d 所示。而如果合并的节点所占的空间超过了一个磁盘页的大小，此时就需要对合并的节点进行分裂，分裂过程和之前介绍的插入过程中的节点分裂是一样的，分裂后的一半的数据仍然存储到其兄弟节点中，并同步更新兄弟节点在父节点中的索引项即可，最后将所有涉及改动的脏节点（脏页）写回磁盘就完成了删除过程。完整的涉及页合并的删除过程如图 5-6 所示。

> **注意** 在逻辑删除的 B+ 树存储引擎实现中，一般在记录插入时会提前预留删除标志位，因此在后面进行删除操作时一般不会发生这种情况。删除过程按照更新过程处理即可，而且是原地更新，标记删除后的记录会在将来的时间点被异步地回收存储空间。

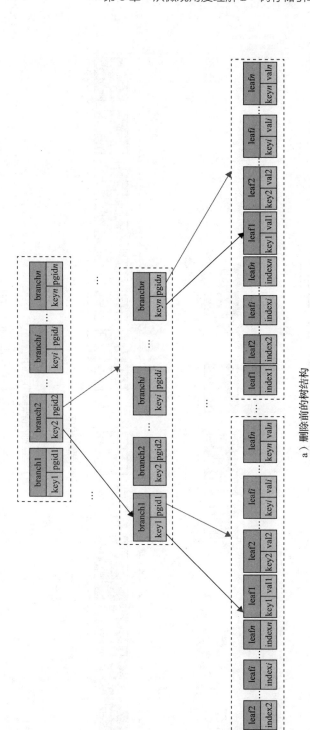

a）删除前的树结构

图 5-5　删除操作不会引起节点合并的情景

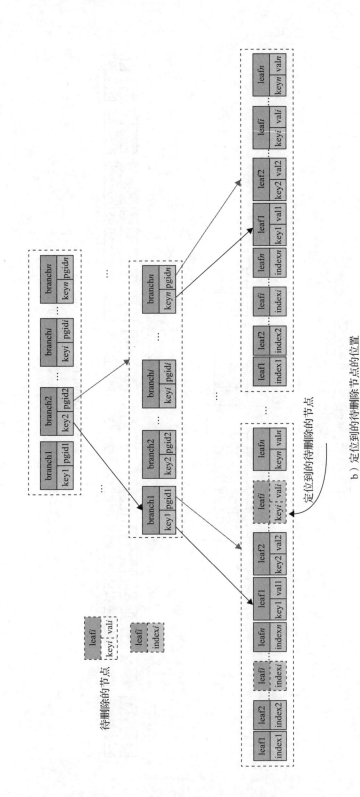

b）定位到的待删除节点的位置

图 5-5 删除操作不会引起节点合并的情景（续）

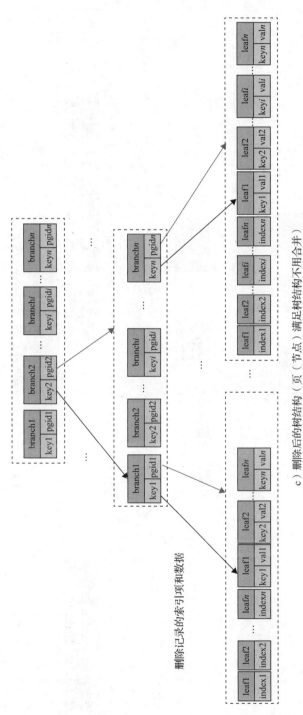

c）删除后的树结构（页（节点）满足树结构不用合并

图 5-5　删除操作不会引起节点合并的情景（续）

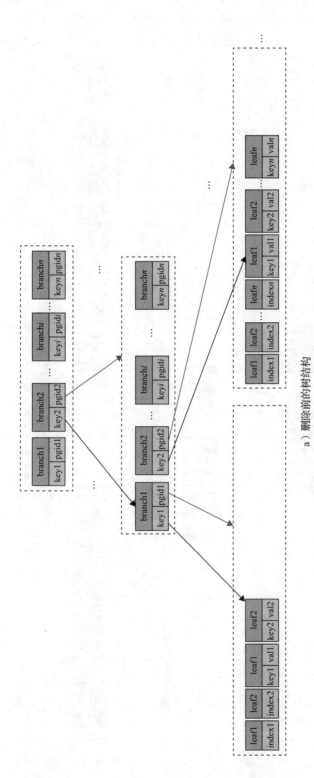

a) 删除前的树结构

图 5-6 删除操作引起节点合并（向后合并）的情景

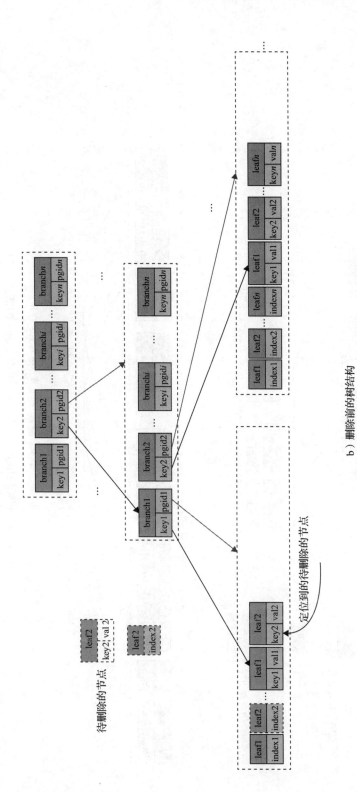

b）删除操作引起节点合并（向后合并）的情景（续）

图 5-6　删除前的树结构

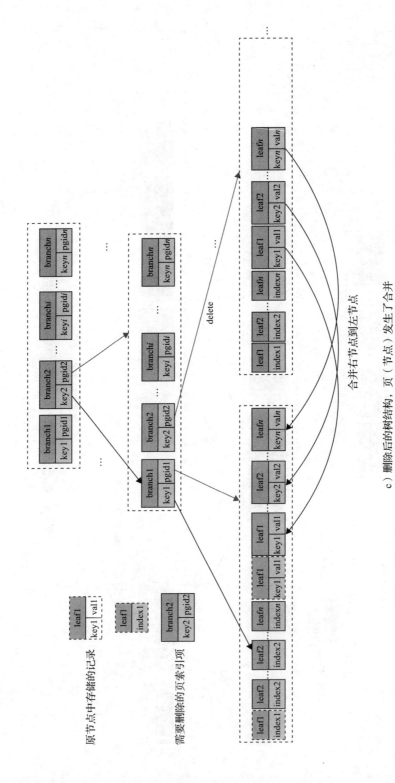

c）删除后的树结构，页（节点）发生了合并

图 5-6 删除操作引起节点合并（向后合并）的情景（续）

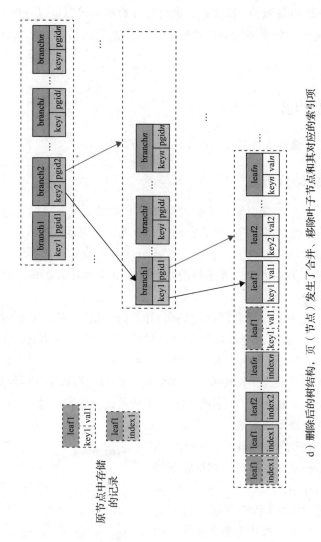

d）删除后的树结构，页（节点）发生了合并，移除叶子节点和其对应的索引项

图 5-6　删除操作引起节点合并（向后合并）的情景（续）

这里介绍的删除操作的页合并情景，是以当前叶子节点和其同级右侧的兄弟节点进行合并，而假设当前节点已经是最右侧的节点了，那么此时就需要寻找其同级左侧的叶子节点来完成合并操作。具体的合并逻辑跟之前的过程类似，此处不再重复。

至此，B+ 树存储引擎中读 / 写过程的核心内容就全部介绍完了，不过还需要了解内存中的数据在写入磁盘的过程中的一些异常情况及应对方案。比如，在处理数据读 / 写过程中可能会因为机器突然断电导致读 / 写失败，也可能在数据写入磁盘过程中系统的软 / 硬件发生故障导致写操作失败。异常可能会导致数据发生非预期的结果，比如结果不一致、数据丢失等。

5.2 异常情况处理

本节将详细介绍存储引擎在异常情况下的处理方案和思路。

5.2.1 异常情况总体分析

请先思考一个问题：存储引擎到底会面对哪些异常情况呢？要回答这个问题还是得结合存储引擎的读 / 写过程中来分析。笔者在阅读和查阅相关书籍的过程中发现，异常情况在很多书籍中的表达非常晦涩难懂：一方面，这部分内容本身和存储引擎的实现架构密不可分，因此非常难理解；另一方面，异常情况本身在表述上也比较困难，这也给读者在理解上带来了非常大的难度。

提前申明一点，为了方便读者理解及简化对问题的分析讨论，下面内容将采用最简单的同步读 / 写模型（简单理解就是不带 WAL log 的模型）介绍，读者理解了本节的内容后再去阅读有关数据 / 故障恢复等资料，会更加轻松。面对异常情况时，往往读操作比写操作要相对简单一些，因为在读操作中即便发生异常情况，也只能造成本次读取数据失败的结果。但写操作就不一样了，一次完整的写操作如图 5-7 所示，会依次经过三个阶段：**数据读取阶段、数据修改阶段、数据写回阶段**。

数据读取阶段：在执行写操作时，首先定位到该条数据要写入的磁盘块的位置，然后将该块数据从磁盘读取到内存中。

数据修改阶段：对读取到的数据进行相应逻辑的修改。例如：如果写操作是插入操作，则只需要在对应的磁盘块的位置上插入该条数据即可；而如果是更新操作，则需要在该磁盘块上

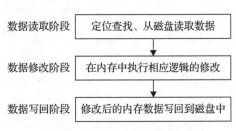

图 5-7　一次完整的写操作过程

找到原先的数据，并在原地进行修改；如果是删除操作，则对该条数据执行删除逻辑即可。当执行完此阶段后，内存中的磁盘块已经包含写操作的新数据了。

数据写回阶段：将内存中更新后的磁盘块的数据再写回到磁盘上以实现持久化。当数

据写入磁盘并完成刷盘后才算本次写操作完成。

只有以上三个操作都成功完成，一次写操作才算成功完成。其中任何一个阶段发生了异常，那么本次写操作就是失败的。

1. 数据读取阶段异常

如果在数据读取阶段发生异常，此时会导致数据无法读取到内存中，因此导致无法执行后续的写逻辑。站在应用程序的角度来看本次写操作失败了，而对存储引擎而言，本次写操作并未发生本质上的写逻辑。因此，数据的完整性和一致性都没有遭到破坏，因此无须做任何额外的操作来恢复。这种情况是最简单的，也是执行读操作可能出现的异常。可能因为应用程序（存储引擎）异常（比如定位查找过程失败、非法内存访问等），或者操作系统软 / 硬件发生故障（比如系统掉电、磁盘故障等）。

2. 数据修改阶段异常

这种情况是指在数据被完整读取到内存中后，在内存中进行更新时出现了异常，更新操作可能会是**未更新、部分更新、全部更新**这三种情况中的一种。此时，数据的更新操作都在内存中发生，因此所有更新的数据根本没来得及写回磁盘。即便此时系统或者应用程序发生故障，最多导致读取到内存中并发生更新的数据丢失而已，并不会对磁盘上原始的数据产生影响。所以，此时对于存储引擎而言，本次的写操作失败和第一种情况类似，也不用做额外的操作。

3. 数据写回阶段异常

异常发生在第三个阶段是最复杂的。因为，此时数据是在写入磁盘过程中发生了异常，这种异常可能发生在写磁盘数据之前、写磁盘数据的过程中、写磁盘数据后刷盘前、刷盘后但响应结果前等几个时间点。

1）**数据写磁盘前异常**。如果异常发生在写磁盘数据之前，其实问题等价于第二种情况，存储引擎不需要做额外的操作来恢复。

2）**数据写磁盘过程中异常**。如果在往磁盘写数据的过程中发生了异常，此时面临着部分数据写入到操作系统缓冲区中，此时如果异常是应用程序层面的，那么带来的后果是部分数据最终会被操作系统刷到磁盘中，导致磁盘上的数据损坏不一致。而如果异常是操作系统层面的，那么数据有两种可能：未刷到磁盘中、刷到磁盘中。这取决于操作系统内部的机制和异常的种类。最终的结果是未知的。存储引擎在异常恢复时需要做一些额外的操作对数据进行恢复，恢复到异常前。

3）**数据写磁盘完成后但数据刷盘前异常**。这种情况与上一种情况的差异在于，数据全部写入到操作系统缓冲区了。如果异常不是操作系统层面的，那么数据最终会刷到磁盘上，从完整性来说数据还是符合的，但对用户而言这种情况下写操作仍然是失败的。如果异常是操作系统层面的，那可能发生的情况也是数据有可能会刷到磁盘中，也有可能不会刷到磁盘中，结果未知。存储引擎在异常恢复时需要做一些额外的操作对数据进行恢复，恢复到异常前。

4）**数据刷盘后但响应结果前异常**。存储引擎写完数据后并执行了刷盘操作，数据已经刷到磁盘了，在存储引擎的角度来看本次写操作其实是完成了的，但是在响应应用程序前发生了异常，对用户而言本次写操作还是失败了。因此，上层的应用程序可能在将来的某个时间点再次发起写操作重试等操作。在这种情况下，存储引擎在异常恢复时也需要做一些额外的操作对数据进行恢复，恢复到异常前。如果有其他机制可以通知上层应用程序的话，也可以保持现在的数据不做额外的恢复，而是告知应用程序目前的状态。

上述第二和第三种异常情况可能导致最坏的结果，即数据的完整性被损坏了。这两种情况可以统称为数据部分写入的异常情况。

5.2.2 数据部分写入的异常处理

为了更好地介绍本小节内容，下面对数据修改阶段和数据写回阶段做一些额外的补充。

实际上，在数据修改阶段可能经常会涉及多个磁盘块的更新。例如，插入操作可能会导致该磁盘块存储的内容超过了其空间，所以需要对其进行分裂，在页分裂的过程中就会分配新的磁盘块，也需要在其父节点中新增加一个页索引。此时，涉及修改的页或者磁盘块至少是三个。极端情况下，级联分裂会造成更多的页发生内容更新。这也就意味着一次写操作实际可能会影响多个页的修改。修改操作和删除操作也是类似的，只不过删除时可能会发生的是页的合并操作。

此外，写操作也会涉及存储引擎的一些元数据信息的更新，甚至是系统运行过程中运行时信息的更新，为了系统正常运行这些数据也需要同步更新。总之，写操作大多会涉及多个磁盘块或者页数据的修改。这也为系统在发生异常后的恢复带来了各种困难。下面以假设一次写操作主要会更新以下三部分内容为例来展开介绍。

- ❏ **存储引擎运行时关键数据**：比如系统中的空闲页等运行数据。下文简称运行时数据。
- ❏ **写操作本身涉及的数据**：插入操作时就是待插入的数据，更新操作时就是待更新的数据等。下文简称写操作数据。
- ❏ **存储引擎的元信息数据**：比如全局的事务号、空闲列表页信息等。下文简称元信息数据。

假设上述三种数据的顺序也是它们的更新顺序，通常情况下这些数据要么是在同一个磁盘文件中不同的磁盘块上存储，要么是采用不同的磁盘文件来存储。因此，为了覆盖不同场景，设定每部分数据在写入操作系统缓冲区后，都会手动执行刷盘操作。在写操作数据写入磁盘中时，上述各部分数据的写入过程如图 5-8 所示。

异常应对方案最本质的做法就是用之前的数据覆盖当前的数据，以保证数据恢复到写操作发生前的状态。所以，最核心的思路就是想方设法保留一份修改前的原数据作为备份，以确保在发生异常后进行恢复。顺着这个思路，下面分别分析在这三部分数据写入磁盘的过程中发生了异常后具体的做法。

1. 写入运行时数据异常

如果异常发生在往磁盘上写入运行时数据的过程中，则可以肯定的是异常发生时写操作数据和元信息数据还没来得及写入磁盘，因此，此时只需要考虑对运行时数据进行恢复即可。一般运行时数据对存储引擎的正常运行非常重要。一种最简单的方法是保存至少两份数据，然后在系统运行过程中发生更新时**采用非原地更新（每次都采用不同页来存储）**。这也就意味着，每次即使运行时数据写到一半发生异常了，系统仍然可以用上一次写成功后的运行时数据来恢复系统，以使其恢复到写操作执行前的状态。所以，针对运行时数据写入异常这种情况可以巧妙地借助前一状态的数据来覆盖恢复以保证数据的完整性。

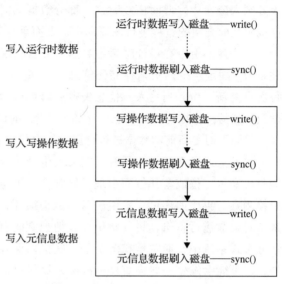

图 5-8　各部分数据写入磁盘的过程

2. 写入写操作数据异常

当异常发生在写入写操作数据的过程中时，首先可以肯定的是，此时运行时数据已经成功写入并刷入磁盘，而元信息数据还未写入，因此只需要恢复运行时数据和写操作数据这两部分即可。而运行时数据的恢复可以根据前面介绍的内容来实现，下面主要关注写操作数据如何恢复。

目前写操作的数据可能部分已经写入磁盘了，造成了磁盘块数据的损坏。写操作数据的恢复同样需要根据写之前的数据来恢复。通常的做法是在内存中执行修改操作时，记录一下数据修改前后的状态（比如：当前的写操作对该条数据进行了更新，写入前的值是多少、写入后的值是多少；删除时可以记录删除了哪条数据、删除的数据信息等）。这些记录的状态可以保存在内存中，也可以保存在磁盘上（一些存储引擎中将其称为 redo log 或者 WAL log）。当写入写操作数据异常时，对这部分的数据可以通过重新执行前面保存的修改记录实现恢复。

> **注意**　如果修改的记录数据保存在内存中时，发生的是存储引擎异常或者操作系统异常（比如死机、关机等），那么这部分数据仍然会丢失导致无法恢复。而如果是保存在磁盘上，则只需要保证执行修改操作时，先记录修改记录再进行内存修改，这样就可以保证即使是在上述异常情况下，数据仍然能正常得到恢复，因为磁盘上保存的数据是永久性的。

3. 写入元信息数据异常

如果异常发生在写入元信息阶段，那么此时表明运行时数据、写操作数据均已正常写入并刷入磁盘中，此时恢复时这三部分数据均需要恢复到写操作之前的状态。前两部分数据按照之前介绍的过程进行恢复即可，下面重点关注如何恢复元信息数据。

一些存储引擎在设计时考虑到这种异常情况，因此特意设计系统的元信息做了多个物理备份（固定至少两页来存储元信息）。在每次进行写入时，按照交替的方式更新元信息，每次只更新一份。当写入元信息失败后就可以通过上一次的元信息来恢复系统，以保证数据恢复到写操作执行前的状态。比如 BoltDB 的设计就是如此，它对两份元信息交替使用。

然而，对更新前的数据进行合理备份也只能够解决系统运行时的异常问题。

除了上述异常外系统还有可能会发生介质异常，比如磁盘的局部异常，一般情况下可能只改变了一位或者几位而出现了异常，这种异常往往能通过与磁盘扇区相关联的奇偶校验检测到。再比如还可能发生磁盘的磁头损坏，这种情况下整个磁盘都不能再访问了。通常是对磁盘进行备份，将其备份在其他独立的磁盘或者磁带上，周期性地完成备份。在一些分布式系统中，通常是在多个节点联机以保存冗余的数据形式进行备份。除了介质异常外，还可能会发生一些灾难性的故障，比如机房发生爆炸或者遭到恶意的破坏等。这类异常或者故障的恢复可通过跨机房备份冗余等方案来解决。

对异常处理及恢复感兴趣的读者，可以自行搜索其他的相关资料进行阅读，比如《数据库系统实现》的第 6 章，以及《数据库系统概念》第 16 章等。

5.3 事务

存储引擎做这些复杂的操作的目标，从根本上来说就是为了保证读 / 写操作执行前后数据的状态是一致的。

保证数据的一致性是存储引擎必备的一项能力，而在实际的场景中要实现这个能力通常是通过事务来实现的。

5.3.1 事务的基本概念

1. 事务的特性

首先，保证数据的一致性是存储引擎的重要目标。为了实现这个目标，存储引擎每次的读 / 写操作必须有个明确的结果，要么成功要么失败，不可能存在一个中间状态。如果执行成功则数据从旧状态更新到一个新状态，如果执行失败则数据的状态必须回退到上一个旧状态。这个执行过程也就要求读 / 写操作必须具备**原子性**（Atomicity）。

其次，执行成功的读 / 写操作的数据状态必须是持久的，即一旦执行成功必须保证数据的状态是永久性的，不会再发生改变。这就要求必须具备**持久性**（Durability）。

　　此外前面为了简化流程，举例分析的场景都是针对单个用户的单次读 / 写操作而言的，比如一个用户的一次读操作或者一次写操作。实际上在真实的环境中，往往同一时间存储引擎会处理多个用户的多个读 / 写操作。这些操作有些是相互独立的，而有些则是会相互干扰的。比如，每名用户每次获取或者更新个人信息，这些请求之间是相互独立的，它们之间没有依赖关系，所以它们的执行顺序并不会对结果产生影响。而对于飞机订票系统而言，不同用户对于同一个航班的预订行为可能会存在冲突。假设某次航班就只剩下一张机票，此时有两个用户都来预订机票，此时他们都能看到系统上有一张机票可以预定。但实际上当二者都提交预定时只有先提交的用户才能成功预定，后提交的用户虽然看到有机票，但实际提交时会发生预定失败，因为已经被前者预定了，此时系统中没有可以预定的座位了。当不同读 / 写操作涉及修改同一个数据时就会发生冲突，这些冲突的存在如果无法很好地控制，则会产生数据的不一致。而往往用户之间在系统中是相互感知不到的，因此为了防止不同读 / 写操作之间产生相互干扰的行为，存储引擎通常需要保证它们之间是相互隔离的，即需要具备**隔离性**（Isolation）。

　　通常将上述包含多条数据读取或者更新逻辑的一次读 / 写操作称为一个执行单元，也称为**事务**（Transaction）。事务要求每个执行单元必须是单一的、不可分割的。事务的执行要么全部成功、要么全部失败，对执行过程中由于某些原因导致的失败，事务必须对产生的任何修改执行撤销。

　　有了原子性、持久性、隔离性，事务就可以保证数据的一致性。因为事务具备原子性，所以它的执行是从一个数据一致性状态开始原子独立运行，当事务结束时，数据的状态已得到持久化，因此此时数据库的状态也是一致的。故事务还具备**一致性**（Consistency）。

　　以上就是事务的 ACID 特性。在上述特性中，事务的隔离性通常由事务隔离级别来反映，不同的隔离级别对应的隔离性也不同。为了确保隔离性，有时候可能会对系统的性能造成比较大的影响，因此，一些存储引擎甚至数据库在隔离性上经常会采取一些妥协。

2. 事务的隔离级别

　　在事务中隔离程度和事务的并发度直接相关，为了区分不同事务之间的隔离程度，引入了事务隔离级别这个名词。在事务中，根据事务的隔离程度从弱到强依次分为**读未提交**、**读已提交**、**可重复读**、**串行化**这四个等级。

　　1）**读未提交**（Read Uncommitted）。读未提交允许一个事务读取另一个事务还未提交的数据。它是事务中最低的隔离级别。在这种隔离级别下，事务能支持的并发度最大。读未提交级别下可能会发生**脏读**、**不可重复读**和**幻读**。

　　读未提交最明显的问题是可能会出现脏读。假设事务 A 读取了另一个事务 B 未提交的数据，后来事务 B 做了回滚操作，此时 A 读取到的数据就是脏数据。此外，读未提交也存在**不可重复读**和**幻读**等问题。比如在事务 A 前后读取某条数据的过程中，事务 B 对该条数据做了更新，此时无论事务 B 是否提交，事务 A 前后两次读取出来的数据都是不同的。这种多次读取出来数据不一致的现象称为**不可重复读**。脏读、不可重复读对于单条数据的读取来说较容易发生。而幻读通常发生在多条数据的查询中。比如事务 A 前后两次查询满足一定条件的数据（数据项有多条），而假设在两次查询期间事务 B 插入或者删除了符合查询条件的数据，那么此时事务 A 前后两次查询出来的结果就不一致，第二次查出来的数据比第一次多或者少，这种情况就称为幻读。幻读实际上属于不可重复读的一种特殊场景。

2）**读已提交**（Read Committed）。比读未提交高一个等级的隔离级别是读已提交。在读已提交中规定一个事务只能读取另一个事务已经提交的数据，当前事务未提交的数据对其他事务是不可见的。通过这种规定就有效地避免了读未提交中存在的脏读问题。但它依然存在幻读和不可重复读问题。假设在事务 A 两次读取同一个数据项期间，事务 B 更新了该数据并已提交，此时显然两次读取到的数据是不一样的，因此称为不可重复读。幻读的场景跟之前一样，就不展开说明了。

3）**可重复读**（Repeatable Read）。比读已提交高一个等级的隔离级别是可重复读。顾名思义，可重复读就是要求事务多次读取一个数据，且结果必须一致。可重复读解决了脏读、不可重复读的问题，但是仍然存在幻读的问题。

4）**串行化**（Serializable）。隔离级别最高的是串行化。串行化保证了事务是串行化调度的，它可以解决前面提到的脏读、不可重复读、幻读等所有问题。但在串行化的隔离级别下事务的并发度是最低的。

以上所介绍的隔离级别均能保证不发生脏写的行为，即如果一个尚在进行中（未提交且未回滚）的事务对某个数据进行写操作，那么此时对于其他事务而言则不能对该条数据执行额外的写操作，直到前面的事务结束。

不同隔离级别下会出现的问题汇总见表 5-1。

表 5-1 不同隔离级别对比

隔离级别	脏读	不可重复读	幻读
读未提交	存在	存在	存在
读已提交	不存在	存在	存在
可重复读	不存在	不存在	存在
串行化	不存在	不存在	不存在

在实际环境中，存储引擎经常会同时处理多个读 / 写操作。这些读 / 写操作每一个都是一个事务，当多个事务并发执行时，如果不对事务之间的相互作用进行控制和约束，就无法保证事务的隔离性。在存储引擎或者数据库中，通常是由并发控制机制来保证事务的隔离性的。

5.3.2 并发控制

事务的**并发控制**（Concurrency Control）是为了保证事务的隔离性而设定的一系列机制。即使多个事务并发执行，并且不管它们之间如何共享系统资源，并发控制都可以产生满足隔离性的事务调度序列。本小节将首先介绍几种并发控制的实现方案，并在此基础上介绍**多版本并发控制**（Multi-version Concurrency Control，MVCC）的相关内容。

1. 并发控制的实现方案

并发控制的实现方案非常多，限于篇幅，本小节主要介绍三种常用的实现方案：**基于锁的并发控制、基于时间戳的并发控制、基于有效性检查的并发控制**。

（1）基于锁的并发控制

顾名思义，基于锁的并发控制是在事务访问数据时提前进行加锁，当访问结束时再解锁。通过锁来实现并发运行的多个事务按照加锁次序访问数据。在实际中，通常会按照访问数据的类型来加不同的锁：如果一个事务对于一条数据的访问是读操作，则相应地会对其加**读锁**（Read-Lock）；而如果对应的访问是写操作，则相应地会加**写锁**（Write-Lock）。读锁有时也称为**共享锁**（Shared-Lock）、写锁也称为**排他锁**（Exclusive-Lock）。

在基于锁的并发控制中多个事务可以并发执行，如果一个事务中涉及多条数据的读/写访问时，如果锁的释放不加以控制，则可能会造成一个事务的中间结果被其他事务所看到。严重情况下，甚至会破坏事务的一致性。为了解决该问题，对加/解锁进行了限制，提出了一种可以保证并发事务之间可串行的锁并发机制，称为**两阶段锁**（Two-phase Lock，2PL）。两阶段锁要求每个事务分为两个阶段进行加锁和解锁。

- ❏ **增长阶段**（growing phase）：事务可以获取锁，但不能释放锁。
- ❏ **缩减阶段**（shrinking phase）：事务可以释放锁，但不能获取锁。

起先事务处于增长阶段，需要根据需要获得锁。一旦当该事务释放了锁，则该事务就进入了缩减阶段，并且从此以后不能再发出加锁操作。下面举例来说明两阶段锁，如图 5-9 所示。

事务 T1	事务 T2	备注	事务 T3	事务 T4	备注

lock-X(B);
read(B);
B:=B-25;
write(B);
unlock(B);
		lock-X(B)：事务对数据
		B 加排他锁 / 写锁
		lock-S(A)：事务对数据
		A 加共享锁 / 读锁
		unlock(B)：事务释放加
		在数据 B 上的锁
		read(B)：事务从存储引
		擎读取 B 的值
		write(B)：事务向存储
		引擎中更新 B 的值
		show(A+B)：事务显示
		A+B 的值
			lock-X(B);
			read(B);
			B:=B-25;
			write(B);
			lock-X(A);
			read(A);
			A:=A+25;
			write(A);
			unlock(B);
			unlock(A);
					lock-X(B)：事务对数据
					B 加排他锁 / 写锁
					lock-S(A)：事务对数据
					A 加共享锁 / 读锁
					unlock(B)：事务释放加
					在数据 B 上的锁
					read(B)：事务从存储引
					擎读取 B 的值
					write(B)：事务向存储
					引擎更新 B 的值
					show(A+B)：事务显示
					A+B 的值

	lock-S(A);
	read(A);
	unlock(A);
	lock-S(B);
	read(B);
	unlock(B);
	show(A+B);
				lock-S(A);
				read(A);
				lock-S(B);
				read(B);
				show(A+B);
				unlock(A);
				unlock(B);	

lock-X(A);
read(A);
A:=A+25;
write(A);
unlock(A);					

a）非两阶段锁示例			b）二阶段锁示例		

图 5-9　非两阶段锁和两阶段锁

图 5-9a 中的事务 T1 和 T2 是非两阶段的，因为事务 T1 在 B 的锁释放以后又对 A 进行了加锁，这是违背两阶段锁的原则的。同理，在事务 T2 中释放掉 A 的锁以后紧接着又获取了 B 的锁。而图 5-9b 中的事务 T3 和 T4 则是两阶段锁：在增长阶段事务 T3 和 T4 只进行了加锁，而没有释放锁操作；在缩减阶段，又只释放锁而无获取锁。因此，满足两阶段锁的必要条件。

两阶段锁可以在并发执行的两个事务对同一条数据进行操作发生冲突时，保证按照串行化逻辑执行。很多书中也称为事务的调度满足冲突可串行化。其实对于任何事务在调度中该事务最后一次获取锁的位置（增长阶段结束点）称为事务的加锁点 / 封锁点，因此多个事务可以按照它们的加锁点进行排序，排序后的事务列表即为一个可串行化顺序。

两阶段锁有两个变种：其一是**严格两阶段锁**，其二是**强两阶段锁**。除了满足两阶段锁的条件外，严格两阶段锁还要求事务在执行过程中所持有的排他锁必须在事务提交以后才能释放。这也就意味着，某个事务未提交前写的任何数据都对其他事务不可见，防止其他事务发生脏读。强两阶段锁是指，在事务提交之前不能释放任何锁（包括共享锁和排他锁）。可以很容易验证强两阶段锁场景下，事务可以按照其提交的顺序进行串行化。

除此以外，还有一些更为特殊的两阶段锁的变形，下面以图 5-10 所示的两个事务为例来介绍。

假设采用两阶段锁，则根据执行序列事务 T5 需要对数据 A 加排他锁，因此事务 T5 和 T6 不管如何调度并发执行，最终都等价于串行执行。注意：事务 T5 中仅在写 A 时才需要写锁，前面执行的很长时间其实都只是读 A 的操作。如果一开始 T5 在 A 上面获取共享锁的话，则事务 T5 和 T6 就可以并发执行，系统可以获得更高的并发度。

从上述例子可以看到，如果能有效地缩短排他锁的窗口，系统则能获得一定程度的并发度的提升。基于这个思路就产生了一种改进后的两阶段锁。这种改进的两阶段锁引

事务 T5	事务 T6	备注

lock-X(A);
read(A);
lock-S(B);
read(B);
lock-S(C);
read(C);
lock-S(D);
read(D);
…
A:=A+25;
write(A);
unlock(B);
unlock(A);
		lock-X(B)：事务对数据 B 加排他锁 / 写锁
		lock-S(A)：事务对数据 A 加共享锁 / 读锁
		unlock(B)：事务释放加在数据 B 上的锁
		read(B)：事务从存储引擎读取 B 的值
		write(B)：事务向存储引擎更新 B 的值
		show(A+B)：事务显示 A+B 的值

	lock-S(A);
	read(A);
	lock-S(B);
	read(B);
	show(A+B);
	unlock(A);
	unlock(B);	

图 5-10 锁转换前的执行过程

入了锁的转换逻辑，系统具有**锁升级**（共享锁升级为排他锁）和**锁降级**（排他锁降级为共享锁）的能力，同时要求锁的升级只能发生在增长阶段，锁的降级只能发生在缩减阶段。

> **注意** 当一个事务在试图升级某条数据上的锁时，有可能会产生等待，这种情况发生在另一个事务对当前待升级的数据持有共享锁时。对图 5-10 所示的例子采用锁转换后可能的执行过程如图 5-11 所示。

　　基于锁的并发控制可能会产生**饥饿、死锁**问题。

　　饥饿问题主要发生在获取锁的过程中。假设一共有 4 个事务在并行执行，其中事务 T2 在某一条数据上持有共享锁，而另一个事务 T1 则等待申请该条数据上的排他锁。事务 T1 必须等到事务 T2 锁释放后才能获得。而事务 T3 又同时在申请对该条数据的共享锁，由于共享锁之间是不互斥的，因此 T3 可以获得共享锁。假设在 T3 后还有事务 T4 又在申请该条数据的共享锁，则同样它也能获得共享锁。在这样的事务不断执行过程中，由于一直有不间断的事务申请共享锁而导致事务 T1 申请的互斥锁一直得不到，这种现象称为**饥饿或者饿死现象**。

　　针对这个问题可以通过实施以下加锁的逻辑来避免。当事务 T 申请对某条数据 A 进行加 M 类型的锁时，只有具备以下条件才同意加锁。

事务 T5	事务 T6	备注

lock-S(A);
read(A);
lock-S(B);
read(B);
		lock-X(B)：事务对数据 B 加排他锁 / 写锁

	lock-S(A);
	read(A);
	lock-S(B);
	read(B);
		lock-S(A)：事务对数据 A 加共享锁 / 读锁
		unlock(B)：事务释放加在数据 B 上的锁

lock-S(C); read(C);		read(B)：事务从存储引擎读取 B 的值 write(B)：事务向存储引擎更新 B 的值

	show(A+B);
	unlock(A);
	unlock(B);
		show(A+B)：事务显示 A+B 的值

lock-S(D);
read(D);
…
		upgrade(A)：事务对 A 上所持有的锁进行升级（从共享锁升级为排他锁）

upgrade(A);
A:=A+25
write(A);
unlock(B);
unlock(A);		

图 5-11　锁转换后的执行过程

❑ 在数据 A 上不存在持有与 M 类型锁冲突的锁的其他事务。

❑ 在数据 A 上不存在先于事务 T 并申请加锁的其他事务。

　　只要遵守以上两个条件，就能保证一个加锁请求不会被其后的加锁请求阻塞住，因此也就能避免饥饿问题的出现了。

　　死锁是指当两个事务在并发执行的过程中，彼此都在等待对方结束才能继续执行，而互相间又无法进一步执行，导致系统一直处于等待状态。解决死锁的通常做法是回滚其中一个或几个陷入死锁的事务，一旦部分事务回滚了，锁就会得到释放，死锁也就解决了。针对死锁主要就两种解决方法：一种方法是采用**死锁预防**避免系统进入死锁状态；另一种方法是采用**死锁检测与死锁恢复**机制进行恢复。这两种方法都有可能会引起事务回滚操作。如果事务进入死锁的概率比较高，通常会采用死锁预防来避免死锁。否则，一般采用另一种方法。

　　死锁预防也有两种法：一种是对加锁的请求进行排序或要求同时获得所有的锁，以保证不会发生循环等待；另一种方法则是当等待有可能导致死锁发生时，采用事务的回滚而不是等待加锁。对于死锁检测和恢复，通常可以采用等待图来检测图是否成环，以此来判定系统是否发生死锁。当检测到死锁时接下来就需要进行恢复，恢复的过程主要是从环中折中地选择一个或者多个代价最小的事务进行回滚，最后解决死锁。

　　（2）基于时间戳的并发控制

　　和基于锁的并发控制一样，基于时间戳的并发控制也是悲观控制类型，尽管它没有采用加锁来实现。在每个事务开始时系统会分配唯一的时间戳给该事务，事务 T 的时间戳记作为 TS，通过事务时间戳的排序来确定事务的串行化的顺序。时间戳的实现有以下两种简单的方式。

- ❑ **物理时钟 / 系统时钟作为时间戳**：每个事务的时间戳等于该事务开始时系统的物理时间取值。
- ❑ **逻辑时钟作为时间戳**：采用计数器来赋值时间戳，每个事务开始时将计数器的当前值设置为事务的时间戳，并同步原子地增加计数器的值。

此外，对每条数据而言，系统也维护了两个时间戳字段：**读时间戳**（Read Timestamp，RT）、**写时间戳**（Write Timestamp，WT）。读时间戳表示的是当前数据被事务读取的最新时间戳，每次当有事务读取完该条数据后进行更新。写时间戳表示当前数据被更新的最新时间戳，在每次数据被更新后同步更新写时间戳的值。

基于时间戳的并发控制可以保证并发执行的事务在任何有冲突的读 / 写操作上按照时间戳的顺序来执行。下面分别说明这种模式下如何处理读 / 写操作。

1）事务 T 对数据 X 执行读操作。

① TS<WT(X)：表明事务 T 读取的 X 的值已经被新写入的值覆盖掉，因此此时的读操作会被拒绝，事务 T 被回滚，系统重新赋予新的时间戳并重新启动该事务。这种情况发生在过晚的读操作上，如图 5-12a 所示。

② TS ≥ WT(X)：表明比事务 T 更晚的事务 U 尚未更新 X 的值，因此可以执行读操作，之后 X 的 RT 值会被设置为 TS 和 RT 之间的最大值。

2）事务 T 执行写操作。

① TS<RT(X)：表明在事务 T 更新 X 之前，其他事务已读取了 X 的值，并且系统假设该值不会再出现了，因此此次的写操作被拒绝，事务 T 回滚。这种场景发生在过晚的写操作上，如图 5-12b 所示。

② TS<WT(X)：表明事务 T 要写入的 X 的值已经过时了，此时比事务 T 更晚的事务 U 更新写入了 X 的值。因此事务 T 的写入操作也会被拒绝，事务 T 回滚。

③**其他情况**：执行事务 T 的写入操作，并且完成后将 X 的 WT 值设置为 TS 值。

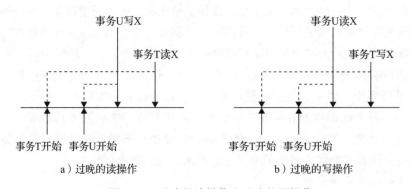

图 5-12　过晚的读操作和过晚的写操作

> **注意** 事务 T 在执行读或者写的过程中被回滚时，系统会重新赋给该事务新的时间戳并重新运行该事务。

为了在现有的基于时间戳的并发控制机制上获得更高的并发度，还有一种基于该机制的变种，称为 **Thomas 写法则**。

不难发现，在图 5-13 中，事务 T 回滚是基于时间戳的并发控制所要求的，但实际上是不必要的。因为事务 U 已经写入了 X，即便事务 T 在事务 U 之前成功写入了 X，那么也会使得事务 T 写入的值被事务 U 写入的值覆盖，导致事务 T 写入的值永远不可能被读到。同时，假设有事务 P 来读取 X，如果事务 P 的时间戳小于事务 U 的时间戳，即 TS(P)<WT(X)，则事务 P 的读操作将会被回滚；如果事务 P 的时间戳大于事务 U 的时间戳，则事务 P 将读取到事务 U 写入的 X 的值，而不是事务 T 写入的值。所以，可以对之前的时间戳并发控制机制进行修正，修正后的机制即 Thomas 写法则。

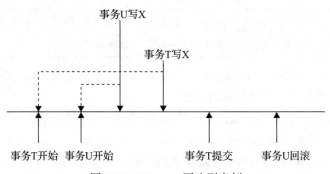

图 5-13　Thomas 写法则案例

在事务 T 进行写操作时，Thomas 写法则如下：

- ❏ **TS<RT(X)**：表明在事务 T 更新 X 之前，已经被其他事务读取了 X 的值，并且系统假设该值不会再出现了，因此此次的写操作被拒绝，事务 T 回滚。
- ❏ **TS<WT(X)**：表明事务 T 要写入的 X 值已经过时了，此时这个写入操作可以忽略。
- ❏ **其他情况**：将执行事务 T 的写操作，并且完成写入后将 X 的 WT 值设置为 TS 值。

对比修改前后的写规则来看，主要的区别在于，Thomas 写法则在某些特定情况下可以忽略过时的写操作，读操作规则保持不变。此外，Thomas 写法则还有一个潜在问题，即如果和图 5-13 所示的例子一样，事务 U 后来回滚中止了，那么 X 的值和 WT 应该被恢复。由于事务 T 已经提交，看起来后续读到的 X 的值就是 T 所写入的值，但实际上 T 写入的值已经被跳过了，并且数据已经损坏了。实际此时要将前面提到的数据恢复，结合在一起考虑。一种简单的方法是在 U 写入 X 时记录 X 的旧值和 WT 的旧值作为备份，在回滚时根据旧值进行数据的恢复。

（3）基于有效性检查的并发控制

在大部分事务是只读事务时，事务并发执行的过程中发生冲突的概率非常低，然而并发控制所带来的系统开销很难事先就明确。有效性检查的并发控制是一种监控系统的机制，因此通过它能够使得并发控制的开销减小。基于有效性检查实现的并发控制是一种乐观控制类型。

1）在有效性检查的并发控制中，将每个事务的生命周期划分以下两个或者三个阶段来执行，每个事务 T 需要告诉存储引擎其读集合 RS 和写集合 WS。

①**读阶段**：事务从存储引擎中读取读集合 RS 中的所有元素，同时如果是读写事务的话，事务将在其局部空间中计算它将要写入的值，在读阶段只进行计算，并不对原始数据进行真正的写入更新。

②**有效性检查阶段**：存储引擎通过比较该事务与其他事务的读 / 写集合来确认事务的有效性（下面将介绍具体的检查规则），判定是否可以执行写操作并保证可串行性。如果事务有效性检查失败，则回滚该事务；否则，将会进入写阶段。

③**写阶段**：事务往存储引擎中写入 WS 中的元素的值，而读事务则忽略这个阶段。

> 🔍 注意　只读事务只有前两个阶段，而读写事务则会分为三个阶段。每个事务会按照以上阶段顺序执行，而并行执行的多个事务的三个阶段则是交叉执行的。

2）为了进行有效性检查，通常会将每个事务和三个不同的时间戳关联在一起。

① Start(T)：事务 T 开始执行的时间戳。

② Validation(T)：事务 T 完成读阶段并开始有效性检查的时间戳。

③ Finish(T)：事务 T 完成写阶段的时间戳。

通常会选择 Validation(T) 的值作为事务的 TS 时间戳，并对每个事务的 TS 进行排序后，依据排序次序决定可串行性顺序。之所以选择 Validation(T) 而不是 Start(T) 作为事务 T 的 TS，是因为在冲突频率比较低的情况下，事务可以具有更快的响应时间。

下面再补充介绍一下有效性检查的原则。事务 T 的有效性检查要求 TS(U)<TS(T) 的事务 U 必须满足以下两个条件之一。

❑ Finish(U)<Start(T)。在事务 T 开始前事务 U 已经执行完成，所以肯定保证了串行性。

❑ 事务 U 的写集合 WS 与事务 T 的读集合 RS 无交集，并且事务 U 的写阶段在事务 T 的读阶段之后，但在有效性检查阶段之前完成（Start(T)<Finish(U)<Validation(T)）。这个条件保证了事务 U 和事务 T 的写不重叠。在这样的情况下，事务 U 的写操作不影响事务 T 的读操作，同时事务 T 又不会影响事务 U 的读，因此也就保证了串行性次序。

最后，对以上介绍的三种并发控制的实现方式做一个简单的总结。

前面介绍的三种并发控制的实现方案中，整体上可以分为两大类：一类是悲观的并发控制，这种主要代表是基于锁的实现和基于时间戳的实现。在基于锁的实现中，在事务执行开始前申请锁来对发生冲突的事务进行排序，以此保证事务的可串行化。而基于时间戳的实现则是通过给事务在启动时绑定一个时间戳，在事务发生冲突时通过事务关联的时间戳来排序，以此保证可串行化。而另外一类则是乐观的并发控制，这一类的代表主要是基于有效性检查的实现。这类实现中可以不用事先对事务进行加锁，它假设并发执行的事务中是可串行化的，然后当看到某个潜在的非可串行化事务时再将其进行中止。通常，当并发执行的事务中只读事务比较多时，乐观的并发控制会更好；相反，如果读写事务比较多，发生冲突的频率比较高时，悲观的并发控制会更好。

2. 多版本并发控制

前面介绍的几种并发控制方案中，当并发执行的事务发生冲突时，要么选择延迟其中一个事务的一项操作，要么选择中止其中的一个事务，以此保证多个并发的事务能串行化执行。即便这些冲突中有些是读操作和写操作而造成的。比如对于一个读操作而言，它有可能因为要读取的值还未被写入而不得不延迟读取，也有可能因为它要读取的值已被其他事务覆盖而不得不被中止（事务回滚）。其实，这些问题归根到底还是因为到目前为止，存储引擎在同一时间点上对每条数据仅保存着一个值。如果有办法能保存每条数据在不同时间点上的值，那么对上述问题就能够有效地避免了。而不同时间点保存对应的值也就意味着对于同一条数据而言，对它的值引入了一个版本的概念，结合前面介绍的并发控制就出现了**多版本并发控制**（MVCC）。

在多版本并发控制中，每个事务在对数据 X 在执行写操作时会为 X 创建一个新的版本，当事务发出读取数据 X 时，则能够选择一个合适的版本进行读取。和前面介绍的并发控制一样，多版本并发控制在选择读取版本时也必须保证事务的可串行性。关于多版本并发控制的实现有很多方案，下面将介绍**基于时间戳的多版本并发控制**、**基于锁的多版本并发控制**和**快照隔离**这三种。

（1）基于时间戳的多版本并发控制

基于时间戳的多版本并发控制中每个事务 T 开始执行时，系统会分配一个唯一的时间戳 TS 和其关联起来。通过这种方式实现多版本并发控制时，每条数据 X，都维护一个版本序列 $<X_1,X_2,X_3,\cdots,X_i,\cdots,X_n>$ 与其关联。其中每个版本 X_i 包含以下三个字段。

❑ Value：X_i 版本对应的值。

❑ WT：创建 X_i 版本时对应的事务的时间戳。

❑ RT：所有读取 X_i 版本的事务中最新 / 最大的时间戳。

在事务 T 对数据 X 执行写操作时，会为 X 创建一个新的版本 X_i，对应的值记录在 Value 中，同时系统会将 WT 和 RT 均设置为事务 T 的 TS 值。后面当事务 U 读取到 X_i 的值时，且 X_i 的 RT 值小于事务 U 的 TS 时，X_i 的 RT 值就被更新为事务 U 的 TS 值。

假设事务 U 对数据 X 发出读和写操作，且 X_i 是数据 X 的某个版本，它的 WT 是小于或者等于事务 U 的 TS 值。

1）如果事务 U 发出对 X 的读操作，则将返回 X 的 X_i 版本的值。因为一个事务将读取位于其前面的最近版本。即只要满足 $TS(U)>RT(X_i)$，那么事务 U 将读到 X_i 的值。

2）如果事务 U 发出对 X 的写操作，如果事务 U 的 TS 值比 X_i 的 RT 值小（即 $TS(U)<RT(X_i)$），则说明事务 U 是一次过晚的写操作，并且此前已经有比 U 更新的其他事务读取了 X 的数据，因此这种情况下事务 U 将会被回滚而中止操作。否则，当 $TS(U)>RT(X_i)$ 时需要考虑两种情况：第一种是事务 U 的 TS 值如果等于 X_i 的 WT 值，则只需要将 X_i 的值进行覆盖即可；第二种是如果事务 U 的 TS 值也大于 X_i 的 WT 值，则此时就给 X 新创建一个版本。

随着系统的运行创建的新版本会越来越多，其中自然会包含一些比较旧的版本，旧的数据版本可以根据如下规则进行清除：如果系统中的某个数据存在两个版本——X_i 和 X_j，这两个版本的 WT 都比系统中最旧的事务的 TS 小，那么此时 X_i 和 X_j 中较旧的版本将不会再用到，可以将其清除掉。

基于时间戳的多版本并发控制的优势在于，事务的读操作从来不会失败并且不会阻塞等待。对于读多写少的存储引擎而言，这个特性非常关键。其缺点则在于，每次读取数据时都需要考虑同步更新数据的 RT 字段，这势必会增加访问磁盘的次数和开销。另外，事务之间的冲突是通过回滚而不是推迟来处理的，因此在一些情况下可能因为事务回滚操作带来的系统开销会比较大。下面介绍另一种多版本并发控制方法，它可以有效地减轻这个问题。

（2）基于锁的多版本并发控制

除了基于时间戳的多版本并发控制外，还可以基于两阶段锁来实现多版本并发控制。在基于锁的实现中通常将事务划分为只读事务和读写事务两类。对于读写事务而言，它按照强两阶段锁来执行，即只有当事务提交后才会释放锁。因此事务可以按照它们提交的顺序来保证串行化。对于每条数据而言，同样会维护一个版本序列 $<X_1,X_2,X_3,\cdots,X_i,\cdots,X_n>$。每个版本的数据除了数据值以外，还会维护一个时间戳字段 TS（时间戳）。时间戳一般采用逻辑时钟（计数器）来实现，该计数器在事务提交时增加。

对只读事务而言，在事务开始时存储引擎会将当前计数器的值设置为该事务的时间戳 TS。只读事务在处理读操作获取数据时，系统返回的是小于当前事务 TS 的所有版本中时间戳最大的版本对应的数据。其实这种读操作的处理和前面时间戳的处理逻辑是类似的。

对读写事务而言，在读取某条数据之前，它会申请该条数据上对应的共享锁，在加锁成功后读取该数据对应的最新版本的值。当需要更新数据时，它会先获取该条数据上的排他锁，当申请排他锁成功后再为该条数据创建一个新的版本，将更新的数据写入到新版本中，新版本数据的时间戳暂时默认为无穷大。注意：此时先不设置该版本对应的时间戳，时间戳会在读写事务进行提交时设置。当事务开始提交时，它会为每个创建的新版本设置时间戳 TS，其取值为当前系统的计数器值加 1，接着让该计算器的值同步增加 1。这样就完成了事务的提交。在读写事务中同一时间内只允许一个读写事务进行提交。

读写事务完成后启动的只读事务，它将读取到读写事务刚写入的值，而对于在读写事务执行之前就启动的只读事务，只读事务将只能看到读写事务更新前的旧值。因此，无论哪种情况，只读事务均不用阻塞等待。

　　最后，版本删除的处理和之前介绍的类似，对数据 X 的两个版本 X_i 和 X_j 而言，如果它们的时间戳都比系统中最旧的只读事务的时间戳小，那么这两个版本中的时间戳较小、数据较旧的版本就不会被用到，可以将其清除掉。

（3）快照隔离

　　前面介绍的并发控制的几种方案都可以保证实现读已提交的隔离级别，但是保证不了可重复读。接下来介绍一种不仅可以保证读已提交，而且可以保证可重复读的技术——**快照隔离**。快照隔离可以通过结合 MVCC 来实现。

　　快照隔离就是每个事务在开始执行时给它一份当前时刻系统的快照，快照中仅包括已经提交的事务所产生的数据。然后，事务后续的读 / 写操作均在该快照上进行，通过这种方式多个并发执行的事务被相互隔离。对只读事务而言，这种模式是非常完美的，因为它们一方面不会被其他事务阻塞等待，另一方面也不存在被中止引发的回滚问题。而对读写事务而言，每个事务操作的都是自己私有空间的快照数据，因此也不会相互影响。当事务开始提交时，如果没有和其他事务发生冲突，则可以成功提交，此时在快照上所做的改动会反映到存储引擎上；而如果事务在提交时发生了冲突，那么就需要处理发生冲突的情况。

　　在快照隔离中决定一个读写事务是否可以提交需要非常谨慎，因为并发执行的多个事务有可能会存在更新同一个数据的情况，但是由于它们一开始都是各自在各自的快照中操作，相互隔离，每个事务所做的改动对其他事务不可见，所以如果允许两个事务都提交成功的话，必然会导致后提交的事务将先提交的事务写入的值覆盖掉，这种情况也称为**更新丢失**。为了避免发生这种情况，快照隔离通常有两种处理方法：一种是**先提交者获胜**，另一种是**先更新者获胜**。

　　1）**先提交者获胜**。假设事务 T 先进入了部分提交状态，则下面的操作将按照如下规则来执行。检查是否有与事务 T 并发执行的事务，该事务已经在 T 之前将 T 要更新的数据更新到存储引擎中了。如果存在这样的事务，则将事务 T 回滚中止；否则事务 T 提交，并将更新的数据写入存储引擎中。基于上述规则，当发现两个事务发生冲突时，第一个事务可以成功提交，而另一个事务则会回滚。

　　2）**先更新者获胜**。系统需采用锁机制来保证该方法的实现。当事务 T 试图更新一个数据时，它会先申请该数据的一个排他锁（写锁），会出现两种情况。

- ❑ **获取锁成功**：当没有其他事务持有该锁时该事务就会获取锁成功。当成功拿到锁后，需要分两种情况讨论。第一种情况是如果该数据已经被其他并发事务更新了，那么此时事务 T 需要回滚。第二种情况则是没有其他事务更新该条数据（其他事务回滚了），此时该事务将执行更新操作，并进行事务提交。
- ❑ **获取锁失败**：如果已经有其他事务 U 持有该数据的写锁，那么此时事务 T 将不能获得锁，只能等待事务 U 中止或者提交。如果事务 U 回滚了，那么此时锁会被释放，同时事务 T 可以得到锁。当得到锁后，需要按照前面成功获取锁的规则进行检查、执行。如果事务 U 提交了，那么此时事务 T 就只能回滚了。

在先更新者获胜方法中，如果多个事务在更新同一个数据的过程中发生了冲突，那么允许第一个获得锁的事务提交并完成更新，随后尝试更新的事务将回滚。如果第一个更新的事务随后因为其他原因回滚了，那么后续的事务可以再次申请锁来获得提交权限。

在快照隔离机制中，当读事务开启时，系统会创建一个快照来提供读取操作，因此事务的多次查询都会在同一个快照上进行，以保证查询到的结果是一致的，即满足可重复读。当然，如果隔离级别设置的是读已提交，则快照隔离也可以实现，只需在每次查询时都创建一个新的快照即可。不过快照隔离机制无法保证多个事务串行执行。

5.4　范围查询与全量遍历

B+ 树存储引擎支持范围查询操作，甚至一些极端情况下可能会对存储在 B+ 树存储引擎中的所有数据进行全量遍历输出。关系数据库的全表扫描与这里的全量遍历是一个意思。比如资讯类系统经常会查询过去一天的热榜，电商系统的商家可能会经常查询指定时间范围内的订单，而用户可能会查询全部的订单等。全量遍历和范围查询相比，减少了边界定位的过程，因此实际上全量遍历操作可以看作范围查询的一种特殊情况。既然范围查询这种需求应用的场景非常多，下面来介绍 B+ 树存储引擎内部如何实现范围查询。为了方便描述，以全量遍历为例。

对 B+ 树进行中序遍历后得到的是一个有序结果（升序或者降序）。因此对上述需求而言，实现逻辑自然就转化成了对 B+ 树存储引擎中内存的 B+ 树进行中序遍历。中序遍历既可以通过**递归方式（借助隐式栈）**来实现，也可以通过**非递归的循环方式（借助显式栈）**来实现。想要得到 B+ 树存储引擎中存储的全量数据，只需要按照中序遍历一遍即可。

实际上，在上述中序遍历的实现方式中，需要不断地来回遍历 B+ 树中的所有节点。然而由于 B+ 树本身数据结构的特点，它的非叶子节点并不存储真实的数据，而仅充当索引，所有的数据都保存在叶子结点中。所以中序遍历不断访问其非叶子节点是不必要的。那么，是否有办法减少对非叶子节点的访问，而一直访问叶子结点呢？

答案是肯定的，需要对 B+ 树数据结构进行一些改进。具体来说就是**将叶子节点通过链接进行连接**。当想要找相邻的叶子结点的时候，就可以不再借助于非叶子节点，而是直接通过链接的指向一步获得。改进后，通过只遍历叶子节点完成全量遍历，无须频繁遍历 B+ 树中的非叶子节点。同时，叶子节点之间的指针可以根据需要来定，有些 B+ 树存储引擎的实现采用的是双向链接（一个前向指针和一个后向指针，类似于双链表），这样 B+ 树存储引擎不但可以支持升序遍历，而且可以支持降序遍历。但这种增加链接的方式带来了额外的工作量，在每次处理写操作时都必须格外小心地正确更新链接的指向，增加了系统的复杂度。

5.5　小结

本章主要从微观角度对 B+ 树存储引擎中常规情况的读 / 写操作处理（包括页分裂、页合并过程等）、异常情况处理（常见的异常情况有机器断电、数据写入失败等）、事务实现方案、范围查询与全量遍历等内容分别进行了介绍。由于篇幅有限，难以做到面面俱到。如果对部分内容难以理解，读者可以参考其他数据库书籍，如《数据库系统实现（第 2 版）》《数据库系统概念》《数据库系统内幕》《数据密集型应用系统设计》。

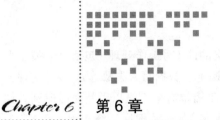

BoltDB 核心源码分析

本章以自底向上的方式分析 BoltDB 的核心源码。之所以选择自底向上的方式，是因为笔者认为这种方式能更好地理解 B+ 树存储引擎的内部原理。

6.1　BoltDB 整体结构

在研究一个开源项目前，熟悉其项目的目录结构是至关重要的。因此本节主要介绍 BoltDB 项目结构、BoltDB 整体实现架构两部分内容。

6.1.1　BoltDB 项目结构

BoltDB 的目录非常简洁。下面对 BoltDB 的项目结构做一个简单的介绍。

1）cmd 目录。cmd 的全称是 command，该目录下主要是一些命令相关的程序。为了实现快速调试，BoltDB 提供了 API 与命令行工具。该工具可以对数据库文件进行完整性校验，并且可以可视化查看 BoltDB 内部的页信息和统计信息。如果想通过命令行来使用 BoltDB，可以进入该目录下的 bolt 目录，然后执行 go build 编译，编译完成后就可以直接在本地使用了。

2）bolt_xxx.go。这类文件主要定义了不同操作系统下的一些特性变量和特性方法。主要的特性变量有 maxMapSize（最大的 Map 大小）和 maxAllocSize（最大分配的数组空间大小）。主要的特性方法有文件锁 flock()、刷盘方法 fdatasync()、文件映射相关方法 mmap() 和 munmap() 等。当在不同的操作系统环境下，BoltDB 会自动选择对应的操作系统实现，而这些变量和方法在编译时会被加载。

3）page.go。该文件主要定义了页（page）相关的对象和方法。这也是对底层磁盘抽象最近的一层。关于 page 的内容将会在 6.2 节详细介绍。

4）freelist.go。该文件主要定义了空闲页（freelist）的实现。内部主要实现了空闲页的管理、查找可用新页等。相关内容将在 6.2.3 小节介绍。

5）node.go。该文件定义了 node 结构和实现。node 是磁盘上 page 在内存中的表现形式，关于 node 的内容会在 6.3 节展开介绍。

6）cursor.go。见名知意，该文件中主要定义了遍历相关的实现。前面提到 BoltDB 中对 KV 数据操作时，以 Bucket 为单位进行，因此遍历操作也是针对具体的某个 Bucket 对象的。其内部实现有前向遍历 Prev() 和后向遍历 Next() 两种。6.4 节会对 cursor 实现进行分析。

7）bucket.go。该文件主要定义了 BoltDB 中的 Bucket 对象实现。所有 BoltDB 的操作都是以 Bucket 作为基本单位执行的。其内部的核心方法主要分为两类：一类是和桶相关的，例如创建桶 CreateBucket()、删除桶 DeleteBucket() 等；另一类是和 KV 数据相关的，例如添加 KV 数据 Put()、获取 KV 数据 Get()、删除 KV 数据 Delete() 等。Bucket 的内容将会在 6.4 节展开介绍。

8）tx.go。该文件主要定义了 BoltDB 中事务相关的实现。事务通过 Tx 对象来封装，其内部核心方法有初始化事务对象 init()、提交事务 Commit()、回滚事务 Rollback() 等。这部分内容会在 6.5 节进行专门介绍。

9）db.go。该文件定义了 BoltDB 中的核心对象 DB，即使用 BoltDB 的入口。其中主要包括 DB 的创建 Open()、查询 View()、更新 Update()、批量操作 Batch() 等核心 API。将在 6.6 节介绍这部分内容。

10）doc.go。该文件是对项目的简单说明。

11）errors.go。该文件是对错误信息的统一定义，包括数据库没有打开、数据库无效、版本不匹配等。

下一节将从整体上介绍 BoltDB 的实现原理，了解上述模块在 BoltDB 中是如何串联起来的。

6.1.2　BoltDB 整体实现架构

图 6-1 是笔者阅读完 BoltDB 源码后，结合自己的理解绘制的 BoltDB 整体实现架构。在梳理其架构时，将其划分成了三层结构来理解。这也是在研究存储引擎这块内容时笔者用得最多的一种思路。只要掌握了每层中数据是如何组织、存储，有哪些执行逻辑，那么整个系统就彻底掌握了。回到 BoltDB 整体实现架构来看，数据基于磁盘存储的 BoltDB 仍然可以划分为三层：**用户层**、**内存层**和**磁盘层**。

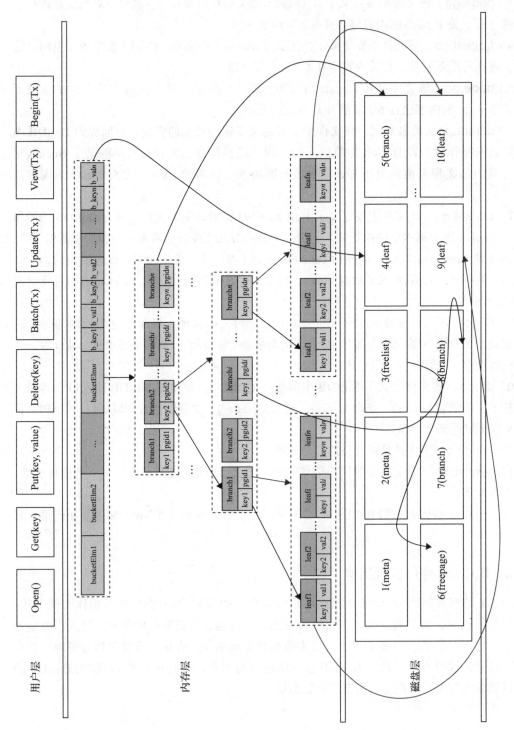

图 6-1 BoltDB 整体实现架构（详见彩插）

1. 用户层

用户层主要是暴露给 BoltDB 使用者的接口，其核心接口有 Open()、Get(key)、Put(key,value)、Delete(key)、Batch(Tx)、Update(Tx)、View(Tx)、Begin(Tx)。这些接口总体可以分为三大类。

1）初始化 BoltDB 的接口，例如 Open()。

2）简单的 KV 操作的接口，例如 Get(key)、Put(key,value)、Delete(key)、Batch(Tx) 等。

3）和事务相关的接口，例如 Update(Tx)、View(Tx)、Begin(Tx) 等。

用户层主要接收用户请求的数据，这些接口也是用户日常开发用到的高频接口。

2. 内存层

通过用户层接收到的数据，首先会暂存到内存中。在 BoltDB 中有两类树：一类是内部组织 BoltDB 中 bucket 的树；另一类是存储真实 KV 数据的 B+ 树。在 BoltDB 中，对 KV 的操作都是基于 bucket 完成的，所有的 Get(key)、Put(key,value) 操作都是在获得 bucket 对象后再执行。此处，获取 bucket 是先从 bucket 树中检索实现。然后，每个 bucket 中的 KV 数据按照 B+ 树来组织。读 / 写 KV 时也是在该 B+ 树上进行操作。在内存中，上述这些树都是以 node（节点）来表示的，所有操作也是基于 node 完成的。

3. 磁盘层

当在内存中完成了数据操作后，在响应用户之前，需要将这些 node 数据持久化到磁盘文件中。磁盘层主要是存储内存中有数据变动的 node 信息。在磁盘上存储 B+ 树时，需要做一点处理：将磁盘分割成大小相等的文件块（page）。每个 page 对应一份内存中的 node。在存储时只需要将 node 信息转换成 page，再写入磁盘文件中即可。

通过上面对 BoltDB 的介绍可以知道对 BoltDB 操作后数据的流转过程。这个流程会贯穿本章，后续进行每个模块源码分析时，读者能更容易了解其实现机制。

6.2　page 解析

本节主要介绍 BoltDB 中的第一个核心数据结构——page。page 是 BoltDB 数据在磁盘上存储时，依据操作系统读 / 写磁盘的特性而抽象出来的一个概念，中文称为磁盘页。page 的大小通常是操作系统页（一般为 4KB）的整数倍。直观来讲，如果将一个磁盘文件想象成一个空间无限大的连续区域，那么将这块区域按照固定大小进行划分，划分出来的区域称为 page。为了读 / 写方便和对其区分，一般每个 page 都会设置一个页号（pageNo）。

在 BoltDB 中，磁盘文件划分成多个 page 的简单示意如图 6-2 所示。在 BoltDB 中，page 是数据读 / 写磁盘时的基本单元，所有的数据最终都是封装成 page 写入磁盘的。BoltDB 根据存储数据的不同，总共有四种类型的 page：**元数据页（Meta Page）**、**空闲列表页（Freelist Page）**、**分支节点页（Branch Page）**、**叶子节点页（Leaf Page）**。

在 BoltDB 中, 前四个 page 的功能是固定的。第 0 个 page 和第 1 个 page 存储的是 BoltDB 的元数据信息。第 2 个 page 存储的是 BoltDB 中的空闲页的信息。第 3 个 page 存储的是 BoltDB 中的 Bucket 的相关信息, 该 page 是所有 Bucket 的父节点。其余 page 一般为分支节点页或者叶子节点页。本节的后续内容会依次介绍每种 page 的格式及其对应的实现源码。

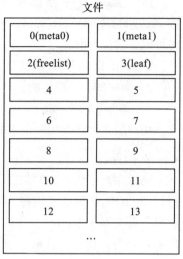

图 6-2 page 划分示意

6.2.1 page 基本结构

BoltDB 中所有的 page 都由两部分构成: **页头**、**页数据**。其中, 页头是固定长度的, 它主要描述了当前页的页号、页类型等基础信息; 页数据则根据页的类型不同而不同。不同的数据在 BoltDB 中用不同的结构体表示。page 的源码定义如下所示。

```
// 16B
// ((*page)(nil)).ptr
const pageHeaderSize = int(unsafe.Offsetof(((*page)(nil)).ptr))
// 页号
type pgid uint64
// page 结构定义: 一个页由页头信息和页数据 (ptr) 构成
type page struct {
    // id 表示页号, 8B
    id pgid
    // flags 表示页类型, 可以是分支、叶子节点、元信息、空闲列表, 2B
    flags uint16
    // count 表示个数, 2B
    // 如果是空闲列表页, 则表示存储的空闲页的个数
    // 如果是分支节点页, 则表示存储的分支节点的个数
    // 如果是叶子节点页, 则表示存储的叶子节点的个数
    count uint16
    // overflow 表示溢出页数, 4B
    overflow uint32
    // ptr 是无类型指针, 存储具体页的真实数据
    ptr uintptr
}
```

将上述 page 结构扁平化后如图 6-3 所示。其中前 16B 为页头信息 (Page Header, PH)。后面是实际页上存储的数据, 通常长度不固定, 所以通过无类型指针 ptr 指定。通常, 该字段中会存入任意结构体转换后的地址。

BoltDB 中不同的页通过 flags 字段来区别。flags 的取值见表 6-1。

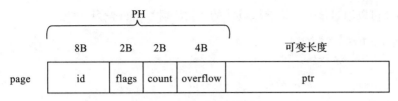

图 6-3　page 的基本结构

表 6-1　page 中 flags 字段的取值

页类型	类型定义	类型值	用途
分支节点页	branchPageFlag	0x01	存储索引信息（页号、元素 key 值）
叶子节点页	leafPageFlag	0x02	存储数据信息（页号、插入的 key 值、插入的 value 值）
元数据页	metaPageFlag	0x04	存储数据库的元信息，例如空闲列表页号、放置桶的根页等
空闲列表页	freelistPageFlag	0x10	存储哪些页是空闲页，后续分配空间时，优先考虑分配

flags 字段的代码实现如下所示。

```
const (
  // 分支节点页类型
  branchPageFlag = 0x01
  // 叶子节点页类型
  leafPageFlag = 0x02
  // 元数据页类型
  metaPageFlag = 0x04
  // 空闲列表页类型
  freelistPageFlag = 0x10
)
// 返回页类型
func (p *page) typ() string {
  if (p.flags & branchPageFlag) != 0 {
      return "branch"
  } else if (p.flags & leafPageFlag) != 0 {
      return "leaf"
  } else if (p.flags & metaPageFlag) != 0 {
      return "meta"
  } else if (p.flags & freelistPageFlag) != 0 {
      return "freelist"
  }
  return fmt.Sprintf("unknown<%02x>", p.flags)
}
```

6.2.2　元数据页

本小节介绍元数据页的相关内容。每个 page 对象都有一个 meta() 方法，如果该页是元数据页的话，可以通过该方法来获取具体的（元数据）meta 信息。

```
// meta() 函数返回元数据的指针
func (p *page) meta() *meta {
    // 将 p.ptr 转为元数据信息
    return (*meta)(unsafe.Pointer(&p.ptr))
}
```

详细的 meta 信息定义如下所示。meta 信息主要包含版本、page 大小、空闲列表页 id、最大的事务 id、元数据页 id（pgid）等信息。

```
// 元数据定义
type meta struct {
    // 魔数
    magic uint32
    // 版本
    version uint32
    // page 的大小，该值和操作系统默认的页大小保持一致
    pageSize uint32
    // 保留值，目前还没用到
    flags uint32
    // 所有 bucket 的根
    root bucket
    // 空闲列表页 id
    freelist pgid
    // 元数据页 id
    pgid pgid
    // 最大的事务 id
    txid txid
    // 用作校验的校验和
    checksum uint64
}
```

图 6-4 所示为元数据信息在磁盘上的存储格式。

	4B	4B	4B	4B	xB	8B	8B	8B	8B
ptr(meta): db.go	magic	version	pageSize	flags	root	freelist	pgid	txid	checksum

图 6-4　元数据信息扁平化存储格式

下面来看一下元数据信息是如何写入 page 的，以及如何从 page 中读取元数据信息这两个关键逻辑的实现的。

1. 将元数据信息写入 page

下面代码是将元数据信息写入 page 的 write() 方法的具体实现。其中核心的方法是 meta.copy() 及 page.meta() 方法。meta.copy() 方法就是将 meta 对象指针所指向的数据复制给 page 对象中的 ptr 指针指向的位置。元数据信息写入 page 后，page 在图 6-3 所示的 ptr 字段的内容将会变成图 6-4 所示的内容。

```
// 将元数据信息写入 page 中
func (m *meta) write(p *page) {
  // 非法校验
  // 指定页号和页类型
  p.id = pgid(m.txid % 2)
  p.flags |= metaPageFlag
  // 计算校验和
  m.checksum = m.sum64()
  // p.meta() 返回的是 p.ptr 的地址，因此复制之后，元数据信息就写入 page 中了
  m.copy(p.meta())
}
func (m *meta) copy(dest *meta) {
  *dest = *m
}
```

2. 从 page 中读取元数据信息

当 page 的 flags 字段为 metaPageFlag 时，表示该 page 是 meta page。因此从该 page 中读取元数据信息时，只需要调用前文介绍的 page.meta() 方法即可将 page 中存储的具体的元数据转换成 meta 结构体对象。

通过上面的介绍了解了 BoltDB 中元数据信息的结构定义，以及元数据信息与 page 之间的转换关系。那何时会发生元数据信息的写入及元数据信息的读取呢？后面会逐步回答这两个问题。

6.2.3　空闲列表页

在 BoltDB 中，随着系统的长时间运行，会伴随着各种各样的读 / 写操作，在这个过程中会发生页的分裂和合并，而页的合并可能会导致出现一些空闲页。这些空闲页需要通过某种方式来进行管理，方便后续系统在运行过程中重新分配使用。

BoltDB 中的空闲列表页通过结构体 freelist 来定义描述，主要包含三个部分：所有已经可以重新利用分配的空闲页列表 ids、将来很快能被释放的事务关联的页列表 pending、页id 的缓存 cache。freelist 的详细定义在 freelist.go 文件中。下面代码展示了 freelist 的定义。

```
// freelist 的定义
type freelist struct {
  // 已经可以分配的空闲页
  ids []pgid
  // 将来很快能被释放的空闲页，部分事务可能在执行读或者写操作
  pending map[txid][]pgid
  // 页 id 的缓存
  cache   map[pgid]bool
}
func newFreelist() *freelist {
  return &freelist{
    pending: make(map[txid][]pgid),
    cache:   make(map[pgid]bool),
```

```
    }
  }
// 空闲列表页序列化后所占的大小
func (f *freelist) size() int {
  n := f.count()
  // 溢出
  // 2^16=64k
  if n >= 0xFFFF {
    n++
  }
  return pageHeaderSize + (int(unsafe.Sizeof(pgid(0))) * n)
}
```

提到空闲列表页需要关注三个重点逻辑。

1）freelist 结构体对象管理的空闲列表数据如何写入 freelist page 中？

2）freelist page 中的数据如何恢复 freelist 结构体对象？

3）需要分配空闲页（有可能多个页）时，如何在 freelist 中找到符合条件的空闲页？

下面依次来介绍上述三个逻辑的源码实现。

1. 将 freelist 写入 page

freelist 对象维护的数据是通过 write() 函数写入 freelist page 中的。该函数的主要实现如下所示。

```
// 将空闲列表转换成页信息，写到磁盘中
func (f *freelist) write(p *page) error {
  p.flags |= freelistPageFlag
  lenids := f.count()
  if lenids == 0 {
    p.count = uint16(lenids)
  } else if lenids < 0xFFFF {
    p.count = uint16(lenids)
    // 复制到 page 的 ptr 中
    f.copyall(((*[maxAllocSize]pgid)(unsafe.Pointer(&p.ptr)))[:])
  } else {
  // 在有溢出的情况下，p.ptr 后面第一个元素放置 pgid 列表的长度，然后存放所有的 pgid 列表
    p.count = 0xFFFF
    ((*[maxAllocSize]pgid)(unsafe.Pointer(&p.ptr)))[0]= pgid(lenids)
    // 从第一个元素位置开始复制
    f.copyall(((*[maxAllocSize]pgid)(unsafe.Pointer(&p.ptr)))[1:])
  }
  return nil
}
func (f *freelist) copyall(dst []pgid) {
  // 首先把 pending 状态的页放到一个数组中，并使其有序
  m := make(pgids, 0, f.pending_count())
  for _, list := range f.pending {
    m = append(m, list…)
  }
```

```
sort.Sort(m)
// 合并两个有序的列表，最后结果输出到 dst 中
mergepgids(dst, f.ids, m)
}
```

在将 freelist 写入 page 过程中需要注意一个问题：在 page 定义的时候，页头中的 count 字段是 uint16 类型，占两字节。该字段最大可以表示 2^{16} 即 65536，当空闲页的个数超过 65535 个时，需要将 p.count 设置为 0xFFFF。p.ptr 中的第一个字节用来存储空闲页的个数；在不超过的情况下，直接用 count 来表示空闲页的个数。将 ids 及 pending 所维护的 pageid 统计在一起，并排序后写入 page 的 ptr 字段中。写入完成后，freelist 在磁盘上的存储结构如图 6-5 所示。

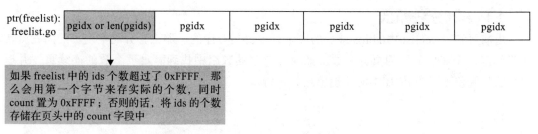

图 6-5　freelist 在磁盘上的存储结构

2. 从 page 读取 freelist

从 page 读取 freelist 的过程是写入的逆过程。知道如何写入的逻辑后，读取就是一个比较简单的过程了。不过在常规读取完数据后，仍然需要保证 freelist 中的 ids 是有序的，同时要重新构建 cache 中的数据，这样才能在分配页时保证逻辑正确。下面的代码片段为读取的主要过程。

```
// 从磁盘中加载空闲页信息，并转换为 freelist 结构。转换时需要注意，空闲页个数的判断逻辑：
// 当 p.count 为 0xFFFF 时，需要读取 p.ptr 中的第一个字节来计算空闲页的个数；否则，直接读取
// p.ptr 中的空闲页 ids 列表
func (f *freelist) read(p *page) {
  idx, count := 0, int(p.count)
  if count == 0xFFFF {
    idx = 1
    // 用第一个 uint64 来存储整个 count 的值
    count=int(((*[maxAllocSize]pgid)(unsafe.Pointer(&p.ptr)))[0])
  }
  if count == 0 {
    f.ids = nil
  } else {
    ids:= ((*[maxAllocSize]pgid)(unsafe.Pointer(&p.ptr)))[idx:count]
    f.ids = make([]pgid, len(ids))
    copy(f.ids, ids)
    sort.Sort(pgids(f.ids))
  }
```

```
    f.reindex()
}
func (f *freelist) reindex() {
  f.cache = make(map[pgid]bool, len(f.ids))
  for _, id := range f.ids {
    f.cache[id] = true
  }
  for _, pendingIDs := range f.pending {
    for _, pendingID := range pendingIDs {
      f.cache[pendingID] = true
    }
  }
}
```

3. freelist 分配空闲页

由前可知，freelist 中的 ids 维护的空闲列表页是有序的。那么，分配空闲页的问题就转化为给定一个需要分配的页的个数，如何在有序的数组中找到满足页个数的连续页，并返回页的起始位置。BoltDB 中的实现思路如下所示。

```
// [5,6,7,13,14,15,16,18,19,20,31,32]
// 开始分配一段连续的 n 个页。其中返回值为初始的页 id。如果无法分配，则返回 0 即可
func (f *freelist) allocate(n int) pgid {
  ...
  var initial, previd pgid
  for i, id := range f.ids {
    ...
    // 通过 id-previd != 1 来判断是否连续
    if previd == 0 || id-previd != 1 {
      // 第一次不连续时记录一下第一个位置
      initial = id
    }
    // 找到了连续的块，然后将其返回即可
    if (id-initial)+1 == pgid(n) {
      if (i + 1) == n {
        // 找到的是前 n 个连续的页
        f.ids = f.ids[i+1:]
      } else {
        copy(f.ids[i-n+1:], f.ids[i+1:])
        f.ids = f.ids[:len(f.ids)-n]
      }
      // 同时更新缓存
      for i := pgid(0); i < pgid(n); i++ {
        delete(f.cache, initial+i)
      }
      return initial
    }
    previd = id
  }
  return 0
}
```

在查找到符合条件的空闲页 id 起始位置后，就需要将找到的这几个连续的空闲页从 ids 和 cache 中移除，然后以返回值的方式返回找到的空闲页 id 起始位置。如果没有找到符合条件的空闲页，BoltDB 就会从磁盘文件中分配所需的空闲页。这部分实现会在后面介绍。

当事务回滚时，需要从 freelist 将该事务关联的页列表从 pending 队列中移除。其实现比较简单，限于篇幅，此处不展开介绍，读者可以阅读源码进行学习。

6.2.4　分支节点页

BoltDB 中的每条 KV 数据最终被组织成 B+ 树的格式存储。而提到 B+ 树，就会想到它由根节点、分支节点、叶子节点这几个要素构成。其实根节点也可以看成没有父节点的分支节点。本小节主要介绍 BoltDB 中分支节点在磁盘上存储的页结构——branch page。下一小节将介绍叶子节点在磁盘上存储的页结构——leaf page。

分支节点主要用来构建索引，以提升查询效率。下面从三个方面介绍 BoltDB 的 branch page 相关内容：**磁盘分支节点结构、内存分支节点结构；将内存分支节点写入磁盘页；从磁盘页读取数据构建内存分支节点信息**。

1. 磁盘分支节点与内存分支节点结构的定义

在进行存储时，一个分支节点页会存储多个分支页元素（branchPageElement）。这个信息可以理解为分支页元素元信息。元信息中定义了该元素的页号 pgid、该元素指向的页最小 key 的 ksize（值大小）、存储的位置距离当前的元信息的偏移量 pos。通过 ksize 和 pos 两个信息就可以得到具体 key 的数据。branchPageElement 的定义如下所示。

```
// 分支节点
type branchPageElement struct {
  // 前两个元素定位 key, pos~pos+ksize 即为 key
  pos   uint32
  ksize uint32
  // 页号
  pgid  pgid
}
func (n *branchPageElement) key() []byte {
  buf := (*[maxAllocSize]byte)(unsafe.Pointer(n))
  // pos~ksize
  return (*[maxAllocSize]byte)(unsafe.Pointer(&buf[n.pos]))[:n.ksize]
}
// 返回指定 index 的分支页元素
func (p *page) branchPageElement(index uint16) *branchPageElement {
return &((*[0x7FFFFFF]branchPageElement)(unsafe.Pointer(&p.ptr)))[index]
}
// 返回所有的分支页元素列表
func (p *page) branchPageElements() []branchPageElement {
  if p.count == 0 {
    return nil
  }
```

```
  return ((*[0x7FFFFFF]branchPageElement)(unsafe.Pointer(&p.ptr)))[:]
}
```

在内存中分支节点页和叶子节点页统一用 node 结构描述，然后通过 isLeaf 字段来区分是分支节点页还是叶子节点页。换言之，一个磁盘上的分支/叶子节点页对应一个内存中的 node 对象，内存中的 B+ 树也就是多个 node 对象组成的一个结构。node 结构将在 6.3 节介绍。

2. 将内存分支节点写入磁盘页

node 写入 page 是通过 node 的 write() 函数来实现的，整个写逻辑的源码实现如下所示。

```
// 将 node 转为 page
func (n *node) write(p *page) {
  // 判断是叶子节点还是分支叶子节点
  if n.isLeaf {
    p.flags |= leafPageFlag
  } else {
    p.flags |= branchPageFlag
  }

  // 这里叶子节点不可能溢出，因为溢出时会分裂
  // 0xFFFF 表示的是 page 中的 count 的最大值
  p.count = uint16(len(n.inodes))
  ...
  // b 指向的指针位于跳过所有 item 头部的位置
  b:= (*[maxAllocSize]byte)(unsafe.Pointer(&p.ptr))[n.pageElementSize()*len(n.inodes):]
  for i, item := range n.inodes {
    // 写入叶子节点数据
    if n.isLeaf {
      elem := p.leafPageElement(uint16(i))
      elem.pos = uint32(uintptr(unsafe.Pointer(&b[0])) - uintptr(unsafe.Pointer(elem)))
      elem.flags = item.flags
      elem.ksize = uint32(len(item.key))
      elem.vsize = uint32(len(item.value))
    } else {
      // 写入分支节点数据
      elem := p.branchPageElement(uint16(i))
      elem.pos = uint32(uintptr(unsafe.Pointer(&b[0])) - uintptr(unsafe.Pointer(elem)))
      elem.ksize = uint32(len(item.key))
      elem.pgid = item.pgid
    }
    klen, vlen := len(item.key), len(item.value)
    ...
    copy(b[0:], item.key)
    b = b[klen:]
    copy(b[0:], item.value)
    b = b[vlen:]
  }
}
```

由写入逻辑实现可以知道，不管是分支节点页还是叶子节点页，数据会分为两段：第一段为分支 / 叶子节点的元信息，也就是 branchPageElement 或者 leafPageElement（下一小节介绍）；第二段为具体的 key 或者 KV 数据。每个元信息中维护的 pos 的含义为当前元信息存储的位置与真实数据写入的起始位置之间的距离。可以想一下，为什么 BoltDB 要按照这样的格式来写数据呢？答案在 6.3 节揭晓。最终内存分支节点写入磁盘页后如图 6-6 所示。

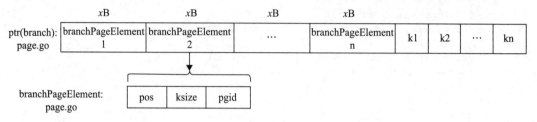

图 6-6　内存分支节点写入磁盘页

3. 从磁盘页读取数据构建内存分支节点信息

在掌握了 node 如何写入 page 后，接下来理解从 page 中读取数据构建 node 就比较容易了。以下代码为基于 page 恢复 node 的实现过程。

```
// 根据 page 来初始化 node
func (n *node) read(p *page) {
  n.pgid = p.id
  n.isLeaf = ((p.flags & leafPageFlag) != 0)
  // 一个 inodes 对应一个 xxxPageElement 对象
  n.inodes = make(inodes, int(p.count))
  for i := 0; i < int(p.count); i++ {
    inode := &n.inodes[i]
    if n.isLeaf {
      // 获取第 i 个叶子节点
      elem := p.leafPageElement(uint16(i))
      inode.flags = elem.flags
      inode.key = elem.key()
      inode.value = elem.value()
    } else {
      // 分支节点
      elem := p.branchPageElement(uint16(i))
      inode.pgid = elem.pgid
      inode.key = elem.key()
    }
  }
  if len(n.inodes) > 0 {
    // 保存第 1 个元素的值
    n.key = n.inodes[0].key
  } else {
    n.key = nil
  }
}
```

6.2.5 叶子节点页

由前文可知，不管是分支节点页还是叶子节点页，数据读 / 写节点页的过程是统一的。唯独二者在磁盘上定义存储时的结构有差异。本小节来看一下叶子节点页的结构定义。下面为 leafPageElement 的定义。

```
// 叶子节点既存储 key，也存储 value
type leafPageElement struct {
    // 叶子节点类型：可以是普通的 KV 数据，也可以是 Bucket
    flags uint32
    // pos~pos+ksize: key 的数据
    // pos+ksize~pos+ksize+vsize: value 的数据
    pos   uint32
    ksize uint32
    vsize uint32
}
func (p *page) leafPageElement(index uint16) *leafPageElement {
  n := &((*[0x7FFFFFF]leafPageElement)(unsafe.Pointer(&p.ptr)))[index]
  // 最原始的指针: unsafe.Pointer(&p.ptr)
  // 将该指针转为 (*[0x7FFFFFF]leafPageElement)(unsafe.Pointer(&p.ptr))
  // 然后取第 index 个元素
  ((*[0x7FFFFFF]leafPageElement)(unsafe.Pointer(&p.ptr)))[index]
  // 最后返回该元素指针
  &((*[0x7FFFFFF]leafPageElement)(unsafe.Pointer(&p.ptr)))[index]
  return n
}

func (p *page) leafPageElements() []leafPageElement {
  return ((*[0x7FFFFFF]leafPageElement)(unsafe.Pointer(&p.ptr)))[:]
}
// 叶子节点的 key
func (n *leafPageElement) key() []byte {
  // 指针先指向当前叶子节点位置，然后从该位置偏移 pos 个位置
  buf := (*[maxAllocSize]byte)(unsafe.Pointer(n))
  // pos~ksize
  return (*[maxAllocSize]byte)(unsafe.Pointer(&buf[n.pos]))[:n.ksize:n.ksize]
}
// 叶子节点的 value
func (n *leafPageElement) value() []byte {
  buf := (*[maxAllocSize]byte)(unsafe.Pointer(n))
  // key 在 buf 中存储的范围 :pos~ksize
  // value 在 buf 中存储的范围 :pos+ksize ~ pos+ksize+vsize
  return (*[maxAllocSize]byte)(unsafe.Pointer(&buf[n.pos+n.ksize]))[:n.vsize:n.vsize]
}
```

叶子节点主要用来存储实际的数据，即 key 和 value。在 BoltDB 中，每一对 key-value 在存储时都有一份元素元信息，即 leafPageElement。leafPageElement 中定义了 key 的长度、value 的长度、存储的值距离元信息的偏移位置 pos。图 6-7 所示为叶子节点页在磁盘上的存储格式。本节重点分析了 BoltDB 中的核心数据结构（page、freelist、meta、node）及它们之间

的相互转化。在底层磁盘上存储时，BoltDB 是以页为单位存储实际数据的，页的大小取自于它运行的操作系统的页大小。

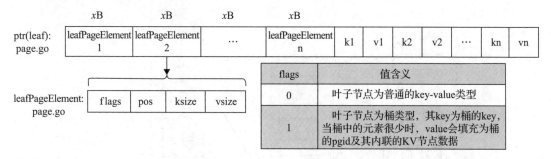

图 6-7　叶子节点页在磁盘上的存储格式

6.3　node 解析

本节重点介绍 BoltDB 中的 node 结构。官方文档对 node 的定义是：node 表示内存中序列化后的 page。简单理解就是，BoltDB 采用 B+ 树来组织索引和数据，而 node 是 B+ 树中节点的抽象，它主要存在于内存中。而内存中的 B+ 树要落盘数据到磁盘时，每个 node 都是按照 page 格式存储的。磁盘上的 B+ 树是按照 page 为单元组织数据的。

6.3.1　B+ 树结构概述

在 BoltDB 中，数据都是以变长的方式存储的，一个 node 对应一个 page。在图 6-8 所示的 B+ 树结构中，每个虚线框表示一个 node，虚线框内的数据分为两部分：**分支 / 叶子项信息、原始数据**。BoltDB 为了解决数据变长时无法快速二分定位的问题，采用了**分支 / 叶子项信息和原始数据分离存储**的思路。通过这种方式组织后，每个分支 / 叶子项中都存储的是原始数据的索引信息（原始信息存储的起始位置、数据长度等）。每个分支 / 叶子项长度变成了固定的，长度固定后就可以很方便地通过索引下标来访问一个 node 内部的任何一个分支 / 叶子信息和其存储的数据。同时，定长后可以很方便地采用二分法来定位一条数据位于一个 node 中哪个分支项中或者该条数据在叶子节点中待插入的位置。

6.3.2　node 结构分析

本小节内容在之前介绍分支节点页时已经提了一些。在 BoltDB 中有 node 和 inode 两个结构：node 是 page 的内存表现形式，同时它也是 B+ 树中每个节点的抽象；而 inode 则是 node 节点内部存储的数据的组织结构，inode 对应的是内存中的分支 / 叶子节点信息，在磁盘上序列化时，inode 会被转换成 branchPageElement 或 leafPageElement。关于 branchPageElement 和 leafPageElement 的定义可以查阅 6.2.4 小节和 6.2.5 小节源码的定义

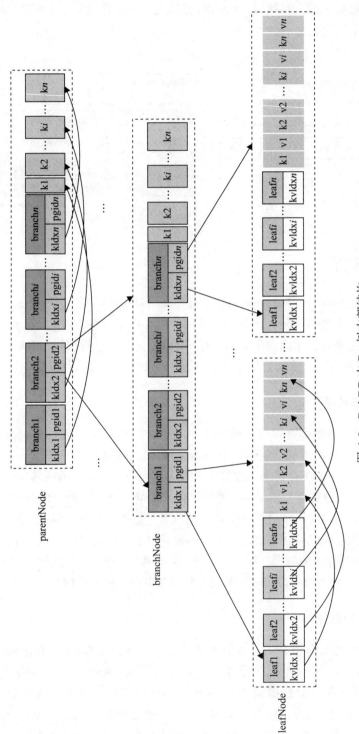

图 6-8 BoltDB 中 B+ 树内部结构

描述。branchPageElement 和 leafPageElement 其实就对应图 6-8 中的每个分支项 / 叶子项。此处为方便读者巩固和加深印象，再定义一下 node 的结构。node 的源码定义如下。

```
type node struct {
  bucket        *Bucket // 关联一个桶
  isLeaf        bool
  unbalanced    bool    // 值为 true 的话，需要考虑页合并
  spilled       bool    // 值为 true 的话，需要考虑页分裂
  key           []byte  // 保留的是最小的 key
  pgid          pgid    // 分支节点关联的页 id
  parent        *node   // 该节点的父节点
  children      nodes   // 该节点的孩子节点
  inodes        inodes  // 该节点上保存的索引数据
}

type nodes []*node
...
type inode struct {
  // 表示是子桶叶子节点还是普通叶子节点。如果 flags 值为 1 表示是子桶叶子节点，否则为普通叶子节点
  flags uint32
  // 当 inode 为分支元素时，pgid 才有值；为叶子元素时，则没值
  pgid pgid
  key  []byte
  // 当 inode 为分支元素时，value 为空；为叶子元素时，才有值
  value []byte
}
type inodes []inode
```

下面对分支节点和叶子节点做两点说明。

1）叶子节点没有孩子节点，也没有 key 信息。若 isLeaf 字段为 true，则它存储的 key 和 value 都保存在 inodes 中。

2）分支节点具有 key 信息，同时 children 字段也不一定为空。isLeaf 字段为 false，同时该节点上的数据保存在 inodes 中。

关于 node 如何转换成 page，以及如何从 page 中恢复 node，请参见 6.2.4 小节。

6.3.3　node 的增删改查

在 BoltDB 中，数据会先写到 node 中，再从 node 写入 page 进行落盘。本小节重点介绍 node 的增删改查操作。下面代码为 node 的 put 方法的源码实现。

```
// 如果 put 的是一个 key 和 value 的话，则不需要指定 pgid
// 如果 put 的是一个分支节点，则需要指定 pgid，不需要指定 value
func (n *node) put(oldKey, newKey, value []byte, pgid pgid, flags uint32) {
  // 省略校验逻辑
  // 找到 key>=oldKey 的下标 index
  index := sort.Search(len(n.inodes), func(i int) bool { return bytes.Compare
  (n.inodes[i].key, oldKey) != -1 })
```

```
exact := (len(n.inodes) > 0 && index < len(n.inodes) && bytes.Equal
(n.inodes[index].key, oldKey))
// 插入一个新元素
if !exact {
  n.inodes = append(n.inodes, inode{})
  copy(n.inodes[index+1:], n.inodes[index:])
}
// 赋值
inode := &n.inodes[index]
inode.flags = flags
inode.key = newKey
inode.value = value
inode.pgid = pgid
}
```

由上面代码片段可以发现，其实在一个 node 中插入数据，就是在它的 inodes 中通过二分查找快速定位到待插入的位置，如果之前该条数据已存在，则直接修改其 value 即可，如果不存在则需要新添加一个 inode 对象。

从 node 中查询逻辑，在 BoltDB 中是通过 Cursor 对象来完成的。该对象主要实现对 B+ 树的遍历，具体内容将在第 6.4 节介绍。

同理，删除操作也是先通过二分查找定位到该条数据的所在位置，若待删除的数据存在，直接从 inodes 集合中移除该条数据对应的 inode 对象，删除后还需要设置该节点为 unbalanced，以便后续进行节点合并逻辑。删除的操作的代码如下所示。

```
func (n *node) del(key []byte) {
  index := sort.Search(len(n.inodes), func(i int) bool { return bytes.Compare
  (n.inodes[i].key, key) != -1 })

  if index >= len(n.inodes) || !bytes.Equal(n.inodes[index].key, key) {
    return
  }
  n.inodes = append(n.inodes[:index], n.inodes[index+1:]…)
  n.unbalanced = true
}
```

在 node 中完成数据的插入或者删除操作，势必会引起 B+ 树中相关 node 维护的数据增加或者减少。在将内存中数据变化的 node 转换成 page 刷盘时会出现：一个 node 的数据在一个 page 存储不下，或者存储数据太少的问题。下面继续来看对这两个问题的处理。

6.3.4　node 分裂

node 分裂就是将一个存储的数据比较大（比如 inode 个数很多）的 node 通过一定的条件进行划分，分成两个或者多个存储数据量相对合适的 node。这里的划分条件一般需要结合 node 中存储的 inode 个数、node 转换成 page 的 page 大小、page 的填充度等几个因素综合决定。例如，一个 node 应该最少包含 $n(n \geqslant 3)$ 个 inode，同时它转换成 page 时所占空间不能大于该 page 的最大填充上限。

本小节将重点介绍 BoltDB 中 node 的分裂实现逻辑。

1. spill() 方法

下面代码片段稍微有点长，希望读者能耐心看完，然后再结合源码理解内部的实现机制。

```
func (n *node) spill() error {
  var tx = n.bucket.tx
  ...
  sort.Sort(n.children)
  for i := 0; i < len(n.children); i++ {
    if err := n.children[i].spill(); err != nil {
      return err
    }
  }
  n.children = nil
  // 将当前的 node 拆分成多个 node
  var nodes = n.split(tx.db.pageSize)
  for _, node := range nodes {
    if node.pgid > 0 {
      tx.db.freelist.free(tx.meta.txid, tx.page(node.pgid))
      node.pgid = 0
    }
    // 给 node 分配连续的空间
    p, err := tx.allocate((node.size() / tx.db.pageSize) + 1)
    ...
    node.pgid = p.id
    node.write(p)
    // 已经拆分过了
    node.spilled = true
    if node.parent != nil {
      var key = node.key
      if key == nil {
        key = node.inodes[0].key
      }
      // 放入父亲节点中
      node.parent.put(key, node.inodes[0].key, nil, node.pgid, 0)
      node.key = node.inodes[0].key
    }
    tx.stats.Spill++
  }
  if n.parent != nil && n.parent.pgid == 0 {
    n.children = nil
    return n.parent.spill()
  }
  return nil
}
```

上面是关于 node 分裂的核心方法实现。该方法的实现大体可以分为三层：第一层是

node 的孩子节点的分裂；第二层是当前 node 的分裂；第三层是当前 node 的父节点的分裂。下面逐层进行分析。

1）第一层 children 分裂分为三步。

①对 children 排序。

②循环遍历孩子节点，对每个孩子节点调用 spill() 方法递归分裂。

③分裂完成后再解引用，将当前 node 的 children 置为 nil。

2）第二层当前 node 的分裂主要分为两步。

①调用 split() 方法将当前 node 划分成多个 node，划分后的多个 node 通过返回值返回一个 node 数组来存放。关于 split() 的实现逻辑在本小节后面详细分析，这里知道它的功能即可。

②遍历该 node 数组，依次处理其中的每个 node。处理的逻辑如下：判断当前循环到的 node 是不是旧的 node，如果是，则将该 node 绑定的 page 和当前的事务 txid 加入 freelist 的 pending 集合中。接下来给当前遍历到的 node 分配新的 page 来存储数据。具体的分配逻辑是由 tx.allocate() 方法完成的。内部主要是优先从 freelist 中找到空闲 page，如果找不到再从磁盘分配。分配新的 page 后，将当前循环到的 node 写入 page 中，具体写入逻辑则由第 6.2.4 小节介绍的 node 的 write() 方法来实现。写入 page 后，下一步就是将当前的 node 和它的父节点建立关联关系。具体的关联过程是将当前 node 作为孩子节点加入它的父节点中，由 node.parent.put() 方法实现。

上述几步完成后，一个分裂 node 的逻辑就处理完成了，当整个 node 数组循环处理完后，当前 node 的分裂逻辑也就完成了。

3）第三层则是对当前 node 的父节点判断是否需要进行分裂。如果当前 node 的 parent 不为空同时为新创建的，则也需要进行分裂。这个逻辑由 n.parent.spill() 实现。

综上，node 分裂过程如图 6-9 所示。

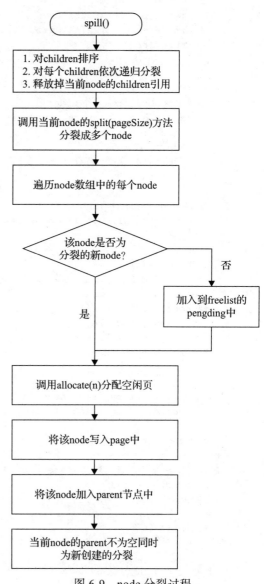

图 6-9　node 分裂过程

2. split() 方法

下面代码片段是 split() 方法的实现逻辑。

```go
func (n *node) split(pageSize int) []*node {
  var nodes []*node
  node := n
  for {
    a, b := node.splitTwo(pageSize)
    nodes = append(nodes, a)
    if b == nil {
      break
    }
    node = b
  }
  return nodes
}
func (n *node) splitTwo(pageSize int) (*node, *node) {
  // 如果太小，则不拆分
  if len(n.inodes) <= (minKeysPerPage*2) || n.sizeLessThan(pageSize) {
    return n, nil
  }
  var fillPercent = n.bucket.FillPercent
  ...
  threshold := int(float64(pageSize) * fillPercent)
  // 根据阈值找到要分裂的位置
  splitIndex, _ := n.splitIndex(threshold)
  if n.parent == nil {
    n.parent = &node{bucket: n.bucket, children: []*node{n}}
  }
  // 拆分出一个新节点
  // 分裂时，一是要为该节点设置父节点，二是要设置父节点的孩子节点为当前的新节点
  next := &node{bucket: n.bucket, isLeaf: n.isLeaf, parent: n.parent}
  n.parent.children = append(n.parent.children, next)

  next.inodes = n.inodes[splitIndex:]
  n.inodes = n.inodes[:splitIndex]
  ...
  return n, next
}

// 找到合适的 index
func (n *node) splitIndex(threshold int) (index, sz int) {
  sz = pageHeaderSize
  for i := 0; i < len(n.inodes)-minKeysPerPage; i++ {
    index = i
    inode := n.inodes[i]
    elsize := n.pageElementSize() + len(inode.key) + len(inode.value)
    if i >= minKeysPerPage && sz+elsize > threshold {
      break
    }
    sz += elsize
```

```
    }
    return
}

func (n *node) pageElementSize() int {
  if n.isLeaf {
    return leafPageElementSize
  }
  return branchPageElementSize
}
// 16B
// ((*page)(nil)).ptr
const pageHeaderSize = int(unsafe.Offsetof(((*page)(nil)).ptr))
const minKeysPerPage = 2
// 16B
const branchPageElementSize = int(unsafe.Sizeof(branchPageElement{}))
// 16B
const leafPageElementSize = int(unsafe.Sizeof(leafPageElement{}))

func (n *node) size() int {
  // 页头 + 页体
  sz, elsz := pageHeaderSize, n.pageElementSize()
  for i := 0; i < len(n.inodes); i++ {
    item := &n.inodes[i]
    // 一个页体长度为 elsz+len(key)+len(value)
    sz += elsz + len(item.key) + len(item.value)
  }
  return sz
}
```

node 的 split() 方法主要是根据传递进来的 pageSize 将一个 node 划分成多个 node，最后返回一个 node 数组。在其内部是通过一个循环，然后依次调用 splitTwo() 方法来划分的。splitTwo() 方法很好理解，其内部将一个 node 划分成两个 node。只要一个 node 还可以划分出两个 node，则返回的第二个 node 就不为空。当第二个 node 为空时，表示划分结束了。split() 方法也是依据此条件来结束循环的。

在 splitTwo() 方法内部划分时，具体逻辑如下。

1）如果当前 node 的 inodes 个数不够两个 page 存储，或者当前 node 所占的空间足以用一个 page 存储时，那么就不用划分了。

2）当上述条件不满足时，就需要将一个 node 划分成两个 node。划分的本质是将当前 node 的 inodes 找到一个合适的位置一分为二。BoltDB 是按照一个空间大小阈值 threshold 来划分的。该阈值根据参数传递进来的 pageSize 大小和填充图（fillPercent）的乘积来决定。通过计算得到 threshold 后，剩下的就是不断地循环遍历当前 node 的 inodes 数组，然后依次统计、累加每个 inode 所占空间大小。当超过这个阈值时，就会返回该 inode 的下标 index，以 index 来划分 inodes 数组。这也是 splitIndex() 方法的实现逻辑。

在 splitIndex() 方法中，统计每个 inode 所占空间时，是按照两部分大小来计算的。

第一部分是 pageElementSize 大小，主要取决于当前节点是分支节点还是叶子节点，它们的大小通过结构体 branchPageElement 或 leafPageElemcnt 返回。

第二部分是每个分支 / 叶子节点具体存储的 KV 数据大小，也就是 key 和 value 的大小。分支节点不存在 value，即 value 的长度为 0。所以 splitIndex() 方法在内部计算时，对于 key 和 value 并没有明显区分，而是直接用 n.pageElementSize() + len(inode.key) + len(inode.value) 来计算。

当找到划分的 index 后，剩下就是如何构建出一个新的 node，即源码中的 next 节点。next 节点除了 inodes 信息和当前 node 不同外，其他信息都一样。创建好 next 节点后，最后根据 index 分别更新当前 node 和 next 的 inodes 范围：node 的 inodes 的范围是原先 inodes 的 [0,index–1]，而 next 的 inodes 范围则是原先 inodes 的 [index,len(inodes)–1]。

通过上述操作就完成了一个 node 一分为二的分裂过程。最终通过 split() 方法就将一个 node 合理地划分成了多个 node。

6.3.5　node 合并

通常情况下，插入新数据或者更新已有数据（新数据比原数据大）时可能会发生 node 分裂，而当发生删除操作或者部分更新操作（新数据比原数据小）时就有可能触发 node 合并。简单来说，node 合并就是将多个存储少量数据的 node 合并在一起变成一个新的 node。那么，怎么判定一个 node 是否需要被合并呢？通常会根据该 node 本身存储所占空间的大小及存储的数据个数等信息来综合确定。以下代码是合并的实现逻辑。

```go
// 填充率太低或者没有足够的 key 时，进行合并
func (n *node) rebalance() {
  if !n.unbalanced {
    return
  }
  n.unbalanced = false
  n.bucket.tx.stats.Rebalance++
  ...
  if n.parent == nil {
    // 如果根节点是一个分支节点，同时内部只有一个节点，则进行折叠
    ...
    return
  }
  if n.numChildren() == 0 {
    n.parent.del(n.key)
    n.parent.removeChild(n)
    delete(n.bucket.nodes, n.pgid)
    n.free()
    n.parent.rebalance()
    return
  }
  var target *node
  // 判断当前 node 是不是父节点的第一个孩子节点：如果是，就要找它的下一个兄弟节点；否则，就找上
```

```go
    // 一个兄弟节点
    var useNextSibling = (n.parent.childIndex(n) == 0)
    if useNextSibling {
      target = n.nextSibling()
    } else {
      target = n.prevSibling()
    }
    // 将 target (目标节点) 合并到当前 node
    if useNextSibling {
      for _, inode := range target.inodes {
        if child, ok := n.bucket.nodes[inode.pgid]; ok {
          // 从之前的父亲节点移除该孩子节点
          child.parent.removeChild(child)
          // 重新指定父亲节点
          child.parent = n
          // 让父亲节点指向当前孩子节点
          child.parent.children = append(child.parent.children, child)
        }
      }
      n.inodes = append(n.inodes, target.inodes…)
      n.parent.del(target.key)
      n.parent.removeChild(target)
      delete(n.bucket.nodes, target.pgid)
      target.free()
    } else {
      // 将 node 合到 target
      for _, inode := range n.inodes {
        if child, ok := n.bucket.nodes[inode.pgid]; ok {
          child.parent.removeChild(child)
          child.parent = target
          child.parent.children = append(child.parent.children, child)
        }
      }
      target.inodes = append(target.inodes, n.inodes…)
      n.parent.del(n.key)
      n.parent.removeChild(n)
      delete(n.bucket.nodes, n.pgid)
      n.free()
    }
    n.parent.rebalance()
}
```

node 的合并逻辑可以整体分为如下 5 个步骤。

1）判断 node 是否需要进行合并。

2）合并时先判断该 node 是不是根节点且只有一个分支。

3）若不满足步骤 2）的条件，则继续判断该 node 是否没有孩子节点。

4）若不满足步骤 2）和步骤 3）的条件，则继续查找该 node 待合并的 target（目标节点），确定 target 节点后，执行合并逻辑。

5）对当前 node 的父节点进行递归合并。

在上述步骤中，步骤 1）属于前置判断，步骤 2）和步骤 3）属于合并的边界条件的逻辑处理，步骤 4）和步骤 5）属于合并的主要处理流程。下面分别对上述步骤进行分析。

首先当一个 node 调用该方法时，先根据合并的条件快速判断该 node 是否需要合并，具体的判断条件有两个：该 node 的存储空间大小、该 node 存储的孩子节点个数。只有存储空间大小 > pageSize /4，且孩子节点个数大于（叶子节点 1，分支节点 2）最小的个数时，才不需要考虑合并；否则，都需要执行后面的合并步骤。

边界条件处理完后，剩下就是合并的主要流程了。合并时首先需要根据当前 node 在兄弟节点中所处的位置来决定待合并的 target。具体来说，如果当前 node 是其父节点的第一个孩子节点时，target=n.nextSibling()，需要将该 target 合并到当前 node 中；否则 target=n. prevSibling()，需要将当前的 node 合并到 target 中。

以 target 合并到 node 的这种情况为例介绍具体的合并逻辑。

首先，更新 target 的 inodes 中每个 inode 的父节点信息（旧的父节点删除该孩子，设置新的父节点，并给新的父节点添加该孩子）。

其次，将 target 的 inodes 追加到 node 的 inodes 中，完成合并操作。

最后，再从当前 node 的父节点中将 target 移除，并释放 target（加入 freelist 中的 pending 集合中，事务提交后真正释放）。

完成上述操作后，合并的主要逻辑就完成了，最后对当前 node 的父节点进行递归合并。

合并逻辑中最复杂的还是如何正确地设置父节点、当前节点、孩子节点这三层之间的相互关系。其中，合并最重要的一行是 n.inodes = append(n.inodes, target.inodes...)，而其他的很多行代码都是在设置相互之间的引用关系。例如，设置每个待合并进来的 inodes 的父节点，合并后从当前 node 的父节点中将合并完的节点进行删除等。图 6-10 所示为 node 合并的主要流程。

下面再简单介绍一下合并过程中涉及的几个主要方法，例如 numChildren()、nextSibling()、prevSibling()、childIndex()、childAt()。每个方法的命名都很明确，实现也很简单。下面代码清单式是上述几个方法的源码实现。

```go
func (n *node) numChildren() int {
  return len(n.inodes)
}

// 返回下一个兄弟节点
func (n *node) nextSibling() *node {
  ...
  index := n.parent.childIndex(n)
  if index >= n.parent.numChildren()-1 {
    return nil
  }
  return n.parent.childAt(index + 1)
}
```

```
// 返回上一个兄弟节点
func (n *node) prevSibling() *node {
  ...
  // 首先找下标
  index := n.parent.childIndex(n)
  if index == 0 {
    return nil
  }
  // 然后返回
  return n.parent.childAt(index - 1)
}
```

结合 6.2 节的内容，基于磁盘和基于内存的 B+ 树就已经可以构建完成了。

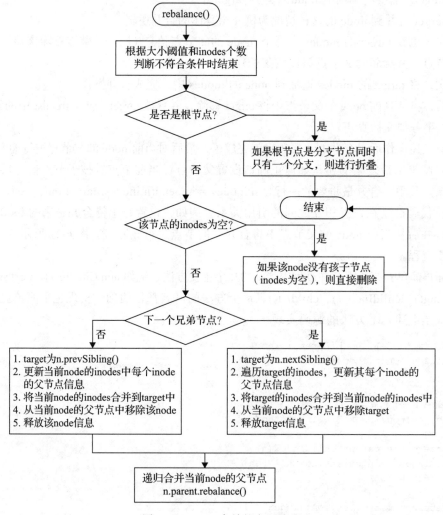

图 6-10　node 合并的主要流程

6.4　Bucket 解析

正常来说，有了磁盘上的 page、内存中的 node 这两大类结构，就已经可以实现一个简单的基于磁盘的 B+ 树存储引擎了，所有的数据都通过一个 B+ 树来组织，数据持久化到磁盘上。那为什么 BoltDB 中又会有一个新的结构——Bucket 呢？此处仅以笔者个人见解来尝试回答这个问题。

如果一个 BoltDB 对象中维护一棵 B+ 树以存储所有的数据，在功能实现上当然是可以的，但系统的灵活性和扩展性就会稍弱一些。业务场景经常需要存储各种数据。如果底层的存储系统不能在功能上支持数据分类的话，就需要上层应用程序来显式地进行分类。那自然就变成了创建多个 BoltDB 对象来解决这个问题。如果本身底层存储能支持数据分类的功能的话，上层应用使用起来就会更加简单和便捷。而 BoltDB 中的 Bucket 正好能起到数据分类的功能，同一类数据可以放到一个 Bucket 中，每个 Bucket 对应一棵 B+ 树。这样一来，整个系统内部的结构就变成了一个 BoltDB 对象可以包含多个 Bucket 实例，所有的 Bucket 被 BoltDB 组织在一个专门的 page 中进行存储。每个 Bucket 实例对应一个 B+ 树，每个 Bucker 内部可以存储多条 KV 数据。BoltDB 整体的数据组织结构如图 6-11 所示。

本节内容主要包括 Bucket 结构分析、遍历利器 Cursor 的几个主要接口、如何对 KV 数据进行操作，以及 Bucket 的分裂与合并等。

6.4.1　Bucket 结构分析

了解了 Bucket 的主要功能后，可以猜到 Bucket 就是与一棵 B+ 树进行关联，然后方便后续对数据进行操作。下面来看看具体是如何关联的。Bucket 结构的代码片段如下所示。

```
// 16B
const bucketHeaderSize = int(unsafe.Sizeof(bucket{}))
const DefaultFillPercent = 0.5
// 一组 key-value 的集合，即一个 B+ 树
type Bucket struct {
  *bucket
  tx        *Tx
  buckets   map[string]*Bucket
  page      *page               // 内联页引用
  rootNode  *node               // 存放 B+ 树的根节点
  nodes     map[pgid]*node
  // 填充率
  FillPercent float64
}
// 代表一个 Bucket 在文件中的表示。它被存储为 Bucket key 的 value。如果 Bucket 足够小，那么它的
// 根页面可以直接存储在 value 中，位于 Bucket 头之后。inline Bucket (内联 Bucket) 的 root 将为 0
type bucket struct {
  root     pgid
  sequence uint64
}
```

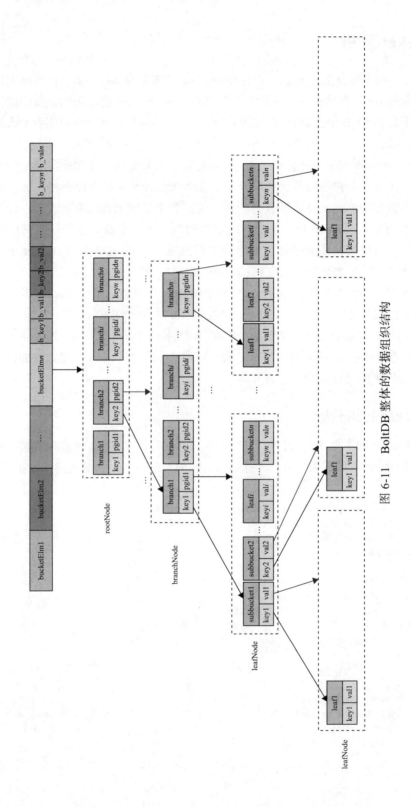

图 6-11 BoltDB 整体的数据组织结构

上面代码中的 tx 事务结构可以暂时先忽略，下一节会重点进行介绍。在 Bucket 的结构定义中有两个重要字段：bucket 和 rootNode。其中 bucket 字段主要用于存储 Bucket 结构，bucket 是名称为 key 的 Bucket 的 value 值。它在 BoltDB 内部存储时也是按照 KV 结构来存储的。rootNode 字段就是前面反复提到的 Bucket 关联的 B+ 树的根节点，node 就是 B+ 树内部的节点。

6.4.2　Bucket 遍历的 Cursor 核心结构分析

在介绍 Bucket 的增删改查接口前，先介绍对 Bucket 进行遍历的核心结构 Cursor。因为后面所有的操作都必须借助 Cursor 才能完成。每个 Bucket 对象都有一个 Cursor() 方法来获取遍历自身的 Cursor 对象，下面是该方法的定义。

```
func (b *Bucket) Cursor() *Cursor {
  b.tx.stats.CursorCount++
  return &Cursor{
    bucket: b,
    stack:  make([]elemRef, 0),
  }
}
```

从上面 Bucket 获取 Cursor 的方法中可以清楚地看到，在获取一个 Cursor 对象时，会将当前的 Bucket 对象传进去，并初始化一个栈对象。Cursor 的源码实现如下所示。

```
type Cursor struct {
  bucket *Bucket
  // 保存遍历搜索的路径
  stack []elemRef
}
// elemRef 代表一个 page 或者 node 的引用对象
type elemRef struct {
  page  *page
  node  *node
  index int
}
func (r *elemRef) isLeaf() bool {
  if r.node != nil {
    return r.node.isLeaf
  }
  return (r.page.flags & leafPageFlag) != 0
}
```

1. Cursor 对外的接口

在开始介绍 Cursor 前，可以思考一下遍历一棵树需要哪些接口呢？主体就三类：**定位到某一个元素的位置、在当前位置从前往后找、在当前位置从后往前找**。Cursor 提供了相应的接口。它对外暴露的接口有 Seek()、Next()、Prev()、First()、Last() 等。下面简单分析一下几个主要接口的内部实现。

2. Seek() 方法分析

Seek() 方法内部主要调用了 Seek() 私有方法，因此重点关注 Seek() 这个方法的实现。该方法有三个返回值：key、value 和叶子节点元素的类型。叶子节点元素的类型通过 flags 来区分。如果叶子节点元素为嵌套的子桶，则返回的 flags 为 1，即 bucketLeafFlag 的取值。

```
// Seek() 方法用来定位指定的元素
func (c *Cursor) Seek(seek []byte) (key []byte, value []byte) {
  k, v, flags := c.seek(seek)
  // 下面这一段代码是必需的，因为在 seek() 方法中，如果 ref.index>ref.count()，则直接返回
  // nil、nil、0
  // 这里需要返回下一个元素
  if ref := &c.stack[len(c.stack)-1]; ref.index >= ref.count() {
    k, v, flags = c.next()
  }
  if k == nil {
    return nil, nil
    // 子桶
  } else if (flags & uint32(bucketLeafFlag)) != 0 {
    return k, nil
  }
  return k, v
}

func (c *Cursor) Seek(seek []byte) (key []byte, value []byte, flags uint32) {
  c.stack = c.stack[:0]
  // 开始根据 Seek() 方法的 key 值搜索 root
  c.search(seek, c.bucket.root)
  ref := &c.stack[len(c.stack)-1]
  ...
  return c.keyValue()
}
```

Seek() 方法的核心就是调用 search() 方法。search() 方法中传入的就是要搜索的 key 值和该桶的 root 节点。search() 方法递归地层层往下搜索，其源码实现如下所示。

```
// 从指定的 page、node 开始遍历
func (c *Cursor) search(key []byte, pgid pgid) {
  // 层层向下找 page，顺序为 bucket->tx->db->dataref
  p, n := c.bucket.pageNode(pgid)
  ...
  // 入栈
  e := elemRef{page: p, node: n}
  c.stack = append(c.stack, e)
  // 如果是叶子节点，则需要找到具体的 inode
  if e.isLeaf() {
    c.nsearch(key)
    return
```

```go
  }
  if n != nil {
    // 先搜索 node
    c.searchNode(key, n)
    return
  }
  // 再搜索 page
  c.searchPage(key, p)
}

func (c *Cursor) searchNode(key []byte, n *node) {
  var exact bool
  index := sort.Search(len(n.inodes), func(i int) bool {
    ret := bytes.Compare(n.inodes[i].key, key)
    if ret == 0 {
      exact = true
    }
    return ret != -1
  })
  if !exact && index > 0 {
    index--
  }
  // 设置当前栈顶元素的 index
  c.stack[len(c.stack)-1].index = index
  c.search(key, n.inodes[index].pgid)
}

func (c *Cursor) searchPage(key []byte, p *page) {
  inodes := p.branchPageElements()
  var exact bool
  index := sort.Search(int(p.count), func(i int) bool {
    ret := bytes.Compare(inodes[i].key(), key)
    if ret == 0 {
      exact = true
    }
    return ret != -1
  })
  if !exact && index > 0 {
    index--
  }
  // 设置当前栈顶元素的 index
  c.stack[len(c.stack)-1].index = index
  c.search(key, inodes[index].pgid)
}

// 搜索叶子页
func (c *Cursor) nsearch(key []byte) {
  e := &c.stack[len(c.stack)-1]
  p, n := e.page, e.node
  // 先搜索 node
```

```
      if n != nil {
        index := sort.Search(len(n.inodes), func(i int) bool {
          return bytes.Compare(n.inodes[i].key, key) != -1
        })
        e.index = index
        return
      }
      // 再搜索 page
      inodes := p.leafPageElements()
      index := sort.Search(int(p.count), func(i int) bool {
        return bytes.Compare(inodes[i].key(), key) != -1
      })
      e.index = index
    }

func (c *Cursor) keyValue() ([]byte, []byte, uint32) {
    ref := &c.stack[len(c.stack)-1]
    if ref.count() == 0 || ref.index >= ref.count() {
      return nil, nil, 0
    }
    // 先从内存中查找
    if ref.node != nil {
      inode := &ref.node.inodes[ref.index]
      return inode.key, inode.value, inode.flags
    }
    // 如果 node 没找到，再从文件 page 中查找
    elem := ref.page.leafPageElement(uint16(ref.index))
    return elem.key(), elem.value(), elem.flags
}
```

Seek() 查找一个 key 也很简单，从根节点开始不断递归遍历每层节点，采用二分查找法来定位到具体的叶子节点。定位到叶子节点时，叶子节点内部存储的数据也是有序的，因此继续采用二分查找法来找到最终的下标。

📖 **注意** 在遍历时有可能当前分支节点数据并没有在内存中，此时就需要从 page 中加载数据并遍历。所以在遍历时优先在 node 中找，如果 node 为空则在 page 中查找。遍历到的每层节点的信息都通过 stack 来维护，这些信息会被封装成 elemRef 对象，该对象记录当前的 node 在该层中的位置下标 index。最后，通过 Cursor 的 keyValue() 方法来获取具体的 KV 数据。

Seek() 方法是 Cursor 遍历中最常用的方法，下面再分析其他几个快捷遍历的方法。这些方法基本上都是在 Seek() 的基础上衍生出来的。

3. First() 方法分析

由前面介绍的定位到具体某个 key 的一个过程可知，在定位某一个桶中的第一个元素时，可以确定地是它一定是位于 B+ 树中最左侧的第一个叶子节点的第一个元素。同理，在

定位到最后一个元素时，它一定是位于 B+ 树中最右侧的最后一个叶子节点的最后一个元素。理解这点后，代码实现也就不难了。下面以 First() 方法为例分析其内部的实现逻辑。

```go
func (c *Cursor) First() (key []byte, value []byte) {
  // 清空 stack
  c.stack = c.stack[:0]
  p, n := c.bucket.pageNode(c.bucket.root)
  // 一直找到第一个叶子节点，此处在添加 stack 时，一直置 index 为 0 即可
  ref := elemRef{page: p, node: n, index: 0}
  c.stack = append(c.stack, ref)
  c.first()
  // 若当前页为空，则查找下一个页节点
  if c.stack[len(c.stack)-1].count() == 0 {
    c.next()
  }
  k, v, flags := c.keyValue()
  // 如果当前节点的类型是 bucket，直接返回 bucket 的 key
  if (flags & uint32(bucketLeafFlag)) != 0 {
    return k, nil
  }
  return k, v
}

// 找到第一个非叶子节点的第一个叶子节点，即 index=0 的节点
func (c *Cursor) First() {
  for {
    var ref = &c.stack[len(c.stack)-1]
    if ref.isLeaf() {
      break
    }
    var pgid pgid
    if ref.node != nil {
      pgid = ref.node.inodes[ref.index].pgid
    } else {
      pgid = ref.page.branchPageElement(uint16(ref.index)).pgid
    }
    p, n := c.bucket.pageNode(pgid)
    // 下标设置为 0，即每次遍历每一层的第一个节点
    c.stack = append(c.stack, elemRef{page: p, node: n, index: 0})
  }
}
```

4. Next() 方法分析

除了定位一个桶中的第一个元素、最后一个元素外，还有两个操作比较常用，即从当前元素位置向前、向后遍历，这两个操作在全量遍历时用得较多。在实现这两个方法时需要注意一个问题：如果当前节点中所有元素已经遍历完了，那么此时需要回退到遍历路径的上一个节点继续查找。下面以 Next() 方法为例分析其内部的实现思路。

```
func (c *Cursor) Next() (key []byte, value []byte) {
  k, v, flags := c.next()
  if (flags & uint32(bucketLeafFlag)) != 0 {
    return k, nil
  }
  return k, v
}

func (c *Cursor) Next() (key []byte, value []byte, flags uint32) {
  for {
    var i int
    for i = len(c.stack) - 1; i >= 0; i-- {
      elem := &c.stack[i]
      if elem.index < elem.count()-1 {
        elem.index++
        break
      }
    }
    // 所有页都遍历完了
    if i == -1 {
      return nil, nil, 0
    }
    // 在剩余的节点中查找，跳过原先遍历过的节点
    c.stack = c.stack[:i+1]
    // 如果是叶子节点，first() 什么都不做，直接退出。返回 elem.index+1 的数据
    // 非叶子节点的话，需要移动到 stack 中最后一个路径的第一个元素
    c.first()
    ...
    return c.keyValue()
  }
}
```

在向前或者向后遍历时，当同一层遍历完后，向后遍历要回退到上一层，去找到和它相邻的下一个节点，找到该节点的第一个叶子节点的值返回；向前遍历恰好反过来。读者如果觉得难理解，可以画一个图详细梳理其中的边界逻辑。

6.4.3 Bucket 的增删改查

Bucket 的接口主要有 Bucket(name)、CreateBucket(name)、CreateBucketIfNotExists(name) 和 DeleteBucket(name) 等。所有返回 Bucket 对象的接口都只在当前事务的生命周期内有效。下面简单介绍下这几个接口的含义。

❑ Bucket(name)：根据指定的 name 获取一个 Bucket 对象。当指定 name 对应的 Bucket 不存在时返回 nil。

❑ CreateBucket(name)：根据指定的 name，创建一个 Bucket 对象。如果指定的 name 对应的 Bucket 已存在则会报错。

❑ CreateBucketIfNotExists(name)：指定的 name 对应的 Bucket 对象不存在时，才

会创建 Bucket 对象，存在时会直接返回。

❑ DeleteBucket(name)：删除指定 name 的 Bucket 对象，内部会删除该 Bucket 下的所有嵌套子桶。

下面为上述方法各自对应的源码实现。

```go
func (b *Bucket) Bucket(name []byte) *Bucket {
  if b.buckets != nil {
    if child := b.buckets[string(name)]; child != nil {
      return child
    }
  }
  // 根据 Cursor 查找 key
  c := b.Cursor()
  k, v, flags := c.seek(name)
  if !bytes.Equal(name, k) || (flags&bucketLeafFlag) == 0 {
    return nil
  }

  // 根据找到的 value 打开桶
  var child = b.openBucket(v)
  // b.buckets 的功能是缓存 bucket, 加速查找
  if b.buckets != nil {
    b.buckets[string(name)] = child
  }
  return child
}

func (b *Bucket) openBucket(value []byte) *Bucket {
  var child = newBucket(b.tx)
  ...
  if b.tx.writable && !unaligned {
    child.bucket = &bucket{}
    *child.bucket = *(*bucket)(unsafe.Pointer(&value[0]))
  } else {
    child.bucket = (*bucket)(unsafe.Pointer(&value[0]))
  }
  // 内联 Bucket, 通过继承 Bucket 结构中的 root 对象来获取
  if child.root == 0 {
    // 内联桶时数据是内嵌在桶的 value 之后的, 所以利用 bucketHeaderSize 之后的数据来恢复 page 信息
    child.page = (*page)(unsafe.Pointer(&value[bucketHeaderSize]))
  }
  return &child
}

func newBucket(tx *Tx) Bucket {
  var b = Bucket{tx: tx, FillPercent: DefaultFillPercent}
  if tx.writable {
    b.buckets = make(map[string]*Bucket)
    b.nodes = make(map[pgid]*node)
```

```
    }
    return b
}

func (b *Bucket) CreateBucket(key []byte) (*Bucket, error) {
    ...
    // 获取 Cursor
    c := b.Cursor()
    // 开始遍历，找到插入 Bucket 合适的位置
    k, _, flags := c.seek(key)
    if bytes.Equal(key, k) {
        if (flags & bucketLeafFlag) != 0 {
            return nil, ErrBucketExists
        }
        // 不是 Bucket，但 key 已经存在了
        return nil, ErrIncompatibleValue
    }
    var bucket = Bucket{
        bucket:      &bucket{},
        rootNode:    &node{isLeaf: true},
        FillPercent: DefaultFillPercent,
    }
    // 得到 Bucket 对应的 value
    var value = bucket.write()
    key = cloneBytes(key)
    // 插入 inode 中
    // c.node() 方法会在内存中建立这棵树，并调用 n.read(page)
    c.node().put(key, key, value, 0, bucketLeafFlag)
    ...
    return b.Bucket(key), nil
}

// 如果是内联桶，则 value 中 bucketHeaderSize 后面的内容为内联桶的 page 的数据
func (b *Bucket) write() []byte {
    var n = b.rootNode
    var value = make([]byte, bucketHeaderSize+n.size())
    var bucket = (*bucket)(unsafe.Pointer(&value[0]))
    *bucket = *b.bucket
    var p = (*page)(unsafe.Pointer(&value[bucketHeaderSize]))
    // 将该 Bucket 中的元素压缩存储在 value 中
    n.write(p)
    return value
}
```

上面几个接口的源码实现相对简单，其中有两个方法需要注意一下，即 Bucket 的 write() 方法和 Bucket 的 openBucket() 方法。细心对比地话会发现二者其实是互逆操作。write() 方法是将当前的 Bucket 对象转换成 []byte，以便 BoltDB 存储该 Bucket；而 openBucket() 方法则是将 Cursor 查询到的 Bucket 的值 ([]byte) 转化成 Bucket 对象，然后再返回。所以 write() 方法有点像序列化的操作，而 openBucket() 则类似于反序列化的操作。

　　另外，在创建完 Bucket 并存储时涉及内嵌。一开始创建的 Bucket 所存储的数据可能不会太多，为了提升空间利用率，会将当前 Bucket 上存储数据的 B+ 树内嵌到该 Bucket 的 value 后面。当存储的数据所占空间增加后才会将 B+ 树单独存储。这也是 BoltDB 在提升空间利用率方面的一点优化。Bucket 数据内嵌的逻辑结构如图 6-12 所示。

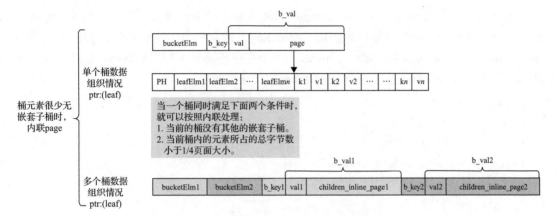

图 6-12　Bucket 数据内嵌的逻辑结构

　　删除 Bucket 的逻辑相对比较简单，通过 Cursor 来定位指定要删除的 key，定位后主要进行两个操作：一是遍历该桶下的所有嵌套子桶，然后依次删除；二是将当前的桶从 BoltDB 中删除，并释放占用的空间。具体源码如下所示。

```
func (b *Bucket) DeleteBucket(key []byte) error {
  ...
  c := b.Cursor()
  k, _, flags := c.seek(key)
  ...
  child := b.Bucket(key)
  // 将该桶下面的所有子桶都删除
  err := child.ForEach(func(k, v []byte) error {
    if v == nil {
      if err := child.DeleteBucket(k); err != nil {
        return fmt.Errorf("delete bucket: %s", err)
      }
    }
    return nil
  })
  ...
  delete(b.buckets, string(key))
  child.nodes = nil
  child.rootNode = nil
  child.free()
  c.node().del(key)
  return nil
}
```

6.4.4 KV 数据的增删改查

前面介绍了如何创建一个 Bucket，又介绍了如何在一个 Bucket 内部查找、定位数据。在调用 BoltDB 上层的接口添加或者删除 KV 数据后，BoltDB 内部到底怎么处理的呢？本小节重点来回答这个问题。

根据前面的介绍其实不难猜到它内部的处理流程，以插入为例，就是先根据 Cursor 的 Seek() 方法先定位，定位到数据后再将当前的 KV 数据调用当前叶子节点的 put() 方法进行插入，插入后 node 内部会新增一个 inode，用于存储传递进来的 KV 数据。这就是主要流程。关于 KV 数据增删改查的几个方法的源码实现如下所示。

```
const (
  MaxKeySize = 32768
  MaxValueSize = (1 << 31) - 2
)
func (b *Bucket) Get(key []byte) []byte {
  k, v, flags := b.Cursor().seek(key)
  ...
  return v
}
func (b *Bucket) Put(key []byte, value []byte) error {
  ...
  c := b.Cursor()
  k, _, flags := c.seek(key)
  ...
  key = cloneBytes(key)
  c.node().put(key, key, value, 0, 0)
  return nil
}

func (c *Cursor) node() *node {
  if ref := &c.stack[len(c.stack)-1]; ref.node != nil && ref.isLeaf() {
    return ref.node
  }
  var n = c.stack[0].node
  if n == nil {
    n = c.bucket.node(c.stack[0].page.id, nil)
  }
  // 非叶子节点
  for _, ref := range c.stack[:len(c.stack)-1] {
    n = n.childAt(int(ref.index))
  }
  return n
}

func (b *Bucket) Delete(key []byte) error {
  ...
  c := b.Cursor()
  _, _, flags := c.seek(key)
```

```
...
    c.node().del(key)
    return nil
}

func (b *Bucket) ForEach(fn func(k, v []byte) error) error {
    ...
    c := b.Cursor()
    // 遍历 key-value 对
    for k, v := c.First(); k != nil; k, v = c.Next() {
        if err := fn(k, v); err != nil {
            return err
        }
    }
    return nil
}
```

Get()、Put()、Delete() 这几个方法比较好理解。这里重点介绍一下 ForEache() 方法。其实 BoltDB 也单独提供了遍历指定 Bucket 全量数据的接口，实现时用到了 6.4.2 小节介绍的两个方法：First()、Next()。ForEache() 方法其实是一种向后遍历的方法，也可以称为升序遍历方法。这种遍历类似于 MySQL 中 InnoDB 的全表扫描。当然，也可以基于 Cursor 的 Last() 和 Prev() 方法来实现全量数据的降序遍历。

思考　BoltDB 的全表扫描和 InnoDB 的全表扫描在实现上有什么差异呢？笔者认为，BoltDB 中的 B+ 树遍历是通过在 Cursor 中维护一个显式的栈来实现的，栈中维护遍历过的每个节点的信息，它的全表扫描是借助栈来实现的。而在 InnoDB 中对 B+ 树进行全表扫描时，由于底层的叶子节点之间存在双向链表的引用关系，所以只要定位到最底层的某个叶子节点中的某个元素，就可以双向快速遍历了，而不需要像 BoltDB 一样通过栈来回退实现。

6.4.5　Bucket 的分裂和合并

本小节对 Bucket 的分裂和合并做简单介绍。下面是 Bucket 分裂和合并的实现源码。

```
func (b *Bucket) spill() error {
    for name, child := range b.buckets {
        var value []byte
        if child.inlineable() {
            child.free()
            // 重新更新 Bucket 的 val 值
            value = child.write()
        } else {
            if err := child.spill(); err != nil {
                return err
            }
```

```
        // 记录 value
        value = make([]byte, unsafe.Sizeof(bucket{}))
        var bucket = (*bucket)(unsafe.Pointer(&value[0]))
        *bucket = *child.bucket
    }
    ...
    var c = b.Cursor()
    k, _, flags := c.seek([]byte(name))
    ...
    }
    // 更新子桶的 value
    c.node().put([]byte(name), []byte(name), value, 0, bucketLeafFlag)
  }
  ...
  if err := b.rootNode.spill(); err != nil {
    return err
  }
  b.rootNode = b.rootNode.root()
  ...
  b.root = b.rootNode.pgid
  return nil
}

func (b *Bucket) inlineable() bool {
  var n = b.rootNode
  if n == nil || !n.isLeaf {
    return false
  }

  var size = pageHeaderSize
  for _, inode := range n.inodes {
    size += leafPageElementSize + len(inode.key) + len(inode.value)
    if inode.flags&bucketLeafFlag != 0 {
      // 有子桶时，不能内联
      return false
    } else if size > b.maxInlineBucketSize() {
      // 如果长度大于 1/4 页时，就不内联了
      return false
    }
  }
  return true
}

func (b *Bucket) maxInlineBucketSize() int {
  return b.tx.db.pageSize / 4
}

func (b *Bucket) rebalance() {
  for _, n := range b.nodes {
```

```
      n.rebalance()
   }
   for _, child := range b.buckets {
      child.rebalance()
   }
}
```

Bucket 的分裂逻辑相对复杂，主要因为 Bucket 也支持嵌套 subBucket。Bucket 的分裂分为两步。

第一步，对所有的它关联的 subBucket 进行递归分裂，在 subBucket 分裂过程中需要考虑 subBucket 是不是内嵌。（判断一个 Bucket 是否内嵌有两个条件：该 Bucket 是否包含 subBucket；该 Bucket 管理的数据是否超过了设定的最大内嵌阈值（pageSize /4）。上述两个条件都满足才能对该 Bucket 进行内嵌处理。）只有非内嵌的 subBucket 才会进行递归分裂。同时，不管 subBucket 是否内嵌都会重新计算该 subBucket 的 value，然后将新的 subBucket 对应的 value 写入 Cursor 定位到的 node 中。

第二步，对该 Bucket 关联的 B+ 树根节点 rootNode 调用 spill() 方法进行分裂，该操作完成后更新该 Bucket 的 rootNode 和 root 信息。因为在分裂过程中可能会导致该 Bucket 关联的 B+ 树根节点信息发生变更。

相比之下，Bucket 的合并逻辑简单得多，也分两步：一是对 Bucket 关联的 B+ 树的 node 进行递归合并；二是对 Bucket 管理的 subBucket 进行递归合并。

至此，BoltDB 中的数据是如何存储、组织，以及内存和磁盘数据是如何转换映射的，都已经介绍完了。下面将介绍 BoltDB 中事务的实现。

6.5　Tx 解析

事务可以说是一个数据库必不可少的特性，对 BoltDB 而言也不例外。BoltDB 支持两类事务：**读写事务、只读事务**。同一时间有且只能有一个读写事务执行，但同一时间可以允许多个只读事务执行。每个事务都拥有自己的一套一致性视图。注意：在 BoltDB 中打开一个数据库时，有两个选项——只读模式、读写模式。BoltDB 在实现时根据不同的底层采用不同的锁（Flock）。只读模式对应共享锁，读写模式对应互斥锁。具体加 / 解锁的实现在 bolt_unix.go 和 bolt_windows.go 中。

本节将介绍事务 Tx 结构、事务提交的核心逻辑、事务回滚的逻辑。只要读者掌握了事务的提交和回滚是如何实现的，也就掌握了事务的核心原理。

6.5.1　Tx 结构分析

在 BoltDB 中，事务是抽象成了一个结构体 Tx 来描述的。Tx 中核心的结构有 meta（元数据信息）、Bucket 的根节点等。下面是 Tx 结构的定义。

```
// Tx 主要封装了读事务和写事务。通过 writable 参数的取值来区分是读事务还是写事务
type Tx struct {
  writable       bool
  managed        bool
  db             *DB
  meta           *meta
  root           Bucket
  pages          map[pgid]*page
  stats          TxStats
  // 提交时执行的动作
  commitHandlers []func()
  WriteFlag int
}

func (tx *Tx) init(db *DB) {
  tx.db = db
  tx.pages = nil
  // 复制元数据信息
  tx.meta = &meta{}
  db.meta().copy(tx.meta)
  // 复制根节点
  tx.root = newBucket(tx)
  tx.root.bucket = &bucket{}
  // meta.root=bucket{root:3}
  *tx.root.bucket = tx.meta.root
  if tx.writable {
    tx.pages = make(map[pgid]*page)
    tx.meta.txid += txid(1)
  }
}
```

在初始化一个 Tx 对象时，不管是读写事务还是只读事务，都会复制 Bucket 根节点和
meta 信息。如果是读写事务，还会分配事务编号 txid 和脏页缓存集合 pages。

6.5.2 Commit() 方法分析

事务中最核心的方法就是事务提交。BoltDB 中的事务提交是通过调用 Commit() 方法
来实现的。下面是该方法的源码实现。

```
func (tx *Tx) Commit() error {
  ...
  // 如果该事务中包含删除操作，那么需要对树进行合并
  var startTime = time.Now()
  tx.root.rebalance()
  if tx.stats.Rebalance > 0 {
    tx.stats.RebalanceTime += time.Since(startTime)
  }
  // 在页分裂时，要先分裂 node，否则数据会有溢出的风险
  startTime = time.Now()
```

```
  // spill() 方法内部会向缓存 tx.pages 中加 page
  if err := tx.root.spill(); err != nil {
    tx.rollback()
    return err
  }
  tx.stats.SpillTime += time.Since(startTime)
  tx.meta.root.root = tx.root.root
  opgid := tx.meta.pgid
  // 更新 freelist 的 page 信息
  // 分配新的页给 freelist，然后将 freelist 写入新的页
  tx.db.freelist.free(tx.meta.txid, tx.db.page(tx.meta.freelist))
  // freelist 可能会增加，因此需要重新分配页来存储 freelist
  p, err := tx.allocate((tx.db.freelist.size() / tx.db.pageSize) + 1)
  if err != nil {
    tx.rollback()
    return err
  }
  // 将 freelist 写入连续的新页中
  if err := tx.db.freelist.write(p); err != nil {
    tx.rollback()
    return err
  }
  // 更新 meta 的页 id
  tx.meta.freelist = p.id
  // 在 allocate 中，meta.pgid 有可能被更改
  ...
  // 脏页写磁盘
  startTime = time.Now()
  // 写数据
  if err := tx.write(); err != nil {
    tx.rollback()
    return err
  }
  ...
  // 将 meta 信息写入磁盘
  if err := tx.writeMeta(); err != nil {
    tx.rollback()
    return err
  }
  tx.stats.WriteTime += time.Since(startTime)
  tx.close()
  for _, fn := range tx.commitHandlers {
    fn()
  }
  return nil
}
// 分配一段连续的页
func (tx *Tx) allocate(count int) (*page, error) {
  p, err := tx.db.allocate(count)
  ...
  tx.pages[p.id] = p
```

```go
    tx.stats.PageCount++
    tx.stats.PageAlloc += count * tx.db.pageSize
    return p, nil
}

func (tx *Tx) write() error {
    // 保证写的页是有序的
    pages := make(pages, 0, len(tx.pages))
    for _, p := range tx.pages {
        pages = append(pages, p)
    }
    tx.pages = make(map[pgid]*page)
    sort.Sort(pages)
    for _, p := range pages {
        // 当前页的大小和偏移量
        size := (int(p.overflow) + 1) * tx.db.pageSize
        offset := int64(p.id) * int64(tx.db.pageSize)
        ptr := (*[maxAllocSize]byte)(unsafe.Pointer(p))
        // 循环写每一页
        for {
            sz := size
            ...
            buf := ptr[:sz]
            if _, err := tx.db.ops.writeAt(buf, offset); err != nil {
                return err
            }
            tx.stats.Write++
            size -= sz
            if size == 0 {
                break
            }
            // 移动偏移量
            offset += int64(sz)
            // 指针也同时移动
            ptr = (*[maxAllocSize]byte)(unsafe.Pointer(&ptr[sz]))
        }
    }
    // 刷盘
    if !tx.db.NoSync || IgnoreNoSync {
        if err := fdatasync(tx.db); err != nil {
            return err
        }
    }
    ...
    return nil
}

// 利用 writeMeta() 写入 meta 信息
func (tx *Tx) writeMeta() error {
    buf := make([]byte, tx.db.pageSize)
    p := tx.db.pageInBuffer(buf, 0)
```

```
// 将事务的 meta 信息写入页中
tx.meta.write(p)
if _, err := tx.db.ops.writeAt(buf, int64(p.id)*int64(tx.db.pageSize)); err != nil {
  return err
}
if !tx.db.NoSync || IgnoreNoSync {
  if err := fdatasync(tx.db); err != nil {
    return err
  }
}
...
return nil
}
```

事务提交的 Commit() 方法虽然代码偏长，但整体的逻辑比较清晰。一次事务提交的流程如下。

1）先判定节点要不要合并或者分裂。

2）为空闲列表重新分配新的空闲页，保证每次空闲页都能正常存储。

3）将事务中涉及改动的页进行排序（尽可能地采用顺序 I/O），排序后循环将数据写入磁盘中，最后再刷盘。

4）当数据写入成功后，将 meta 信息页写到磁盘中，刷盘以保证持久化。

在上述操作中但凡有失败，当前事务都会进行回滚。6.5.3 小节将介绍回滚的实现方法。

6.5.3　Rollback() 方法分析

BoltDB 中事务的回滚是通过调用 Rollback() 方法来实现的。相比事务提交的实现而言，回滚的实现逻辑简单得多。下面是事务回滚的具体实现。

```
func (tx *Tx) Rollback() error {
  ...
  tx.rollback()
  return nil
}

func (tx *Tx) rollback() {
  ...
  if tx.writable {
    // 移除该事务关联的页
    tx.db.freelist.rollback(tx.meta.txid)
    // 重新从 freelist 页中读取数据并构建空闲列表
    tx.db.freelist.reload(tx.db.page(tx.db.meta().freelist))
  }
  tx.close()
}
func (tx *Tx) close() {
  ...
  if tx.writable {
```

```
    var freelistFreeN = tx.db.freelist.free_count()
    var freelistPendingN = tx.db.freelist.pending_count()
    var freelistAlloc = tx.db.freelist.size()

    tx.db.rwtx = nil
    tx.db.rwlock.Unlock()
    tx.db.statlock.Lock()
    tx.db.stats.FreePageN = freelistFreeN
    tx.db.stats.PendingPageN = freelistPendingN
    tx.db.stats.FreeAlloc = (freelistFreeN + freelistPendingN) * tx.db.pageSize
    tx.db.stats.FreelistInuse = freelistAlloc
    tx.db.stats.TxStats.add(&tx.stats)
    tx.db.statlock.Unlock()
  } else {
    // 只读事务
    tx.db.removeTx(tx)
  }

  tx.db = nil
  tx.meta = nil
  tx.root = Bucket{tx: tx}
  tx.pages = nil
}
func (db *DB) removeTx(tx *Tx) {
  db.mmaplock.RUnlock()
  db.metalock.Lock()
  for i, t := range db.txs {
    if t == tx {
      last := len(db.txs) - 1
      db.txs[i] = db.txs[last]
      db.txs[last] = nil
      db.txs = db.txs[:last]
      break
    }
  }
  n := len(db.txs)
  db.metalock.Unlock()
  db.statlock.Lock()
  db.stats.OpenTxN = n
  db.stats.TxStats.add(&tx.stats)
  db.statlock.Unlock()
}
```

读写事务回滚时，首先会调用 freelist 中的 rollback() 方法进行回滚，然后调用 reload() 方法来重新恢复 freelist，因为读写事务中会修改 freelist 相关信息。而只读事务回滚时，只需要从 db 对象的 txs 事务列表中将当前事务移除即可。

其实在事务的四大特性中，事务的一致性是终极目标，而其他三个特性都是为了保证一致性的手段。在 MySQL 中，事务的原子性由 undo log 来保证，事务的持久性由 redo log

来保证，事务的隔离性由锁来保证。下面来总结一下事务的处理逻辑。

首先，BoltDB 是一个文件数据库，所有的数据最终都保存在文件中。当事务结束（Commit）时，会将数据进行刷盘。同时，BoltDB 通过冗余一份元数据来进行容错处理。当事务提交时，如果写入到一半宕机了，此时数据会有问题。当 BoltDB 再次恢复时，会对元数据进行校验和修复，以保证事务的持久性。

其次，BoltDB 在上层支持多个进程，且多个进程可以以只读的方式打开数据库，而只有一个进程能以写的方式打开数据库。只读事务和读写在底层实现时，都是保留一整套完整的视图和元数据信息的，彼此相互隔离。因此，通过这两点就保证了隔离性。

在 BoltDB 中，数据先写内存，然后在提交时刷盘。如果其中有异常发生，事务就会回滚。同一时间只有一个进程可执行数据写入操作。所以该操作要么写成功提交，要么写失败回滚，从而保证了原子性。通过以上几个设计，最终保证了事务的一致性。

6.6　DB 解析

熟悉了 BoltDB 中各个零散的部件，接下来就通过 DB 对象将它们组织在一起工作。本节主要介绍 DB 对象相关的方法及其内部实现。

6.6.1　DB 结构分析

DB 在 BoltDB 中是一个结构体，官方文档对 DB 的定义是"DB 代表持久化在磁盘上的 Bucket 集合"。它里面封装了很多属性。下面是 DB 结构的定义。

```
type DB struct {
    // 严格模式，一旦开启，在每次事务提交时都会进行一致性检查，如果检测到系统是非一致性状态，
    // 则会直接 panic。该字段一般在 Debug 模式下开启
    StrictMode bool
    // 是否刷盘（默认为否），建议在生产环境下不要设置该字段为 true
    NoSync bool
    NoGrowSync bool
    MmapFlags int
    // 最大批大小
    MaxBatchSize int
    // 最大批处理延时
    MaxBatchDelay time.Duration
    AllocSize int
    // 文件存储路径
    path string
    // 真实存储数据的磁盘文件
    file *os.File
    // 文件锁
    lockfile *os.File // windows only
    // Mmap 映射后的引用
    dataref []byte
```

```
    // 通过 Mmap 映射进来的地址
    data *[maxMapSize]byte
    // 映射的空间大小
    datasz int
    // 文件大小
    filesz int
    // 元数据
    meta0 *meta
    meta1 *meta
    // 空闲列表
    freelist *freelist
    // 页大小
    pageSize int
    opened   bool
    // 读写事务
    rwtx *Tx
    // 读事务数组
    txs []*Tx
    // page 池
    pagePool sync.Pool
    // 读写锁
    rwlock sync.Mutex
    // 元信息锁
    metalock sync.Mutex
    // Mmap 锁，在 remapping 时使用
    mmaplock sync.RWMutex
    // 统计数据锁
    statlock sync.RWMutex
    // batch 处理锁
    batchMu sync.Mutex
    // batch 对象
    batch *batch
    ops struct {
        writeAt func(b []byte, off int64) (n int, err error)
    }
    ...
    readOnly bool
}
```

在上面 DB 的结构中，所有的字段整体可以分为以下四大类。

1）DB 启动配置类属性：StrictMode、NoSync、NoGrowSync、path、file、lockfile、pageSize、opened、pagePool、statlock、ops。

2）DB 系统维护属性：meta、freelist、rwtx、txs、metalock、rwlock。

3）批量接口操作属性：MaxBatchSize、MaxBatchDelay、batch、batchMu。

4）Mmap 映射属性：MmapFlags、AllocSize、dataref、data、datasz、filesz、mmaplock。上述属性会在后面的各个核心接口实现部分做详细介绍。

6.6.2 Open() 方法分析

Open() 方法主要用于创建一个 DB 对象，底层会执行新建或者打开存储数据的文件。当指定的文件不存在时，BoltDB 会新建一个数据文件；否则，直接加载指定的数据库文件内容。

```go
const maxMmapStep = 1 << 30 // 1GB
const version = 2
// 魔数
const magic uint32 = 0xED0CDAED
...
const (
  DefaultMaxBatchSize  int = 1000
  DefaultMaxBatchDelay = 10 * time.Millisecond
  // 16MB
  DefaultAllocSize = 16 * 1024 * 1024
)

func Open(path string, mode os.FileMode, options *Options) (*DB, error) {
  var db = &DB{opened: true}
  // options 设置
  ...
  db.path = path
  var err error
  // 打开 db 文件
  if db.file, err = os.OpenFile(db.path, flag|os.O_CREATE, mode); err != nil {
    _ = db.close()
    return nil, err
  }
  // 只读加共享锁，否则加互斥锁
  if err := flock(db, mode, !db.readOnly, options.Timeout); err != nil {
    _ = db.close()
    return nil, err
  }
  ...
  if info, err := db.file.Stat(); err != nil {
    return nil, err
  } else if info.Size() == 0 {
    // 初始化新 db 文件
    if err := db.init(); err != nil {
      return nil, err
    }
  } else {
    // 文件存在
    // 不是新文件，读取第一页元数据
    // 2^12，正好是 4K
    var buf [0x1000]byte
    if _, err := db.file.ReadAt(buf[:], 0); err == nil {
      // 仅读取了 pageSize
      m := db.pageInBuffer(buf[:], 0).meta()
```

```
        if err := m.validate(); err != nil {
            db.pageSize = os.Getpagesize()
        } else {
            db.pageSize = int(m.pageSize)
        }
    }
}
...
// Mmap 映射 db 文件数据到内存
if err := db.mmap(options.InitialMmapSize); err != nil {
    _ = db.close()
    return nil, err
}
db.freelist = newFreelist()
// db.meta().freelist=2
// 读第二页的数据，然后构建 freelist
db.freelist.read(db.page(db.meta().freelist))
return db, nil
}
```

BoltDB 会根据调用 Open() 方法时传递进来的 options 参数来判断到底加互斥锁还是共享锁。

新建时： 会调用 init() 方法，init() 方法内部主要是新建一个文件。然后在第 0 页、第 1 页写入元数据信息；在第 2 页写入 freelist 信息；在第 3 页写入 bucket leaf 信息，并最终刷盘。

加载时： 会读取第 0 页内容，即元数据信息，然后对元数据信息进行校验和校验。当校验通过后获取 pageSize 值；否则，读取操作系统默认的 pageSize（一般为 4KB）。

上述操作完成后，会通过 Mmap 映射数据。最后，根据磁盘页中的 freelist 数据初始化 db 的 freelist 字段。init() 方法的实现如下所示。

```
func (db *DB) init() error {
    db.pageSize = os.Getpagesize()
    // 第 0 页、第 1 页写入的是元数据信息
    buf := make([]byte, db.pageSize*4)
    for i := 0; i < 2; i++ {
        p := db.pageInBuffer(buf[:], pgid(i))
        p.id = pgid(i)
        // 第 0 页和第 1 页存放元数据
        p.flags = metaPageFlag
        m := p.meta()
        m.magic = magic
        m.version = version
        m.pageSize = uint32(db.pageSize)
        m.freelist = 2
        m.root = bucket{root: 3}
        m.pgid = 4
        m.txid = txid(i)
```

```
    m.checksum = m.sum64()
  }
  // 获取第 2 页存放的 freelist
  p := db.pageInBuffer(buf[:], pgid(2))
  p.id = pgid(2)
  p.flags = freelistPageFlag
  p.count = 0

  // 第 3 页存放叶子节点的 page，该页存放的是所有 bucket 的根节点信息
  p = db.pageInBuffer(buf[:], pgid(3))
  p.id = pgid(3)
  p.flags = leafPageFlag
  p.count = 0

  // 将第 3 页的数据写到磁盘
  if _, err := db.ops.writeAt(buf, 0); err != nil {
    return err
  }
  // 刷盘
  if err := fdatasync(db); err != nil {
    return err
  }
  return nil
}

func (db *DB) page(id pgid) *page {
  pos := id * pgid(db.pageSize)
  return (*page)(unsafe.Pointer(&db.data[pos]))
}

func (db *DB) pageInBuffer(b []byte, id pgid) *page {
  pos := id * pgid(db.pageSize)
  return (*page)(unsafe.Pointer(&b[pos]))
}

// 元数据信息
func (db *DB) meta() *meta {
  metaA := db.meta0
  metaB := db.meta1
  if db.meta1.txid > db.meta0.txid {
    metaA = db.meta1
    metaB = db.meta0
  }
  if err := metaA.validate(); err == nil {
    return metaA
  } else if err := metaB.validate(); err == nil {
    return metaB
  }
  ...
}
```

BoltDB 中的 Mmap 通过操作系统提供的功能来实现。具体而言，在 BoltDB 应用时做了一些分配空间（例如空间按照页的整数倍对齐等）的优化。BoltDB 中 Mmap() 的实现方法如下所示。（这不是本节的重点，但考虑到阅读源码的连贯性，也对这部分内容进行了整理。对这部分感兴趣的读者可以继续阅读，如果不感兴趣，则可以跳到下一小节学习。）

```go
func (db *DB) mmap(minsz int) error {
    db.mmaplock.Lock()
    defer db.mmaplock.Unlock()
    info, err := db.file.Stat()
    ...
    var size = int(info.Size())
    if size < minsz {
        size = minsz
    }
    size, err = db.mmapSize(size)
    if err != nil {
        return err
    }
    if db.rwtx != nil {
        db.rwtx.root.dereference()
    }
    if err := db.munmap(); err != nil {
        return err
    }
    if err := mmap(db, size); err != nil {
        return err
    }
    // 获取元数据信息
    db.meta0 = db.page(0).meta()
    db.meta1 = db.page(1).meta()
    err0 := db.meta0.validate()
    err1 := db.meta1.validate()
    if err0 != nil && err1 != nil {
        return err0
    }
    return nil
}
```

6.6.3 Begin() 方法分析

6.5 节并没有介绍如何开启一个事务，因为在 BoltDB 中事务的开启是关联在 DB 对象上的，通过调用 Begin() 方法来实现。所以，本小节介绍开启事务的内部实现。在开启事务时，读写事务和只读事务的处理逻辑不同，需要各自单独处理。

```go
func (db *DB) Begin(writable bool) (*Tx, error) {
    if writable {
        return db.beginRWTx()
    }
}
```

```
    return db.beginTx()
}
// 读写事务
func (db *DB) beginRWTx() (*Tx, error) {
    ...
    db.rwlock.Lock()
    ...
    db.metalock.Lock()
    defer db.metalock.Unlock()
    ...
    t := &Tx{writable: true}
    t.init(db)
    db.rwtx = t
    var minid txid = 0xFFFFFFFFFFFFFFFF
    // 找到最小的事务 id
    for _, t := range db.txs {
        if t.meta.txid < minid {
            minid = t.meta.txid
        }
    }
    if minid > 0 {
        // 将之前事务关联的页全部释放，在只读事务中，没法释放只读事务的页，因为当前的事务可能已经完成，
        // 但实际上其他的读事务还在用
        db.freelist.release(minid - 1)
    }
    return t, nil
}
// 只读事务
func (db *DB) beginTx() (*Tx, error) {
    ...
    db.metalock.Lock()
    db.mmaplock.RLock()
    ...
    t := &Tx{}
    t.init(db)
    db.txs = append(db.txs, t)
    n := len(db.txs)
    db.metalock.Unlock()
    ...
    return t, nil
}
```

BoltDB 的事务分为两类，这两类根据传递的参数来区分执行逻辑。

在读写事务中开启事务时加锁，即执行 db.rwlock.Lock()。在事务提交或者回滚时才释放锁，即执行 db.rwlock.UnLock()。这也印证了同一时刻只能有一个读写事务在执行的设计思想。同时，在开启读写事务后，还需要在 freelist 中释放掉其他已经关闭的只读事务关联的页。而只读事务则是被管理在 txs 这个事务列表中，同一时间可以开启多个只读事务。不管是读写事务还是只读事务，最终在初始化时都是调用前面介绍的 Tx 的 init() 方法来实现的。

6.6.4　Update() 和 View() 方法分析

DB 对象对外暴露的数据读 / 写接口有两个：Update()、View()。Update() 处理读写事务，View() 处理只读事务。这两个方法内部已经封装了事务相关的操作（事务的开启、提交、回滚），并向外界用户屏蔽了处理细节。用户直接使用该接口操作数据即可。这两个方法实现比较简单，源码如下所示。

```
func (db *DB) Update(fn func(*Tx) error) error {
  t, err := db.Begin(true)
  ...
  defer func() {
    if t.db != nil {
      t.rollback()
    }
  }()
  t.managed = true
  err = fn(t)
  t.managed = false
  if err != nil {
    _ = t.Rollback()
    return err
  }
  return t.Commit()
}

func (db *DB) View(fn func(*Tx) error) error {
  t, err := db.Begin(false)
  ...
  defer func() {
    if t.db != nil {
      t.rollback()
    }
  }()
  t.managed = true
  err = fn(t)
  t.managed = false
  if err != nil {
    _ = t.Rollback()
    return err
  }
  if err := t.Rollback(); err != nil {
    return err
  }
  return nil
}
```

在读写事务时，极有可能会导致 B+ 树分裂和合并。之前的章节只介绍了会新分配空闲页，但没有具体介绍如何分配。因为这个具体分配逻辑是封装在 DB 中的，此处对空闲页分配的逻辑进行补充介绍。

　　在分配空闲页时，BoltDB 做了一点特殊的优化：如果分配的页数恰好是 1 页，就不需要频繁地动态分配内存了，而是提前池化，进行预分配，以提升系统性能；当分配的页数超过 1 页时，就需要每次都动态分配内存了。另外，为创建的新空间设置页的编号（pageid）时，BoltDB 会优先在 freelist 中查询是否存在可用的空闲页。如果找到了则直接设置页编号，然后返回；如果找不到，那就需要从磁盘上进行分配了。而在磁盘上分配时可能会导致，新分配后的空间超出了原先已经 Mmap 映射的地址范围，此时就需要重新进行 Mmap 映射，保证 Mmap 映射后的空间一直是覆盖所有页的范围的。具体分配的实现逻辑如下所示。

```
func (db *DB) allocate(count int) (*page, error) {
  var buf []byte
  if count == 1 {
    buf = db.pagePool.Get().([]byte)
  } else {
    buf = make([]byte, count*db.pageSize)
  }
  // 转成 *page
  p := (*page)(unsafe.Pointer(&buf[0]))
  p.overflow = uint32(count - 1)

  // 先从空闲列表中查找
  if p.id = db.freelist.allocate(count); p.id != 0 {
    return p, nil
  }
  // 如果找不到，则按照事务的 pgid 来分配
  // 表示需要从文件内部扩大
  p.id = db.rwtx.meta.pgid
  // 需要判断目前所有的页数是否已经大于 Mmap 映射出来的空间
  // 这里计算的页面总数是从当前的 id 后计算 count+1 个
  // p.id+count+1 表示最后一页的末尾
  var minsz = int((p.id+pgid(count))+1) * db.pageSize
  if minsz >= db.datasz {
    if err := db.mmap(minsz); err != nil {
      return nil, fmt.Errorf("mmap allocate error: %s", err)
    }
  }
  // 如果不是从 freelist 中找到的空间，则更新 meta 的 id，也就意味着本次分配的空间是从文件中新
  // 扩展的页
  db.rwtx.meta.pgid += pgid(count)
  return p, nil
}
```

6.6.5　Batch() 方法分析

　　由 6.1.1 小节可知，一个 DB 对象拥有一个 batch 对象，该对象是全局的。当使用

Batch() 方法时，内部会将传递进去的 fn 缓存在 calls 方法中。该方法也调用了 Update()，只不过在 Update() 内部遍历之前缓存的 calls 方法。

有两种情况会触发调用 Update() 方法。

1）当距离上次触发 Update() 的间隔时间到达了 MaxBatchDelay 时。

2）当 len(db.batch.calls) ≥ db.MaxBatchSize，即缓存的 calls 个数大于或等于 MaxBatch-Size 时。

Batch() 方法实现的本质是将每次写、每次刷盘的操作转换为多次写、一次刷盘，从而提升性能。Batch() 方法的源码如下所示。

```go
func (db *DB) Batch(fn func(*Tx) error) error {
  errCh := make(chan error, 1)
  db.batchMu.Lock()
  if (db.batch == nil) || (db.batch != nil && len(db.batch.calls) >= db.MaxBatchSize) {
    db.batch = &batch{
      db: db,
    }
    db.batch.timer = time.AfterFunc(db.MaxBatchDelay, db.batch.trigger)
  }
  db.batch.calls = append(db.batch.calls, call{fn: fn, err: errCh})
  if len(db.batch.calls) >= db.MaxBatchSize {
    go db.batch.trigger()
  }
  db.batchMu.Unlock()
  err := <-errCh
  if err == trySolo {
    err = db.Update(fn)
  }
  return err
}

type call struct {
  fn  func(*Tx) error
  err chan<- error
}

type batch struct {
  db    *DB
  timer *time.Timer
  start sync.Once
  calls []call
}
func (b *batch) trigger() {
  b.start.Do(b.run)
}

func (b *batch) run() {
  b.db.batchMu.Lock()
```

```
  b.timer.Stop()
  if b.db.batch == b {
    b.db.batch = nil
  }
  b.db.batchMu.Unlock()

retry:
  for len(b.calls) > 0 {
    var failIdx = -1
    err := b.db.Update(func(tx *Tx) error {
      for i, c := range b.calls {
        if err := safelyCall(c.fn, tx); err != nil {
          failIdx = i
          return err
        }
      }
      return nil
    })

    if failIdx >= 0 {
      c := b.calls[failIdx]
      // 重试使 calls 回到对应的位置, 然后移除当前失败的 fn 函数, 并交由单独的 Update() 来执行
      b.calls[failIdx], b.calls = b.calls[len(b.calls)-1], b.calls[:len
      (b.calls)-1]
      c.err <- trySolo
      continue retry
    }
    for _, c := range b.calls {
      c.err <- err
    }
    break retry
  }
}
```

其实有了前几小节的知识后, 再来看这些接口的实现相对就比较简单了。因为它们无非就是对之前的 Tx、Bucket、node 的一些封装, 底层还是调用的之前介绍的那些方法。

至此, 所有和 BoltDB 相关的源码分析就告一段落了。

6.7　小结

本章以"自底向上"的方式分析了 BoltDB 的源码。首先从整体上介绍了 BoltDB 的项目架构及目录结构。依次从**磁盘层、内存层、用户接口层**这三层对该项目进行了剖析。

最后, 笔者将前文中出现的一些关键的图汇总在一起, 方便读者从整体上回顾本章的所有内容。图 6-13 展示了所有和 page 相关的内容。图 6-14 展示了 Bucket、node 相关的核心内容。

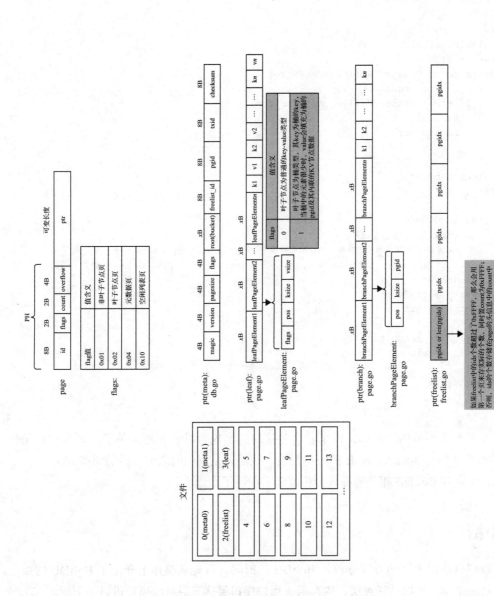

图 6-13 BoltDB 中与 page 相关的内容汇总

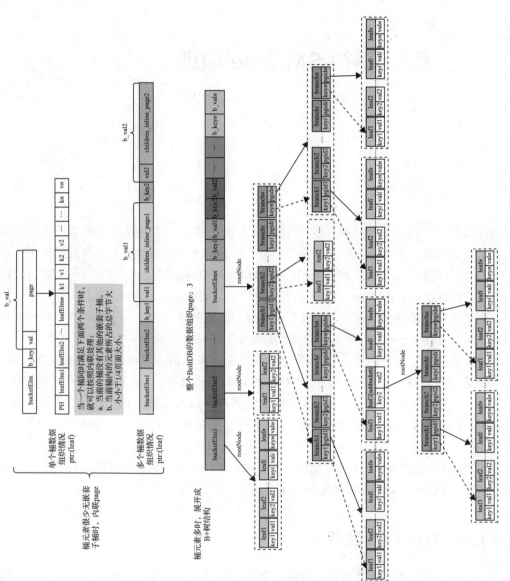

图 6-14　BoltDB 中与 Bucket 和 node 相关的内容汇总

深入理解 LSM Tree 原理

目前大部分的读者平常接触到的关于 LSM Tree 的资料，主要是各个网络平台上的博客文章，以及为数不多的几本书籍和论文。绝大部分的文章和书籍基本上都是侧重于介绍 LSM Tree 包含哪些模块（例如 MemTable、SSTable、WAL log 等）、每个模块的功能是什么，很少有文章告诉读者 LSM Tree 为什么包含这些模块。笔者认为，理解一项技术非常重要的一点是理解它产生的缘由、演变过程及它解决面临问题的思路，这些才是最核心和最本质的东西。只要理解了核心的原理，不管技术如何变化都可以以不变应万变。

本章主要包含三部分内容：7.1 节和 7.2 节侧重于解释 **LSM Tree 为什么要这样设计、为什么包含这些模块**；7.3 节介绍 LSM Tree 结构的演进过程；7.4 节重点分析 LSM Tree 的数据压缩 / 合并、数据分区、读 / 写空间放大问题，以及写放大优化这几个核心问题。每个 LSM Tree 的实现都会涉及这些内容，掌握它们能够更好地理解 LSM Tree 的内部原理。

建议将 7.2 节和第 4 章 B+ 树存储引擎的推导内容结合到一起对比理解，相信会对单机的 KV 存储引擎的设计原理有更加清晰的认识。

7.1 LSM Tree 的发展背景

在互联网发展早期，大部分存储系统主要处理读多写少的场景。绝大部分的数据存储使用 MySQL、Oracle 等关系数据库。近些年，云计算 / 大数据应用场景会包含一些离线处理数据的场景，在该场景中，数据的写入量远远大于数据的读取量。除了少部分情况外，大部分这类系统对数据的实时性读取要求不高。在上述应用场景下，出现了日志 / 时序存储系统、信息推荐系统、物联网数据采集系统、数据分析系统等。

1. 日志 / 时序存储系统

目前大部分互联网公司所提供的软件服务都有大量的前台和后台应用程序，它们在线上不间断地提供服务。这些服务每天会产生大量的日志信息。一部分日志信息包含系统运行过程中的中间信息。这些信息需要存储，以便进行服务监控、服务调度、问题定位和链路追踪等操作。另一些日志信息则可能涉及用户操作行为等信息。通常，一些非隐私信息也会被存储，以用于数据挖掘和统计分析，以便更好地为用户提供服务。

除了日志信息外，对线上服务而言，时序信息也是非常重要的。这类信息主要是在程序运行的各个阶段进行打点上报，比如服务的耗时监控、流量监控和负载监控等。在现如今的微服务系统和分布式系统中，这些信息尤为重要，自动化运维更是借助这些信息来实现的。

上述这两类系统最显著的特点是都属于写密集型应用，数据的写入量会远远大于读取量。每天数据的写入量巨大。

2. 信息推荐系统

近些年，推荐系统的兴起使得现在每个 App 中基本上都会有一个推荐栏目。这些栏目中的推荐流程大体类似，都会实时收集用户的行为信息（例如点赞、收藏、评论、点击、观看时长等），并将这些信息实时存储。之后离线对用户和待推荐的内容打标签。这些行为和标签信息每时每刻需要进行写入或更新，以方便为用户提供更优质的推荐效果和提升商业价值。在推荐场景中，数据的写入量远大于读取量。因此，推荐系统也属于典型的写密集型应用。

3. 物联网数据采集系统

对物联网设备而言，往往需要收集各种各样的数据来进行统计分析。以车联网系统为例，它是利用车载设备收集车辆运行时产生的各项数据，通过网络实时传输到车联网数据平台，在平台上进行动态统计分析和汇总。车联网场景所面临的数据特点是每时每刻都有大量的车辆终端不间断地并发写入海量数据，这些数据规模可以达到 TB 级甚至 PB 级。而对动态统计分析而言，它要求尽可能低延时地响应查询请求。总体来说，车联网场景中数据的写请求量也远远大于读请求量。同理，其他物联网系统也具有类似的特点。

4. 数据分析系统

目前互联网上有各种各样的平台型产品，包括电商平台、资讯平台、交通平台、通信平台等。每个平台背后都有一套数据分析系统，主要用于根据用户的行为挖掘用户的潜在兴趣，以提升平台的价值。这些数据主要来自用户在交互过程中产生的记录。数据分析系统会同时存储同一用户的多个交互信息。以电商平台为例，用户对一个商品可能会产生多个交互信息，如点击、浏览、收藏、加入购物车等。每个交互行为都会产生对应的信息，需要被存储。类似的例子还有很多。总体而言，数据分析系统中数据的写入量是平台用户量级的常数倍，而数据分析大部分是离线或近实时的分析。在这些数据分析系统中，数据的写入量通常也远大于读取量。

上述这些应用场景的共同特点是数据写入量远大于读取量。这类问题最经典的一种解决方案就是本章要介绍的主角——LSM Tree。下面用一句话来总结 LSM Tree。

LSM Tree 是一种处理写多读少场景的解决方案，通常用于构建写多读少的存储引擎。

前面介绍了 LSM Tree 产生的背景和用途。下一节将重点介绍 LSM Tree 的内部原理，揭示基于 LSM Tree 的存储引擎是如何解决写多读少问题的。

7.2 从零推导 LSM Tree

要想理解 LSM Tree 存储引擎的内部原理，仍然需要搞明白它内部的数据存储在哪里（内存还是磁盘），以及内部的数据如何存储这两大问题。换言之，只要能回答清楚以下三个子问题即可。

❑ LSM Tree 内部维护的数据选择何种存储介质存储？

❑ LSM Tree 如何处理写请求？

❑ LSM Tree 如何处理读请求？

本节将采用问答的方式来阐述 LSM Tree 的原理，帮助读者一步一步理解 LSM Tree。

7.2.1 存储介质的选择

易失性存储的典型代表是内存，当机器断电后数据就会丢失，但数据访问速度较快；非易失性存储的典型代表是磁盘，它的特点是断电后数据不丢失，但数据访问相对慢一些。二者对比可参见图 1-4。

对存储海量数据、保证数据可靠性的系统而言，容量是必须考虑的一方面，成本是要考虑的另一方面。通过这两方面的考虑，**选择硬盘/磁盘存储数据**。在 1.2 节中介绍存储引擎时，曾将存储引擎中对一次普通的用户请求流程进行了抽象，请参考图 1-5。

7.2.2 写请求的处理

对磁盘的写操作而言，为了尽可能提升写磁盘的性能，会采用数据批量写及顺序写。对顺序写磁盘而言，最常见的一种方式就是追加写。在写多读少的场景下，为了尽可能地利用顺序写磁盘，可以简单地将存储引擎收到的上述写操作（增加、删除、修改）的数据全部追加到单个文件中，像写日志一样记录下来，以实现高效写磁盘的目标。为了区分不同的写操作，只需为每个写操作记录一个操作类型：add、update 或 del。假设用户写入的数据已经按照 TLV(k,v,op_type) 的格式组织在内存中，那么每来一条数据就将其追加写入磁盘即可。单个文件数据存储如图 7-1 所示。

在图 7-1 所示的例子中，执行的操作依次是 (k1,v1,add) → (k2,v2,add) → (k1,v1′,update) → (k1,v1″,update)->(k1,v1′,del)。通过这个例子发现需要解决以下几个问题。

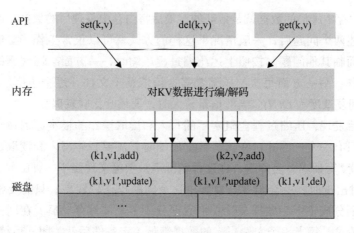

图 7-1 单个文件数据存储

1. 如何处理读请求

按照上述方式追加每条写入操作的数据后，已经保证了数据的高效写入。但是，如何处理读取操作成了一个新的难题。

实际上，为了处理读请求，需要在追加每条写操作时维护每条数据的索引信息。在这种方式中，索引信息既可以维护在内存中，也可以考虑将索引信息持久化到磁盘文件。索引信息一般也是键值（kv）对，k 通常是标识该条数据的关键字，而 v 即索引信息。该索引只需要包括该条数据是否已被删除，对未删除的数据还需要记录数据写在磁盘上的位置及数据的长度信息。

在查询时，首先获取索引信息，然后根据索引信息获取磁盘上对应的数据即可。索引信息的维护通常可以采用第 2 章中介绍的各种数据结构。

2. 数据存在空间浪费

在上述例子中，最后剩余的数据实际上只有 (k2,v2) 这条了。因为 k1 最后被删除了，但是和 k1 相关的四条记录仍然存储在磁盘上。很多无效的数据占据着空间，导致磁盘空间利用率不高。这种情景称为空间放大，即一条数据的多条操作记录信息（其中最后一条有效，其他多条无效）占据着磁盘空间。如果不解决这种情况，时间长了会明显影响系统的正常运行和效率，所以必须进行优化处理。

一种自然会想到的做法是对文件中存储的数据进行整理。例如，每隔一段时间清理一次数据文件，清理掉多条记录中相同的数据和无用的数据。这个清理过程称为压缩或合并。只要通过压缩解决了无效数据造成的空间放大问题，前面介绍的方案就是可行的。

3. 如何对数据进行压缩

实际上，只需要从头开始读取磁盘中的数据，然后在内存中使用哈希表类型的数据结构判断每条记录是否需要保留。对同一条数据而言，只需保留最新有效的一条记录即可。经过一遍整理后，内存中维护的数据就是最新的，最后将内存中整理后的数据写回磁盘即可。

在解决上述两个问题后，一般情况下这样的方式就可以正常工作了。但是，在进行数据压缩时还会面临其他问题。按照上述压缩过程压缩时，一方面会出现**压缩过程阻塞新的写入和读取操作**；另一方面每次的压缩都需要读取整个文件并逐个遍历。在这个过程中，数据压缩的时间复杂度为 $O(N)$。当数据量较大时，**压缩会比较耗时**。

经过分析后发现，压缩过程会阻塞新的写入和读取操作的根本原因在于最初设定的存储数据的文件只有一个。因此，在执行数据压缩时就需要暂停写入和读取，当压缩过程完成后继续处理读/写请求。实际上，在这种情况下，数据文件属于一种临界资源。当压缩和写入/读取同时出现时，就会阻塞。要解决这个问题也比较容易，只需要将一个大的数据文件在物理上划分成多个小数据文件。将数据分成多个文件存储后，在同一时刻只会有一个文件处理写请求。每当一个文件写入的数据满足一定条件后就关闭，后续不再对其修改，然后重新打开一个新文件进行写入数据。在数据压缩时，只需要对之前已经关闭的若干数据文件执行压缩。这样，压缩阻塞读/写的问题就得到了解决，压缩过程和读/写过程可以同时进行。改进后的过程如图 7-2 所示。

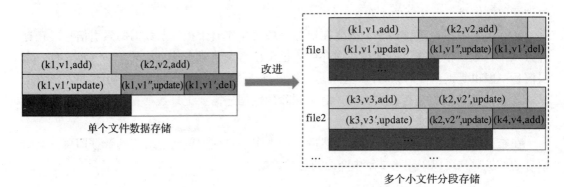

图 7-2　多个小文件分段存储

> **注意**　压缩阻塞读/写问题的核心改进点是，**将原先存储数据的单个文件转为采用多个小文件进行存储，一个小文件存储一段数据。因此称这个过程为数据分段存储**。这样在理论上是可行的，但是又出现了如何对数据进行分段的问题。

4. 如何对数据进行分段

每个文件存储一段数据。为了实现这个目标，最简单的方式是给每个文件设定一个大小阈值。如果当前处理写请求的文件，存储的数据空间超过设定的阈值后就关闭，然后重新打开一个新文件继续处理写请求。因此，通过对**文件设定阈值大小**可以解决数据分段的问题。

这样改进后，之前介绍的压缩过程不变，只不过压缩对象变成了之前关闭后的多个小文件。具体的压缩逻辑大致如下。

首先，按照文件关闭先后顺序倒序依次读取多个文件内容到内存。

其次，在内存中保留最新的数据（越后写入的数据越新）。

最后，将合并的数据写入新文件。

分段虽然解决了阻塞问题，但是压缩过程中依旧存在**压缩耗时**的问题。因为目前的压缩过程实际上就是一个串行遍历全量数据的过程。当存储的数据量越大时，压缩耗时就会被无限放大，成为系统的瓶颈。下面考虑如何解决这个问题。

5. 如何解决压缩耗时的问题

压缩数据的过程本质上是将多个数据文件中存储的记录按照 k 维度进行合并，合并过程中相同 k 的数据最多保留一条记录。现在数据压缩时输入的是多个数据文件，输出至少是一个数据文件。然而，由于文件中存储的数据是按照写入时间顺序存储的，因此数据本身是乱序的，这就必须全部遍历一遍才能完成压缩，这也是导致压缩速度慢的原因。

如果能在送入压缩时保证多个文件的数据有序，就可以使用归并排序来完成压缩。归并排序的主要思想是将无序的数据划分成小的数据集，并对其排序，然后将排好序的数据集两两合并，合并后的数据集也是有序的。重复这个过程，直到最后只剩下一个数据集即可，此时排序过程就完成了。归并排序最简单的是两路归并，通常也可以扩展为多路归并。

因此，如果假设压缩时每个数据文件存储的数据已经有序，并且一次压缩时会输入多个数据文件，那么就可以按照多路归并的方式来执行压缩。通过多路归并来压缩数据能够提高效率，比之前的全量遍历压缩更加高效。

6. 如何保证压缩时每个文件中的数据有序

方案 1：在数据写入文件时就已排好序，数据有序地存储在文件中。

方案 2：数据无序存储在文件中，在压缩前对每个文件的数据进行排序。

如果采用方案 2，只能借助于有序的索引结构来实现。但如果采用方案 1，数据写入文件时就已排好序，既能支持外部范围查询，又能提升读取效率。因此，最终选择方案 1 来保证每个文件中的数据有序，进而保证压缩时文件中的数据有序。

7. 如何在顺序写磁盘的前提下，保证写入文件的数据是有序的

要想写入磁盘上的数据有序，就不能每来一条数据就追加一条数据。需要在内存中，借助有序的数据结构缓存写请求进来的数据，并将其排好序。当缓存的若干条数据占据的内存空间达到之前提到的文件阈值后，再将这些数据一次性顺序写入磁盘中。这样既兼顾了顺序写磁盘，又保证了最终写入磁盘的数据是有序的。

这种做法是可行的，但同时又引出了下面两个子问题。

1）在内存中应该选择何种数据结构来缓存数据？

2）如果数据在内存中缓存一段时间，但在缓存期间还未来得及刷盘，系统发生了异常导致数据丢失，又该如何处理？

只要解决了上述两个子问题，就可以采用这种方式。下面来看如何解决上述问题。

8. 在内存中选择哪种数据结构来缓存数据

此处需要选择一种支持排序的数据结构。为了兼顾排序和读 / 写的时间复杂度，可以选择以下数据结构：AVL 树、红黑树、B 树、B+ 树、跳表等。

9. 数据未刷盘，如何处理因程序异常导致的数据丢失

针对这个问题，可以在将数据缓存到内存之前先备份一份数据。通常的做法是采用 WAL 日志进行备份，借助 WAL 文件来确保数据的持久性。在将数据写入内存中缓存之前，先将数据写入 WAL 文件。当系统异常重启时，再根据 WAL 日志中的数据进行恢复。

至此，数据存储模型相比之前发生了一些变化。不仅引入了内存中数据缓存的结构，而且引入了保证数据持久性的 WAL 日志结构，同时还将原先无序存储在数据文件中的数据转变为有序数据。

到此为止，不仅可以正常处理读 / 写请求，还能高效地完成数据压缩。但是仍有两个与压缩相关的小问题未能解决。

10. 应该按照什么样的策略对数据进行压缩

一种方式是按照大小分级压缩，将较新且较小的 SSTable 文件连续合并到较旧且较大的 SSTable 文件中。另一种方式是按照数据分层压缩，将数据按照 k 的范围分裂成多个小的 SSTable 文件，在合并过程中将旧的数据移动到较低的层级中。后面将会对压缩策略进行详细介绍。

11. 何时进行数据压缩

压缩的时机可以有很多。例如，当磁盘文件个数达到一定数目时启动压缩；再如，在分层压缩实现中，可以为每一层设定一个阈值，当存储的数据达到或超过阈值时就触发压缩；等等。

前面通过一系列自问自答的方式展开介绍了写过程。实际上，上述过程串在一起就是 LSM Tree 的雏形。上面一步一步开始分析并最终得到了 LSM Tree 的基本结构。整个推导过程如图 7-3 所示。

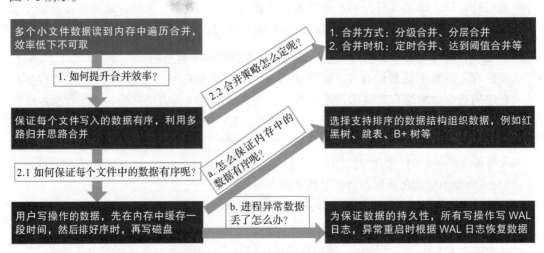

图 7-3　数据写过程推导总结（详见彩插）

最后，总结一下 LSM Tree 处理写请求的过程。完整的写请求过程如图 7-4 所示。

当 LSM Tree 收到一次写请求时，内部首先会将该条数据记录到 WAL 日志文件中，以确保该条数据持久化。接着该条数据会写入 MemTable 中。当 WAL log 和 MemTable 都写成功后，本次写请求就完成了。读者可以结合图 7-4 进一步理解写请求的完整过程。

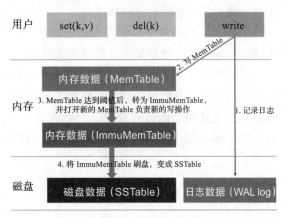

图 7-4　写请求过程

7.2.3　读请求的处理

一个数据的流转顺序是先缓存在 MemTable 中，当 MemTable 满了以后再转变为 ImmuMemTable，ImmuMemTable 中的数据最终再被持久化到磁盘的 SSTable 文件中。这也就确定了数据新旧的一个规律。**MemTable 数据最新、ImmuMemTable 数据次新、SSTable 数据最旧**。如果是分层压缩的话，SSTable 数据又可以按照层级来划分，层级越大数据越旧。

而对读请求而言，它只需要访问获取最新的数据即可。因此，在 LSM Tree 中读取数据时始终遵循一个核心原则：**数据是追加写入的，所以按照倒序的方式读取最新的数据，一旦读取到数据，则停止读取逻辑**。一次读请求过程如图 7-5 所示。

第 9 章将对读取过程进行详细介绍。比如 SSTable 中读取数据的逻辑设计到具体实现，又如 SSTable 的数据是按照大小分级组织还是按照分层关系组织。此外，当初选择在写入文件时，数据就已经有序，因此关注点主要在读取 SSTable 时如何提高读取的效率。

考虑一种极端情况，假设要读取的数据根本就不存在，那么在读取非常多的 SSTable 文件后才能确定数据

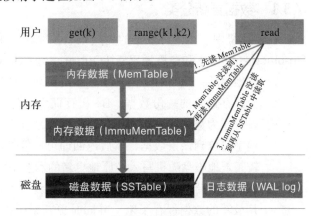

图 7-5　读请求过程

不存在。当 LSM Tree 中存储的数据量较大时，查找效率极低。为了优化这种边界条件下的读取性能，工程实现时，会采用布隆过滤器来加速读取。每个 SSTable 会维护一个布隆过滤器。当查找每个 SSTable 时，首先会根据布隆过滤器来拦截一次。如果布隆过滤器检测到当前读取的数据不存在，那么该条待读取的数据就一定不存在于当前的 SSTable 中。通过提前拦截一次来加快读取效率。注意：布隆过滤器存在误判的情况（例如判断某条数据存

在，但实际上该条数据最后不存在），所以在实际使用时，需要合理设置布隆过滤器的几个关键参数以尽可能降低这种概率。

实际上，在搞清楚数据写入的逻辑后，读取就是相对简单的一个过程。其本质就是写入操作的逆过程。数据怎么写的就怎么读而已。

在此声明，本节内容是笔者接触和学习 LSM Tree 过程中所思所想的整理记录，通过步步推导的方式，帮助读者更好、更深入地理解 LSM Tree 原理。由于笔者水平有限，如果读者在阅读上述内容的过程发现了问题或者错误之处，欢迎交流指正。下一节笔者将带领读者一起了解 LSM Tree 在实际环境中的架构演进。

7.3　LSM Tree 的架构演进

7.2 节从最基本的问题入手，逐步推导了一种解决写多读少场景的存储方案。实际上，对 LSM Tree 有所了解的读者可能会发现，最后推导出来的结果就是 LSM Tree。然而 LSM Tree 早被计算机研究人员正式提出了。因此，本节将从学术的角度重新认识 LSM Tree，以更全面的视角来理解它。

LSM Tree 的架构与计算机系统中的其他架构一样，旨在更好地解决工程问题，经过不断改进最终成熟。本节将从数据更新分类、LSM Tree 的架构演变及 LSM Tree 的核心问题三个方面展开介绍。

7.3.1　数据更新分类

在计算机中，通常将数据的更新策略按照是否采用覆盖的方式划分为两类：**原地更新（In-place Update）和非原地更新（Out-of-place Update）**。

❑ **原地更新**：是指对于同一条数据的更新，使用新数据来覆盖旧数据。在系统中，只会保存最新的一份数据。B+ 树存储引擎是原地更新的典型实现方式。原地更新可以看作为数据读取做了优化。在这类系统中，查询非常简单，只需要根据查询的关键字定位到该条数据，然后返回即可。但是其写入性能会比较低，因为需要涉及比较频繁地磁盘随机写入。原地更新的示意图如图 7-6a 所示。

❑ **非原地更新**：是指对于一条数据的更新，不是采用覆盖旧数据的方式实现，而是将其最新的数据保存下来，并同时更新索引指向当前最新的数据。LSM Tree 存储引擎是非原地更新的典型实现方式。在非原地更新中，数据的更新操作不需要事先查找之前的旧数据然后覆盖，因此写入操作非常快。但是，它带来的问题是系统中会分散存储着同一条数据的多个版本，这也使得在处理查询请求时，无法快速锁定待查询的数据在哪一个文件中。因此，往往需要按照存储数据新旧的次序逐步查找，从而导致查询性能相比于原地更新会低一些。非原地更新的示意图如图 7-6b 所示。非原地更新自 20 世纪 70 年代以来就不断地应用于数据库系统和操作系统中。最早的

diff 文件就是非原地更新的应用案例，在它的设计中所有的更新会写入一个 diff 文件中，然
后该文件会和主文件进行定期的合并。

后来 PostgreSQL 数据库就大胆实践了
日志结构存储，同时日志结构文件系统
（LFS）也尝试了类似的思路，通过非原
地更新的方式来利用磁盘的写入带宽，
提升系统性能。

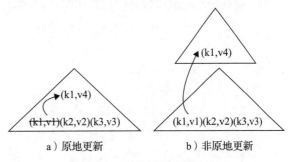

　　LSM Tree 本意是日志结构合并树。
它是 Patrick O'Neil 和 Edward Cheng 在
1996 年 发 表 的 一 篇 论 文 "The Log-

图 7-6　数据更新策略

Structured Merge-Tree（LSM-Tree）"（下面简称为论文 1）中首次提出的。其名称取自于日志
结构文件系统。从数据更新的层面来看，LSM Tree 是非原地更新的典型实现。

　　论文 1 详细介绍了双组件 LSM Tree 结构和多组件 LSM Tree 结构。随着技术的不断发
展，现如今的 LSM Tree 已经在多组件 LSM Tree 结构的基础上衍生出来了诸多版本，尤其
是近些年较流行的 LevelDB/RocksDB 架构，基本上已经成了 LSM Tree 的代名词。下面将
分别介绍这三种 LSM Tree 结构，以此说明 LSM Tree 的演进之路。

7.3.2　双组件 LSM Tree 结构

　　在论文 1 最初提到的双组件 LSM Tree 结构中，包含 C_0 和 C_1 两个组件。C_0 是内存组
件，C_1 是磁盘组件，它们都是类树的数据结构。每次写入数据时，都会先写入 WAL 日志
文件，以确保数据的持久性，同时在记录完日志后将数据
缓存在 C_0 组件中。在将来的某个时间，数据会被转移到
C_1 组件中。查询时首先在 C_0 中查找，然后在 C_1 中查找。
这种双组件的结构如图 7-7 所示。C_1 树一般具有类似于
B+ 树的目录结构，但是它对顺序写的磁盘访问进行了优
化，所有节点数据都是 100% 满的。

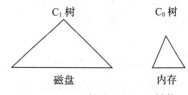

图 7-7　双组件 LSM Tree 结构

　　写入一条数据到 C_0 组件中的开销非常小，但是将 C_0 保存到内存中的成本比保存到磁盘
中高太多，这也导致 C_0 组件必须有大小限制。为了解决这个问题，引入了滚动合并机制。
当 C_0 所占内存空间超过指定的阈值后，就会启动滚动合并过程，将 C_0 组件中的一些连续数
据合并到 C_1 组件中。合并完成后，这些数据就可以从 C_0 中删除，释放 C_0 占用的空间。

　　C_0 和 C_1 采用类树的数据结构实现。在滚动合并之前，它们的结构如图 7-8a 所示。当
往 C_0 树中添加一条数据后触发了阈值限制时，就需要启动滚动合并。滚动合并的第一步是
选择 C_0 树中的子树，第二步是在 C_1 上选择相应的子树。两棵子树都确定后，就对这两棵
子树进行合并。由于选择的 C_0 子树和 C_1 子树都是有序的，因此在合并时，通过不断更新
两个迭代器来实现，合并后产生的结果也是有序的。合并后的结果会组织成 C_1 树的新子

树，用来替换 C_1 合并前的子树。最终，新子树会写入 C_1 磁盘，同时合并前 C_0 和 C_1 选择的子树会被删除。滚动合并的过程如图 7-8b 所示。

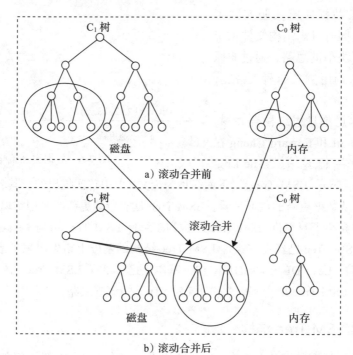

a）滚动合并前

b）滚动合并后

图 7-8 双组件 LSM Tree 的滚动合并过程

在合并过程中，有两个点需要保证：第一，C_0 子树和 C_1 子树在合并过程中都需要保证能够正常处理查询操作。第二，在合并完成后，新子树的刷写磁盘、C_0 子树和 C_1 子树的删除这两个操作需要保证原子性。

在双层 LSM Tree 结构中，始终只有一个磁盘文件，因此对于数据查询而言效率更高，但它最大的问题是由 C_0 组件触发的合并相对频繁，导致写放大问题比较严重。如果要减少合并的频率，则 C_0 组件又会占据非常大的内存空间。因此，在成本和性能方面的权衡下，双组件 LSM Tree 结构演变成了多组件 LSM Tree 结构。

7.3.3　多组件 LSM Tree 结构

论文 1 指出，在多组件 LSM Tree 结构中，内存组件仍然只有 C_0 一个，但其磁盘组件设计为多个。对于由 $K+1$ 个组件组成的 LSM Tree，它包含 $C_0, C_1, C_2, \cdots, C_{k-1}, C_k$ 组件。它们是大小递增的索引树结构，每个组件都会设置一个阈值。在系统不断接收写操作的过程中，上述所有组件对之间均会发生异步滚动合并过程。每次当较小的 C_{i-1} 超过其阈值大小后，会将一部分数据从较小的组件转移到较大的组件中。通常把这种组件对之间的滚动合并过程称为**水平合并策略**（Leveling Merge Policy）。在这种结构中对于一条生命周期比较长的数据而言，它会首先存储在 C_0 组件中，然后通过一系列的异步滚动合并操作，最终转移到 C_k 组件中。多组件 LSM Tree 结构如图 7-9 所示。

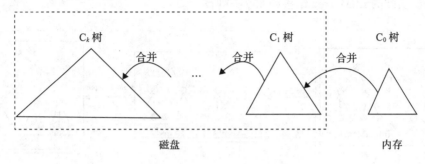

图 7-9　多组件 LSM Tree 结构

引入多组件 LSM Tree 是为了平衡双组件 LSM Tree 中的成本和性能开销。在论文 1 中还提到，在稳定的工作负载下，层数保持不变时，当所有相邻组件之间的大小比 $\left(\text{sizeRatios} = \dfrac{C_{i+1}}{C_i} \right)$ 相同时，写性能会得到优化。这个原则影响了后来几乎所有 LSM Tree 的实现和改进。

在论文 1 中提到的这种多组件 LSM Tree 结构的滚动合并过程中，需要考虑的细节非常多，实现比较复杂。这也导致了基于论文中提出的这种结构在工程上落地的项目比较少。LSM Tree 的实现更多是在此基础上进行的改进。下面来介绍目前采用最多的 LSM Tree 结构。

7.3.4　实际的 LSM Tree 结构

如今基于 LSM Tree 实现的项目非常多，它们无一例外都是在前面介绍的多组件 LSM Tree 结构的基础上改进实现的。它们之间的差异，一方面表现在磁盘组件的划分上，另一方面表现在数据的合并机制上。本小节将着重介绍第一个差异，关于数据的合并机制部分将会在 7.4 节中详细展开。

现在的 LSM Tree 结构由至少一个内存组件和多个磁盘组件组成。数据写入时也是先写入内存组件中，并同时记录日志数据以保证数据的可靠性。当内存组件所占用的内存空间达到设定的阈值时，需要对内存组件进行处理。通常的做法是，关闭当前的内存组件并重新创建一个新的内存组件来处理写操作。关闭的内存组件处于只读状态，某个时间点之后会将该内存组件中的全部数据异步写入磁盘上形成一个磁盘组件。这个过程在很多实现中被称为 Minor 压缩（Minor Compact）。对写操作非常频繁的系统而言，发生多次异步写入后，磁盘上会形成多个磁盘组件。随着时间的推移，文件个数会越来越多，这也为数据的读取带来了困难。为了缓解这个问题，如今的 LSM Tree 还会按照一定策略对多个磁盘上的组件进行周期性地合并压缩，以确保磁盘上的文件个数维持在相对稳定的数量。在压缩过程中，首先会选择几个磁盘组件，接着读取它们的内容并进行数据的合并处理，最后将合并后的数据写入新的磁盘文件中。当压缩合并过程完成后，旧的磁盘组件就可以删除了，以释放磁盘空间。磁盘组件之间的压缩合并过程在一些实现中也称为 Major 压缩（Major Compact）。实际的 LSM Tree 结构如图 7-10 所示。

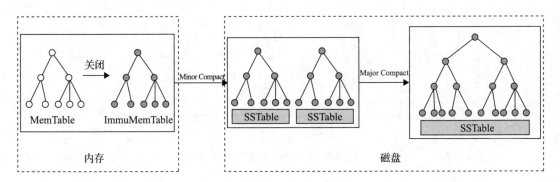

图 7-10　实际的 LSM Tree 结构

在上述结构中，内存组件和磁盘组件分别称为 MemTable(内存表) 和 SSTable(磁盘表)。

1. MemTable

MemTable 主要指在内存中缓存写入的数据。同一时刻只会有一个 MemTable 处理写操作。通常它所选择的数据结构是跳表、B+ 树等。触发 MemTable 中的数据写入磁盘形成 SSTable 的条件通常有两个：一是当 MemTable 中存储的数据所占的内存空间达到指定的阈值后就触发；二是根据时间间隔定期触发。为了保证 MemTable 刷盘不会阻塞写操作，当达到触发条件后通常不会立即同步写磁盘，而是重新创建一个新的 MemTable 来正常接收新的写操作，并同步关闭旧的 MemTable，以使其变成只读状态。这两个操作必须保证原子性执行。只读状态的 MemTable 也称为 ImmuMemTable。在 ImmuMemTable 被完全写入磁盘之前，可以正常处理读取请求；在 ImmuMemTable 写入磁盘后，内存空间会被释放，同时这个 ImmuMemTable 被磁盘上的一个新的 SSTable 代替。在这个过程中需要注意的是，当 ImmuMemTable 写磁盘完成后，与之对应的 WAL 日志段也可以被释放掉了。

2. SSTable

SSTable 通常会出现两种情况：第一种情况是由内存中的 ImmuMemTable 写入磁盘得到；另一种情况是为了维持 SSTable 数量而周期性地对旧的 SSTable 文件进行数据压缩合并，形成新的 SSTable。虽然不同 LSM Tree 实现中的 SSTable 的格式有所不同，但可以确定的是，无论哪种方式形成的 SSTable，SSTable 文件中保存的数据始终是有序的。这样做的好处是：一方面可以高效地处理后续的查询请求（点查询和范围查询），另一方面也可以实现高效的数据压缩 / 合并。

实际的 LSM Tree 中各组件内部的数据扭转过程及各阶段对应的读 / 写状态，如图 7-11 所示。

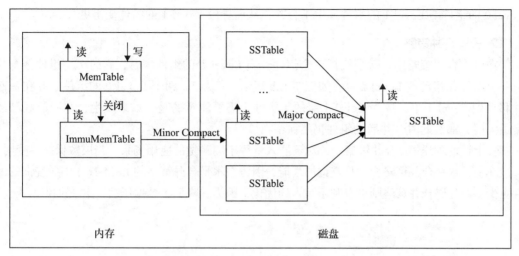

图 7-11　实际的 LSM Tree 中各组件内部的数据扭转过程及各阶段对应的读 / 写状态

7.4　LSM Tree 的核心问题

在一些书籍或者文章中，也把数据压缩称为数据合并，本书统称为数据压缩 / 合并。实际上，在 LSM Tree 中，数据压缩 / 合并非常关键。在数据压缩 / 合并的过程中，非常消耗系统的 CPU、内存、磁盘 I/O 等硬件资源。一旦处理不当，很容易成为系统的瓶颈。此外，频繁的数据压缩 / 合并必然会给系统的正常运行带来严重影响。本节将从数据压缩 / 合并、数据分区、放大问题（读放大、写放大、空间放大）及写放大优化这四个方面展开介绍，分析 LSM Tree 的核心问题。

7.4.1　数据压缩 / 合并

为了避免磁盘上的 SSTable 数量过多影响查询性能，LSM Tree 引入了周期性对磁盘上的 SSTable 进行压缩合并的功能。为了保证系统正常、稳定运行，数据压缩 / 合并的过程需要非常精细化的设计。在论文 "LSM-based Storage Techniques: A Survey"（下面简称为论文 2）中提到，在 LSM Tree 的实现中，数据压缩 / 合并通常划分为两种策略：**水平合并策略**（Leveling Merge Policy）和**分层合并策略**（Tiering Merge Policy）。

1. 水平合并策略

在水平合并策略中，每层只维护一个组件，每层的组件都会指定一个阈值。相邻的组件之间的大小比例为 T。当 Level $L-1$ 的组件超过其阈值大小后，它将会和 Level L 的组件进行合并。对于 Level L 的组件而言，这样的合并可能会发生多次，直到最后 Level L 的组件被填满。当填满以后，Level L 的组件又会被合并到 Level $L+1$ 中。例如，在图 7-12a 中，

Level 0 的组件与 Level 1 的组件发生了合并，从而导致 Level 1 的组件变得更大。

2. 分层合并策略

在分层合并策略中，每层维护 T 个组件。当 Level L 的组件满时，它的 T 个组件会合并成一个组件并移动到 Level $L+1$。如图 7-12b 所示，T 为 2，两个 Level 0 的组件合并在一起并移动到 Level 1 中，成为 Level 1 层的新组件。需要注意的是，如果发生合并的层数已经是最大层，那么此时合并后的组件仍然保留在该层。

在上述两种压缩 / 合并策略中，对于插入量等于删除量的应用场景，当层数保持不变时，一般来说，水平合并策略会优化查询的性能，因为在水平合并策略的 LSM Tree 中要查询的组件更少。而分层合并策略则更有利于写入的优化，因为它降低了数据压缩 / 合并的频率。

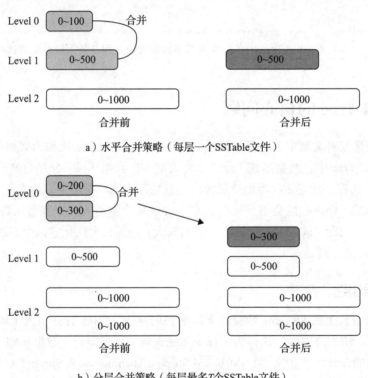

a）水平合并策略（每层一个SSTable文件）

b）分层合并策略（每层最多T个SSTable文件）

图 7-12　数据压缩 / 合并策略

7.4.2　数据分区

论文 2 中提到了与数据压缩 / 合并相对应的另一个功能——数据分区。数据分区通常用于优化数据压缩 / 合并和查询，是一个非常重要的手段。其本意是将 LSM Tree 中的磁盘组件按照范围划分为多个分区。这些分区通常是按固定大小划分。通过分区，可以将每一层上的大组件合理地拆分为多个小组件。在分区处理后：一方面可以有效减少压缩 / 合并过程中所消耗的时间，同时能充分利用磁盘空间创建新的合并后的组件；另一方面，可以通过只合并范围重叠的组件来优化写倾斜或者顺序键值写入的场景。在写倾斜的场景中，更新频率较低范围的组件对应的合并频率也会大幅降低。而在顺序键值写入的场景中，则可以避免压缩 / 合并操作，因为没有键的范围重叠。

在 LSM Tree 结构中，通常数据分区和数据压缩 / 合并策略是相互组合使用的，即水平合并策略和分层合并策略都可以结合数据分区的特性。在目前的工业级实现中，LevelDB/RocksDB 是基于**分区水平合并策略**实现的。此外，一些论文也提出了各种**分区分层合并策略**以获得更好的写性能。

1. 分区水平合并策略

在 LevelDB 采用的分区水平合并策略中，除了 Level 0 层外，它将每一层的大磁盘SSTable 组件，按照键的范围划分成固定大小的多个小的磁盘 SSTable 组件。每个组件都会标注其存储的数据的范围，包括最小值、最大值等。Level 0 层的磁盘组件是由内存组件ImmuMemTable 直接写入磁盘形成的，因此它们之间数据是存在重叠范围的，所以没法对它们进行分区。如果要将 Level T 层的部分组件合并到 Level $T+1$ 层时，只需要根据 Level$T$ 层所要合并的磁盘组件所覆盖的范围来选择 Level $T+1$ 层所有范围重叠的 SSTable 组件。然后将这两层选择出来的 SSTable 进行合并，合并后生成的新的 SSTable 写入 Level $T+1$ 层即可。这种分区水平合并策略的过程如图 7-13 所示。Level 1 中 0～30 的 SSTable 要合并到 Level 2 中，因此在 Level 2 中选择和 0～30 范围重叠的所有 SSTable，发现只有 0～15、

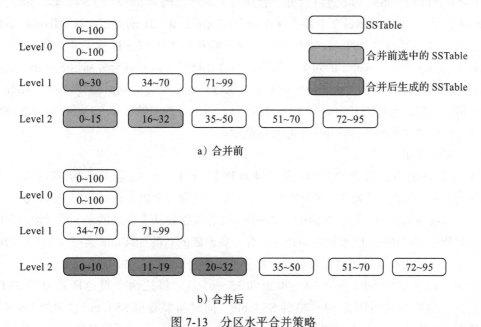

图 7-13　分区水平合并策略

16～32 这两个。接着将这三个 SSTable 进行合并，合并后在 Level 2 中生成了范围分别是 0～10、11～19、20～32 的三个新的 SSTable 组件。合并操作完成后，合并前旧的 SSTable 集合会被删除。在 LevelDB 中，为了尽可能最小化写操作的开销，采用循环的策略来选择每个 Level 要合并的 SSTable。当然，在其他的 LSM Tree 系统实现中也可以选择不同的策略来解决这个问题。

2. 分区分层合并策略

分区分层合并策略是指在分层合并策略的基础上，结合数据分区特性。在分层合并策略中，每一层都包含固定数量的 SSTable，它们的键范围有可能重叠。因此，在结合数据分区后，同一层和不同层之间可能存在键范围重叠的情况。为了保证正确性，需要按照一定的方式组织并排序这些分区后的 SSTable。在每一层上，有垂直分组和水平分组两种方案来组织分区后的 SSTable。所有 SSTable 都按照这两种方案中的一种进行组织，以分组为单位。

（1）垂直分组

垂直分组是指将同一层中键范围重叠的 SSTable 组织在一个分组中，分组之间不存在键范围重叠。实际上，这种情况跟分区水平合并策略类似，只不过每一个分区从之前的一个 SSTable 变成了多个 SSTable 而已。垂直分组的过程如图 7-14 所示。垂直分组以后，在进行数据合并时，每次将同一个分组中的所有 SSTable 进行合并，合并后生成新的 SSTable 移动到下一个层中。在移动时需要按照下一层组中的键范围重叠情况对合并后新的 SSTable 进行处理，可能会存在拆分 SSTable 的情况。如在图 7-14 中，将 Level 1 第一个分组中的 0～31 和 0～30 两个 SSTable 进行合并，合并后生成键范围为 0～31 的 SSTable，将它移动到 Level 2 中。而此时 Level 2 中并不存在一个键范围为 0～31 的分组，该范围横跨了两个分组，所以就需要将该 SSTable 进行拆分。拆分成 0～12 和 17～31 这两个 SSTable，然后将它们分别依次加入 Level 2 的两个分组中。由合并过程可以发现合并前后 SSTable 之间的区别：在合并之前，如果有一个查询请求正在执行，那么就需要同时检查这两个 SSTable；而合并后，则只需要检查其中一个 SSTable 即可。因为合并前的两个 SSTable 是存在键范围重叠的，而合并后的两个 SSTable 不存在键范围重叠。

（2）水平分组

在水平分组中，每个 SSTable 按照键范围划分成多个固定大小的 SSTable。这些 SSTable 作为一个组。因为在水平分组中，每一层会包含多个组，而每一层内会维护一个活跃组，该组接收来自上一层合并后的 SSTable。合并操作是从上一层的多个组中选择出键范围重叠的所有 SSTable，然后将它们合并，合并后形成的新的 SSTable 会写入下一层的活跃组中，在写入时同样要按照固定大小进行划分。水平分组的过程如图 7-15 所示。

在图 7-15 中，Level 1 存在 34～70 组和 35～65 组，将这两个键范围重叠的 SSTable 合并后，生成新的键范围为 34～70 的 SSTable，同时需要将该 SSTable 移动到 Level 2 层中。然而该 SSTable 的大小超过了固定大小，因此在移动过去后还需要按照大小将其划分为 34～55、57～70 这两个 SSTable 组。尽管 SSTable 是固定大小的，但实际上在同一层的不同组中，SSTable 可能会存在键范围重叠的情况。因此，在处理查询请求时，在每一层可能都需要查询多个 SSTable 来确定查询结果。

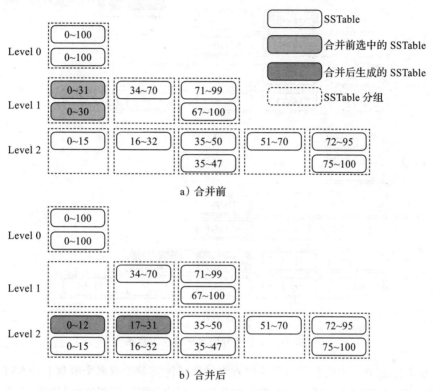

图 7-14　分区分层垂直分组

7.4.3　读放大、写放大和空间放大

在数据存储领域中，经常会涉及三个话题：读放大、写放大和空间放大。

❑ **读放大**：是指理论上查询操作所需的磁盘 I/O 次数与实际查询所用的磁盘 I/O 次数不相同。通常，实际值大于理论值。因此，这种情况称为读放大。实际值除以理论值就称为读放大的倍数。

❑ **写放大**：是指理论上写入操作将某条数据写入磁盘所需的磁盘 I/O 次数跟实际上某条数据写入磁盘所用的磁盘 I/O 次数不相等。通常，实际值大于理论值。因此，这种情况称为写放大。实际值除以理论值就称为写放大的倍数。

❑ **空间放大**：是指理论上存储某条数据所占的空间与实际上磁盘存储该条数据所占用的空间不相同。同样，通常是实际值大于理论值，因此这种情况称为空间放大。实际值除以理论值就称为空间放大的倍数。

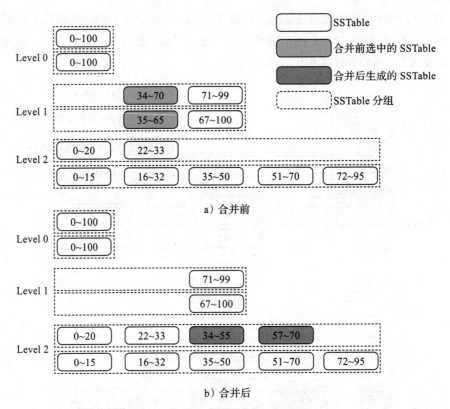

a) 合并前

b) 合并后

图 7-15 分区分层水平分组示意图

在 LSM Tree 中, 读放大是由于一次查询操作可能需要读取多个磁盘上的 SSTable 文件而引起的。而空间放大是因为 LSM Tree 本身所采用的非原地更新的机制而引起的, 即一条数据的多次变更操作会在磁盘上存储多条记录。那么, 在 LSM Tree 中的写放大又是如何产生的呢?

在存储领域, 有一种综合考虑了读取、更新、内存开销的非常流行的存储结构开销模型——RUM 猜想。RUM 猜想提出, 在上述三个维度中, 一旦减少了其中两个维度的开销, 则将会导致另外一个维度开销的增加。也就是说, 理论上不存在一种存储结构可以保证这三个维度的开销均最优。而这三个维度的开销其实可以看作读放大、写放大、空间放大的另一种表现。

B+ 树存储引擎是原地更新数据的, 对于一条数据的多次写入, 它都需要首先在磁盘上找到该条数据, 然后再进行内存中的更新, 最后写回磁盘中。这个过程可能会涉及多次更新磁盘页。同时, 在每个磁盘页上还会提前预留一些空间, 以备将来处理更新或者删除操作。而数据读取则非常简单, 只需要在磁盘上找到对应数据返回即可。因此, 在 B+ 树存储引擎中, 读放大较小, 而写放大较大。因此, 它可以看作针对读取优化的。

而 LSM Tree 存储引擎是非原地更新的, 同一条写入的数据会在磁盘上存储多条记录,导致了同一条数据会占用超过其自身所需的额外的空间，从而产生空间放大。而在数据读取时，通常需要检测多个磁盘文件才能确定最终查找的结果。因此，读放大较为严重。虽然数据压缩 / 合并的引入在一定程度上缓解了读放大和空间放大，但又不可避免地带来了写放大。因此，目前很多研究都聚焦于如何优化 LSM Tree 的写放大问题。总体上来看，LSM Tree 是针对写入优化的。这也是它适合处理写多读少场景的原因。

在 Bradley C. Kuszmaul 的论文 "A Comparison of Fractal Trees to Log-Structured Merge (LSM) Trees" 中，对 B+ 树和 LSM Tree 的读放大、写放大、空间放大做了非常详细的定量计算。其中涉及的公式计算和推导比较复杂，也超出了本书的内容，这里不做展开。感兴趣的读者可以直接阅读该论文，进行深入了解。

7.4.4　写放大优化

目前，一些学者提出了关于优化 LSM Tree 中写放大的方案（例如 "LSM-Tree 优化写放大调研"（https://zhuanlan.zhihu.com/p/490963897）），其核心思路是减少数据压缩 / 合并。在这些研究中，最主要的两个技术方向是 **KV 分离技术**和**延迟压缩技术**。

1. KV 分离技术

KV 分离技术能够降低写放大的主要原因在于存储介质的发展。早期的 HDD 顺序访问 I/O 和随机访问 I/O 差异非常大，这使得通过顺序 I/O 访问磁盘带来的读 / 写性能足以抵消写放大带来的开销。同时，HDD 的使用寿命和对它的写入量并无直接关系。

随着 SSD 逐渐成为新一代存储介质，这种矛盾发生了转变。对 SSD 而言，它的顺序访问性能和随机访问性能相差不大，而 SSD 存储介质的使用寿命和对它的写入量直接相关，严重的写放大会大大降低 SSD 的使用寿命。因此，在以 SSD 作为存储介质的场景下，LSM Tree 的写放大就显得尤为关键了。这也是 KV 分离技术能够有效降低写放大的最主要原因。

KV 分离技术最早在 Lanyue Lu 的论文中被提出。论文中提到，WiscKey 将 Key 和 Value 分离存储，Value 用专门的 vLog 结构来存储，而 LSM Tree 结构中则保存 Key 和一个指向 vLog 中 Value 的指针。这样处理后，LSM Tree 中存储的数据大大减少，同时在发生合并时 Value 也不会参与，有效降低了写放大。注意：vLog 也需要定期进行数据合并，以释放空间。WiscKey 是第一个采用 KV 分离技术来优化写放大的实现，带来了很多启示。Helen H. W. Chan 等人在论文中提出的 Hash KV 也针对 KV 分离技术提出了一些新的尝试和改进。此外，目前工业界中实现的 Titan、Badger、TerarkDB 等也借鉴了 KV 分离的思路来优化写放大这一问题。关于 WiscKey 的详细内容将第 8 章详细介绍。

2. 延迟压缩技术

另一类改善写放大的技术是延迟压缩技术。这种技术的特点是所占用的磁盘空间较大，因此成本会增加。HyperLevelDB 和 PebblesDB 是这种方案的主要实现代表。HyperLevelDB

通过放弃 SSTable 的 Level 大小，寻找产生最小写放大的 SSTable 进行压缩，减少压缩频率。而 PebblesDB 则是在 HyperLevelDB 的基础上进一步改进，使用了 FLSM Tree 的磁盘数据结构，弱化数据的有序性，减少不必要的键范围重叠，从而在整体上减少数据参与压缩的次数，从而降低写放大。由于篇幅的限制，此处不再展开，感兴趣的读者可以进一步阅读相关资料。

7.5 小结

本章从三个方面简要介绍了 LSM Tree 的原理。首先从实际问题出发，通过层层推导的方式尝试还原 LSM Tree 的各个模块和组件。其次介绍了在学术界和工程界 LSM Tree 的架构演进。最后重点围绕 LSM Tree 中数据压缩 / 合并、数据分区、读 / 写空间放大问题、写放大优化等几个核心问题进行了阐述。

那么，基于 LSM Tree 实现的项目有哪些？它们又是如何应用并改进 LSM Tree 的呢？除了 LSM Tree 以外还有其他的 LSM 模型和架构吗？这些问题将在第 8 章回答。

第 8 章 *Chapter 8*

LSM 派系存储引擎

笔者把各种基于 LSM 实现的存储方案均归为 LSM 派系存储引擎。那 LSM 派系的存储引擎各自是如何读 / 写问题的呢? 本章就来回答这个问题。

8.1 LSM Tree 存储引擎

LSM Tree 在工程上的一些典型应用有 LevelDB、RocksDB、PebblesDB、HBase、Cassandra、AsterixDB、Badger 等。本节将介绍近些年兴起的一种 LSM Tree 的改进方案——KV 分离存储技术 WiscKey。掌握了 WiscKey 的核心思路后, 会更加深入地理解 LSM Tree 的读 / 写空间放大的问题。

8.1.1 LSM Tree 工程应用

目前在工程上 LSM Tree 的应用已经非常广泛, 比如 RocksDB、PebblesDB、HBase、Cassandra、AsterixDB 等。这些项目有些是单机存储引擎, 有些则是分布式的存储系统。而这些分布式系统从单机角度来看, 它们的数据存储方案无一例外都是借助于 LSM Tree 来构建的。下面分别对它们进行简要的介绍。

1. RocksDB

RocksDB 保留了 LevelDB 的基本架构和接口, 它同样是一个嵌入式的高性能 KV 存储引擎。目前 RocksDB 存储引擎已经广泛应用于各种存储系统, 比如 Cassandra、TiDB、CockroachDB、Flink 等。

RocksDB 在 LevelDB 的基础上添加了大量的新特性且做了优化工作。同时, RocksDB

中采用了插件式的架构，这使得可以通过开发不同的插件来使其适用于各种业务场景。下面简单介绍下 RocksDB 在 LevelDB 上添加的重要特性和做的一些优化。

1）新特性。在新特性方面，RocksDB 新增了列族（Column Family, CF）、压缩过滤器（Compaction Filter）、压缩模块插件化、MemTable 插件化、SSTable 插件化、数据解析工具等诸多特性。

❑ 列族。一个列族里是一系列 KV 组成的数据集。所有的读 / 写操作都需要先指定列族。每个列族有自己的 MemTable、SSTable 文件，所有列族共享 WAL log、Current、Manifest 等文件。用户可以基于 RocksDB 任意构建不同的列族，通过引入列族可以非常方便地把 KV 数据按照不同的业务逻辑或者业务场景进行隔离存储。

❑ 压缩过滤器。RocksDB 提供的压缩过滤器功能，可以让用户指定过滤条件，在数据压缩时将不符合条件的键值对过滤掉。

❑ 压缩模块插件化。RocksDB 通过插件的方式提供了对多种压缩算法的支持，比如 Snappy、BZip、Zlib、LZ4、ZSTD 等，而 LevelDB 仅支持 Snappy。

❑ MemTable 插件化。在 LevelDB 中 MemTable 的实现是一个跳表，因此它非常适合快速写入和范围扫描。而在 RocksDB 中通过插件化的思想对 MemTable 做了扩展，一个 MemTable 的实现既可以是跳表，也可以是 Hash 表、数组等。这使得 MemTable 既可以支持更高性能的写入，也可以根据不同的业务场景灵活选择不同的实现。

❑ SSTable 插件化。RocksDB 对 SSTable 的格式也做了插件化处理，用户可以自定义格式，以使其适配不同的硬件存储介质（HDD、SSD）。

❑ 数据解析工具。RocksDB 还提供了一些工具，用来离线解析 SSTable 文件中的 KV 数据等内容。而 LevelDB 则只能通过程序读取 SSTable 文件来获取 KV 数据。

2）优化项。RocksDB 对写入及压缩操作都做了一些优化，比如多 ImmuMemTable、多线程压缩、压缩限速、Read-Modify-Write 等。

❑ 多 ImmuMemTable。在 LevelDB 中只有一个 MemTable，当一个 MemTable 被写满后，会将当前的 MemTable 关闭使其变成只读的 ImmuMemTable，同时再打开一个新的 MemTable 用来接收写请求。如果有大量的写请求进来，新的 MemTable 会迅速再被写满，此时，如果 ImmuMemTable 还未完成压缩的话就会影响写入。在 RocksDB 中通过一个队列来管理 ImmuMemTable，以此解决这个问题。

❑ 多线程压缩。在 LevelDB 中支持单个线程处理压缩过程，而在 RocksDB 中通过划分不同的线程池来实现 Major 压缩和 Minor 压缩。当不同层的压缩操作没有涉及重叠时，可以并行执行压缩。

❑ 压缩限速。在基于 LSM Tree 的存储引擎中，压缩操作通常会消耗大量的系统资源（如 CPU、磁盘等），从而对查询性能产生负面影响，同时压缩的频率直接取决于写的速率。因此为了缓解该问题，RocksDB 提供了限速功能，它基于漏桶（Leaky

Bucket）机制来控制压缩操作对磁盘的写入速度。其基本思想是维护一个存有许多令牌（Token）的桶，令牌的生成由填充速度控制。在执行每次压缩操作之前，压缩操作都必须请求一定数量的令牌。因此压缩操作所产生的磁盘写入速度将受指定的令牌填充速度的限制。

❑ Read-Modify-Write。在实践中经常会碰到一种业务逻辑的处理，许多应用程序通常需要先读取现有的值然后再更新它们。为了有效地支持这种操作，RocksDB 支持一种叫作 Read-Modify-Write 的操作。RocksDB 允许用户直接将增量值（Delta Value）写入内存，从而有效避免读取原始记录。然后在处理查询请求时，将增量值与基线值根据用户提供的组合逻辑进行合并。同时，RocksDB 也允许在合并过程中进一步将多个增量值合并在一起，以提高后续的查询性能。

综上就是 RocksDB 在 LevelDB 的基础上添加的特性和做的优化处理。关于这部分更多详细的内容读者可参考 RocksDB 的官方文档。

2. PebblesDB

PebblesDB 是 CockroachDB 团队受 LevelDB/RocksDB 启发，采用 Go 语言开发的另一种基于 LSM Tree 的 KV 存储引擎。根据官方文档的说明，它保持了和 RocksDB 一样的文件格式，以及相似的访问接口和实现细节，同时在此基础上扩展了 RocksDB 的一些功能，但是并没有完全支持 RocksDB 的所有功能。因为它主要的目标是为 CockroachDB 数据库提供数据存储服务，并不是替代 RocksDB。

在介绍 PebblesDB 的论文 "PebblesDB: Building Key-Value Stores using Fragmented Log-Structured Merge Trees" 中提到，受到跳表的启发，将跳表和 LSM Tree 结合在一起，提出了分段 LSM Tree——FLSM（Fragmented Log-Structured Merge Trees）。FLSM 通过引入 guard 来组织日志，同时避免相同层上数据的重叠。因此 FLSM 极大地减少了数据压缩 / 合并的频率，从而减少了因压缩 / 合并而产生的写 I/O，有效地缓解了写放大。除此之外，PebblesDB 还采用了其他优化技术，如并行查询（Parallel Seeks）、布隆过滤器等来减少 FLSM 引入的开销。

关于 PebblesDB 更多的详细内容，感兴趣的读者请自行查阅相关资料。

3. HBase

HBase 是 Apache 旗下的 Hadoop 生态内的一个基于列式存储的分布式数据库。HBase 的实现原理借鉴了 Google 发表的 Bigtable 论文。它将存储的数据集以 Region 为单位进行划分，每个 Region 内部的数据采用 LSM Tree 来进行管理。

在 HBase 中，LSM Tree 的数据合并策略采用了之前介绍的分层合并策略（Tiering Merge Policy）。此外，HBase 还实现了一些分层合并策略的变形。例如，它内部实现了一种基于探查的合并策略（Exploring Merge Policy），该策略会检查所有可合并的组件序列，并选择写开销最小的组件序列。这种合并策略比基本的分层合并策略更健壮，特别是在组件大小不规则的情况下。因此，它作为 HBase 的默认合并策略之一。另外，HBase 还实现了一种基于日期的分层合并策略（Date-tiered Merge Policy），该策略专门用于管理时间序列数据。它根据组件的时间范围而不是大小来进行合并，从而有效处理时态查询。此外，HBase 还支持 Region 的动态分裂和合并，可以根据给定的工作负载对系统资源进行弹性管理。例如，当一个 Region 超过其阈值后，系统会将其拆分为两个较小的 Region。同时，如果系统中存在多个较小的 Region，则会根据具体情况将它们合并。这个特性类似于之前介绍过的 B+ 树中节点的分裂和合并。

4. 其他

还有许多项目也是基于 LSM Tree 构建的，比如 Apache 旗下的 Cassandra 和 AsterixDB 等。这些分布式系统项目在单机的存储结构上都采用了 LSM Tree 的思想设计，并结合一些具体的适用场景添加或支持一些新的特性，例如二级索引等。由于篇幅有限，这里不再一一介绍，感兴趣的读者请自行搜索相关资料进行深入学习。

也许读者对 LSM Tree 的内部存储架构有些困惑。例如，SSTable 是如何进行分区合并的？合并过程又是如何实现的？第 9 章将以 LSM Tree 的经典实现 LevelDB 为例，详细分析其内部的运行机制和源码实现。

8.1.2　LSM Tree 的 KV 分离存储技术 WiscKey

随着技术的不断升级和迭代，SSD 逐渐盛行起来。和 HDD 相比，SSD 在成本降低很多的同时，读 / 写性能有大幅提升。在 SSD 中，随机读 / 写和顺序读 / 写的差距没有 HDD 那么显著。尤其是在 SSD 上的随机读采用并发请求时，在某些场景中可以取得接近顺序读的总吞吐量。这意味着最初为 HDD 考虑设计的 LSM Tree 在 SSD 作为存储介质时并不一定是最优的。于是，提出了一种为 SSD 专门优化的 LSM Tree——WiscKey。

1. WiscKey 想法的来源

在 LSM Tree 的压缩过程中，由于 KV[⊖]数据是存放在一起的，这也就意味着排序过程中 K 和 V 都会参与。而实际上不管是点查询还是范围查询，只要能保证 K 有序，就可以实现这两种查询。在绝大部分场景中，通常 K 是小于 V 的。这也就意味着，如果压缩过程只对 K 进行，那么就可以大大减少排序过程中数据的总量。WiscKey 的设计思路正是来源于此。WiscKey 认为**"将 K 和 V 分离存储，压缩过程只对 K 进行排序，而不需要 V 参与"**。

2. WiscKey 的主要内容

WiscKey 的结构如图 8-1 所示。将 K 和 V 分离后，V 通过 SSD 上单独的 Log 文件（value Log, vLog）存储，LSM Tree 中存储的数据是 <key, v_addr>。其中 v_addr 是指 V 在 vLog 中存储的位置（由于 V 是变长数据，因此 v_addr 一般由 offset 和 length 两部分组成，

⊖　为简单起见，本章正文表述用 K 代替 key，用 V 代替 Value。图中表述不受此约定影响，以图为准。

offset 是 V 写入 vLog 中的位置，length 则是 V 的长度。只要确定这两部分信息就可以完整地获取 V）。将 K 和 V 分离后，可以发现 LSM Tree 存储的是索引数据，而实际的数据存储在 vLog 中。

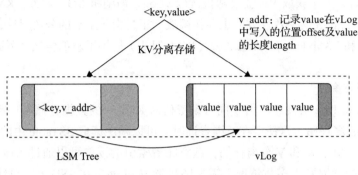

图 8-1　WiscKey 的结构

（1）WiscKey 的读 / 写操作

在 WiscKey 中，读 / 写请求的处理与之前的 LSM Tree 有些不同。写操作分为两个步骤：首先将 V 追加到 vLog 中，并记录 V 在 vLog 中的位置；追加成功后，再将索引信息 <key, v_addr> 写入 LSM Tree。索引信息写入 LSM Tree 的逻辑与 LSM Tree 的写操作相同。

在查询时，WiscKey 首先需要查询 LSM Tree 以获取索引信息 v_addr。读取 v_addr 的过程就是读取 LSM Tree，此处就不再重复说明了。成功从 LSM Tree 中获取 v_addr 后，就可以通过 v_addr 中记录的 V 的写入位置 offset 和 V 的长度 length 来读取 V 的实际内容。

（2）WiscKey 的性能分析

在 WiscKey 论文"WiscKey: Separating Keys from Values in SSD-Conscious Storage"中提到，相较于 LevelDB 等其他 LSM Tree，存储相同数据量，WiscKey 的 LSM Tree 要小得多。这是因为 WiscKey 将 K 和 V 分离存储。V 的大小并不会明显影响 WiscKey 的 LSM Tree 的大小，因此 WiscKey 能有效地减少写放大问题。同时，这也意味着在提升写性能的同时，能降低写放大，减少 SSD 的擦写次数，延长 SSD 的使用寿命。

此外，WiscKey 较小的 LSM Tree 也能降低读放大，提升读性能。在查询索引信息时，由于 WiscKey 的 LSM Tree 较小，这意味着相较于 LevelDB，WiscKey 只需要搜索较小层级和数量的 SSTable 文件，同时大部分数据可以缓存在内存中，减少对磁盘的访问次数。因此，对于大多数查询而言，可以忽略索引查询的开销，只需进行一次随机读取 vLog 以获取 V。总体而言，WiscKey 的读取性能应该更好。该论文还举了一个例子，假设 K 为 16B、V 为 1KB、整个数据库大小为 100GB，那么 WiscKey 的 LSM Tree 大小约为 2GB（假设用 12B 开销存储 V 的索引 v_addr），这意味着 WiscKey 的 LSM Tree 可以轻松地完全缓存在服务器的内存中。

尽管 WiscKey 的实现思路非常清晰，同时解决了读和写的放大问题，但在实现时仍然会引入一些新的问题。

（3）WiscKey 的挑战与优化

在 WiscKey 中，索引信息有序存储在 LSM Tree 中，而 V 则无序存储在 vLog 中。当处理范围查询请求时，为了获取 V，需要随机读取 vLog，即随机 I/O。此外，KV 的分离存储在 vLog 的垃圾回收和数据一致性方面也存在挑战。正是由于 KV 的分离存储，WiscKey 对 vLog 的更新机制和 LSM Tree 的 WAL Log（WAL 日志）提供了新的尝试。下面分别对上述内容进行介绍。

1）并发范围查询。

在原生的 LSM Tree 实现中，由于同一条键值对 K 和 V 的数据存储在一起，同时所有数据按照 K 进行有序存储。这使得在范围查询时，可以顺序读取 SSTable 中的键值对数据。而在 WiscKey 中，由于 K 和 V 分离存储，这意味着索引的读取可以通过顺序读取 SSTable 来实现，而对 V 的读取则大多数情况下需要随机读取 vLog。在 SSD 上，单线程的随机读性能远低于顺序读性能。然而，可以通过并行发出随机读请求来充分利用 SSD 设备内部的并行性，使其随机读取的性能接近顺序读取的性能。

在范围查询时，WiscKey 利用 SSD 设备并行 I/O 的特性，提前并发随机预读取范围查询区间内的 V 值，以提升范围查询的性能。WiscKey 会追踪范围查询的访问方式，当检测到范围查询时，会从 LSM Tree 中读取一系列的索引信息，并将这些索引信息添加到队列中。后台会通过多线程并发地获取队列中的索引信息，并从 vLog 中读取对应的 V 值存放到内存中。这种并发随机预读取的机制，有效地提升了 WiscKey 中范围查询的性能。

2）vLog 垃圾回收。

在原生的 LSM Tree 中，旧数据或被删除的数据不会立即被清理，而是在数据压缩期间回收。在 WiscKey 中，索引信息保存在 LSM Tree 中，因此可以在压缩期间清理索引信息。实际的 V 数据存储在 vLog 中，因此随着系统运行时间的增长，vLog 中旧的、无效的数据也会越来越多，因此需要为 vLog 设计一种垃圾回收机制，用于清理无效数据并释放空间，减少空间放大。

其中一种简单的垃圾回收机制是通过全量遍历 WiscKey 中的 LSM Tree 来实现的。通过遍历，可以获取每条数据的索引信息，然后从 vLog 中读取数据，并写入新的 vLog 文件中。通过一次全量遍历，可以筛选出有效的数据，最后直接清除旧的 vLog 文件以释放空间。这种方式固然可行，但在存储大量数据的场景下，一次垃圾回收的执行过程非常耗时，操作繁重，对系统资源的消耗较大。

上述方式更适合离线过程中的数据回收。而 WiscKey 需要一种轻量级的在线垃圾回收方式，希望垃圾回收能间断执行。为了实现这一目标，WiscKey 对 vLog 的数据格式进行了改进。在 vLog 中，不仅存储了 V 的值，还存储了 K 的值。由于 K 和 V 通常是变长数据，因此按照之前介绍的 TLV 格式进行存储。首先，用固定长度的空间存储 K 和 V 的长度，然后紧接着存储 K 和 V 的实际值。其次，对 vLog 文件进行划分，指定 head 和 tail 两个位置，有效的数据存储在 head~tail 的范围内。在追加数据时，总是从 head 位置往后追加；在进行垃圾回收时，则总是从 tail 位置开始处理。数据查询也限定在该范围内。改进后的 vLog 布局结构如图 8-2 所示。

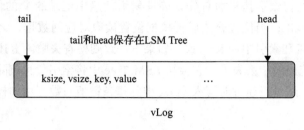

图 8-2　改进后的 vLog 布局结构

通过按照上述结构设计后，一次垃圾回收的过程如下。首先从 tail 位置开始按照块（一般是按照块读取，通常是 1MB）依次读取数据到内存中，然后解析出来对应的 K 和 V。得到 K 以后，再在 LSM Tree 中查找 K 对应的索引信息，判断该条数据是否有效。如果该条数据有效，则会将该条数据追加到 vLog 的 head 位置并更新索引信息。当处理完以后就会释放掉之前的块并更新 vLog 的 tail 位置（tail 信息也是存储在 LSM Tree 中，格式为 <tail, tail-vLog-offset>）。在这个过程中为了避免垃圾回收过程中系统发生异常而造成数据的丢失，WiscKey 确保在释放 vLog 空间之前将新添加的有效的 V 和 tail 位置进行持久化。在将有效的 V 追加到 head 位置后，它会对 vLog 执行 fsync() 刷盘操作，然后将索引信息和当前的 tail 信息再同步地写入 LSM Tree 中。上述操作都成功后就会释放 vLog 中的空闲空间。

WiscKey 的垃圾回收通常是定期或者按照指定阈值的方式在线执行。此外，它也可以离线执行。在大容量的存储空间、同一数据删除 / 更新少的情况下垃圾回收的触发都比较低频。

3）数据一致性。

在 WiscKey 中，数据的写入过程分为两个阶段：第一阶段往 vLog 中写 V，第二阶段往 LSM Tree 中写索引。因此系统在写操作执行过程中发生崩溃的情况下，数据的一致性可以分为以下几种情况来讨论。

情况 1：写 vLog 失败。这种情况下因为 vLog 直接写失败了，不管是 V 的数据从未写入，还是部分写入 vLog，还是全部写入 vLog 但未来得及更新索引失败。该条数据在 LSM Tree 中是不存在索引的，用户无法读取到该条数据。该条数据在 vLog 中就是一条无效的数据，它会在将来垃圾回收的过程中被清理掉。这种情况下的 WiscKey 的数据一致性是得到保证的。

情况 2：写 vLog 成功、写 LSM Tree 失败。在这种情况下，vLog 数据已经写成功，但在往 LSM Tree 中写入索引的过程中失败了。写 LSM Tree 失败的情况主要是指写 LSM Tree 的 WAL Log 失败了。因为只要 WAL Log 写成功其实在 LSM Tree 就已经认为是成功了，后面恢复时可以根据 WAL Log 数据进行恢复。所以这种情况下实际上还是等价于情况 1。

情况 3：写 vLog 成功、写 LSM Tree 成功。情况 3 是最复杂的，这种情况下看起来 vLog 和 LSM Tree 都写成功了。但需要额外的一些措施来保证数据的一致性。通常情况下，在执行查询时，当获得索引信息后首先要验证索引信息中记录的 V 的位置是否在 vLog 的有效范围内（head~tail），当位置合法后再根据位置读取对应的数据，读取到数据后再验证数据中存储的 K 是否和索引中的 K 一致，如果不一致则检查失败。上述检查但凡失败都会认为该条数据在系统崩溃中丢失了。它会从 LSM Tree 中将索引信息删除，然后返回查询的数据不存在。另外，还可以通过对写入 vLog 中的每条键值对数据增加校验和等方式进行额外验证。

4）vLog 的更新优化。

在 WiscKey 的论文中提到，如果对于每次的添加操作都通过 write() 系统调用将数据追加到 vLog 中时，在写密集型的场景中，大量小的写操作引起的频繁的系统调用会带来明显的开销。为了避免这种情况，WiscKey 在内存中对要写入 vLog 的数据提供了一个缓冲区。写入 vLog 中的数据会先写入缓冲区，当缓冲区中的数据超过一定阈值或者用户手动触发同步操作时才会写入 vLog 中。通过利用缓冲区，WiscKey 有效地减少了 write() 系统调用的次数。这种方式带来的问题是需要考虑系统发生崩溃后如何恢复。恢复机制通常也是增加一个 WAL Log，具体过程类似于前面介绍 LSM Tree 中的恢复机制。在这种方式下进行查询时，首先在缓冲区中查找，如果没有找到再在 vLog 文件中查询。

5）LSM Tree 的 WAL Log 优化。

在之前介绍 LSM Tree 的原理时提到，它通过 WAL Log 来保证数据的一致性，当系统异常崩溃后重新启动的过程中会根据 WAL Log 来恢复之前丢失的数据。在前面介绍 WiscKey 的垃圾回收时提到对 vLog 的改进，写入 vLog 中的数据包含了整个键值对，且 vLog 的写入顺序也是数据的插入顺序。WiscKey 中的 LSM Tree 仅用来存储索引信息，该 LSM Tree 中的 WAL Log 维护的数据顺序和 vLog 数据顺序一样。因此，可以通过 vLog 中的数据来构建出 WAL Log 的数据。从这个角度来看，实际上完全可以用 vLog 来替代 LSM Tree 中的 WAL Log。数据的恢复依靠 vLog 文件，同时不影响数据的正确性和一致性。

这样做带来的一个问题是，如果仅依靠目前的 vLog 来恢复数据，那么恢复的过程会非常漫长，因为要扫描整个 vLog 才能实现。为了解决这个问题，WiscKey 定期地在 LSM Tree 中保存了 vLog 的 head 信息 h（格式为 <h,h-vLog-offset>），h 的 offset 位于 head~tail 之间。每当系统启动的时候，WiscKey 都首先从 LSM Tree 中读取到记录的 head 信息 h，然后从 h 位置开始往后遍历 vLog 来恢复 LSM Tree 中的索引信息，直到遍历到 vLog 的 head 位置结束。

因为 vLog 的数据写入顺序和 WAL Log 的数据写入顺序一致，而且可以通过 vLog 中的数据构建出 WAL Log 的数据，所以从 WiscKey 的 LSM Tree 中可以移除 WAL Log，避免不必要的写操作，提升系统性能。通过理论上的分析可以判定这个改进属于一个安全的优化。

3. WiscKey 的工程应用

目前在工程上基于 WiscKey 实现的项目，比较知名的有 Badger、TerarkDB、Titan 等。下面分别对它们加以介绍。

（1）Badger

Badger 是 Dgraph 图数据库内部采用的存储引擎，它是采用 Go 语言编写的。Badger 的整体架构如图 8-3 所示。

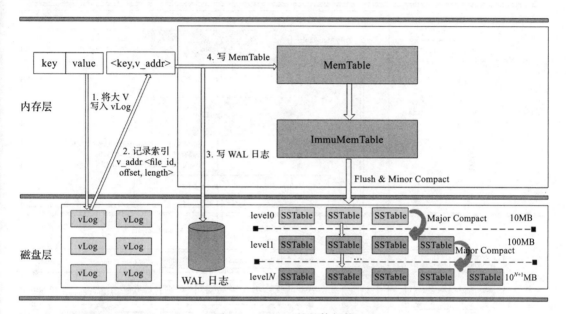

图 8-3　Badger 的整体架构

Badger 在架构上是比较接近 WiscKey 论文的。在 Badger 中对 V 的大小设定了一个阈值，当 Badger 收到一个写请求时，它会首先将当前 V 的大小和阈值进行比较。如果 V 小于阈值，则会将该键值对直接存入 LSM Tree 中；而当 V 大于或等于阈值时，写操作执行的逻辑跟前面介绍的 WiscKey 中描述的一样，首先将 K 和 V 一起写入 vLog 中，然后将写入该键值对后的位置信息封装成索引信息写入 LSM Tree 中（LSM Tree 中是先 WAL Log、再写 MemTable）。注意：Badger 的实现和 WiscKey 中的介绍有以下几个差异。

1）Badger 中 vLog 的数据是分段存储的。同一时间只有一个 vLog 接受数据的写入。因此对于每一条写入 vLog 的数据而言，要想精准地查询到它的内容，需要知道该条数据写入到哪个 vLog 文件的什么位置及该条数据多长。这也说明在这种设计中索引信息由三部分构成，即 <file_id,offset,length>。

2）Badger 中的 LSM Tree 仍然保留了它自身的 WAL Log，并没有采用之前 WiscKey 中介绍的优化。

查询过程跟前面介绍的 WiscKey 一样，首先从 LSM Tree 中获取索引信息，然后根据索引信息从 vLog 中读取数据。在范围查询时通过对 vLog 异步并发预取数据，充分利用 SSD 带宽，改善查询性能。

（2）TerarkDB

根据 TerarkDB 官方文档介绍，TerarkDB 是由 Terark 基于 RocksDB v5.18.3 开发的存储引擎。TerarkDB 目前已经在字节跳动内部投入使用。TerarkDB 的整体架构如图 8-4 所示。

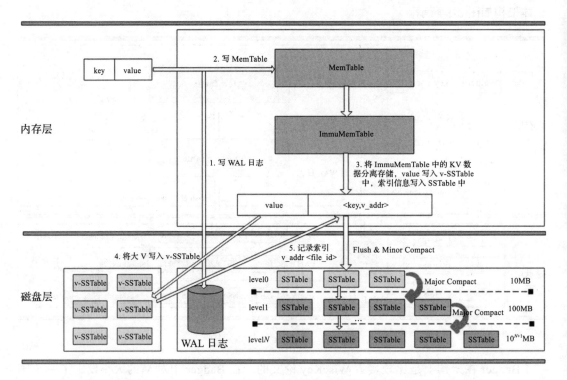

图 8-4　TerarkDB 的整体架构

由于 TerarkDB 是基于 RocksDB 构建的，因此写操作的逻辑和 RocksDB 的是一样的。首先记录 WAL Log，然后将数据写入 MemTable 中。当 MemTable 的大小超过阈值后，将其转变为只读的 ImmuMemTable。注意：当 ImmuMemTable 异步持久化到磁盘形成 SSTable 时，与 RocksDB 有所不同。与 Badger 类似，TerarkDB 对键值对中的 V 设定了一个阈值。当 V 小于阈值（小 V）时，将 K 和 V 直接写入 LSM Tree 中；而当 V 大于或等于阈值（大 V）时，将 K 和 V 分离存储，V 写入单独的 v-SSTable 中，所有大 V 按照 SSTable 格式组织。在这种情况下，对于大 V，在查询时只需要知道它写入在哪个 v-SSTable 中即可。索引信息中只需要维护 v-SSTable 的标识 fileno 就足够了。在 v-SSTable 写入成功后，再将索引信息 <key, fileno> 写入 LSM Tree 的 SSTable 中。存储 V 的 v-SSTable 和 LSM Tree 中的 SSTable 一样，数据按照固定格式存储。只要能定位到具体的 v-SSTable，就可以在 v-SSTable 中读取到对应的 V。关于 SSTable 的具体内容将在第 9 章详细介绍。

在 TerarkDB 中，对于 v-SSTable 的垃圾回收不需要更新 LSM Tree 中的索引，这在很多方面使得它与读 / 写请求无关。在进行垃圾回收时，后台根据每个 v-SSTable 的垃圾统计情况选择要进行回收的 v-SSTable。然后，在回收过程中遍历每条数据，根据索引信息判断该条数据是否有效，最后将有效的数据写入新的 v-SSTable 中。TerarkDB 在 Manifest 文件中记录 v-SSTable 之间的依赖关系。当查询请求进来时，如果用户访问的数据存储在旧的 v-SSTable 中，它将根据 Manifest 中的依赖关系重定位到最新的 v-SSTable，最后读取对应的值并返回。然而，在实际生产环境中，这种垃圾回收方式可能会导致某个 v-SSTable 被很多旧的 v-SSTable 依赖，从而在查询时降低存储性能。为了解决这个问题，TerarkDB 提供了一种特殊的压缩机制，称为重建（Rebuild）。在重建时，会尽量简化依赖关系，以确保系统正常运行。

了解了 TerarkDB 的写入和垃圾回收机制后，可以发现它对于大 V 的查询请求也分两步：首先，在 LSM Tree 中查找索引；然后从 v-SSTable 中读取数据。在读取 v-SSTable 的过程中，根据 Manifest 文件中记录的依赖关系访问最新的 v-SSTable。

（3）Titan

Titan 是 PingCAP 团队基于 RocksDB 6.4 并根据 WiscKey 的设计理念研发的一个存储引擎。目前 Titan 已经在 TiKV 中正常使用。Titan 的整体架构如图 8-5 所示。

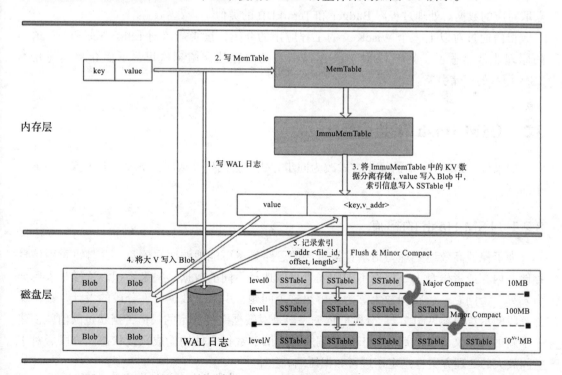

图 8-5　Titan 的整体架构

由于 Titan 和 TerarkDB 都是基于 RocksDB 进行研发的，因此从整体架构上来看，Titan 的处理方式和 TerarkDB 类似，但在一些细节处理上有所不同。就写操作而言，Titan 的写操作处理与 TerarkDB 和 RocksDB 的基本一致，主要区别在于，内存中的 ImmuMemTable 持久化到磁盘上的 SSTable 文件的过程。在 Titan 中，同样是通过设定阈值来区分大 V 和小 V，小 V 仍然直接存储在 LSM Tree 中，而大 V 则通过 Blob 文件来存储。与 TerarkDB 相比，它采用 Blob 文件存储有序的 KV 数据，而不是采用 v-SSTable。因此，在这个过程中得到的索引信息是不同的。在 Titan 中，写入 V 后得到的索引信息由 <fileno, offset> 两部分组成。当 V 成功写入 Blob 文件后，再将索引信息写入 LSM Tree 中。

Titan 中有两种垃圾回收机制。第一种采用的是类似于 Badger 的策略。每次根据统计信息确定要垃圾回收的 Blob 文件，然后将该 Blob 中存储的有效数据重写到新的 Blob 文件中并同步更新 LSM Tree 中的索引。另一种垃圾回收机制称为 Level Merge。在 LSM Tree 压缩的过程中 Titan 也会将对应的 Blob 文件进行重写，并同时更新 SSTable 中的索引信息。通过这种方式可以减少对读 / 写请求处理的影响。这种垃圾回收机制是另一个和 TerarkDB 之间的区别。不过需要注意的是，Titan 的第二种垃圾回收机制仅在 LSM Tree 的最后两层启用。

同理，在 Titan 中进行查询时也是先在 LSM Tree 中查询索引信息，然后在 Blob 文件中获取对应的数据。处理过程跟 Badger 和 TerarkDB 的类似。

相信通过对以上三个 WiscKey 的工程应用的介绍，读者应该对 LSM Tree 和 WiscKey 的原理非常熟悉了。关于 LSM Tree 存储引擎的内容就介绍到这里，下面介绍其他几类 LSM 派系的存储引擎。

8.2　LSM Hash 存储引擎

如果将 LSM Tree 中的异步方式改为同步方式，会发生什么呢？下面一起来探究一下这个问题。

8.2.1　LSM Hash 的起源

为了保证高效地处理写请求，最直接的思路是尽可能地顺序写磁盘，并且将索引信息存储在内存或者磁盘上，根据不同的场景可以选择不同的数据结构来组织。这样写入后会引发另一个问题——**空间放大**。为了解决这个问题，引入了数据文件分段的设计，数据文件分段的示意图参见图 7-2。分段的依据一般是对数据文件指定的阈值，当超过阈值就创建一个新的数据文件，然后关闭旧的数据文件，旧的数据文件均变成只读状态。分段后对于空间放大的处理方案也是定期进行数据压缩 / 合并。

此外，分段后同一时刻对于某一条数据而言它最新状态的数据只会存储在一个文件中，因此索引信息还需要多保存一个文件标识符，即文件编号 fileno，索引结构变成

<fileno,offset,length>。该索引信息表达的含义是对于给定查询的数据，它存储在 fileno 文件的 offset 位置，长度为 length。根据该索引信息可以很快地获取到对应的数据。

上述过程实际上就是将 LSM Tree 的异步写磁盘方式改成同步写磁盘方式（需要注意的是，此处所指的写磁盘主要是指 LSM Tree 中的 SSTable，而不是 WAL Log）。改成同步后每来一条数据都直接追加写入磁盘中，然后同步记录索引信息。可以看到，同步写磁盘的处理过程要比异步写磁盘的简单许多，和 LSM Tree 相比同步方式下不需要 MemTable、WAL Log 等结构。

基于上述思想实际上可以产生非常多的存储引擎架构，因为不同的场景选择的索引结构不同，但它们的共性均是**同步顺序写磁盘**。这个共性可以说是 LSM 派系存储引擎的核心思想。接下来将介绍一个索引结构选择 **Hash 表**的存储引擎结构，笔者将其称为 LSM Hash 存储引擎，这种存储引擎的主要代表是 Bitcask。

8.2.2　Bitcask 的核心原理

Bitcask 是 Basho 提出的一种读 / 写均具有低延时、高吞吐的单机磁盘存储引擎。它是 Riak 使用的存储引擎之一。论文"Bitcask A Log-Structured Hash Table for Fast Key/Value Data"中提到 Bitcask 是一种存储 KV 数据的日志结构 Hash 表。其核心思路是数据通过顺序写的方式追加到磁盘上，索引结构采用 Hash 表维护在内存中。因此笔者也将其称为 LSM Hash 存储引擎的典型实现。目前，基于 Bitcask 构建的工程应用有开源同名的 Bitcask、豆瓣内部使用并开源的分布式 KV 系统 BeansDB/GoBeansDB，以及 GitHub 上的开源项目 RoseDB、NutsDB 等。本小节重点分析一下 Bitcask 内部的运行机制。

1. Bitcask 的整体架构

Bitcask 作为一个 KV 磁盘存储引擎，它仍然满足前面介绍的经典的三层结构：用户接口层、内存层、磁盘层。Bitcask 的整体架构如图 8-6 所示。

在用户接口层，Bitcask 主要暴露给用户增删改查的接口，如 Get(k)、Put(key,value)、Delete(key)、Scan(prefix) 等。这些接口会接收用户的请求并将数据传递到内存中。

在内存层，Bitcask 采用 Hash 表或者类 Hash 的数据结构来存储索引信息。Bitcask 论文中介绍到采用 Hash 表的主要原因是它的读 / 写非常快，这样可以节省花费在索引上的时间开销。而在用 Go 实现的 Bitcask 中，它是采用 ART（Adaptive Radix Tree，自适应基树）来存储索引信息的。作为一种前缀树的变形，ART 树具有独特的优势。

1）ART 树能够比普通的前缀树更好地对数据进行压缩，因此在保存相同数据的情况下，其所占用的空间更少。

2）ART 树这种数据结构其本身增删改查操作的时间复杂度近似于 Hash 表。

3）ART 树本身支持前缀查找（可以看作前缀排序）的特性。

而 BeansDB 则采用类似普通 Hash 表的基于数组实现的 Hash 树来存储索引。

在磁盘层，Bitcask 是采用追加写的方式记录写操作的数据，所有涉及变更的操作，例如添加、更新、删除等，Bitcask 都会将其数据组织成统一的格式，然后追加到磁盘中。磁盘上的数据分小文件多段存储（当每个文件达到一定阈值后，关闭写入重新打开一个新文件处理写请求。关闭的文件会通过 Mmap 来打开，用于后续加速读请求查找数据）。由于 Bitcask 在磁盘上的数据写入过程是追加写，类似于在系统里记录 WAL Log 的方式，即写入的数据是按照写入时间排序，而不是关键字排序的，因此它无法很好地支持范围排序查询操作。但是依赖于高效的 Hash 索引结构，对于单个键值的查询性能非常高。

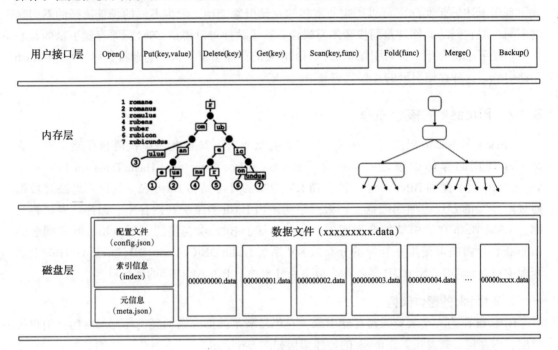

图 8-6　Bitcask 的整体架构

2. Bitcask 的读 / 写处理过程

前面提到 Bitcask 中存储数据的磁盘文件是分段组织的，对于每个写操作而言，它的数据先在内存中按照统一的格式编码，然后追加写入数据文件。Bitcask 中的数据文件格式如图 8-7 所示。

Bitcask 对 KV 数据的编码采用 TLV 方式扁平化组织。当数据写入磁盘完成后下一步就是在内存中记录该条数据的索引信息了。前面也提到过，内存中的索引主要包含三部分，即 <fileno,offset,length>。索引格式如图 8-8 所示。所以，Bitcask 的写入过程分为两步：第一步以追加的方式写入数据到磁盘文件中，第二步在内存中写入索引信息。

理解了 Bitcask 的写入过程后，读取过程就清晰了。读取操作首先从内存中的索引结构中获取索引信息，之后直接从 fileno 文件的 offset 位置开始读取 length 个字节的内容。由于在 Bitcask 中已经写满关闭的文件是通过 Mmap 方式打开的。在后续查询时首先会从内存中找到索引。如果判断出当前查询的 KV 是存储在已经关闭的文件中，则直接通过 Mmap 来读取对应的内容。如果查找的数据位于当前写入的文件，则会直接定位到该文件对应的偏移位置，然后读取数据。当从磁盘文件读取数据成功后，对该内容进行相应的解码以获取对应的 KV 数据，最后返回给用户。在这个查询过程中要判定该条数据是否存在、是否过期等。删除可以直接根据索引是否存在来判定，而对于是否过期，既可以根据索引（索引信息中存储过期时间信息）来判断，也可以根据磁盘上获取的数据来判断。Bitcask 数据的读取过程如图 8-9 所示。

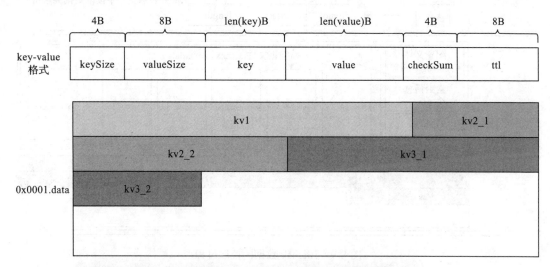

图 8-7　Bitcask 中的数据文件格式

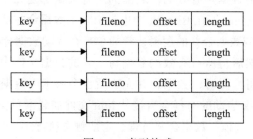

图 8-8　索引格式

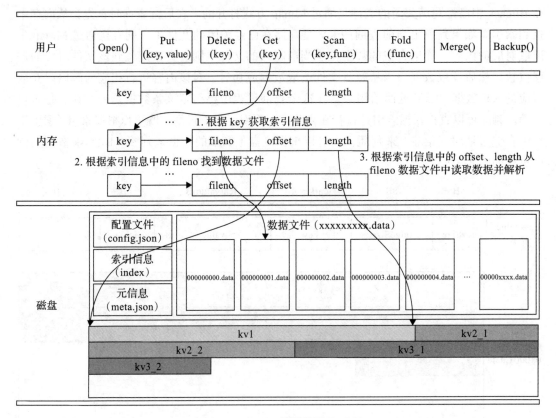

图 8-9　Bitcask 数据的读取过程

其实上述读取过程也是分为两个步骤：读取索引和读取数据。一般而言，读操作是写操作的逆过程，数据怎么写就对应怎么读。

3. Bitcask 的数据合并过程

随着系统的不断运行，必然会出现数据越来越多的情况。例如，同一条记录经过多次更新后，只有最后一次的数据是有效的，之前的所有数据都是无效的。这种情况会引发空间放大问题。为了解决该问题，在 Bitcask 中也是引入了**数据合并**功能。

Bitcask 论文中介绍的数据合并的逻辑非常简单。在启动数据合并后，Bitcask 会遍历所有已关闭的数据文件，然后将所有有效的数据写入新的数据文件中，遍历完成后将旧的已关闭的数据文件删除即可。同时，数据合并完成后也会将索引数据写入另外一个 hint 文件中。它的作用是在 Bitcask 启动的时候会直接从 hint 文件加载索引，从而避免了通过遍历全部的数据文件构建索引的过程。数据合并过程会定期触发执行。

用 Go 语言实现的 Bitcask 项目中数据合并的过程和 Bitcask 论文中介绍的有些差异。Bitcask 项目是定时触发数据合并的，数据合并的具体逻辑是首先创建一个新的 Bitcask 实例，接着对旧的 Bitcask 实例遍历它内存中的全量索引，然后依次从数据文件中获取有效的数据并写入新的 Bitcask 实例中，最后用新的 Bitcask 实例生成的数据文件替换掉旧的 Bitcask 实例所管理的数据文件。

 提示　不知道读者有没有发现 Bitcask 和 WiscKey 的异同点？从数据存储上来说，Bitcask 和 WiscKey 可以看作一类存储模型，它们的数据均是按照写入的顺序存储到日志文件中的，存储的数据是无序的（不是按键排序的）。二者主要的区别在于索引的存储上。Bitcask 选用 Hash 类的数据结构并在内存中维护索引，大部分实现方案只能支持高效的点查询。在 Bitcask 的设计中，索引数据的维护受内存大小的限制，在一些工程实践中也定期地将索引持久化到磁盘上以确保服务在发生异常后，缩短重新启动过程中重建索引的时间。可以说，Bitcask 主要还是以内存来维护索引。而 WiscKey 的设计则大不相同，WiscKey 则是选择了 LSM Tree 结构来存储索引信息。这样的设计可以使得它的索引数据不受内存的限制，高频访问的索引数据可以缓存在内存中，而访问低频的索引数据可以存放在磁盘上，达到数据冷热分离的效果。同时，这样的设计也让 WiscKey 不但可以支持点查询，而且还能很好地支持范围查询。然而从系统的复杂程度来看，由于索引存储结构的不同，导致 WiscKey 要比 Bitcask 复杂得多。因此，在不同的业务场景中需要根据具体情况选择最合适的方案来解决实际问题。

8.3　LSM Array 存储引擎

见名知意，这类存储引擎采用了数组这种数据结构来实现某些功能。和其他数据结构相比，由于数组本身的特性，它的增删改查效率并不是很高，因此一般很难将它和高性能的 KV 存储引擎关联在一起，那 LSM Array 存储引擎是如何做到的呢？

8.3.1　LSM Array 的设计思想

LSM Array 存储引擎整体上可以从两个方面来考虑：第一方面是 LSM 的特性，另一方面则是数组数据结构。

由前可知，LSM 中最重要的原始数据和索引数据都可以用数组来存储。用数组存储原始数据时只需要在数组末尾不断进行追加即可，符合高效写的条件。该数组属于无序数组，姑且将该数组称为原始数据（KV 数据本身）数组。存储后，索引信息只需要记录该条数据写在数组中的位置及所占的长度即可，这两部分信息可以封装成一个定长的结构。而用数组存储索引数据时，如果数组仍然无序，则查询的效率会非常低，因此经常会考虑对该数组进行排序。排序的策略是按照 KV 数据中关键字 K 的顺序排序，相应地，该数组称为索引数组。这样实现后，对索引的查找可以在 $O(\log N)$ 的时间复杂度下完成。然后根据索引信息从原始数据数组中获取原始数据，该操作可以在 $O(1)$ 时间复杂度下完成。基于上述思路可以实现一个基于数组的 LSM 组件，称为 LSM Array 存储引擎。基于这样的思路可以实现不同种类的存储引擎。在开源社区中，这类存储引擎中比较知名的项目有 CouchBase 实现的 Moss。

8.3.2 Moss 的核心原理

Moss 是 CouchBase 团队开源的一个基于 Go 语言实现的 KV 存储引擎。它不但提供了并发读 / 写、快照读、数据分组数据结构嵌套等功能，而且支持其他磁盘持久化的插件接口，可以非常方便地和 LevelDB、Sqlite 等集成。Moss 的核心设计架构则是 LSM Array，它通过一种非常巧妙的数据组织方式，采用有序的数组来完成和 LSM Tree 等价的 KV 存储功能。下面从 Moss 的整体架构、数据读 / 写过程、数据合并机制三个方面对其进行介绍。

1. Moss 的整体架构

结合官方的设计文档阅读 Moss 源码，总结出 Moss 的整体架构如图 8-10 所示。

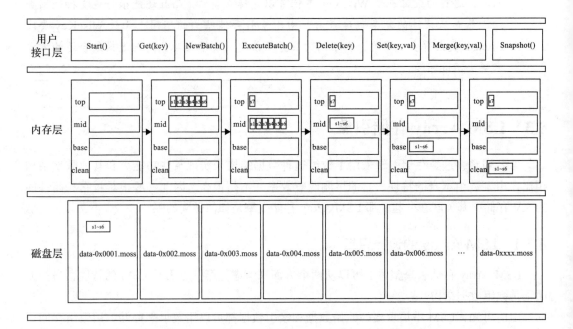

图 8-10　Moss 的整体架构

对于 Moss 的整体架构这里依然采用用户接口层、内存层、磁盘层这三层架构来描述。在用户接口层，Moss 和之前介绍的其他存储引擎一样，也是暴露给用户主要的核心接口，例如 Get(key)、NewBatch()、Set(key,value)、Delete(key)、Snapshot() 等，这些核心接口用来完成对 KV 数据的增删改查工作。Moss 中一个比较特殊的点是它提供的所有接口中 K、V 均是二进制 byte 类型。

　　在内存层中，Moss 整体上是采用数组来维护用户传递进来的数据的，其中原始数据和索引数据均采用数组结构来存储。它将内存中存储的数据按照分级的思想来划分，总共划分为 top、mid、base、clean 四层。每一层所采用的数据结构均是 SegmentStack 对象。一个 SegmentStack 内部维护着一个 Segment 数组，通过只对数组的一端操作来模拟栈的特性。在 Moss 中，Segment 是管理 KV 数据的基本单元，所有的 KV 数据都是通过 Segment 结构在内存存储的。每个 Segment 结构内部维护着两个数组：kvbuf 数组，用来存储原始 KV 数据；kvs 数组，用来存储索引数据。Segment 数据组织方式如图 8-11 所示。

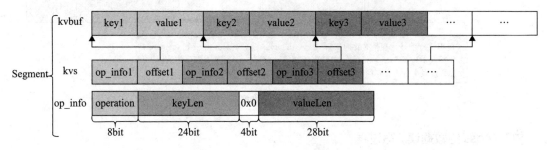

图 8-11　Segment 数据组织方式

- ❏ kvbuf 数组。kvbuf 数组用来存储原始 KV 数据。当写请求的数据传递进来以后，Moss 会对 KV 数据按照 TLV 的格式进行编码，编码后的 KV 数据扁平化追加存储到 kvbuf 数组中。
- ❏ kvs 数组。kvs 数组用来存储索引数据。kvs 是一个 uint64 数组。在 Moss 中，一条 KV 数据在 kvs 对应两个元素：一个元素存储 op_info 操作信息，另一个元素则存储 KV 数据写入 kvbuf 中的位置 offset。op_info 信息占 8B，它的前 8bit（0～7 位）存储操作类型，如更新、删除等，接着的 24bit（8～32 位）用来记录 K 的长度，紧接着的中间 4bit（33～37 位）作为保留位用 0x0 填充，最后剩余的 28bit（38～63 位）记录 V 的长度。通过上述巧妙的组织，采用两个数组来分别存储原始 KV 数据和索引数据。

　　在磁盘层，Moss 也和前面介绍的其他存储引擎一样，采用小文件分段的方式来存储内存中的数据，每个文件按照固定的格式来命名，且文件中的 KV 数据也是按照固定的格式保存的。Moss 中磁盘数据格式如图 8-12 所示。Moss 将磁盘划分成页（4KB），以页为单位读 / 写数据。内存中的一个 Segment 结构在最终写到磁盘时，会首先写入 header 信息，然后写入 kvs 数据，最后写入 kvbuf 数据。一个 Segment 持久化后，会生成一个 SegmentLoc 对象，用于记录该 Segment 在磁盘内部的索引信息（例如 kvbuf 写入磁盘文件的位置、它的长度信息等）。此外，Moss 在持久化 Segment 时，内部为了提升性能，对 kvs 和 kvbuf 做了页对齐等操作；之前介绍 Moss 时还提到 Moss 中提供了结构嵌套的特性，所以它在图 8-12 中可以看到 childSegments 结构。childSegments 也是 Segment 对象，关于 childSegments 更细节的内容此处不再展开，感兴趣的读者请自行查阅官方文档或者其他相关资料。

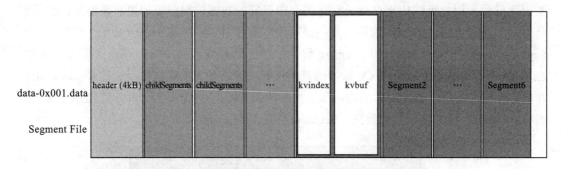

图 8-12　磁盘数据格式

2. Moss 的数据读 / 写过程

在了解了 Moss 整体架构和内部核心结构后，对于 Moss 中数据的读 / 写过程也就比较清楚了。下面总结一下 Moss 中数据的读 / 写过程。

（1）写过程

所有的 KV 数据都是通过 Batch 接口来写入（set、delete）的。Batch 在调用 ExecuteBatch 后，内部会首先将该 Batch 数据封装成一个 Segment，并将其加入 topSegmentStack 顶部，当 topSegmentStack 元素个数达到阈值后，后台会通知合并协程，该合并协程首先将 topSegmentStack 中的所有 Segment 搬移到 midSegmentStack 中，并在 midSegmentStack 中对这些 Segment 中的数据进行压缩 / 合并，当压缩 / 合并操作完成以后会通知持久化协程，持久化协程将压缩 / 合并后的 midSegmentStack 中的 Segment 搬移到 baseSegmentStack 中，并做持久化处理（写入磁盘文件中）。持久化完成后会判断如果当前已持久化的 Segment 需要缓存，则会进一步将其搬移到 clean 层中，形成 cleanSegmentStack。其中存储到文件中的数据也会通过 Mmap 方式再打开，以便后续加速数据读取的效率。

（2）读过程

读取有两种方式。一种是直接调用 Get(key)，这种方式是以当前的数据作为一个快照然后进行读取，读取时会按照倒序的方式（最近写入的数据最新）读取，一旦读取到数据就结束读取过程。整体上也是首先在内存中读取，内存中读取时会按照前面介绍的四层结构，从高到低依次读取。具体到某一个 Segment 中读取时的过程如下：首先会通过二分查找的方式在 kvs 中查询索引；当获取到索引数据后再根据索引信息在 kvbuf 中读取数据；内存中没读取到后再从磁盘读取，在磁盘读取时也是首先通过 Mmap 读取索引信息，再根据索引信息读取原始数据，最终再将查找的结果返回给上层用户。另一种读取方式是通过获取一个快照 Snapshot() 来读取。这种方式是在指定点的快照上进行数据的读取逻辑。具体的读取过程和第一种方式大体类似。

3. Moss 的数据合并机制

在介绍数据读 / 写过程时简单地提到了数据合并的过程，这里重点介绍 Moss 中数据合并的具体过程。前面提到 Moss 中数据分为 4 层，即 top、mid、base、clean，每层都是一个 SegmentStack。

- ❑ top。用户写请求传递进来的 KV 数据会首先加入 topSegmentStack 中。当 topSegment-Stack 中的元素个数达到阈值后，就会通知合并协程，将其搬移到 mid 中。
- ❑ mid。当从 topSegmentStack 搬移到 mid 中后，紧接着会执行数据的压缩 / 合并操作，合并过程结束后一方面会生成新的 Segment 对象，并依次将其存放在 midSegment-Stack 中，另一方面也会通知持久化协程。
- ❑ base。持久化协程收到通知后，会将 midSegmentStack 层中所有的 Segment 搬移到 base 层中，搬移完成后会在后台异步地将 base 层中的所有 Segment 数据持久化写入磁盘文件中。
- ❑ clean。当 base 层中的 Segment 数据持久化完成后，内部还会根据设置的属性判断是否需要缓存已持久化的 Segment 数据。如果设置了缓存，那么将 base 层中的 Segment 数据进一步迁移到 clean 层；如果不需要缓存，则直接清除掉。

上面介绍的数据合并、持久化这两部分功能在 Moss 中是通过后台任务来执行的：Merger Goroutine 主要负责数据的合并工作；Persister Goroutine 主要负责持久化工作。下面重点介绍一下合并的细节。

合并主要是对 topSegmentStack 中搬移到 midSegmentStack 中的数据进行处理。搬移到 midSegmentStack 中的 SegmentStack 通常都有多个 Segment 对象，而每个 Segment 对象内部是由 kvs 和 kvbuf 构成。那具体怎么合并呢？其实合并操作本质上无非就是对多个 Segment 中的数据进行处理，最直接的方法就通过一个 Hash 表对象来辅助处理，但这样的操作效率非常低。因为 Moss 中的 Segment 数据是无序组织的，对于无序的数据也只有这种遍历处理办法了，除非能让 Segment 中的数据有序。

在 Moss 中也正是采用了对 Segment 中的数据排序这个方法。每个 Segment 中的 kvbuf 已经写入无法修改，但是 kvs 数组中每个索引项都是定长的（2 个 uint64 类型），因此可以对索引信息 kvs 排序。实际上，Moss 也是采用了 Go 包自带的 sort 方法对 kvs 进行了 $O(M\log N)$ 级别的排序。当对索引排序完成后，数据就可以有序地访问了。

综上，在合并前 Moss 会对 midSegmentStack 当前的多个 Segment 结构各自按照索引排序，排序后用堆的方式进行数据合并，以提升合并效率。图 8-13 所示为 Moss 四层结构中 Segment 的合并、持久化的转移过程。读者可以参考该图进行理解，也可以参考官方文档和项目源码进行深入探索。Moss 的代码整体实现还是比较优雅的，值得一读。

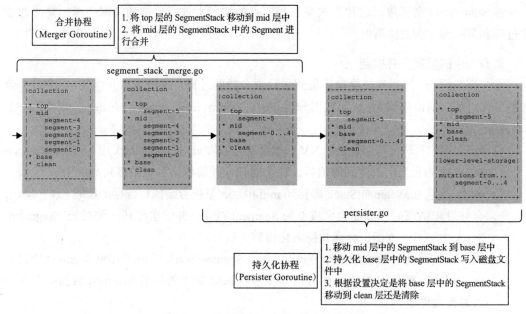

图 8-13　数据合并、持久化的转移过程

8.4　其他 LSM 存储引擎

LSM 存储引擎除了前面介绍的三类比较经典的外，其实还有一些不局限于 KV 存储场景的变形应用，比如消息队列存储模型、内存中的本地缓存组件的存储结构等。本节将对这些应用场景进行简单介绍，需要重点关注的是消息队列的存储模型和 LSM 存储引擎之间的关系。

8.4.1　LSM 存储引擎扩展

LSM 本身表达了两个核心特点：**日志结构、合并**。日志结构表明了数据的写入方式，类似于记录日志的方式一样，即顺序追加。而合并功能是为了解决某些场景数据重复度高，而造成的空间放大问题，用来进行空间回收。从这两个特点切入来看，日志结构是 LSM 最核心的特性（数据最终要存储在磁盘文件上），而合并则是附加特性。如果说按照日志结构顺序写入的数据本身没有重复或者重复度很低，那么合并特性完全可以不需要。

> 注意　假设按照日志结构写入的每条数据都有一个唯一标识的关键字，则数据的重复度主要指同一个关键字数据的重复频率。可以认为，后写入的数据会覆盖之前的数据。有效数据只有最近一次写入的数据。

事实上也是如此，在 KV 存储场景中，同一条数据的增删改操作均通过日志追加记录，这种情况下对于写操作频繁的系统而言，合并特性显得至关重要。和 KV 存储场景不同，虽然在消息队列场景中也要进行大量写，但一般每一条消息会设定一个消息编号，该编号通常是自增的。这也意味着，消息队列中同一条消息（消息编号相同）重复的情况很少（除了部分写入失败重试等）。因此对消息队列而言，合并特性就显得没那么重要了。尤其对存储海量数据的消息队列而言，一方面需要大量的高效写，另一方面又需要将消息数据存储到磁盘上，因此可以考虑利用日志结构来构建存储模型。实际上，目前业界绝大部分的消息队列（比如主流的 Kafka、RocketMQ 等）也是这么设计的。这些消息队列整体上基于 LSM 思想，采用日志结构的方式设计存储模型，放弃或者精简一些合并特性。

除此之外，很多本地缓存的组件设计也是借鉴 LSM 的思路，数据分为两部分：索引数据和原始数据。这种本地缓存组件通常会开辟一段连续的内存空间来存储原始数据，并且绝大部分采用 Hash 表数据结构来存储索引数据。在写缓存时，原始数据按照某种固定的 TLV 格式进行编码，编码后的数据追加写入内存空间，之后同步插入一条索引信息。该索引信息记录了该条数据写在内存空间中的什么位置、该条数据占多大的空间、该条数据是否有效，以及过期时间等信息。当读缓存时，先获取索引信息再获取对应的数据。在这种设计中，也有 LSM 的日志结构的影子在里面。

8.4.2　消息队列 Kafka 存储引擎

Kafka 的性能高，得益于两方面：第一，它是分布式系统，可以水平扩容，性能可以线性提升；第二，单机系统消息追加写设计，吞吐量高，所以性能高。

Kafka 用 Topic 代表一类数据，数据的生产和消费都是以 Topic 来标识的。Topic 存储的数据会逻辑上分成多个 Partition 来存储，而每个 Partition 的数据是分段存储的，每一个分段称为 Segment。每条消息只会写入某一个 Parition 的某个 Segment 中。Kafka Partition 的存储结构如图 8-14 展示。

一个 Segment 包含 xxx.log、xxx.index 和 xxx.timeindex 三个文件。

❑ xxx.log：存储每条消息的原始数据。一般对消息数据进行固定格式编码后，将消息数据追加写入该文件。所有的消息在 Kafka 内部都是以顺序追加方式记录的。这就是 LSM 日志结构最典型的特性。

❑ xxx.index：存储每条消息的索引信息。当某一条消息写入 xxx.log 文件中，同时会在该文件中记录一条索引信息。该索引信息主要描述了该条消息写入 xxx.log 的什么位置、该条消息的长度等信息。

❑ xxx.timeindex：主要按照时间维度存储索引信息，记录在什么时间写入的某条消息、消息编号是多少等信息。

所以，Kafka 可以支持按照消息编号和指定时间点消费消息。

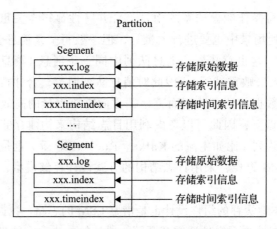

图 8-14　Kafka Partition 的存储结构

此外，Kafka 中每个 Segment 的 xxx.log 文件大小是固定的，当文件写满后，会打开一个新的 Segment 继续存储消息。消息编号是唯一且自增的，消息也是按照顺序消费的。每个 Segment 内部存储的消息是按照消息编号有序存储的，多个 Segment 之间的数据也是有序的。因此，为了加快消息查询和消费的速度，Kafka 在对 Segment 中的三个文件命名时进行了巧妙的设计。对于某个 Segment 而言，它的文件命名是由它保存的第一个消息的编号和文件扩展名拼接而成。这意味着可以根据多个 Segment 的文件名来获取它们各自保存的第一条消息的编号，并且很容易对它们进行排序。当根据消息的编号来获取消息数据时，首先可以根据文件名获取对应的消息编号并进行排序，然后根据待查询的消息编号使用二分查找法快速确定它被存储在哪个 Segment 中。一旦定位到 Segment 后，在对应的索引文件中继续使用二分查找法来定位索引信息，最后根据索引信息找到原始数据。

Kafka 对核心的消息查询流程进行了一些优化。如果每条消息都记录一条索引信息，将会导致索引所占用的空间较大。为了解决这个问题，Kafka 采用了稀疏索引来进行优化，即每隔几条消息记录一条索引信息。这样索引信息所占用的空间大幅减少，并且可以更好地利用磁盘预读甚至缓存更多的索引数据到内存中，以加快查询效率。

但在消息查询时需要进行额外的处理。在定位到 Segment 后，在索引文件中进行二分查找定位索引结束时，获取的索引信息是最靠近当前待查询消息的索引信息。因此，可以根据索引信息中记录的该消息在原始数据文件中的位置开始，顺序遍历消息并逐个比较消息编号，直到找到待查询的消息为止。由于索引的记录是按照固定的间隔存储的，因此最多只需要遍历前后间隔中的 n 个消息，效率也比较高。Kafka 中完整的消息查询过程示例如图 8-15 所示。

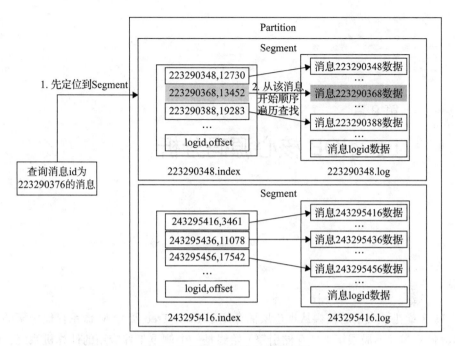

图 8-15　Kafka 的消息查询过程

8.5　小结

本章对 LSM 派系中的 LSM Tree 存储引擎、LSM Hash 存储引擎、LSM Array 存储引擎，以及 LSM 其他存储引擎（主要是消息队列存储引擎）分别进行了介绍，上述几类存储引擎的总结对比如图 8-16 所示。

维度	Bitcask	Moss	Pebble/LevelDB/RocksDB
数据块文件是否有序	无序	有序	有序
内存数据组织方式	ATR Tree/HashTable（保存索引）	LSM Array	SkipList 等
磁盘数据组织方式	大小差不多的小文件	不同大小的小文件	分块的小文件、分层存放
所属分类	LSM Hash	LSM Array	LSM Tree
压缩 / 合并方式	定时根据内存中的索引重建新的文件，最后替换旧的文件	在内存中压缩 / 合并，在持久化时，也会检测是否压缩 / 合并	定时并结合一些限制条件进行分层压缩 / 合并

图 8-16　LSM 派系存储引擎对比

Chapter 9 第 9 章

LevelDB 核心源码分析

第 7、8 章花了大量的篇幅从理论层面介绍了 LSM Tree 及 LSM 派系存储引擎的基本原理。但存储引擎（不局限于 KV 存储引擎）始终是一个侧重工程应用的计算机系统，因此掌握了理论知识后，最终还是要回归到工程应用上。

本章并没有从零开始编写一个简易版的 LSM Tree 应用，理由有两点。

其一，虽然从零编写一个简易版的项目有助于理解原理，但也仅仅是帮助理解，因为这种项目没有经过生产环境的应用，一般在实际运行时会存在诸多问题。

其二，开源社区中有非常多基于 LSM Tree 实现的项目，这些项目基本上都是真正在生产环境中经过考验的，功能上比较完备，正确性也有所保证。

因此，本书将以著名的开源项目 LevelDB 为例，分析其核心机制。一方面，LevelDB 是基于 C++ 实现的，整个项目的核心代码大约几千行，不算特别大，同时，它包含了 LSM Tree 的核心功能；另一方面，基于 LevelDB 实现的其他项目（如 RocksDB 等）或者其他语言版本（Go-LevelDB），开源社区中也可以找到，因此本章内容对研究其他 LSM Tree 项目的实现也有很大的帮助。

本章将结合前面所讲的理论，对 LevelDB 的 MemTable、SSTable、WAL 日志等组件的核心实现进行分析。

9.1　LevelDB 概述

本节首先简单介绍一下 LevelDB 的整体架构，为后面源码分析做准备。然后，对 LevelDB 项目的目录结构进行介绍，以便读者了解每个目录和文件的大体功能。

9.1.1 LevelDB 整体架构

图 9-1 所示为 LevelDB 的整体架构，它属于比较标准的 LSM Tree 工程实现。内部的组件划分为内存组件（MemTable、ImmuMemTable）和磁盘组件（SSTable、WAL 日志）。除此之外，还有一些存储元信息的文件，例如 Current、Manifest 等。下面分别对这些模块进行介绍。

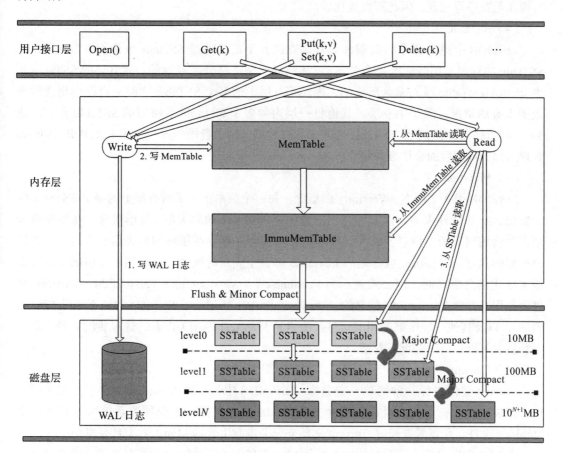

图 9-1 LevelDB 的整体架构（详见彩插）

（1）MemTable

在 LevelDB 中，MemTable 主要用于暂存数据，写请求传递进来的数据会先暂存到 MemTable 中，后续经过一系列的处理最终落到磁盘上，LevelDB 选择跳表来实现。

（2）ImmuMemTable

当 MemTable 所占的空间达到指定的阈值后，就会将它关闭并变成一个只读结构，该结构就是 ImmuMemTable。它和 MemTable 结构一模一样，唯一的区别是 MemTable 可读可写，而 ImmuMemTable 只可读。ImmuMemTable 会在后续被异步压缩 / 合并写入磁盘，形成一个 SSTable。

（3）WAL 日志

WAL 日志（WAL Log）主要用来保证数据持久化和可靠性。LevelDB 在处理写请求时，先将写入的数据记录到 WAL 日志中，然后将该数据写入 MemTable。这两步完成后就可以直接返回了。当 LevelDB 写入发生异常后，可以通过 WAL 日志来恢复。通常 WAL 日志的写操作是顺序写磁盘，因此写性能比较高。

（4）SSTable

LevelDB 中绝大部分的数据都是存储在磁盘上的，通过 SSTable 来组织。LevelDB 对 SSTable 的管理采用分区水平合并策略。SSTable 文件是分层存放的。第 0 层的 SSTable 是由 ImmuMemTable 写入磁盘形成的，因而第 0 层上的多个 SSTable 之间有可能会出现数据范围重叠的情况。除了第 0 层，其他每一层内的多个 SSTable 是由旧的 SSTable 合并而成的，同时每一层内的多个 SSTable 之间不存在数据范围重叠的情况。关于 LevelDB SSTable 管理这部分内容后面会详细介绍。

（5）Manifest

LevelDB 引入了版本（Version）的概念，每一个版本记录了所有层上的每个 SSTable 的元数据，比如文件大小、该文件存储的数据范围中 key 的最大值 / 最小值等。在处理查询请求时会用到该版本信息。此外，版本信息中还会存储一些压缩的相关信息，用来辅助压缩过程的执行。在每次完成压缩后 LevelDB 都会生成新的版本。而新版本是由旧版本叠加版本变化信息生成的，用公式表示为 VersionNew = VersionOld + VersionEdit。Manifest 文件就是用来存储 VersionEdit 信息的。VersionEdit 中主要记录了 SSTable 的变更情况（新增、删除），以及其他一些压缩的相关信息。版本和 Manifest 的相关内容，这里暂时大概了解一下，后面源码分析时会重点介绍。

（6）Current

Current 文件内容非常简单，它只维护 LevelDB 中当前的 Manifest 文件名。这是因为 LevelDB 在每次初始化启动时都会生成新的 Manifest 文件，这会导致系统可能存在多个 Manifest 文件，所以需要通过 Current 文件来记录当前生效的 Manifest 文件是哪个。

在 LevelDB 中核心的数据结构主要是 MemTable、SSTable、WAL 日志，后面会分别对它们的内部结构和实现加以介绍。

9.1.2 LevelDB 项目结构

在开始阅读 LevelDB 项目的源码前，可以通过 GitHub 访问 LevelDB 的代码仓库链接[⊖]来获取代码。按照项目的 README.md 来下载代码到本地并编译。当项目下载到本地后，使用 IDE（例如 VS Code 等）打开后会看到如下目录。

⊖ https://github.com/google/LevelDB.git

1）benchmarks/。该目录下主要存放 LevelDB 性能测试相关的代码，比如 LevelDB 和 SQLite3、TreeDB 的性能测试对比代码。

2）include/LevelDB/。该目录下定义了 LevelDB 可供外部调用的接口、抽象接口、数据结构等，比如 DB、Iterator、Cache 等。

- ❑ db.h。该头文件定义了 LevelDB 中 DB 的 Put(k,v)、Delete(k)、Get(k) 等抽象接口。
- ❑ options.h。该头文件定义了 LevelDB 的 DB 配置，以及处理读 / 写操作时的配置参数。
- ❑ cache.h。该头文件定义了缓存相关的接口，主要用来缓存 SSTable。
- ❑ env.h。该头文件定义了和操作系统环境相关的各种抽象接口。通过它来适配和移植不同的操作系统。
- ❑ iterator.h。该头文件定义了迭代器相关的各个接口。通过它来遍历 SkipList、MemTable、SSTable 等。
- ❑ table.h。该头文件定义了 SSTable 相关的函数。
- ❑ write_batch.h。该头文件定义了 WriteBatch 的核心接口。
- ❑ slice.h。该头文件定义了 Slice 这种新的数据类型，它以字节为存储单位。LevelDB 中的 key 和 value 均由 Slice 来定义。
- ❑ status.h。该头文件定义了错误处理的 Status 类。

3）db/。该目录下包含了 LevelDB 的核心接口的逻辑实现，例如 MemTable、WAL 日志等。

- ❑ db_impl.h/db_impl.cc。该文件定义了 LevelDB 的 DB 接口的实现类 DBImpl，它也是 LevelDB 的默认实现。
- ❑ db_iter.h/db_iter.cc。该文件实现了 DB 的迭代器。
- ❑ memtable.h/memtable.cc。该文件实现了 LevelDB 中的 MemTable 结构。
- ❑ skiplist.h。该文件实现了 MemTable 内部用到的跳表。
- ❑ table_cache.h/table_cache.cc。该文件实现了 SSTable 的缓存逻辑，并使用了 Cache 结构。
- ❑ log_writer.h/log_writer.cc。该文件实现了 WAL 日志的写入逻辑，在数据写入时调用。
- ❑ log_reader.h/log_reader.cc。该文件实现了 WAL 日志的读取逻辑，在恢复时调用。
- ❑ dbformat.h/dbformat.cc。该文件定义了 LevelDB 内部用到的一些数据结构，例如 InternalKey、LookupKey、ParsedInternalKey、ValueType 等。
- ❑ version_edit.h/version_edit.cc。该文件实现了 LevelDB 版本变更过程中临时信息、元信息数据的存储。
- ❑ version_set.h/version_set.cc。该文件定义了 LevelDB 中多版本的实现逻辑。

4）table/。该目录下是 SSTable 的核心实现代码。

- ❑ block.h/block.cc。该文件定义了 SSTable 中的 Block 结构。
- ❑ block_builder.h/block_builder.cc。该文件实现了在 SSTable 中创建 Block。

❑ filter_block.h/filter_block.cc。该文件实现了 SSTable 中 Filter Block 的相关操作。

❑ format.h/format.cc。该文件定义了 SSTable 中 Block 的格式，包括 Block 的读 / 写和编 / 解码。

❑ merger.h/merger.cc。该文件实现了 SSTable 的合并。

❑ table_builder.cc。该文件实现了生成 SSTable。

❑ two_level_iterator.h/two_level_iterator.cc。该文件实现了对 SSTable 遍历的迭代器的核心逻辑。

5）port/。该目录下定义了通用的底层文件及基于各平台操作系统可移植的接口。

6）third_party/。该目录下主要是一些依赖的第三方库，比如性能测试、单元测试等。

7）util/。该目录下包含一些通用的工具类函数，比如布隆过滤器、内存分配、编码、缓存等。

8）helpers/。该目录下定义了 LevelDB 中底层数据部分完全运行在内存的实现逻辑，主要用来测试或者模拟全内存场景。

可以看出，LevelDB 的目录结构还是非常清晰的。下面来探索 LevelDB 不同模块的源码实现。

9.2 DB 核心接口分析

DB 是 LevelDB 中抽象的一个结构，通过该结构，可以实现对 LevelDB 的各种增删改查操作，其中封装了 MemTable、SSTable 等结构。本节详细介绍 DB 结构，并重点分析它的几个核心接口实现逻辑。

9.2.1 DB 结构

LevelDB 将存储引擎的核心功能抽象为 DB 结构。DB 是一个抽象类，里面定义了 LevelDB 的几个重要接口，例如 Put(k,v)、Delete(k)、Get(k) 等。DB 接口的定义在 include/LevelDB/db.h 文件中，具体代码如下所示。

```
class LEVELDB_EXPORT DB {
  public:
  // 通过指定的文件名（name）打开一个 DB 指针对象并存储到 dbptr 中。通过返回值 Status 来判断是否
  // 成功。当打开成功并完成功能后，需要手动释放该对象
  static Status Open(const Options& options, const std::string& name,
                     DB** dbptr);
  // 将 <key,value> 加入 LevelDB 中
  virtual Status Put(const WriteOptions& options, const Slice& key,
                     const Slice& value) = 0;
  // 从 LevelDB 中删除 key 对应的数据
  virtual Status Delete(const WriteOptions& options, const Slice& key) = 0;
  // 将 updates batch 中的数据写入 DB
```

```
  virtual Status Write(const WriteOptions& options, WriteBatch* updates) = 0;
  // 从 LevelDB 中获取 key 对应的数据，并存储到 value 中
  virtual Status Get(const ReadOptions& options, const Slice& key,
                     std::string* value) = 0;
  // 迭代器接口
  virtual Iterator* NewIterator(const ReadOptions& options) = 0;
  // 获取快照接口
  virtual const Snapshot* GetSnapshot() = 0;
  // 释放快照接口
  virtual void ReleaseSnapshot(const Snapshot* snapshot) = 0;
}
```

LevelDB 通过 DBImpl 类来实现 DB 接口。DBImpl 位于 db/ 目录下的 db_impl.h/db_
impl.cc 文件中。一方面，该类实现了 DB 接口中的所有虚函数；另一方面，它内部也包含
了前面多次介绍的 MemTable、SSTable、WAL 日志等结构。DBImpl 的结构定义如下所示。

```
class DBImpl : public DB {
 public:
  // 构造函数和析构函数
  DBImpl(const Options& options, const std::string& dbname);
  ...
  // DB 中重载的 Put()、Delete()、Get()、NewIterator()、GetSnapshot()、ReleaseSnapshot()
  // 等接口
  Status Put(const WriteOptions&, const Slice& key,
             const Slice& value) override;
  Status Delete(const WriteOptions&, const Slice& key) override;
  // 这里省略其他重载接口
  // SSTable 缓存结构
  TableCache* const table_cache_;
  FileLock* db_lock_;
  // MemTable 结构
  MemTable* mem_;
  // ImmuMemTable 结构
  MemTable* imm_ GUARDED_BY(mutex_);
  std::atomic<bool> has_imm_;
  // WAL 日志结构
  WritableFile* logfile_;
  uint64_t logfile_number_ GUARDED_BY(mutex_);
  log::Writer* log_;

  uint32_t seed_ GUARDED_BY(mutex_);
  // writer 队列
  std::deque<Writer*> writers_ GUARDED_BY(mutex_);
  WriteBatch* tmp_batch_ GUARDED_BY(mutex_);
  // 快照
  SnapshotList snapshots_ GUARDED_BY(mutex_);
  std::set<uint64_t> pending_outputs_ GUARDED_BY(mutex_);
  // 多版本结构
  VersionSet* const versions_ GUARDED_BY(mutex_);
  // 压缩信息统计
```

```
    CompactionStats stats_[config::kNumLevels] GUARDED_BY(mutex_);
};
```

在 DBImpl 类中出现了非常熟悉的 MemTable、WritableFile 等结构及对 KV 操作的核心接口，要想调用这些接口就必须有 DB 对象，因此下面先来看看如何创建一个 DB 对象。

9.2.2 Open(options,dbname,dbptr) 的实现

DB 对象的创建是通过一个静态方法 Open() 实现的。Open() 方法可以用来创建或打开一个数据库。该方法有 3 个参数：第一个参数指定了数据库创建或者打开时的行为，例如 create_if_missing、error_if_exists 等；第二个参数指定了数据库文件存放的路径和名称；第三个参数则是一个 DB 类型的指针，当数据库创建成功后，会将实际的指针赋值给该参数并返给调用者。Open() 方法的实现如下所示。

```
Status DB::Open(const Options& options, const std::string& dbname, DB** dbptr) {
  *dbptr = nullptr;
  // 创建一个 DBImpl 对象
  DBImpl* impl = new DBImpl(options, dbname);
  impl->mutex_.Lock();
  VersionEdit edit;
  bool save_manifest = false;
  // 恢复
  Status s = impl->Recover(&edit, &save_manifest);
  if (s.ok() && impl->mem_ == nullptr) {
    // 创建新的 WAL 日志和 MemTable
    uint64_t new_log_number = impl->versions_->NewFileNumber();
    WritableFile* lfile;
    s = options.env->NewWritableFile(LogFileName(dbname, new_log_number),
                                     &lfile);
    if (s.ok()) {
      edit.SetLogNumber(new_log_number);
      // 初始化 WAL 日志
      impl->logfile_ = lfile;
      impl->logfile_number_ = new_log_number;
      impl->log_ = new log::Writer(lfile);
      // 初始化 MemTable
      impl->mem_ = new MemTable(impl->internal_comparator_);
      impl->mem_->Ref();
    }
  }
  if (s.ok() && save_manifest) {
    edit.SetPrevLogNumber(0);
    edit.SetLogNumber(impl->logfile_number_);
    s = impl->versions_->LogAndApply(&edit, &impl->mutex_);
  }
  if (s.ok()) {
    // 清理掉无用的文件
    impl->RemoveObsoleteFiles();
```

```
    // 尝试压缩
    impl->MaybeScheduleCompaction();
  }
  impl->mutex_.Unlock();
  if (s.ok()) {
    assert(impl->mem_ != nullptr);
    *dbptr = impl;
  } else {
    delete impl;
  }
  return s;
}
```

在调用 Open() 方法时，会先根据传递进来的 options 参数和 dbname 参数创建一个 DBImpl 对象 impl。之后调用该对象的 Recover() 方法来恢复之前的数据。如果恢复成功，impl 的 mem_（MemTable 结构）对象为空，需要重新初始化 mem_ 对象和 log_ 对象；否则，判断是否需要保存 Manifest 信息，当需要保存时调用 versions_ 对象的 LogAndApply() 方法进行保存。当上述操作都成功后，会清理掉无用的文件并尝试执行压缩操作。最后，所有操作都执行完后会将 impl 赋值给第三个参数 dbptr 供调用者使用。

9.2.3 Put(k,v) 和 Delete(k) 的实现

本小节将介绍 DB 结构的两个写操作 Put(k,v)、Delete(k) 的实现逻辑。Put(k,v) 对应于插入或者更新操作，当 k 对应的数据不存在时为插入，存在时为更新；而 Delete(k) 对应删除操作。LevelDB 的写处理逻辑与前面介绍过的 LSM Tree 的写处理逻辑基本一致。图 9-2 所示为 LevelDB 的写操作处理过程。

在 LevelDB 中执行插入、更新、删除三种写操作的过程基本一致，共分为两步。

第一步，将写操作的数据写入 WAL 日志中，以保证数据的可靠性。

第二步，将写操作的数据写入 MemTable 中。

两步执行成功后就会响应上层应用程序了。注意：若当前 MemTable 存储的数据所占的空间大于设定的阈值，会将该 MemTable 转换为 ImmuMemTable，并停止写入，然后创建一个新的 MemTable 继续处理写操作。当前的 ImmuMemTable 会被异步持久化到磁盘文件中，形成 SSTable 文件。当持久化完成后，ImmuMemTable 所占的内存空间及对应的 WAL 日志文件也就可以释放掉了。上述过程就是完整的写操作处理流程。下面一起来看看在 LevelDB 中具体是如何实现上述过程的，Put(k,v)、Delete(k) 对应的实现逻辑如下所示。

```
// Put(k,v) 的实现
Status DBImpl::Put(const WriteOptions& o, const Slice& key, const Slice& val)
{
  // 内部调用了 DB 接口的默认实现
  return DB::Put(o, key, val);
}
```

```
// Delete(k,v) 的实现
Status DBImpl::Delete(const WriteOptions& options, const Slice& key) {
  return DB::Delete(options, key);
}
// DB 接口的默认实现
Status DB::Put(const WriteOptions& opt, const Slice& key, const Slice& value)
{
  // 内部将 KV 数据写入 WriteBatch 对象中，然后执行 Write() 方法将 batch 数据写入 DB 中
  WriteBatch batch;
  batch.Put(key, value);
  return Write(opt, &batch);
}
Status DB::Delete(const WriteOptions& opt, const Slice& key) {
  WriteBatch batch;
  batch.Delete(key);
  return Write(opt, &batch);
}
```

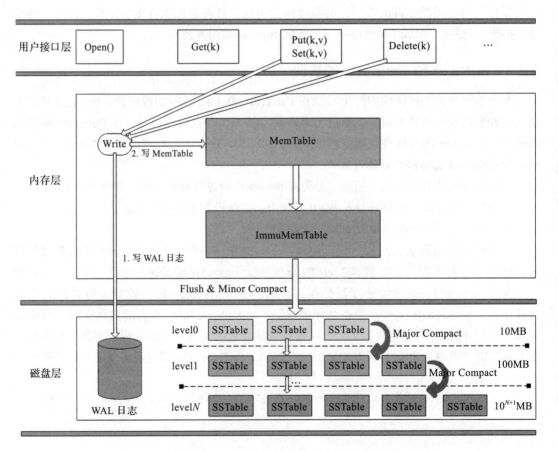

图 9-2 LevelDB 的写操作处理过程

可以发现，Put(k,v)、Delete(k) 的实现都调用了 Write(batch) 方法。该方法也是一个抽象方法，它的具体实现在 DBImpl 中。DBImpl::Write(batch) 方法的代码如下所示。

```
Status DBImpl::Write(const WriteOptions& options, WriteBatch* updates) {
// 创建一个 Writer 对象 w
Writer w(&mutex_);
  w.batch = updates;
  w.sync = options.sync;
  w.done = false;
  // 加锁，并将 w 加入队列 writers 中
  MutexLock l(&mutex_);
  writers_.push_back(&w);
  // 如果当前的 w 没有完成，同时队列的首个元素不是当前的 w，则持续阻塞等待
  while (!w.done && &w != writers_.front()) {
    w.cv.Wait();
  }
  // 执行到此处时有两个可能：一是 w.done 为 true，二是 w.done 为 false，
  // 同时 w==writers_.front()。w.done 为 true 表明本次写入已经完成，直接返回状态即可
  if (w.done) {
    return w.status;
  }
  // 开始处理当前的写操作
  // 为当前的写操作预留空间
  Status status = MakeRoomForWrite(updates == nullptr);
  uint64_t last_sequence = versions_->LastSequence();
  Writer* last_writer = &w;
  if (status.ok() && updates != nullptr) {
    // 将多个 batch 拼接在一起，成组写入
    WriteBatch* write_batch = BuildBatchGroup(&last_writer);
    // 给 batch 设置序号
    WriteBatchInternal::SetSequence(write_batch, last_sequence + 1);
    last_sequence += WriteBatchInternal::Count(write_batch);
    // 将 write_batch 写入 WAL 日志和 MemTable 中
    {
      mutex_.Unlock();
      // 将 write_batch 加入 WAL 日志中
      status = log_->AddRecord(WriteBatchInternal::Contents(write_batch));
      bool sync_error = false;
      if (status.ok() && options.sync) {
        status = logfile_->Sync();
        ...
      }
      if (status.ok()) {
        // 插入 MemTable 中
        status = WriteBatchInternal::InsertInto(write_batch, mem_);
      }
      mutex_.Lock();
      if (sync_error) {
        // 如果同步 WAL 日志失败，则 WAL 日志中数据写入成功与否是不确定的。因为当数据库重新打开时，
        // 刚添加的记录可能会存在，也可能不存在，所以会强制 DB 进入一种所有写入都失败的模式
```

```
        RecordBackgroundError(status);
      }
    }
    if (write_batch == tmp_batch_) tmp_batch_->Clear();
    versions_->SetLastSequence(last_sequence);
  }
  // 上述写操作完成后，将 writers_ 队列中已经写成功的 writer 弹出，并同时尝试唤醒可能阻塞的其他
  // 写入的 writer
  while (true) {
    Writer* ready = writers_.front();
    writers_.pop_front();
    if (ready != &w) {
      ready->status = status;
      ready->done = true;
      ready->cv.Signal();
    }
    if (ready == last_writer) break;
  }
  // 通知队列头部
  if (!writers_.empty()) {
    writers_.front()->cv.Signal();
  }
  return status;
}
// 要求必须持有 mutex_ 锁
// 当前线程必须处理 writers_ 头部的 writer
Status DBImpl::MakeRoomForWrite(bool force) {
  ...
  while (true) {
    if (!bg_error_.ok()) {
      s = bg_error_;
      break;
    } else if (allow_delay && versions_->NumLevelFiles(0) >=
                                      config::kL0_SlowdownWritesTrigger) {
      // 如果允许延迟，同时第 0 层的文件个数 ≥ 配置中的 kL0_SlowdownWritesTrigger
      // 当达到 L0 层的文件个数限制时，不是延迟一个写操作几秒，而是开始延迟每一个单独的写
      // 操作 1ms，以减小延迟方差。同时，如果它与写入线程共享相同的内核，则该延迟将一些 CPU
      // 交给压缩线程
      mutex_.Unlock();
      env_->SleepForMicroseconds(1000);
      allow_delay = false;
      mutex_.Lock();
    } else if (!force &&
              (mem_->ApproximateMemoryUsage() <= options_.write_buffer_size)) {
      // 若当前的 MemTable 还有空间，可以直接写入
      break;
    } else if (imm_ != nullptr) {
      // 已经填满了当前的 MemTable，而之前的 ImmuMemTable 还在压缩中，所以需要等待
      Log(options_.info_log, "Current memtable full; waiting……\n");
      background_work_finished_signal_.Wait();
    } else if (versions_->NumLevelFiles(0) >= config::kL0_StopWritesTrigger) {
```

```
      // 第 0 层的文件太多了，需要等待
      Log(options_.info_log, "Too many L0 files; waiting……\n");
      background_work_finished_signal_.Wait();
    } else {
      // 重新创建一个 MemTable，并将之前的 MemTable 转为 ImmuMemTable
      assert(versions_->PrevLogNumber() == 0);
      uint64_t new_log_number = versions_->NewFileNumber();
      WritableFile* lfile = nullptr;
      s = env_->NewWritableFile(LogFileName(dbname_, new_log_number),&lfile);
      ...
      delete logfile_;
      logfile_ = lfile;
      logfile_number_ = new_log_number;
      log_ = new log::Writer(lfile);
      imm_ = mem_;
      has_imm_.store(true, std::memory_order_release);
      mem_ = new MemTable(internal_comparator_);
      mem_->Ref();
      force = false;
      // 尝试触发压缩
      MaybeScheduleCompaction();
    }
  }
  return s;
}
// 要求：writers 队列非空，且第一个 batch 必须非空
WriteBatch* DBImpl::BuildBatchGroup(Writer** last_writer) {
  ...
  Writer* first = writers_.front();
  WriteBatch* result = first->batch;
  ...
  size_t size = WriteBatchInternal::ByteSize(first->batch);
  // 这里省略对 size 的处理
  *last_writer = first;
  std::deque<Writer*>::iterator iter = writers_.begin();
  ++iter;
  for (; iter != writers_.end(); ++iter) {
    Writer* w = *iter;
    if (w->sync && !first->sync) {
      break;
    }
    if (w->batch != nullptr) {
      size += WriteBatchInternal::ByteSize(w->batch);
      if (size > max_size) {
        // group 太大了，退出
        break;
      }
      // 将当前 w 的 batch 数据追加到 result 中
      if (result == first->batch) {
        result = tmp_batch_;
```

```
        assert(WriteBatchInternal::Count(result) == 0);
        WriteBatchInternal::Append(result, first->batch);
      }
      WriteBatchInternal::Append(result, w->batch);
    }
    *last_writer = w;
  }
  return result;
}
```

上面是 Write(updates) 方法的完整实现过程，主要分为 5 步。

第 1 步，根据 Write(updates) 传递进来的 updates 创建一个 Writer 对象，并将它加入 writers_ 队列，然后等待队列前面的 writer 执行完。当等待结束后进入第 2 步。

第 2 步，为当前 writer 数据的写入准备空间，即调用 MakeRoomForWrite() 方法。该方法主要对 L0 层的文件数目和其他配置参数进行判断。当命中一些条件（例如 L0 层文件数快达到硬性限制）时，延迟写入；而命中另一些条件（如 L0 层文件太多或者当前的 MemTable 已满且前一个 ImmuMemTable 还未压缩完）时，则等待写入；其他情况可以立即写入。在立即写入时会判定当前的 MemTable 空间是否足够，若空间不够，则进行 MemTable 的转换，并创建新的 MemTable 文件来处理写操作。当空间准备就绪后进入第 3 步。

第 3 步，以当前的 w 开始，往后遍历 writers_ 队列中的 writer，然后将满足条件的 writer 都追加到一个 result 中，形成一个 batch_group。

第 4 步，将 batch_group 的 result 先写入 WAL 日志，写入成功后再写入 MemTable 中。两个写操作都执行完，再记录最新的序列号（即 sequence）。后面会详细介绍 WAL 日志和 MemTable 写操作的实现。

第 5 步，将队列中已完成写入的 writer 移除并更新状态和唤醒。

以上就是 Write(updates) 的执行过程。

第 3 步调用了 WriteBatchInternal::InsertInto(write_batch, mem_) 方法，将 write_batch 的批量 KV 数据插入到了 MemTable 中。一个 WriteBatch 对象会存储多条 KV 数据。这些数据存储在 WriteBatch 对象的一个 string 类型的 rep_ 变量中。

WriteBatch 中存储的数据格式如图 9-3 所示。前 8B 存储这批数据写入时的序列号，接着的 4B 存储本次写入的 KV 数据的个数。这两部分数据也称为头信息，总共占 12B。除了头信息外，其中还存储了原始的 KV 数据。每条数据包括三段：写入类型（插入 / 更新 / 删除）的 1B 数据、key 数据和 value 数据。key 和 value 是采用 TLV 格式写入的，先记录长度，再记录数据。

sequence	count	type	key_len	key	value_len	value
8B	4B	1B	可变字节 varint32	key_len B	可变字节 varint32	value_len B

图 9-3　WriteBatch 中存储的数据格式

WriteBatchInternal::InsertInto(batch, mem_) 方法的代码实现如下所示。

```
// 将 WriteBatch 中的数据插入 MemTable 中
Status WriteBatchInternal::InsertInto(const WriteBatch* b, MemTable* memtable) {
  MemTableInserter inserter;
  inserter.sequence_ = WriteBatchInternal::Sequence(b);
  inserter.mem_ = memtable;
  return b->Iterate(&inserter);
}
// MemTableInserter 的实现
namespace {
class MemTableInserter : public WriteBatch::Handler {
 public:
  SequenceNumber sequence_;
  MemTable* mem_;
  // 将插入 / 更新的数据写入 MemTable 中
  void Put(const Slice& key, const Slice& value) override {
    mem_->Add(sequence_, kTypeValue, key, value);
    sequence_++;
  }
  // 将删除操作的数据写入 MemTable 中
  void Delete(const Slice& key) override {
    mem_->Add(sequence_, kTypeDeletion, key, Slice());
    sequence_++;
  }
};
}
// 遍历 WriteBatch 中的每条 KV 数据，然后执行 handler 操作
Status WriteBatch::Iterate(Handler* handler) const {
  Slice input(rep_);
  ...
  input.remove_prefix(kHeader);
  Slice key, value;
  int found = 0;
  while (!input.empty()) {
    found++;
    // 获取每条数据的类型
    char tag = input[0];
    input.remove_prefix(1);
    switch (tag) {
      // 插入 / 更新
      case kTypeValue:
        if (GetLengthPrefixedSlice(&input, &key) &&
            GetLengthPrefixedSlice(&input, &value)) {
          handler->Put(key, value);
        }
        ...
        break;
      // 删除
```

```
    case kTypeDeletion:
      if (GetLengthPrefixedSlice(&input, &key)) {
        handler->Delete(key);
      }
...
      break;
...
    }
  }
...
}
```

可以发现，WriteBatchInternal::InsertInto(batch, mem_) 的实现很简单，就是遍历 WriteBatch 中存储的多条 KV 数据，然后依次调用 MemTable 的 Add(k,v) 方法把数据写进去。

9.2.4 Get(k) 的实现

本小节介绍读操作的实现。LevelDB 的读操作处理过程如图 9-4 所示。

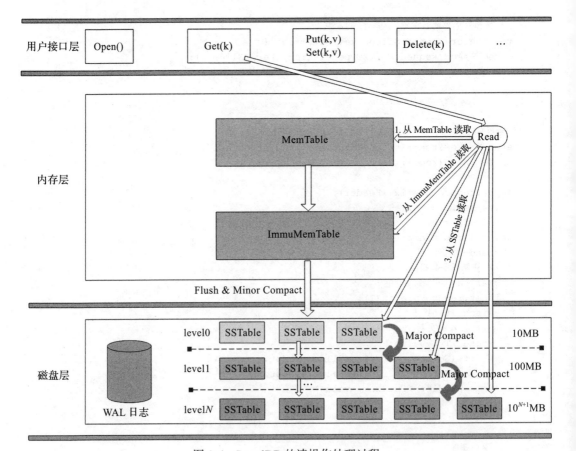

图 9-4 LevelDB 的读操作处理过程

LevelDB 执行 Get(k) 的整体思路是按照数据写入的先后顺序进行倒序查找。首先在内存的 MemTable 中查找，如果找到则结束查找，否则继续在 ImmuMemTable 中查找。同样，如果找到对应的值，则结束查找过程；反之，从磁盘上的 SSTable 中查找。磁盘上的查找过程是从低层级 L0 逐渐向高层级 L6 查找，当在任何一个层级中找到了数据时，就结束查找过程。上述就是 Get(k) 的执行过程。

在查找过程中，尤其是在磁盘 SSTable 上查找时需要注意，在 L0 层的多个文件中，数据之间是有可能重叠的，因此需要逐个查找，但凡查找到结果就会结束查找过程。SSTable 中的详细查找过程暂时不展开说明，在介绍 SSTable 时再重点讲解。Get(k) 的源码实现如下所示。

```
// 从 LevelDB 中查找 key 对应的值，找到后保存到 value 中
Status DBImpl::Get(const ReadOptions& options, const Slice& key,
                std::string* value) {
  Status s;
  MutexLock l(&mutex_);
  SequenceNumber snapshot;
  if (options.snapshot != nullptr) {
    // 判断是否指定快照，如果指定，则从给定的快照中查找
    snapshot =
static_cast<const SnapshotImpl*>(options.snapshot)->sequence_number();
  } else {
    // 取最新的快照，并从中查找
    snapshot = versions_->LastSequence();
  }
  MemTable* mem = mem_;
  MemTable* imm = imm_;
  Version* current = versions_->current();
  // 省略对 mem_ 和 immu_ 加引用的逻辑
  bool have_stat_update = false;
  Version::GetStats stats;
  {
    mutex_.Unlock();
    // 根据 key 和 snapshot 构建查询的 key: lkey
    LookupKey lkey(key, snapshot);
    // 先从 MemTable 中查找数据
    if (mem->Get(lkey, value, &s)) {
      // 如果 MemTable 中没找到，再从 ImmuMemTable 中查找数据
    } else if (imm != nullptr && imm->Get(lkey, value, &s)) {
    } else {
      // 如果在 ImmuMemTable 中也没找到，最后在 SSTable 中查找
      s = current->Get(options, lkey, value, &stats);
      have_stat_update = true;
    }
    mutex_.Lock();
  }
  // 如果从 SSTable 中读取，则需要更新统计信息，同时读取的统计信息可能会触发压缩条件，
  // 所以也需要尝试压缩
```

```
if (have_stat_update && current->UpdateStats(stats)) {
    MaybeScheduleCompaction();
}
// 省略对mem_ 和 immu_ 解引用的逻辑
return s;
}
```

Get(k) 方法的实现非常清晰，通过 if···else 语句就完成了查找。

9.3　MemTable 的实现分析

在 LevelDB 中，MemTable 作为内存中的数据缓存中间结构，起着非常重要的作用：一方面，它可以非常高效地处理用户的大量写请求；另一方面，它又可以保证数据的有序存储。MemTable 的实现在 db/ 目录下的 memtable.h/memtable.cc 文件中。本节将重点分析 MemTable 的源码实现。

9.3.1　MemTable 结构

MemTable 抽象为一个类结构，对外暴露了 Add(k,v) 和 Get(k) 方法。在 MemTable 内部维护着一个跳表结构，所有的读 / 写操作最终在底层均映射为对跳表的操作。MemTable 结构的代码如下所示。

```
class MemTable {
 public:
  explicit MemTable(const InternalKeyComparator& comparator);
  // 省略加引用、解引用的相关函数
  // 返回当前 MemTable 占用内存的大小
  size_t ApproximateMemoryUsage();
  Iterator* NewIterator();
  // 向 MemTable 中添加数据，当执行删除 (type==kTypeDeletion.value) 时，value 为空
  void Add(SequenceNumber seq, ValueType type, const Slice& key,
           const Slice& value);
  // 若 MemTable 中 key 存在则返回值为 true，如果 key 对应的数据不是删除状态，则将其对应的值存储
  // 到 value 中，如果是删除状态则更新 s 为 NotFound()；若 key 不存在则返回值为 false
  bool Get(const LookupKey& key, std::string* value, Status* s);
 private:
  ...
  // 跳表结构
  typedef SkipList<const char*, KeyComparator> Table;
  KeyComparator comparator_;
  // 内存分配
  Arena arena_;
  // 采用跳表来存储数据
  Table table_;
};
```

在 MemTable 的定义中可以发现，它最核心的就是 Add(k,v) 和 Get(k) 两个方法。下面分别对这两个方法的实现加以介绍。

9.3.2　Add(k,v) 和 Get(k) 的实现

1. Add(k,v) 的实现

MemTable 中的 Add(k,v) 方法主要用于写入数据，插入、更新、删除操作均是调用该方法。该方法的具体实现如下所示。

```
void MemTable::Add(SequenceNumber s, ValueType type, const Slice& key,
                   const Slice& value) {
  // 格式: |key_size+8|key|tag|value_size|value
  size_t key_size = key.size();
  size_t val_size = value.size();
  size_t internal_key_size = key_size + 8;
  const size_t encoded_len = VarintLength(internal_key_size) +
                             internal_key_size + VarintLength(val_size) +
                             val_size;
  //   分配内存空间
  char* buf = arena_.Allocate(encoded_len);
  // varint 类型的长度
  char* p = EncodeVarint32(buf, internal_key_size);
  // 写入 key 数据
  std::memcpy(p, key.data(), key_size);
  p += key_size;
  // 写入 tag 数据, tag 由 seq 和 type 两部分组成
  EncodeFixed64(p, (s << 8) | type);
  p += 8;
  // 写入 value 的长度
  p = EncodeVarint32(p, val_size);
  // 写入 value 数据
  std::memcpy(p, value.data(), val_size);
  assert(p + val_size == buf + encoded_len);
  // 插入跳表中
  table_.Insert(buf);
}
```

Add(k,v) 方法的实现分为两步。

第 1 步，按照图 9-5 所示的格式对数据编码。其中 tag 用一个 uint64 的数字存储，它的值是 sequence 和 ValueType 两部分的组合，前 7B 存储 sequence，最后 1B 存储 ValueType。

在编码过程中，key 和 value 均是变长数据，因此仍然采用 TLV 格式进行组织，只不过为了节约空间对 key 和 value 的长度均采用了 varint 编码。

第 2 步，将编码后的数据插入跳表中。

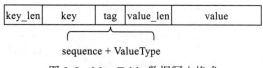

图 9-5　MemTable 数据写入格式

2. Get(k) 的实现

在 MemTable 的 Get(k) 方法中有一个参数 LookupKey，它是对查询 key 的一个简单封装，位于 db/ 目录下的 dbformat.h/dbformat.cc 文件中。在介绍 Get(k) 方法的具体实现前先简单介绍下 LookupKey 结构，其定义如下所示。

```cpp
class LookupKey {
 public:
  LookupKey(const Slice& user_key, SequenceNumber sequence);
  ...
  // memtable_key格式: |klength|key|tag(seq|value_type)
  Slice memtable_key() const { return Slice(start_, end_ - start_); }
  // internal_key格式: |key|tag
  Slice internal_key() const { return Slice(kstart_, end_ - kstart_); }
  // user_key格式: key
  Slice user_key() const { return Slice(kstart_, end_ - kstart_ - 8); }
 private:
  // |klength|key|tag
  const char* start_;
  const char* kstart_;
  const char* end_;
  char space_[200];   // 避免为短 key 分配空间
};
```

根据前面 Add(k,v) 方法中数据编码的格式，不难理解 LookupKey 结构的定义。它的内部抽象出了 3 个 key：memtable_key、internal_key、user_key。其中，memtable_key 指的是不包括 value 及 value 长度的所有数据；internal_key 指的是 memtable_key 中去掉 key 长度的部分；user_key 则单纯指 key 数据。

下面介绍 MemTable 中 Get(k) 的具体实现。

```cpp
// 从 MemTable 中获取 key 对应的数据
bool MemTable::Get(const LookupKey& key, std::string* value, Status* s) {
  // 根据 LookupKey 获取 MemTable 中查询的 memkey
  Slice memkey = key.memtable_key();
  // 构建跳表的迭代器
  Table::Iterator iter(&table_);
  iter.Seek(memkey.data());
  if (iter.Valid()) {
    // memtable 中 value 的格式: |key_size+8|key|tag|value_size|value
    const char* entry = iter.key();
    // key_length=key_len+8
    uint32_t key_length;
    const char* key_ptr = GetVarint32Ptr(entry, entry + 5, &key_length);
    if (comparator_.comparator.user_comparator()->Compare(
            Slice(key_ptr, key_length - 8), key.user_key()) == 0) {
      // 找到了待查找的数据
      const uint64_t tag = DecodeFixed64(key_ptr + key_length - 8);
```

```
    switch (static_cast<ValueType>(tag & 0xff)) {
      case kTypeValue: {
        // 解析 value
        Slice v = GetLengthPrefixedSlice(key_ptr + key_length);
        value->assign(v.data(), v.size());
        return true;
      }
      case kTypeDeletion:
       // 删除
        *s = Status::NotFound(Slice());
        return true;
      }
    }
  }
  return false;
}
static Slice GetLengthPrefixedSlice(const char* data) {
  uint32_t len;
  const char* p = data;
  // 获取 value 的长度
  p = GetVarint32Ptr(p, p + 5, &len);
  return Slice(p, len);
}
```

MemTable 中 Get(k) 的实现也非常简单，通过内部的跳表来初始化一个迭代器，然后开始在跳表中查找，找到数据后再根据写入的格式进行解码，最后根据数据的 tag 信息判断，如果数据是删除状态则返回不存在，否则返回具体数据。

从总体上来说，对 MemTable 的操作在本质上就是对底层跳表的操作，因此下面进一步介绍 LevelDB 中跳表的内部实现。

9.3.3　SkipList 结构

LevelDB 中的 MemTable 内部是采用"跳表"数据结构来构建的，主要是因为它具有如下优点：易实现和维护、存储的数据有序、平均读 / 写时间复杂度为 $O(\log N)$。跳表在第 2 章已经详细介绍过，这里不再赘述。

下面从源码的角度介绍 LevelDB 中跳表是如何实现的。

1. SkipList 结构的定义

跳表的定义和实现是在 db/ 目录下的 skiplist.h 文件中，具体如下所示。

```
template <typename Key, class Comparator>
class SkipList {
 private:
  struct Node;
 public:
  explicit SkipList(Comparator cmp, Arena* arena);
  // 插入数据
```

```
    void Insert(const Key& key);
    bool Contains(const Key& key) const;
    // 跳表的迭代器
    class Iterator {
     public:
      bool Valid() const;
      // 当 Valid() 为 true 时，通过该方法可以获取 key
      const Key& key() const;
      // 移动到下一个元素
      void Next();
      // 移动到前一个元素
      void Prev();
      // 定位到第一个 key ≥ target 的位置
      void Seek(const Key& target);
      // 定位到跳表中的第一个元素
      void SeekToFirst();
      // 定位到跳表中的最后一个元素
      void SeekToLast();
     private:
      const SkipList* list_;
      Node* node_;
    };
   private:
    enum { kMaxHeight = 12 };
    inline int GetMaxHeight() const {
      return max_height_.load(std::memory_order_relaxed);
    }
    Node* NewNode(const Key& key, int height);
    int RandomHeight();
     // 返回大于或者等于当前 key 的节点
    Node* FindGreaterOrEqual(const Key& key, Node** prev) const;
    ...
    Comparator const compare_;
    Arena* const arena_;
     // 跳表中的头节点
    Node* const head_;
    std::atomic<int> max_height_;
    Random rnd_;
  };
  // Node 结构的定义
  template <typename Key, class Comparator>
  struct SkipList<Key, Comparator>::Node {
    explicit Node(const Key& k) : key(k) {}
    Key const key;
    Node* Next(int n) {
      assert(n >= 0);
      return next_[n].load(std::memory_order_acquire);
    }
    void SetNext(int n, Node* x) {
      assert(n >= 0);
```

```
        next_[n].store(x, std::memory_order_release);
    }
    Node* NoBarrier_Next(int n) {
        assert(n >= 0);
        return next_[n].load(std::memory_order_relaxed);
    }
    void NoBarrier_SetNext(int n, Node* x) {
        assert(n >= 0);
        next_[n].store(x, std::memory_order_relaxed);
    }
 private:
    std::atomic<Node*> next_[1];
};
template <typename Key, class Comparator>
typename SkipList<Key, Comparator>::Node* SkipList<Key,Comparator>::NewNode(
    const Key& key, int height) {
        char* const node_memory = arena_->AllocateAligned(
            sizeof(Node) + sizeof(std::atomic<Node*>) * (height - 1));
        return new (node_memory) Node(key);
    }
// 创建一个跳表
template <typename Key, class Comparator>
SkipList<Key, Comparator>::SkipList(Comparator cmp, Arena* arena)
    : compare_(cmp),
      arena_(arena),
      // 初始化头节点
      head_(NewNode(0, kMaxHeight)),
      max_height_(1),
      rnd_(0xdeadbeef) {
        for (int i = 0; i < kMaxHeight; i++) {
            head_->SetNext(i, nullptr);
        }
      }
```

跳表结构中包含一个 Node 结构的头指针 head_ 和最大高度，在初始化跳表时会根据高度来初始化 head_，后续所有的数据会存储在 Node 中。此外，跳表还定义了它所需要的迭代器，跳表中的插入、查找都是基于迭代器来定位的。下面结合跳表中的 Insert(k) 来看看它的处理过程。

2. Insert(k) 的实现

```
template <typename Key, class Comparator>
void SkipList<Key, Comparator>::Insert(const Key& key) {
  Node* prev[kMaxHeight];
  // 第 1 步：定位插入的位置
  Node* x = FindGreaterOrEqual(key, prev);
  ...
  // 第 2 步：确定层高，生成随机高度
  int height = RandomHeight();
  if (height > GetMaxHeight()) {
```

```
    for (int i = GetMaxHeight(); i < height; i++) {
      prev[i] = head_;
    }
    // 更新最大高度
    max_height_.store(height, std::memory_order_relaxed);
  }
  // 第 3 步：创建一个新的节点 x 并将其插入跳表中
  x = NewNode(key, height);
  for (int i = 0; i < height; i++) {
    // 给当前的 x 设置每一层的 next 元素
    x->NoBarrier_SetNext(i, prev[i]->NoBarrier_Next(i));
    // 将当前的 x 加入跳表中
    prev[i]->SetNext(i, x);
  }
}


template <typename Key, class Comparator>
typename SkipList<Key, Comparator>::Node*
SkipList<Key, Comparator>::FindGreaterOrEqual(const Key& key, Node** prev) const {
  Node* x = head_;
  int level = GetMaxHeight() - 1;
  while (true) {
    Node* next = x->Next(level);
    if (KeyIsAfterNode(key, next)) {
      // 层内搜索
      x = next;
    } else {
      if (prev != nullptr) prev[level] = x;
      if (level == 0) {
        return next;
      } else {
        // 降低层数，切换到下一层遍历
        level--;
      }
    }
  }
}


template <typename Key, class Comparator>
bool SkipList<Key, Comparator>::KeyIsAfterNode(const Key& key, Node* n) const {
  return (n != nullptr) && (compare_(n->key, key) < 0);
}
// 生成随机的高度
template <typename Key, class Comparator>
int SkipList<Key, Comparator>::RandomHeight() {
  static const unsigned int kBranching = 4;
  int height = 1;
  while (height < kMaxHeight && rnd_.OneIn(kBranching)) {
    height++;
  }
  ...
```

```
    return height;
  }
```

上面是跳表的完整插入过程。插入过程分为定位（FindGreaterOrEqual()）、定层
（RandomHeight()）、插入（SetNext()）这三步。整体来看，跳表的插入过程还是非常清晰的。

3. Seek(k) 的实现

在跳表中查找时主要用到了迭代器中的 Seek(k) 方法。Seek(k) 的代码实现如下所示。

```
template <typename Key, class Comparator>
inline SkipList<Key, Comparator>::Iterator::Iterator(const SkipList* list) {
  list_ = list;
  node_ = nullptr;
}
// Seek(k) 定位过程
template <typename Key, class Comparator>
inline void SkipList<Key, Comparator>::Iterator::Seek(const Key& target) {
    // 仍然调用 FindGreaterOrEqual() 方法
    node_ = list_->FindGreaterOrEqual(target, nullptr);
}
template <typename Key, class Comparator>
inline bool SkipList<Key, Comparator>::Iterator::Valid() const {
  return node_ != nullptr;
}
template <typename Key, class Comparator>
inline const Key& SkipList<Key, Comparator>::Iterator::key() const {
  return node_->key;
}
template <typename Key, class Comparator>
inline void SkipList<Key, Comparator>::Iterator::Next() {
  node_ = node_->Next(0);
}
...
```

跳表迭代器中的 Seek(k) 方法实际上也调用了 FindGreaterOrEqual(k) 方法，通过该方法
获取到跳表中大于或等于 k 的位置。该位置即为待插入的位置或者已查找到的元素的存储
位置。

将 MemTable 的 Get(k) 方法的查询框架抽取出来，代码如下所示。

```
// 从 MemTable 中获取 key 对应的数据
bool MemTable::Get(const LookupKey& key, std::string* value, Status* s) {
  Slice memkey = key.memtable_key();
  // 构建跳表的迭代器
  Table::Iterator iter(&table_);
  iter.Seek(memkey.data());
  if (iter.Valid()) {
    ...
    const char* entry = iter.key();
    ...
```

```
    }
    return false;
}
```

不难发现，这个查找就是纯粹的对跳表的遍历。先通过跳表创建一个迭代器 iter，然后调用 Seek(k) 方法进行定位，定位后再将 Valid() 和 key() 这两个方法搭配在一起，获取找到的数据。

9.4 WAL 日志的实现分析

当系统突然宕机或者异常结束后，存储在 MemTable 中的数据会丢失，从而导致系统出现丢数据的问题。为了解决该问题，必须借助 WAL 日志来保证数据的持久性和可靠性。在系统出现前面的情况后，重新启动的过程中可以通过 WAL 日志来恢复内存中 MemTable 丢失的数据，重建 MemTable。本节将探究 LevelDB 中的 WAL 日志是如何实现的。

9.4.1 WAL 日志的格式

在 LevelDB 的 WAL 日志文件中数据是按照 32KB 固定大小的 Block 来写入的。每次要写入该文件的数据称为 Record。Record 的存储格式如图 9-6 所示。

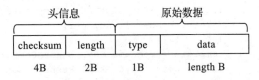

图 9-6 Record 的存储格式

每次写入 WAL 日志文件的数据，写入前先编码成 Record 格式（遵循 TLV 格式）。Record 数据格式分两部分：头信息、原始数据。为了保证数据的完整性，会在头信息中用 4B 记录校验和（checksum）的值。每次写入前计算出校验和，然后每次读取时根据校验和校验数据的完整性。Record 数据是变长的，因此会在头信息中分配 2B 来记录其长度。

当遇到内容非常大的数据，或者当前的 Block 剩余空间不足以存储当前要存储的数据时，会先将该数据进行分段，然后组织成多条 Record 存入多个 Block 中。为了标识 Record 的类型引入了 type。Record 的 type 是一个枚举类型，有 4 种取值。

❑ kFullType：取值 1，表示该 Record 完整存储在当前 Block 中，未分段。

❑ kFirstType：取值 2，表示该 Record 为第一个分段的 Record。

❑ kMiddleType：取值 3，表示该 Record 为中间分段的 Record。

❑ kLastType：取值 4，表示该 Record 为最后一个分段的 Record。

图 9-7 展示了 Block 和 Record 之间的相互关系。用一句话来总结就是，**一个 Block 中会存储至少一条 Record，而一次写入 WAL 日志的数据至少对应一条 Record。**

WAL 日志对外暴露两个结构：Writer、Reader。Writer 用来追加写入数据，LevelDB 处理写请求时会调用。Reader 在 LevelDB 启动后调用，通过从 WAL 日志中读取数据来尝试恢复之前内存中可能丢失的数据。下面分别来看看 Writer 和 Reader 是如何实现的。

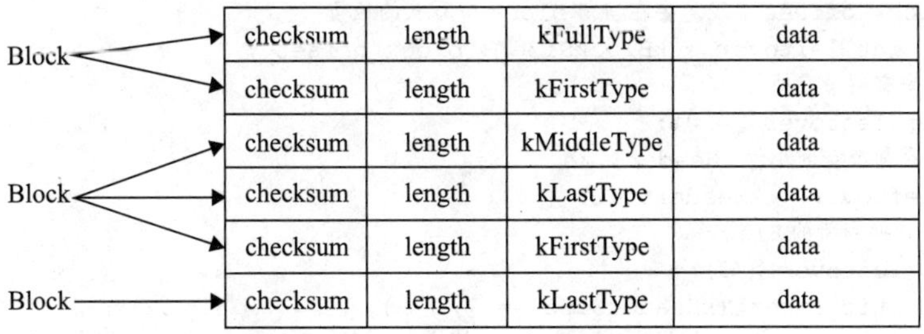

	checksum	length	kFullType	data
	checksum	length	kFirstType	data
	checksum	length	kMiddleType	data
	checksum	length	kLastType	data
	checksum	length	kFirstType	data
	checksum	length	kLastType	data

图 9-7　Block 和 Record 之间的关系

9.4.2　Writer 的实现

WAL 日志通过 Writer 结构对外提供写操作（AddRecord(data)）的接口。Writer 一方面对要写入的数据进行 Record 格式的封装，另一方面要调用底层文件系统的接口来将数据写入磁盘文件中。

1. Writer 的实现

Writer 的实现在 db/ 目录下的 log_writer.h/log_writer.cc 文件中，具体如下所示。

```cpp
class Writer {
  public:
    explicit Writer(WritableFile* dest);
    ...
    // 将 slice 记录添加到 WAL 日志中
    Status AddRecord(const Slice& slice);
  private:
    Status EmitPhysicalRecord(RecordType type, const char* ptr, size_t length);
    // 顺序写文件接口
    WritableFile* dest_;
    int block_offset_;
    uint32_t type_crc_[kMaxRecordType + 1];
};
```

Writer 结构是一个类，它维护着 WritableFile 结构的 dest_ 属性。该属性实际上就是 WAL 日志文件的标识，最终的数据都是通过该属性来写入磁盘文件中的。Writer 中最重要的方法是 AddRecord(data)，该方法的实现代码如下所示。

```cpp
// 将 slice 记录添加到 WAL 日志中
Status Writer::AddRecord(const Slice& slice) {
  const char* ptr = slice.data();
  size_t left = slice.size();
  // 如果要写入的 slice 过大，会进行分段
  Status s;
```

```
    bool begin = true;
    do {
      // block_offset_ 表示要在当前 block 中写入的位置
      const int leftover = kBlockSize - block_offset_;
      // 如果有剩余空间
      assert(leftover >= 0);
      // 如果剩余空间小于 kHeaderSize
      if (leftover < kHeaderSize) {
        // 切换到新的 Block
        if (leftover > 0) {
          static_assert(kHeaderSize == 7, "");
          // kHeaderSize 小于 7 时，用 \x00 填充
          dest_->Append(Slice("\x00\x00\x00\x00\x00\x00", leftover));
        }
        block_offset_ = 0;
      }
      assert(kBlockSize - block_offset_ - kHeaderSize >= 0);
      const size_t avail = kBlockSize - block_offset_ - kHeaderSize;
      const size_t fragment_length = (left < avail) ? left : avail;
      RecordType type;
      // 如果当前段的长度与待写入的数据的剩余长度 left 相等，说明这是最后一个 Record
      const bool end = (left == fragment_length);
      // 如果 begin 和 end 都为 true，则说明该次写入的数据可以存储在一个 Block 内
      if (begin && end) {
        type = kFullType;
      } else if (begin) {
        // 如果只有 begin 为 true，则说明该次写入的数据需要分段，且当前段是第一段
        type = kFirstType;
      } else if (end) {
        // 如果只有 end 为 true，则说明该次写入的数据需要分段，且当前段是最后段
        type = kLastType;
      } else {
        // 排除上述几种情况，本次写入属于分段的中间的一段
        type = kMiddleType;
      }
      // 将 ptr~ptr+fragment_length 的数据写入日志中
      s = EmitPhysicalRecord(type, ptr, fragment_length);
      // 写成功后，更新 ptr 指针和剩余待写入的数据长度
      ptr += fragment_length;
      left -= fragment_length;
      begin = false;
    } while (s.ok() && left > 0);
    return s;
}
// 将本次的 Record 数据写到磁盘上
Status Writer::EmitPhysicalRecord(RecordType t, const char* ptr, size_t length) {
    …
    // 格式化头信息
    char buf[kHeaderSize];
    // 4~5 记录长度
```

```
buf[4] = static_cast<char>(length & 0xff);
buf[5] = static_cast<char>(length >> 8);
// 记录 Record 的类型
buf[6] = static_cast<char>(t);
// 计算 CRC 校验码
uint32_t crc = crc32c::Extend(type_crc_[t], ptr, length);
crc = crc32c::Mask(crc);
// 0~3 记录 CRC 校验码
EncodeFixed32(buf, crc);
// 追加写入头信息
Status s = dest_->Append(Slice(buf, kHeaderSize));
if (s.ok()) {
  // 追加写入 record 数据
  s = dest_->Append(Slice(ptr, length));
  if (s.ok()) {
    s = dest_->Flush();
  }
}
block_offset_ += kHeaderSize + length;
return s;
}
```

上面是 AddRecord(data) 方法的具体实现，逻辑非常清晰。内部通过一个循环来不断地尝试对要写入的数据进行分段。不管分段与否，通过一次循环均可以确定当前 Record 的类型，以及它内部要存储的数据。接着将该 Record 的数据写入磁盘文件中（先写头信息，再写实际的数据）。具体的写入逻辑则是通过 EmitPhysicalRecord(type,ptr,length) 方法来完成的。该方法主要调用了 dest_ 的 Append(data) 方法和 Flush() 方法。dest_ 是一个 WritableFile 对象。下面来看看 WritableFile 的具体实现过程。

2. WritableFile 与 PosixWritableFile 的实现

WritableFile 是顺序写文件的抽象结构，本身是一个抽象类，定义在 include/LevelDB/ 目录下的 env.h 文件中。定义 WritableFile 结构的主要原因是不同的操作系统平台之间文件系统的接口有所差异，要通过一个抽象结构来屏蔽这些差异，以更好地支持跨平台的移植。除了 WritableFile 结构外，RandomAccessFile、SequentialFile 这两个结构也是同样的设计思路，后面再逐一介绍。这里介绍 WritableFile 结构及它在 POSIX 平台的实现 PosixWritableFile。二者的具体代码如下所示。

```
// WritableFile 是顺序写文件的抽象结构。调用者可能会写入多个小碎片到文件中，因此该结构的实现
// 必须提供缓冲区
class LevelDB_EXPORT WritableFile {
 public:
  // 省略构造函数和析构函数
  // 追加数据
  virtual Status Append(const Slice& data) = 0;
  virtual Status Close() = 0;
  virtual Status Flush() = 0;
```

```
  virtual Status Sync() = 0;
};
// PosixWritableFile 是 POSIX 平台的 WritableFile 实现
class PosixWritableFile final : public WritableFile {
 public:
  PosixWritableFile(std::string filename, int fd)
      : pos_(0),
        fd_(fd),
        is_manifest_(IsManifest(filename)),
        filename_(std::move(filename)),
        dirname_(Dirname(filename_)) {}
  ...
  // 追加数据
  Status Append(const Slice& data) override {
    size_t write_size = data.size();
    const char* write_data = data.data();
    // 将数据写到缓冲区
    size_t copy_size = std::min(write_size, kWritableFileBufferSize - pos_);
    std::memcpy(buf_ + pos_, write_data, copy_size);
    write_data += copy_size;
    write_size -= copy_size;
    pos_ += copy_size;
    if (write_size == 0) {
      return Status::OK();
    }
    // 缓冲区写满时，从缓冲区刷到磁盘上，调用文件系统的 write() 方法写入磁盘
    Status status = FlushBuffer();
    ...
    // 小的写操作先写入缓冲区，大的写操作直接写入文件
    if (write_size < kWritableFileBufferSize) {
      std::memcpy(buf_, write_data, write_size);
      pos_ = write_size;
      return Status::OK();
    }
    return WriteUnbuffered(write_data, write_size);
  }
 private:
  // 刷新缓冲区的数据到磁盘
  Status FlushBuffer() {
    Status status = WriteUnbuffered(buf_, pos_);
    pos_ = 0;
    return status;
  }
  // 不带缓冲区的，直接调用 write() 方法写入
  Status WriteUnbuffered(const char* data, size_t size) {
    while (size > 0) {
      // 调用 write() 写入数据
      ssize_t write_result = ::write(fd_, data, size);
      // 省略异常处理
      data += write_result;
```

```
      size -= write_result;
    }
    return Status::OK();
  }
  // buf_[0, pos_ - 1]
  // 64KB 缓冲区
  char buf_[kWritableFileBufferSize];
  size_t pos_;
  int fd_;

  const bool is_manifest_;
  const std::string filename_;
  const std::string dirname_;
};
```

从上面的源码实现可以看到，PosixWritableFile 在初始化时会指定其对应的文件描述符
fd_，同时在内部会开辟 64KB 的缓冲区。当调用 Append(data) 追加数据时，会默认追加到
缓冲区中，当缓冲区写满后会对缓冲区中的数据调用 FlushBuffer() 方法。FlushBuffer() 方
法内部则是调用操作系统的系统调用函数 write() 来将缓冲区的数据写入磁盘。

> **注意** 当调用 Append(data) 追加完数据以后，上层应用程序需要手动调用 Flush() 方法来触
> 发缓冲区中的数据写入磁盘。同时 LevelDB 提供了处理写操作的 WriteOptions 参数，
> 可选地设置参数 sync 的值。如果 sync 设置为 true，那么写入 WAL 日志后还会同步调
> 用 WritableFile 结构的 Sync() 方法确保数据一定写到磁盘上。因为系统默认数据会先
> 写入操作系统的缓冲区，然后在将来的某个时刻，操作系统会将缓冲区中的数据刷到
> 磁盘上。如果数据未刷到磁盘之前操作系统宕机了，那么数据仍然有丢失的风险。如
> 果只是进程崩溃了，操作系统正常运行，则不会有风险。为了确保数据一定能写入
> 磁盘，可以在调用 LevelDB 写入数据时将 WriteOptions 参数中的 sync 设置为 true。

9.4.3 Reader 的实现

本小节介绍 LevelDB 中的 WAL 日志的 Reader 的内部实现。

1. Reader 的实现

Reader 的相关实现在 db/ 目录下的 log_reader.h/log_reader.cc 文件中。Reader 结构的定
义及实现如下所示。

```
class Reader {
 public:
  // 构造函数，从 file 中 initial_offset 之后的位置开始读取 Record
  Reader(SequentialFile* file, Reporter* reporter, bool checksum,
         uint64_t initial_offset);
  // 省略其他构造函数和析构函数
  // 读取 Record 的核心方法
  bool ReadRecord(Slice* record, std::string* scratch);
```

```
    uint64_t LastRecordOffset();
 private:
  // 跳过 initial_offset_ 之前的所有 Block
  bool SkipToInitialBlock();
  unsigned int ReadPhysicalRecord(Slice* result);
  // 省略 report 相关方法
  // 顺序读取的 Log 文件 (WAL 日志文件 )
  SequentialFile* const file_;
  // 开辟一个 Block 大小的缓冲区，在后面读取文件时使用
  char* const backing_store_;
  Slice buffer_;
  bool eof_;
  // 返回上一条 Record 的 offset
  uint64_t last_record_offset_;
  uint64_t end_of_buffer_offset_;
  uint64_t const initial_offset_;
  bool resyncing_;
};
Reader::Reader(SequentialFile* file, Reporter* reporter, bool checksum,
                uint64_t initial_offset)
    : file_(file),
      reporter_(reporter),
      checksum_(checksum),
      // 开辟一个 Block 大小的空间
      backing_store_(new char[kBlockSize]),
      buffer_(),
      ...
```

Reader 最核心的方法是 ReadRecord(record)，通过该方法读取一条 Record 数据。LevelDB 也是通过该接口来恢复数据的。在 Reader 内部，有一个很重要的属性 file_，它是 SequentialFile 结构的一个对象。file_ 表示的正是 Log 文件。Reader 实际上也是先从 file_ 中按照 Block 来读取数据的，读取后再按照 Record 格式解码。ReadRecord(record) 的实现如下所示。

```
// 从 WAL 日志中读取 Record，读取的结果放在 record 中，scratch 是一个中间的临时缓冲，用来临时存
// 放分段的 Record 中的原始数据
bool Reader::ReadRecord(Slice* record, std::string* scratch) {
  // 跳到指定的初始化的 Block 位置
  scratch->clear();
  record->clear();
  bool in_fragmented_record = false;
  uint64_t prospective_record_offset = 0;

  Slice fragment;
  while (true) {
    // 读取 Record
    const unsigned int record_type = ReadPhysicalRecord(&fragment);
    // buffer_.size(): 当前 buffer_ 剩余的数据长度
    uint64_t physical_record_offset =
```

```
            end_of_buffer_offset_ - buffer_.size() - kHeaderSize - fragment.size();
        // 省略 resyncing 操作
        switch (record_type) {
            case kFullType:
                ...
                prospective_record_offset = physical_record_offset;
                scratch->clear();
                // 读取到一条完整的 Record, 直接赋值
                *record = fragment;
                last_record_offset_ = prospective_record_offset;
                return true;
            case kFirstType:
                ...
                prospective_record_offset = physical_record_offset;
                // 将 fragment 记录到 scrath 临时变量中
                scratch->assign(fragment.data(), fragment.size());
                in_fragmented_record = true;
                break;
            case kMiddleType:
                if (!in_fragmented_record) {
                 ...
                } else {
                    // 追加到临时变量中
                    scratch->append(fragment.data(), fragment.size());
                }
                break;
            case kLastType:
                if (!in_fragmented_record) {
                    ...
                } else {
                    // 追加到临时变量中, 此时临时变量 scratch 的数据已经是完整的了, 最后赋值给 record
                    scratch->append(fragment.data(), fragment.size());
                    *record = Slice(*scratch);
                    last_record_offset_ = prospective_record_offset;
                    return true;
                }
                break;
            // 这里省略了 kEof、kBadRecord、default 非主干实现
        }
    }
    return false;
}
// 从磁盘上读取 Record 并存放到 result 中, 然后返回值为 Record 的类型
unsigned int Reader::ReadPhysicalRecord(Slice* result) {
    while (true) {
        if (buffer_.size() < kHeaderSize) {
            if (!eof_) {
                buffer_.clear();
                // 读取一个 Block
                Status status = file_->Read(kBlockSize, &buffer_, backing_store_);
```

```
        end_of_buffer_offset_ += buffer_.size();
        // 这里省略异常的处理实现
        continue;
    } else{…}
    }

    // 解析头信息
    const char* header = buffer_.data();
    const uint32_t a = static_cast<uint32_t>(header[4]) & 0xff;
    const uint32_t b = static_cast<uint32_t>(header[5]) & 0xff;
    const unsigned int type = header[6];
    const uint32_t length = a | (b << 8);
    // 省略 Record 的各种校验
    // 从 buffer_ 中移除本条 Record
    buffer_.remove_prefix(kHeaderSize + length);
    …
    // 跳过了头信息，只返回实际的数据
    *result = Slice(header + kHeaderSize, length);
    return type;
    }
}
```

ReadRecord(record) 方法的实现整体上可以分为两步：第一步，从磁盘文件上以 Block 为单位读取数据到缓冲区；第二步，解码 Block 缓冲区中的 Record 数据，重建写入前的数据。对于未分段的 Record 而言，其头信息后存储的数据就是实际的数据。分段存储的数据需要根据 Record 类型将多个 Record 数据拼接在一起，最后再返回。第一步从磁盘读取数据是通过 SequentialFile 方法的 Read() 完成的。下面来看看 SequentialFile 和 PosixSequentialFile 的实现。

2. SequentialFile 与 PosixSequentialFile 的实现

SequentialFile 与前面介绍的 WritableFile 结构一样，也是一个抽象类。其本质是为了屏蔽不同操作系统平台之间的差异性，方便移植。SequentialFile 结构是对顺序读文件功能的抽象，通过该结构可以顺序读取文件中的数据。同时，SequentialFile 也具有跳过某些数据继续读的能力。该接口的定义也是在 include/LevelDB/ 目录下的 env.h 文件中。下面介绍它的定义及其在 POSIX 平台的实现。

```
// 顺序读文件的抽象类
class LevelDB_EXPORT SequentialFile {
  public:
  // 省略构造函数和析构函数
  // 读取 n 个字节的数据并放入 result 中返回
  virtual Status Read(size_t n, Slice* result, char* scratch) = 0;
  // 从该文件中跳过 n 个字节
  virtual Status Skip(uint64_t n) = 0;
};
//  PosixSequentialFile: POSIX 平台的 SequentialFile 实现
```

```
class PosixSequentialFile final : public SequentialFile {
 public:
  PosixSequentialFile(std::string filename, int fd)
      : fd_(fd), filename_(std::move(filename)) {}
  // 从文件中读取 n 字节数据，并存储到 result 中
  Status Read(size_t n, Slice* result, char* scratch) override {
    Status status;
    while (true) {
      // 调用系统的 read() 方法读取数据
      ::ssize_t read_size = ::read(fd_, scratch, n);
      // 省略错误处理
      *result = Slice(scratch, read_size);
      break;
    }
    return status;
  }
  // 在该文件中跳过 n 字节
  Status Skip(uint64_t n) override {
    if (::lseek(fd_, n, SEEK_CUR) == static_cast<off_t>(-1)) {
      return PosixError(filename_, errno);
    }
    return Status::OK();
  }
 private:
  const int fd_;
  const std::string filename_;
};
```

在 POSIX 平台上 PosixSequentialFile 实现了 SequentialFile。它内部维护着文件名 filename_ 和文件描述符 fd_ 两个属性。在调用 Read(n,result,buf) 方法时，该方法又调用了 read() 系统函数从 fd_ 文件中读取数据，然后存储到 result 中返回。而 Skip(n) 方法则是调用操作系统函数 lseek() 从当前位置跳过指定的 n 字节数据。PosixSequentialFile 的实现位于 util/ 目录下的 env_posix.cc 文件。

9.5 SSTable 的实现分析

SSTable 一般有两种方式生成：第一种是 Minor 压缩（Minor Compact），将内存中的 ImmuMemTable 持久化到磁盘生成 SSTable；第二种是 Major 压缩（Major Compact），将磁盘上的多个 SSTable 进行合并后形成新的 SSTable。不管哪种方式生成的 SSTable，都遵循两个原则：一是 SSTable 文件是只读结构，一旦生成后不会发生改变；二是，SSTable 文件写入的数据是有序的，后续查询时需要用到，因此它必须按照某种格式存储，以支持高效查询。下面先介绍 LevelDB 中 SSTable 的数据组织方式及工程实现，然后再介绍生成 SSTable 的两种压缩方式的内部实现。

9.5.1 SSTable 的数据格式

1. SSTable 的结构

一个 SSTable 由 Data Block、Filter Block、Meta Index Block、Index Block、Footer 组成。
SSTable 的结构如图 9-8 所示。

- ❑ Data Block：主要存储 KV 数据。
- ❑ Filter Block：主要存储布隆过滤器相关的数据，用来加快查询请求。
- ❑ Meta Index Block：主要存储 Filter Block 的索引信息。
- ❑ Index Block：主要存储 Data Block 的索引信息。
- ❑ Footer：主要存储 Meta Index Block 和 Index Block 的索引信息。

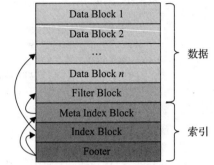

图 9-8　SSTable 的结构

2. Block 格式

每种 Block 整体上的格式是统一的，如图 9-9 所示。每个 Block 默认的大小为 4KB，
由 Data（数据）、CompressionType（压缩类型）、CRC（校验码）组成。LevelDB 默认采用
Snappy 压缩算法。

Data	CompressionType	CRC
Data	CompressionType	CRC
Data	CompressionType	CRC
Data	CompressionType	CRC

图 9-9　Block 的数据格式

Block 之间的区别主要体现在 Data 中存储的数据。下面分别介绍每种 Block 的数据格式。

（1）Data Block

Data Block 内部主要存储的是写入 LevelDB 的 KV 数据。Data Block 的结构如图 9-10 所示。Data Block 内部的数据分为四大部分：KV 数据、重启点数据、压缩类型、校验码。根据前面对 Block 结构的介绍可知，KV 数据和重启点数据属于 Data。下面重点介绍 Data 部分的格式。

1）KV 数据。LevelDB 中存储的多条 KV 数据的原始数据。在 Data Block 中 KV 数据的存储结构如图 9-11 所示。乍一看这种格式会有些难理解。因为

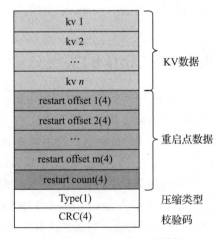

图 9-10　Data Block 的结构

在之前介绍的内容中，读者可能已经建立了一种意识，对于 KV 这种均是变长的数据，只需要按照 TLV 格式组织即可。也就是说，先分别用固定大小的几字节存储 K 和 V 的长度，然后依次存储 K 和 V 的数据。而图 9-15 所示的格式显然不是上面介绍的这种常规格式。

shared_key_len	unshared_key_len	value_len	unshared key	value
K 的共享长度	K 的未共享长度	V 的长度	K 的未共享内容	V 的内容

图 9-11　KV 数据的存储结构

但从本质上来说，图 9-11 也是 TLV 格式，只不过它在之前介绍的常规格式的基础上做了一些优化。**LevelDB 中多条 KV 数据之间是按照 K 的顺序有序存储的，这也就意味着相邻的多条数据之间，K 的内容可能会存在相同的部分。**因此，LevelDB 基于这个特点，在存储每条 KV 数据时并不是直接按照前面介绍的方式存储，而是对 K 的部分进行压缩。它将当前 K 的数据分成了两部分：第一部分是当前的 K 和前一条 KV 数据的 K 重复的部分，所以重复部分的数据当前的 K 就没必要存储了；第二部分是不重复部分，这部分数据是需要存储的。对 V 而言没有可以压缩的空间，因此还是按照前面介绍的方式存储。下面一起来看看它的设计方案。

① K 的共享长度（shared_key_len）。该字段表示当前加入的 KV 数据中的 K 和前一条 KV 数据中 K 的共同前缀的长度。

② K 的未共享长度（unshared_key_len）。该字段表示当前加入的 KV 数据中的 K 去掉共同前缀的长度。

③ V 的长度（value_len）。该字段表示当前加入的 KV 数据中的 V 的长度。

④ K 的未共享内容（unshared key）。该字段表示当前加入的 KV 数据的 K 去掉共同前缀部分的内容。

⑤ V 的内容（value）。该字段表示的是当前加入的 KV 数据中的 V 的内容。

这样存储了以后，空间得到了优化，带来的问题则是在读取数据时过程稍微复杂了一些。要想获取一条完整的 KV 数据，则需要对 K 进行拼接，即将前一个部分重复的内容及不重复的内容拼接到一起。如果所有的 KV 数据都按照这个方式存储，那么恢复 K 的过程会非常长。LevelDB 也考虑到了这点，因此它引入了一个重启点的概念。它通过设定一个数据间隔，每隔几条数据就记录一个完整的 K，然后基于该设计，K 再按照上述方式压缩存储。当达到间隔以后再记录一条完整的 K，不断重复这个过程。

2）**重启点数据。**重启点数据由**多个重启项**和**重启点个数**两部分组成。它们的大小均为 4B。每个重启项记录的是该条重启点的 KV 数据写入 Data Block 中的位置。通过该重启点就可以直接读取该条 KV 数据的完整数据。位于两个重启点之间的数据在恢复时需要顺序遍历逐个恢复。而重启点个数记录的是当前的 Data Block 总共存储了多少个重启点。通过重启点个数就能很容易确定重启点数据所占的空间并全部读取。重启点间隔通过参数来配置，默认值是 16，即每存储 16 条数据就需要保存一个重启点。对存储间隔而言，如果选得太小，重启点会过多，从而导致存储效率降低；但若存储间隔选得太大，会导致数据的读取效率降低。因此，需要进行折中设置。

（2）Index Block

一个 SSTable 中有多个 Data Block 存储 KV 数据，当一个 Data Block 写满后就需要重新打开一个新的 Data Block 继续写数据。此时需要为当前已满的 Data Block 记录一条索引信息，该索引信息采用专门的 Block 来存储，称为 Index Block。Index Block 的结构和 Data Block 的结构完全一样，此处不再赘述。

对 Data Block 而言，索引信息主要包含三个元素 <key、offset、length>。key 表示当前 Data Block 保存的所有 KV 数据中 K 的最大值，offset 和 length 则表示该 Data Block 写入 SSTable 的位置及它的长度，通过这两项可以完整地读取 Data Block 的数据。而存储 key 可在读取时进行区间判定。下面来看看 LevelDB 是如何存储索引信息的。

在 LevelDB 中，索引信息也是按照 KV 格式存储的。对 Data Block 而言，它的索引信息的 K 为当前 Data Block 的 K 的最大值（最后一个 KV 数据的 K）和下一个 Data Block 的 K 的最小值（第一个 KV 数据的 K）的最短分隔符。这种设计思想是为了减少索引占用的空间。下面举例说明。假设当前 Data Block 的 K 的最大值为 helloBlock，而下一个 Data Block 的 K 的最小值为 helloTable，则计算出来的 K 为 helloC。该值通过 util/ 目录下的 comparator.cc 文件中的 FindShortestSeparator() 方法来计算。而 V 则是经过 BlockHandle 结构编码后的内容。BlockHandle 结构内部实际上是封装了前面提到的 offset 和 length。BlockHandle 结构如下所示。

```
// BlockHandle 是一个指向 Data Block 或者 Meta Block 的文件范围指针
class BlockHandle {
 public:
  // 定义的 BlockHandle 最大的编码长度
  enum { kMaxEncodedLength = 10 + 10 };
  ...
  void EncodeTo(std::string* dst) const;
  Status DecodeFrom(Slice* input);
 private:
  //  偏移量
  uint64_t offset_;
  // 长度 / 大小
  uint64_t size_;
};
// 将 BlockHandle 编码到 dst 中
void BlockHandle::EncodeTo(std::string* dst) const {
  ...
  PutVarint64(dst, offset_);
  PutVarint64(dst, size_);
}
Status ::DecodeFrom(Slice* input) {
  if (GetVarint64(input, &offset_) && GetVarint64(input, &size_)) {
    return Status::OK();
```

```
    } else {…}
}
```

（3）Filter Block

Filter Block 保存的是 LevelDB 中布隆过滤器的数据。Filter Block 的结构和前面介绍的 Data Block 的有所区别，其结构如图 9-12 所示。

Filter Block 主要由过滤器内容、过滤器偏移量、过滤器元信息、压缩类型、校验码五部分组成。在布隆过滤器中 Filter Block 的压缩类型是不压缩（kNoCompression）。下面重点介绍一下过滤器内容、过滤器偏移量及过滤器元信息这三部分。

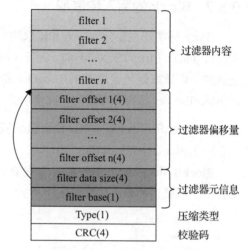

图 9-12　Filter Block 的结构

1）过滤器内容。对 SSTable 而言，每 2KB 的 KV 数据就会生成一个布隆过滤器，布隆过滤器的相关数据会保存到 filter 中。

2）过滤器偏移量。过滤器偏移量记录每个过滤器内容写入的位置。根据前后两个过滤器的偏移量就可以获取对应的过滤器的内容。每个偏移量采用 4B 存储。

3）过滤器元信息。过滤器元信息主要包含过滤器内容大小和过滤器基数。过滤器内容大小用 4B 存储，主要记录过滤器内容所占的大小。过滤器基数在 LevelDB 中是一个常数值 11，它表示 2 的 11 次方（即 2KB），即为每 2KB 的 KV 数据分配一个布隆过滤器。

关于 LevelDB 中布隆过滤器的相关内容后面再详细介绍。

（4）Meta Index Block

当 Filter Block 写完后也需要记录其索引信息。该索引信息在 SSTable 中是采用 Meta Index Block、以 KV 数据存储的。Meta Index Block 的结构和 Data Block 的一致。Filter Block 的索引信息中 K 为"filter."再拼接上布隆过滤器的名称，最终的完整值为 filter.leveldb. BuiltinBloomFilter2。而 V 也是一个 Block Handle 结构，存储 Filter Block 在 SSTable 中写入的位置（offset）和长度（length）。通过该索引信息就可以获取 Filter Block 的完整内容，然后根据 Filter Block 内部存储的数据就可以得到布隆过滤器。

（5）Footer

SSTable 中最后一部分数据就是 Footer，它占 48B。Footer 的结构如图 9-13 所示。在读取时，需要从文件末尾开始往前读取 48B，以获取这部分数据。

Footer 中存储的数据总共分为两部分。第一部分是 Meta Index Block 和 Index Block 的索引信息，均是 BlockHandle

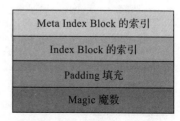

图 9-13　Footer 的结构

结构。通过索引信息可以分别获取这两个 Block 的数据。因为 BlockHandle 在编码时采用的是变长编码，因此每个 BlockHandle 最多可用 20B。当索引信息编码后不够 40B 时，会填充至 40B。第二部分是最末尾 8B 的魔数。它是固定数据 0xdb4775248b80fb57，是字符串⊖经 SHA1 算法计算得到的前 8B。

9.5.2 Block 的写入和读取

Block 的实现主要分为写入和读取两大功能。在 LevelDB 中，Filter Block 的结构和 Data Block、Index Block 的结构不同。对于 Filter Block 而言，它的写入是通过 FilterBlockBuilder 完成的，而读取则是通过 FilterBlockReader 完成的；其他 Block 的写入或者创建功能均是通过 BlockBuilder 结构来完成的，而读取是通过 Block::Iter 迭代器完成的。

1. BlockBuilder 结构和 FilterBlockBuilder 结构

（1）BlockBuilder 结构

BlockBuilder 结构的定义和实现在 table/ 目录下的 block_builder.h 和 block_builder.cc 文件中。该结构的核心代码如下所示。

```
class BlockBuilder {
 public:
  explicit BlockBuilder(const Options* options);
  ...
  // 往 Block 中添加 KV 数据
  void Add(const Slice& key, const Slice& value);
  // Finish() 方法用于构建一个 Block，同时返回该 Block 的内容。返回的 Block 内容在该结构的生命
  // 周期里有效，或者直到调用 Reset() 之后失效
  Slice Finish();
  // 返回当前估算的 Block 未被压缩的大小
  size_t CurrentSizeEstimate() const;
  ...
 private:
  // 存放数据的缓冲区
  std::string buffer_;
  // 重启点列表
  std::vector<uint32_t> restarts_;
  // 重启点之后的 entry 数目
  int counter_;
  bool finished_;
  std::string last_key_;
};
// 构造函数，创建一个 BlockBuilder
BlockBuilder::BlockBuilder(const Options* options)
    : options_(options), restarts_(), counter_(0), finished_(false) {
  restarts_.push_back(0);
}
```

上面介绍了 BlockBuilder 的结构，可以发现，它内部主要有两个方法：Add(k,v)、Finish() 方法。Add(k,v) 方法用于向 Block 中添加 KV 数据，而 Finish() 方法则主要用于生成一个 Block。此外该结构内部还维护了存储 Block 数据的 buffer_ 和重启点列表 restarts_ 等信息。下面重点介绍 Add(k,v) 和 Finish() 方法的实现。这两个方法的实现代码如下所示。

```
// 往 Block 中添加 KV 数据
void BlockBuilder::Add(const Slice& key, const Slice& value) {
  Slice last_key_piece(last_key_);
  …
  size_t shared = 0;
  // 如果 counter_ 比重启点的间隔小，那就需要对 K 压缩
  if (counter_ < options_->block_restart_interval) {
    // 计算和前一条 KV 数据中 K 有多少数据是共享的
    const size_t min_length = std::min(last_key_piece.size(), key.size());
    while ((shared < min_length) && (last_key_piece[shared] == key[shared])){
      shared++;
    }
  } else {
    // 记录一个新的重启点
    restarts_.push_back(buffer_.size());
    counter_ = 0;
  }
  const size_t non_shared = key.size() - shared;
  // 按照"<shared><non_shared><value_size>"格式先添加长度到 buffer_ 中
  PutVarint32(&buffer_, shared);
  PutVarint32(&buffer_, non_shared);
  PutVarint32(&buffer_, value.size());
  // 继续添加 K 的未共享内容和 V 的内容到 buffer_ 中
  buffer_.append(key.data() + shared, non_shared);
  buffer_.append(value.data(), value.size());
  // 更新统计信息
  last_key_.resize(shared);
  last_key_.append(key.data() + shared, non_shared);
  assert(Slice(last_key_) == key);
  counter_++;
}
// 通过调用 Finish() 方法来创建一个 Block，并返回该 Block 的数据
Slice BlockBuilder::Finish() {
  // 向 buffer_ 中追加重启点数据
  for (size_t i = 0; i < restarts_.size(); i++) {
    PutFixed32(&buffer_, restarts_[i]);
  }
  // 追加重启点个数
  PutFixed32(&buffer_, restarts_.size());
  finished_ = true;
  return Slice(buffer_);
}
```

观察上面 Add(k,v) 和 Finish() 方法的实现可以发现，它们的逻辑跟之前介绍的 Data

Block 的原理是一致的，数据存储的格式是对应的。下面再来看看 Filter Block 中的数据是如何写入的。

（2）FilterBlockBuilder 结构

FilterBlockBuilder 结构的实现在 table/ 目录下的 filter_block.h 和 filter_block.cc 文件中，该结构主要用来完成对 SSTable 中的 Filter Block 数据的写入逻辑，下面是其代码实现。

```cpp
// FilterBlockBuilder 用来构建 SSTable 中的 Filter Block
class FilterBlockBuilder {
 public:
  explicit FilterBlockBuilder(const FilterPolicy*);
  ...
  void StartBlock(uint64_t block_offset);
  // 向 Filter Block 中添加 key
  void AddKey(const Slice& key);
  // 生成 Filter Block 的数据
  Slice Finish();
 private:
  // 生成过滤器
  void GenerateFilter();
  // 过滤器的实现接口
  const FilterPolicy* policy_;
  // 扁平化存储的 key 的列表
  std::string keys_;
  // 每个 key 在 keys_ 中的开始位置
  std::vector<size_t> start_;
  // 过滤器的数据
  std::string result_;
  std::vector<Slice> tmp_keys_;
  // 存储过滤器的每段数据的偏移量
  std::vector<uint32_t> filter_offsets_;
};
static const size_t kFilterBaseLg = 11;
static const size_t kFilterBase = 1 << kFilterBaseLg;
...
void FilterBlockBuilder::StartBlock(uint64_t block_offset) {
  uint64_t filter_index = (block_offset / kFilterBase);
  assert(filter_index >= filter_offsets_.size());
  while (filter_index > filter_offsets_.size()) {
    GenerateFilter();
  }
}

void FilterBlockBuilder::AddKey(const Slice& key) {
  Slice k = key;
  start_.push_back(keys_.size());
  keys_.append(k.data(), k.size());
}

Slice FilterBlockBuilder::Finish() {
```

```
    if (!start_.empty()) {
      GenerateFilter();
    }
    const uint32_t array_offset = result_.size();
    // 将每个过滤器的偏移量追加到 result_ 中
    for (size_t i = 0; i < filter_offsets_.size(); i++) {
      PutFixed32(&result_, filter_offsets_[i]);
    }
    // 存储过滤器的数据大小
    PutFixed32(&result_, array_offset);
    // 保存过滤器的基数
    result_.push_back(kFilterBaseLg);
    return Slice(result_);
}
// 生成过滤器
void FilterBlockBuilder::GenerateFilter() {
    const size_t num_keys = start_.size();
    if (num_keys == 0) {
      filter_offsets_.push_back(result_.size());
      return;
    }
    // 将 keys_ 中扁平化存储的 key 转换成 vector
    start_.push_back(keys_.size());
    tmp_keys_.resize(num_keys);
    for (size_t i = 0; i < num_keys; i++) {
      const char* base = keys_.data() + start_[i];
      size_t length = start_[i + 1] - start_[i];
      tmp_keys_[i] = Slice(base, length);
    }
    // 创建布隆过滤器
    filter_offsets_.push_back(result_.size());
    policy_->CreateFilter(&tmp_keys_[0], static_cast<int>(num_keys),&result_);
    tmp_keys_.clear();
    keys_.clear();
    start_.clear();
}
```

上面就是通过 FilterBlockBuilder 生成 Filter Block 的逻辑。在向 SSTable 中添加数据时会同步调用 FilterBlockBuilder 的 Add(key) 方法在过滤器中添加 K。添加的 K 会扁平化地保存到 keys_ 中，同时在 starts_ 中存储索引信息。当一个 SSTable 写满后会调用 Finish() 生成一个 Data Block，此时也会同步调用 Filter 的 Finsih() 方法将布隆过滤器的数据写入 Filter Block 中。另外，在 FilterBlockBuilder 中，每 2KB 数据就生成一个 Filter，是调用 GenerateFilter() 方法来实现的。而该方法内部则调用了布隆过滤器的 CreateFilter() 方法。布隆过滤器的实现在 util/ 目录下的 bloom.cc 文件中，具体实现代码如下所示。

```
// 布隆过滤器的实现
class BloomFilterPolicy : public FilterPolicy {
 public:
```

```
  explicit BloomFilterPolicy(int bits_per_key) : bits_per_key_(bits_per_key) {
    // 粗略计算 Hash 函数的个数
    k_ = static_cast<size_t>(bits_per_key * 0.69);   // 0.69 =~ ln(2)
    if (k_ < 1) k_ = 1;
    if (k_ > 30) k_ = 30;
  }
  const char* Name() const override { return "LevelDB.BuiltinBloomFilter2"; }
  // 创建布隆过滤器
  void CreateFilter(const Slice* keys, int n, std::string* dst) const override {
    // 根据存储的元素个数计算布隆过滤器的大小
    size_t bits = n * bits_per_key_;
    if (bits < 64) bits = 64;
    size_t bytes = (bits + 7) / 8;
    bits = bytes * 8;

    const size_t init_size = dst->size();
    dst->resize(init_size + bytes, 0);
    dst->push_back(static_cast<char>(k_));
    char* array = &(*dst)[init_size];
    for (int i = 0; i < n; i++) {
      // 使用双重 Hash 生成 Hash 值序列, 参见 Kirsch 和 Mitzenmacher 于 2006 年发表的论文
      // "Less Hashing, Same Performance: Building a Better Bloom Filter" 中的分析
      uint32_t h = BloomHash(keys[i]);
      const uint32_t delta = (h >> 17) | (h << 15);
      // 计算 K 个 Hash 函数
      for (size_t j = 0; j < k_; j++) {
        const uint32_t bitpos = h % bits;
        array[bitpos / 8] |= (1 << (bitpos % 8));
        h += delta;
      }
    }
  }
// Hash 函数
static uint32_t BloomHash(const Slice& key) {
    return Hash(key.data(), key.size(), 0xbc9f1d34);
}
 // 在布隆过滤器中判断 key 是否存在, 如果存在则返回 true
  bool KeyMayMatch(const Slice& key, const Slice& bloom_filter) const override {
    const size_t len = bloom_filter.size();
    if (len < 2) return false;
    const char* array = bloom_filter.data();
    const size_t bits = (len - 1) * 8;
    const size_t k = array[len - 1];
    ...
    uint32_t h = BloomHash(key);
    const uint32_t delta = (h >> 17) | (h << 15);
    // 计算 K 个 Hash 函数
    for (size_t j = 0; j < k; j++) {
      const uint32_t bitpos = h % bits;
      if ((array[bitpos / 8] & (1 << (bitpos % 8))) == 0) return false;
```

```
        h += delta;
    }
    return true;
  }
 private:
  size_t bits_per_key_;
  size_t k_;
};
const FilterPolicy* NewBloomFilterPolicy(int bits_per_key) {
  return new BloomFilterPolicy(bits_per_key);
}
```

在 LevelDB 中实现的布隆过滤器主要就两个方法：创建过滤器的方法 CreateFilter()，以及判断数据是否存在的方法 KeyMayMatch()。在 CreateFilter() 方法中挨个遍历要添加的 key，然后计算 K 个 Hash 函数并将位数组 array 中对应的位置 1，最终布隆过滤器的数据通过参数 dst 返回。而在查询时会调用 KeyMayMatch() 方法，将待查询的 key 及布隆过滤器的数据通过输入参数传递进来。按照上述思路，计算 K 个 Hash 值并依次判断对应位是否为 1。一旦某一位不为 1，则表示待查询的数据在布隆过滤器中不存在，立即返回。

2. Block 结构和 FilterBlockReader 结构

（1）Block 结构

SSTable 中的每个 Block 读取出来后通过 Block 结构来存储，而读取是通过 Block::Iter 迭代器实现的。Block 的实现在 table/ 目录下的 block.h 和 block.cc 文件中。下面介绍一下 Block 结构和其内部的查找过程。

```
// Block 结构
class Block {
 public:
  // 通过指定的内容来初始化 Block
  explicit Block(const BlockContents& contents);
  ...
  Iterator* NewIterator(const Comparator* comparator);
 private:
  ...
  uint32_t NumRestarts() const;
  // Block 存储的数据
  const char* data_;
  // Block 数据的大小
  size_t size_;
  // 重启点在data_ 中的偏移量
  uint32_t restart_offset_;
};
// 解析重启点个数 ( 排除压缩类型和 CRC 校验码之外的最后 4 字节 )
inline uint32_t Block::NumRestarts() const {
  return DecodeFixed32(data_ + size_ - sizeof(uint32_t));
}
// 构造函数
```

```cpp
Block::Block(const BlockContents& contents)
    : data_(contents.data.data()),
      size_(contents.data.size()) {
        if (size_ < sizeof(uint32_t)) {
          size_ = 0;
        } else {
          size_t max_restarts_allowed = (size_ - sizeof(uint32_t)) / sizeof(uint32_t);
          if (NumRestarts() > max_restarts_allowed) {
            size_ = 0;
          } else {
            restart_offset_ = size_ - (1 + NumRestarts()) * sizeof(uint32_t);
          }
        }
}
...
// 从 p 位置开始解析 Entry 的 shared、non_shared、value_length 等信息
static inline const char* DecodeEntry(const char* p, const char* limit,
          uint32_t* shared, uint32_t* non_shared, uint32_t* value_length) {
  if (limit - p < 3) return nullptr;
  *shared = reinterpret_cast<const uint8_t*>(p)[0];
  *non_shared = reinterpret_cast<const uint8_t*>(p)[1];
  *value_length = reinterpret_cast<const uint8_t*>(p)[2];
  if ((*shared | *non_shared | *value_length) < 128) {
      p += 3;
  } else {
    if ((p = GetVarint32Ptr(p, limit, shared)) == nullptr) return nullptr;
    if ((p = GetVarint32Ptr(p, limit, non_shared)) == nullptr) return nullptr;
    if ((p = GetVarint32Ptr(p, limit, value_length)) == nullptr) return nullptr;
  }
  if (static_cast<uint32_t>(limit - p) < (*non_shared + *value_length)) {
    return nullptr;
  }
  return p;
}
// 创建迭代器
Iterator* Block::NewIterator(const Comparator* comparator) {
  ...
  const uint32_t num_restarts = NumRestarts();
  if (num_restarts == 0) {
    return NewEmptyIterator();
  } else {
    return new Iter(comparator, data_, restart_offset_, num_restarts);
  }
}
// Block 迭代器的实现
class Block::Iter : public Iterator {
 private:
  const Comparator* const comparator_;
  // Block 的内容
  const char* const data_;
```

```cpp
// 重启点在 data_ 中的位置
uint32_t const restarts_;
// 重启点个数
uint32_t const num_restarts_;
// 当前 Entry 的 offset
uint32_t current_;
// 当前 Entry 对应的重启点 index
uint32_t restart_index_;
// key 和 value
std::string key_;
Slice value_;
Status status_;
// 在 Block 的内部定位
void Seek(const Slice& target) override {
  // 在重启点列表中进行二分查找，即最近的 key < target 的重启点
  uint32_t left = 0;
  uint32_t right = num_restarts_ - 1;
  int current_key_compare = 0;
  ...
  while (left < right) {
    uint32_t mid = (left + right + 1) / 2;
    // 获取 mid 对应的重启点 offset
    uint32_t region_offset = GetRestartPoint(mid);
    uint32_t shared, non_shared, value_length;
    const char* key_ptr =
        DecodeEntry(data_ + region_offset, data_ + restarts_, &shared,
                    &non_shared, &value_length);
    ...
    // 重启点都是非共享的，因此直接读取
    Slice mid_key(key_ptr, non_shared);
    if (Compare(mid_key, target) < 0) {
      left = mid;
    } else {
      right = mid - 1;
    }
  }
  ...
  // 在重启点对应的区间内开始线性搜索第一个 key>=target 的值
  while (true) {
    if (!ParseNextKey()) {
      return;
    }
    if (Compare(key_, target) >= 0) {
      return;
    }
  }
}
// 解析下一条数据
bool ParseNextKey() {
  current_ = NextEntryOffset();
```

```
    const char* p = data_ + current_;
    const char* limit = data_ + restarts_;
    if (p >= limit) {
      ...
      return false;
    }
    // 解析下一条 Entry
    uint32_t shared, non_shared, value_length;
    p = DecodeEntry(p, limit, &shared, &non_shared, &value_length);
    if (p == nullptr || key_.size() < shared) {
     ...
    } else {
      key_.resize(shared);
      key_.append(p, non_shared);
      value_ = Slice(p + non_shared, value_length);
      while (restart_index_ + 1 < num_restarts_ &&
             GetRestartPoint(restart_index_ + 1) < current_) {
        ++restart_index_;
      }
      return true;
    }
  }
  ...
};
```

在 Block 中进行查找时，主要通过 Block::Iter 的 Seek(target) 方法来完成。以 Data Block 为例，首先在重启点列表中进行二分查找，定位到比 target 小的最近一个重启点，然后在该重启点开始顺序解析 Entry（KV 数据）进行查找比较，直到找到符合条件的 Entry 结束。

（2）FilterBlockReader 结构

FilterBlockReader 结构用来实现 SSTable 中布隆过滤器的读取。它的定义及实现也是在 table/ 目录下的 filter_block.h 和 filter_block.cc 文件中。该结构非常简单，其代码实现如下所示。

```
// FilterBlockReader 用于实现布隆过滤器的读取
class FilterBlockReader {
 public:
  FilterBlockReader(const FilterPolicy* policy, const Slice& contents);
  bool KeyMayMatch(uint64_t block_offset, const Slice& key);
 private:
  // 过滤器的实现接口
  const FilterPolicy* policy_;
  // 布隆过滤器数据开始的位置
  const char* data_;
  // 布隆过滤器的 offset 数组的开始位置
  const char* offset_;
  // 过滤器的个数
```

```
  size_t num_;
  size_t base_lg_;
};

FilterBlockReader::FilterBlockReader(const FilterPolicy* policy,
                                     const Slice& contents)
    : policy_(policy), data_(nullptr), offset_(nullptr), num_(0), base_lg_(0) {
  size_t n = contents.size();
  // 1B 是布隆过滤器的基数, 4B 是布隆过滤器的 offset 开始的位置
  if (n < 5) return;
  base_lg_ = contents[n - 1];
  // 解析布隆过滤器数据的长度
  uint32_t last_word = DecodeFixed32(contents.data() + n - 5);
  if (last_word > n - 5) return;
  data_ = contents.data();
  // offset_ 是布隆过滤器 offset 开始的位置
  offset_ = data_ + last_word;
  // offset 的个数
  num_ = (n - 5 - last_word) / 4;
}
// 判断在布隆过滤器中是否存在
bool FilterBlockReader::KeyMayMatch(uint64_t block_offset, const Slice& key) {
  uint64_t index = block_offset >> base_lg_;
  if (index < num_) {
    uint32_t start = DecodeFixed32(offset_ + index * 4);
    uint32_t limit = DecodeFixed32(offset_ + index * 4 + 4);
    if (start <= limit && limit <= static_cast<size_t>(offset_ - data_)) {
      Slice filter = Slice(data_ + start, limit - start);
      // 调用布隆过滤器的 KeyMayMatch 函数判断
      return policy_->KeyMayMatch(key, filter);
    } else if (start == limit) {
      return false;
    }
  }
  return true;
}
```

　　FilterBlockReader 中主要封装了对 Filter Block 中过滤器数据的查询逻辑。在对 SSTable 进行查询时，当定位到某个 Data Block 后，会首先通过 FilterBlockReader 的 KeyMayMatch() 方法在过滤器中先查询一下。如果查询后发现要查找的数据在过滤器中不存在，那就无须在 Data Block 中查询了。而如果过滤器返回的结果是存在的，那么就需要进一步在 Data Block 中查询。实际调用了布隆过滤器 FilterBlockReader 的 KeyMayMatch() 方法。注意：布隆过滤器由于其本身的特性，会存在一定的误判率，这个可以通过设置参数来缓解。

9.5.3　SSTable 的写入和读取

　　SSTable 的写入及创建是由 TableBuilder 结构来完成的，而读取则是由 Table 结构中的

迭代器来完成的。下面一起看看二者的核心实现。

1. TableBuilder 结构

TableBuilder 结构的主要逻辑实现在 include/LevelDB/ 下的 table_builder.h 和 table/ 下的 table_builder.cc 文件中。该结构主要用于完成 SSTable 的构建。下面是 TableBuilder 的核心逻辑代码。

```
class LevelDB_EXPORT TableBuilder {
 public:
  TableBuilder(const Options& options, WritableFile* file);
  ...
  // 添加 key 和 value 到 SSTable 中
  void Add(const Slice& key, const Slice& value);
  // 构建 SSTable
  Status Finish();
      ...
 private:
   // 写 Block
  void WriteBlock(BlockBuilder* block, BlockHandle* handle);
  void WriteRawBlock(const Slice& data, CompressionType, BlockHandle* handle);
  struct Rep;
  Rep* rep_;
};

struct TableBuilder::Rep {
  Rep(const Options& opt, WritableFile* f)
      :file(f),
       ...
        filter_block(opt.filter_policy == nullptr ? nullptr
                         : new FilterBlockBuilder(opt.filter_policy)),
        pending_index_entry(false) {
          index_block_options.block_restart_interval = 1;
        }
    ...
  // SSTable 文件
  WritableFile* file;
  uint64_t offset;
  // Data Block
  BlockBuilder data_block;
  // Index Block
  BlockBuilder index_block;
  // Filter Block
  FilterBlockBuilder* filter_block;
  // 省略 pending_index_entry、last_key、num_entries
  // Index Block 的 BlockHandle
  BlockHandle pending_handle;
};
TableBuilder::TableBuilder(const Options& options, WritableFile* file)
    : rep_(new Rep(options, file)) {
```

```
  if (rep_->filter_block != nullptr) {
    rep_->filter_block->StartBlock(0);
  }
}
```

在 TableBuilder 的定义中，有一个 Rep 类型的属性 rep_。该结构封装了前面介绍的 SSTable 中的每种 Block，如 data_block、index_block、filter_block 等。此外，它有两个重要的方法 Add(k,v) 和 Finish()。它们和之前介绍的 Block 中的方法含义几乎一样，Add(k,v) 用于向 SSTable 中添加数据，Finish() 方法用于生成一个 SSTable 文件。Add(k,v) 方法的实现如下。

```
// 往 SSTable 中添加 KV 数据
void TableBuilder::Add(const Slice& key, const Slice& value) {
  Rep* r = rep_;
  ...
  // 添加索引
  if (r->pending_index_entry) {
    assert(r->data_block.empty());
    // 找到当前 key 和上一个 key 的最小分隔符
    r->options.comparator->FindShortestSeparator(&r->last_key, key);
    std::string handle_encoding;
    r->pending_handle.EncodeTo(&handle_encoding);
    // 给 index_block 中加入一项
    r->index_block.Add(r->last_key, Slice(handle_encoding));
    r->pending_index_entry = false;
  }
  // 如果有布隆过滤器，则向布隆过滤器中加入 key
  if (r->filter_block != nullptr) {
    r->filter_block->AddKey(key);
  }
  r->last_key.assign(key.data(), key.size());
  r->num_entries++;
  // 向 data_block 中添加 key/value
  r->data_block.Add(key, value);
  const size_t estimated_block_size = r->data_block.CurrentSizeEstimate();
  // 如果当前的 data_block 的大小大于配置的阈值，则将当前的 data_block 写入文件
  if (estimated_block_size >= r->options.block_size) {
    Flush();
  }
}
// 将 data_block 中的数据刷到磁盘上
void TableBuilder::Flush() {
  Rep* r = rep_;
  ...
  // 写 data_block
  WriteBlock(&r->data_block, &r->pending_handle);
  if (ok()) {
    r->pending_index_entry = true;
    r->status = r->file->Flush();
```

```
  }
  if (r->filter_block != nullptr) {
    r->filter_block->StartBlock(r->offset);
  }
}
// 将 Block 的数据写入文件
void TableBuilder::WriteBlock(BlockBuilder* block, BlockHandle* handle) {
  // 每个 Block 的数据格式如下
  // data|type|crc
  Rep* r = rep_;
  // 读取当前 Block 的数据
  Slice raw = block->Finish();
  // 判断是否需要压缩
  Slice block_contents;
  CompressionType type = r->options.compression;
    switch (type) {
      case kNoCompression:
      block_contents = raw;
      break;
      // snappy 压缩
      case kSnappyCompression: {
      std::string* compressed = &r->compressed_output;
      if (port::Snappy_Compress(raw.data(), raw.size(), compressed) &&
          compressed->size() < raw.size() - (raw.size() / 8u)) {
        block_contents = *compressed;
      } else {
        block_contents = raw;
        type = kNoCompression;
      }
      break;
    }
    // zstd 压缩
    case kZstdCompression: {
      std::string* compressed = &r->compressed_output;
      if (port::Zstd_Compress(raw.data(), raw.size(), compressed) &&
          compressed->size() < raw.size() - (raw.size() / 8u)) {
        block_contents = *compressed;
      } else {
        block_contents = raw;
        type = kNoCompression;
      }
      break;
    }
  }
  // 将最终的 Block 数据写入文件
  WriteRawBlock(block_contents, type, handle);
  r->compressed_output.clear();
  block->Reset();
}
// 将最终的 Block 数据写入文件
```

```
void TableBuilder::WriteRawBlock(const Slice& block_contents,
                                 CompressionType type, BlockHandle* handle) {
  Rep* r = rep_;
  // 记录当前 Block 的 offset 和长度
  handle->set_offset(r->offset);
  handle->set_size(block_contents.size());
  // 追加数据到文件
r->status = r->file->Append(block_contents);
  if (r->status.ok()) {
    // 计算校验码
    char trailer[kBlockTrailerSize];
    trailer[0] = type;
    uint32_t crc =crc32c::Value(block_contents.data(),block_contents.size());
    crc = crc32c::Extend(crc, trailer, 1);
    EncodeFixed32(trailer + 1, crc32c::Mask(crc));
    r->status = r->file->Append(Slice(trailer, kBlockTrailerSize));
    if (r->status.ok()) {
      // 更新 offset
      r->offset += block_contents.size() + kBlockTrailerSize;
    }
  }
}
```

上面是 SSTable 的 Add(k,v) 方法的全部实现。虽然代码有些长，但是实现逻辑是非常清晰的。当调用 SSTable 的 Add(k,v) 方法添加一条 KV 数据时，首先会将该数据依次加入 Data Block 和 Filter Block 中，添加完成后再判定当前的 Data Block 大小是否已经大于设定的阈值了。如果大于阈值则会调用 Flush() 方法将当前的 Data Block 写入 SSTable 文件并清空（block->reset()）Data Block，同时将 pending_index_entry 的值设为 true。当下一条 KV 数据再进来时会命中该值为 true 的逻辑，然后往 Index Block 中追加一条索引信息，追加完成后再将其重新置回 false。以上就是 SSTable 添加数据的逻辑，其本质是组合调用了前面介绍的 Block 的 Add(k,v)。下面再来看一下 Finish() 的实现。

```
Status TableBuilder::Finish() {
  Rep* r = rep_;
  // 将 data_block 的数据写入文件
  Flush();
  …
  BlockHandle filter_block_handle, metaindex_block_handle, index_block_handle;
  // 写入 Filter Block 数据
  if (ok() && r->filter_block != nullptr) {
    WriteRawBlock(r->filter_block->Finish(), kNoCompression,
                  &filter_block_handle);
  }
  // 写入 Meta Index Block 数据
  if (ok()) {
    BlockBuilder meta_index_block(&r->options);
    if (r->filter_block != nullptr) {
      std::string key = "filter.";
```

```
        key.append(r->options.filter_policy->Name());
        std::string handle_encoding;
        filter_block_handle.EncodeTo(&handle_encoding);
        meta_index_block.Add(key, handle_encoding);
      }
      WriteBlock(&meta_index_block, &metaindex_block_handle);
    }
    // 写入 Index Block 数据
    if (ok()) {
      if (r->pending_index_entry) {
        r->options.comparator->FindShortSuccessor(&r->last_key);
        std::string handle_encoding;
        r->pending_handle.EncodeTo(&handle_encoding);
        r->index_block.Add(r->last_key, Slice(handle_encoding));
        r->pending_index_entry = false;
      }
      WriteBlock(&r->index_block, &index_block_handle);
    }
    // 写入 Footer 数据
    if (ok()) {
      Footer footer;
      footer.set_metaindex_handle(metaindex_block_handle);
      footer.set_index_handle(index_block_handle);
      std::string footer_encoding;
      // 编码 Footer
      footer.EncodeTo(&footer_encoding);
      // 追加写入文件中
      r->status = r->file->Append(footer_encoding);
      if (r->status.ok()) {
        r->offset += footer_encoding.size();
      }
    }
    return r->status;
}
void Footer::EncodeTo(std::string* dst) const {
  const size_t original_size = dst->size();
  // 编码 metaindex_handle_ 和 index_handle_
  metaindex_handle_.EncodeTo(dst);
  index_handle_.EncodeTo(dst);
  dst->resize(2 * BlockHandle::kMaxEncodedLength);  // Padding
  // 编码魔数
  PutFixed32(dst, static_cast<uint32_t>(kTableMagicNumber & 0xffffffffu));
  PutFixed32(dst, static_cast<uint32_t>(kTableMagicNumber >> 32));
  assert(dst->size() == original_size + kEncodedLength);
  (void)original_size;
}
```

观察 Finish() 方法的实现可以发现，它其实就是按照 SSTable 结构将每部分 Block 的数据依次追加写入文件。下面来介绍 SSTable 是如何处理数据查找的。

2. Table 结构

读取 SSTable 的数据主要是由 Table 结构的 Iter 来完成的。Table 封装在 include/leveldb/ 目录下的 table.h 和 table/ 目录下的 table.cc 文件中。其核心实现逻辑如下所示。

```
class LevelDB_EXPORT Table {
 public:
  // 打开一个 SSTable
  static Status Open(const Options& options, RandomAccessFile* file,
                     uint64_t file_size, Table** table);
  ...
  // 创建一个迭代器
  Iterator* NewIterator(const ReadOptions&) const;
 private:
  struct Rep;
  // 读取 Block
  static Iterator* BlockReader(void*, const ReadOptions&, const Slice&);
  // 内部查询
  Status InternalGet(const ReadOptions&, const Slice& key, void* arg,
     void (*handle_result)(void* arg, const Slice& k,const Slice& v));
  // 读取布隆过滤器索引
void ReadMeta(const Footer& footer);
// 读取布隆过滤器信息
  void ReadFilter(const Slice& filter_handle_value);
  Rep* const rep_;
};
struct Table::Rep {
  // 关联的 SSTable 文件
  RandomAccessFile* file;
  uint64_t cache_id;
  FilterBlockReader* filter;
  const char* filter_data;
  BlockHandle metaindex_handle;
  // Index Block 结构
  Block* index_block;
};
// 打开一个 SSTable 文件
Status Table::Open(const Options& options, RandomAccessFile* file,
                   uint64_t size, Table** table) {
  *table = nullptr;
  ...
  char footer_space[Footer::kEncodedLength];
  Slice footer_input;
  // 先读取尾部的 footer 数据
Status s = file->Read(size - Footer::kEncodedLength, Footer::kEncodedLength,
                      &footer_input, footer_space);
  ...
  Footer footer;
  s = footer.DecodeFrom(&footer_input);
  ...
  // 读取 Index Block 的数据
```

```
    BlockContents index_block_contents;
    ...
    s = ReadBlock(file, opt, footer.index_handle(), &index_block_contents);
    if (s.ok()) {
      Block* index_block = new Block(index_block_contents);
      Rep* rep = new Table::Rep;
      rep->options = options;
      rep->file = file;
      rep->metaindex_handle = footer.metaindex_handle();
      rep->index_block = index_block;
      rep->cache_id = (options.block_cache ? options.block_cache->NewId() : 0);
      rep->filter_data = nullptr;
      rep->filter = nullptr;
      *table = new Table(rep);
      (*table)->ReadMeta(footer);
    }
    return s;
}
// 读取元信息
void Table::ReadMeta(const Footer& footer) {
    ...
    BlockContents contents;
    // 读取 Meta Index Block
    if (!ReadBlock(rep_->file, opt, footer.metaindex_handle(), &contents).ok())
    {
        ...
    }
    Block* meta = new Block(contents);
    Iterator* iter = meta->NewIterator(BytewiseComparator());
    std::string key = "filter.";
    key.append(rep_->options.filter_policy->Name());
    iter->Seek(key);
    if (iter->Valid() && iter->key() == Slice(key)) {
        // 读取布隆过滤器数据
        ReadFilter(iter->value());
    }
    delete iter;
    delete meta;
}
// 读取布隆过滤器数据
void Table::ReadFilter(const Slice& filter_handle_value) {
    Slice v = filter_handle_value;
    // 解析布隆过滤器存储的索引信息
    BlockHandle filter_handle;
    if (!filter_handle.DecodeFrom(&v).ok()) {
        return;
    }
        ...
    BlockContents block;
    // 读取布隆过滤器的数据
```

```
  if (!ReadBlock(rep_->file, opt, filter_handle, &block).ok()) {
    return;
  }
  if (block.heap_allocated) {
    rep_->filter_data = block.data.data();
  }
  rep_->filter = new FilterBlockReader(rep_->options.filter_policy, block.data);
}
// 根据 index_value 读取对应 Block 的数据，返回迭代器
Iterator* Table::BlockReader(void* arg, const ReadOptions& options,
                             const Slice& index_value) {
  Table* table = reinterpret_cast<Table*>(arg);
  Cache* block_cache = table->rep_->options.block_cache;
  Block* block = nullptr;
  Cache::Handle* cache_handle = nullptr;
  BlockHandle handle;
  Slice input = index_value;
  Status s = handle.DecodeFrom(&input);
  if (s.ok()) {
    ...
    } else {
      s = ReadBlock(table->rep_->file, options, handle, &contents);
      if (s.ok()) {
        block = new Block(contents);
      }
    }
  }
  Iterator* iter;
  if (block != nullptr) {
    // 创建一个迭代器
    iter = block->NewIterator(table->rep_->options.comparator);
     ...
  } else {
    iter = NewErrorIterator(s);
  }
  return iter;
}


Iterator* Table::NewIterator(const ReadOptions& options) const {
  return NewTwoLevelIterator(
      //index_block 的迭代器
      rep_->index_block->NewIterator(rep_->options.comparator),
      // data block 的迭代器
      &Table::BlockReader, const_cast<Table*>(this), options);
}
// InternalGet() 内部读取方法
Status Table::InternalGet(const ReadOptions& options, const Slice& k, void*
arg,void (*handle_result)(void*, const Slice&,const Slice&)) {
  Status s;
  // 索引迭代器
```

```
Iterator* iiter = rep_->index_block->NewIterator(rep_->options.comparator);
// 先在索引 Block 中查找
iiter->Seek(k);
if (iiter->Valid()) {
    // 某个 Data Block 的索引信息
    Slice handle_value = iiter->value();
    FilterBlockReader* filter = rep_->filter;
    BlockHandle handle;
    if (filter != nullptr && handle.DecodeFrom(&handle_value).ok() &&
        !filter->KeyMayMatch(handle.offset(), k)) {
        // 没找到
    } else {
        // 再在 Data Block 内部查找
        Iterator* block_iter = BlockReader(this, options, iiter->value());
        block_iter->Seek(k);
        if (block_iter->Valid()) {
        // 查找到，执行 handle_result()
            (*handle_result)(arg, block_iter->key(), block_iter->value());
        }
        s = block_iter->status();
        delete block_iter;
    }
}
...
return s;
}
```

由上述代码可知，从 Open() 方法入口可以看到，首先读取了 Footer 的数据，然后根据 Footer 中存储的 Meta Index Block 和 Index Block 的索引信息，依次调用 ReadBlock() 方法读取这两个 Block 的数据，读取索引信息后进一步调用 ReadFilter() 方法读取 Filter Block 中存储的布隆过滤器的数据。当这些数据都读取完后就可以处理查询请求了。

在查询时 SSTable 对外通过 TwoLevelIterator 迭代器来查找。该迭代器创建时需要传递两个迭代器：一个是 Index Block 的迭代器，另一个是 Data Block 的迭代器。这也是 TwoLevelIterator 名称的由来。而在 SSTable 内部，则通过 InternalGet() 方法来查找。查找思路前面已经介绍过，这里不再赘述。

9.5.4 SSTable 的读取全过程

本小节介绍 DBImpl::Get() 方法在 SSTable 中查找数据的完整逻辑。查询的入口是 Version::Get()，其内部封装了对所有层 SSTable 文件的查找实现，具体如下所示。

```
// 从当前版本中查找数据
Status Version::Get(const ReadOptions& options, const LookupKey& k,
        std::string* value, GetStats* stats) {
    ...
    struct State {
```

```
    Saver saver;
    GetStats* stats;
    const ReadOptions* options;
    Slice ikey;
    FileMetaData* last_file_read;
    int last_file_read_level;
    VersionSet* vset;
    ...
    // 从第 level 层的第 f 个文件开始判断是否匹配
    static bool Match(void* arg, int level, FileMetaData* f) {
      State* state = reinterpret_cast<State*>(arg);
      if (state->stats->seek_file == nullptr &&
          state->last_file_read != nullptr) {
        state->stats->seek_file = state->last_file_read;
        state->stats->seek_file_level = state->last_file_read_level;
      }

      state->last_file_read = f;
      state->last_file_read_level = level;
      // 从 SSTable 的缓存中查找，其中 SaveValue 是个方法
      state->s = state->vset->table_cache_->Get(*state->options, f->number,
          f->file_size, state->ikey,&state->saver, SaveValue);
      ...
      switch (state->saver.state) {
        case kNotFound:
          return true;   // 如果没找到，继续遍历其他层文件
        case kFound:
          state->found = true;
          return false;
        case kDeleted:
          return false;
          ...
      }
      return false;
    }
  };
  State state;
  ...
  state.ikey = k.internal_key();
  state.vset = vset_;
  state.saver.state = kNotFound;
  state.saver.ucmp = vset_->icmp_.user_comparator();
  state.saver.user_key = k.user_key();
  state.saver.value = value;
  // 遍历所有层的 SSTable
  ForEachOverlapping(state.saver.user_key, state.ikey, &state, &State::Match);
  return state.found ? state.s : Status::NotFound(Slice());
}
// SaveValue 方法记录 K 和 V 的数据
static void SaveValue(void* arg, const Slice& ikey, const Slice& v) {
```

```
  Saver* s = reinterpret_cast<Saver*>(arg);
  ParsedInternalKey parsed_key;
  if (!ParseInternalKey(ikey, &parsed_key)) {
    s->state = kCorrupt;
  } else {
    if (s->ucmp->Compare(parsed_key.user_key, s->user_key) == 0) {
      s->state = (parsed_key.type == kTypeValue) ? kFound : kDeleted;
      if (s->state == kFound) {
      // 记录 value 到 Save 中
        s->value->assign(v.data(), v.size());
      }
    }
  }
}
// 遍历所有层的 SSTable
void Version::ForEachOverlapping(Slice user_key, Slice internal_key, void*
  arg,bool (*func)(void*, int, FileMetaData*)) {
  const Comparator* ucmp = vset_->icmp_.user_comparator();
  // 开始搜索 L0，按照从新到旧的顺序
  std::vector<FileMetaData*> tmp;
  tmp.reserve(files_[0].size());
  for (uint32_t i = 0; i < files_[0].size(); i++) {
    FileMetaData* f = files_[0][i];
    if (ucmp->Compare(user_key, f->smallest.user_key()) >= 0 &&
        ucmp->Compare(user_key, f->largest.user_key()) <= 0) {
      tmp.push_back(f);
    }
  }
  if (!tmp.empty()) {
  // 按照从新到旧排序 NewestFirst，按照文件的编号排序
    std::sort(tmp.begin(), tmp.end(), NewestFirst);
    for (uint32_t i = 0; i < tmp.size(); i++) {
      if (!(*func)(arg, 0, tmp[i])) {
        return;
      }
    }
  }
  // 开始搜索 L0 层之外的其他层
  for (int level = 1; level < config::kNumLevels; level++) {
    size_t num_files = files_[level].size();
    if (num_files == 0) continue;
    // 以二分方式查找 SSTable 中第一个符合 largest key >= internal_key 条件的索引
    uint32_t index = FindFile(vset_->icmp_, files_[level], internal_key);
    if (index < num_files) {
      FileMetaData* f = files_[level][index];
      if (ucmp->Compare(user_key, f->smallest.user_key()) < 0) {
      } else {
        if (!(*func)(arg, level, f)) {
          return;
        }
      }
```

```
      }
    }
  }
}
// 在一个层的 files 中通过二分查找定位到某个 SSTable 文件
int FindFile(const InternalKeyComparator& icmp,
             const std::vector<FileMetaData*>& files, const Slice& key) {
  uint32_t left = 0;
  uint32_t right = files.size();
  while (left < right) {
    uint32_t mid = (left + right) / 2;
    const FileMetaData* f = files[mid];
    if (icmp.InternalKeyComparator::Compare(f->largest.Encode(), key) < 0) {
      left = mid + 1;
    } else {
      right = mid;
    }
  }
  return right;
}
```

　　在上述查找过程中，首先调用 ForEachOverlapping() 方法在所有层开始查找。具体过程是，首先在 level 0 层按照文件新旧的顺序逐个查找（因为 level 0 层的 SSTable 之间的数据有可能相互重叠），只要找到就结束查找。当 level 0 层没有找到时，在剩下的层开始逐层查找。level 0 层之外的其他层的多个 SSTable 中的数据是不重叠的，因此待查找的 key 只会命中其中一个 SSTable 文件。这也是 FindFile() 中通过二分查找、利用每个 SSTable 文件保存的最大值来定位 SSTable 文件的逻辑。当找到该文件后，再在该文件中查找。单个 SSTable 的具体查找过程实际上是在 Match() 方法中完成的，其内部调用了 TableCache::Get() 方法。下面再简单了解一下该方法的内部实现。

```
Status TableCache::Get(const ReadOptions& options, uint64_t file_number,
    uint64_t file_size, const Slice& k, void* arg,
    void (*handle_result)(void*, const Slice&,const Slice&)) {
  Cache::Handle* handle = nullptr;
  // 从缓存中找 Table
  Status s = FindTable(file_number, file_size, &handle);
  if (s.ok()) {
    Table* t = reinterpret_cast<TableAndFile*>(cache_->Value(handle))->table;
    // 找到后调用 SSTable 的 InternalGet() 方法来查找
    s = t->InternalGet(options, k, arg, handle_result);
    cache_->Release(handle);
  }
  ...
  return s;
}
// 从缓存中查找 SSTable，以 SSTable 的 file_number 为键进行查找
Status TableCache::FindTable(uint64_t file_number, uint64_t file_size,
```

```
                                  Cache::Handle** handle) {
        Status s;
        char buf[sizeof(file_number)];
        EncodeFixed64(buf, file_number);
        Slice key(buf, sizeof(buf));
        *handle = cache_->Lookup(key);
         // 在缓存中没找到
        if (*handle == nullptr) {
          std::string fname = TableFileName(dbname_, file_number);
          RandomAccessFile* file = nullptr;
          Table* table = nullptr;
          // 打开 SSTable 文件
          s = env_->NewRandomAccessFile(fname, &file);
          ...
          if (s.ok()) {
           // 调用 SSTable 的 Open() 方法，初始化 SSTable
            s = Table::Open(options_, file, file_size, &table);
          }
          if (!s.ok()) {
            ...
          } else {
            TableAndFile* tf = new TableAndFile;
            tf->file = file;
            tf->table = table;
             // 加入缓存中
            *handle = cache_->Insert(key, tf, 1, &DeleteEntry);
          }
        }
        return s;
      }
```

LevelDB 为 SSTable 添加了缓存结构 TableCache，以存放 <file_number, TableAndFile> 对。当在查找某个 SSTable 时，会先在 TableCache 中调用 Get() 方法来查找，如果缓存中没找到，则会调用 NewRandomAccessFile() 方法打开一个文件，并同时调用前面介绍的 SSTable 的 Open() 方法来初始化一个 Table 对象，并封装成 TableAndFile 对象。当上述操作完成后，会将该 TableAndFile 对象插入 TableCache 缓存中，当下次再查找时就会在缓存中找到了。而如果在缓存中找到了该 SSTable，就会调用 SSTable 的 InternalGet() 方法进行查找。该方法前面已经介绍过了，此处不再赘述。

9.6　Compact 的实现分析

至此，还留有一些谜题，例如 MemTable 是何时写入磁盘文件形成 SSTable 的？多层之间的 SSTable 又是如何被压缩形成新的 SSTable 的？压缩过程中又有那些策略？下面带着这些疑问来看看 LevelDB 压缩机制的具体实现。

9.6.1　Compact 过程

LevelDB 中的压缩是通过异步线程调度执行的，具体的入口方法如下所示。

```
// 尝试调度压缩
void DBImpl::MaybeScheduleCompaction() {
  mutex_.AssertHeld();
  if (background_compaction_scheduled_) {
  ...
  } else {
    // 调度
    background_compaction_scheduled_ = true;
    env_->Schedule(&DBImpl::BGWork, this);
  }
}
// 后台工作
void DBImpl::BGWork(void* db) {
  reinterpret_cast<DBImpl*>(db)->BackgroundCall();
}
// 后台调用
void DBImpl::BackgroundCall() {
  MutexLock l(&mutex_);
  if (shutting_down_.load(std::memory_order_acquire)) {
  ...
  } else {
    // 后台压缩
    BackgroundCompaction();
  }
  background_compaction_scheduled_ = false;
  ...
  MaybeScheduleCompaction();
  background_work_finished_signal_.SignalAll();
}


// 后台执行的压缩过程
void DBImpl::BackgroundCompaction() {
  mutex_.AssertHeld();
  // 执行 Minor Compact, 将 ImmuMemTable 写入 SSTable
  if (imm_ != nullptr) {
    CompactMemTable();
    return;
  }
  // 执行 Major Compact, 压缩旧的 SSTable 形成新的 SSTable
  Compaction* c;
  bool is_manual = (manual_compaction_ != nullptr);
  InternalKey manual_end;
  // 如果存在手动压缩
  if (is_manual) {
    // 此处省略手动压缩的实现
  } else {
```

```
    // 否则自动压缩
    c = versions_->PickCompaction();
  }
  Status status;
  if (c == nullptr) {
  } else if (!is_manual && c->IsTrivialMove()) {
    // 直接移动到一下层
    FileMetaData* f = c->input(0, 0);
    c->edit()->RemoveFile(c->level(), f->number);
    c->edit()->AddFile(c->level() + 1, f->number, f->file_size, f->smallest,
                       f->largest);
    status = versions_->LogAndApply(c->edit(), &mutex_);
    if (!status.ok()) {
      RecordBackgroundError(status);
    }
    VersionSet::LevelSummaryStorage tmp;
    ...
  } else {
    // 执行压缩过程
    CompactionState* compact = new CompactionState(c);
    status = DoCompactionWork(compact);
    ...
    CleanupCompaction(compact);
    c->ReleaseInputs();
    RemoveObsoleteFiles();
  }
  delete c;
  ...
}
```

LevelDB 的压缩逻辑比较清晰，它通过异步调度后台线程去执行，在内部最终调用 BackgroundCompaction() 方法来完整压缩工作。压缩方式分为 Minor Compact 和 Major Compact。Minor Compact 通过 CompactMemTable() 方法完成；Major Compact 通过 PickCompaction() 和 DoCompactionWork() 方法完成。下面分别介绍它们的压缩执行流程。

9.6.2　Minor Compact

LevelDB 中的 Minor Compact 指的是对 ImmuMemTable 生成第 level 0 层，并形成 SSTable 的过程。Minor Compact 的具体实现如下所示。

```
// 压缩内存表 MemTable
void DBImpl::CompactMemTable() {
  ...
  // 保存当前 ImmuMemTable 的内容到磁盘，形成新的 SSTable
  VersionEdit edit;
  Version* base = versions_->current();
  base->Ref();
  // 将 MemTable 写入第 level 0 层
```

```
    Status s = WriteLevel0Table(imm_, &edit, base);
    base->Unref();
    ...
    // 生成新的版本
    if (s.ok()) {
      edit.SetPrevLogNumber(0);
      edit.SetLogNumber(logfile_number_);
      s = versions_->LogAndApply(&edit, &mutex_);
    }
    if (s.ok()) {
      // 提交新的状态
      imm_->Unref();
      imm_ = nullptr;
      has_imm_.store(false, std::memory_order_release);
      RemoveObsoleteFiles();
    } else {
      RecordBackgroundError(s);
    }
}
// 将 MemTable 写入 L0 层，形成 SSTable
Status DBImpl::WriteLevel0Table(MemTable* mem, VersionEdit* edit,Version* base) {
    const uint64_t start_micros = env_->NowMicros();
    FileMetaData meta;
    meta.number = versions_->NewFileNumber();
    pending_outputs_.insert(meta.number);
    // 生成一个迭代器
    Iterator* iter = mem->NewIterator();
    // 生成 SSTable
    {
      mutex_.Unlock();
      // 调用 BuildTable() 方法生成一个 SSTable
      s = BuildTable(dbname_, env_, options_, table_cache_, iter, &meta);
      mutex_.Lock();
    }
    ...
    pending_outputs_.erase(meta.number);
    int level = 0;
    if (s.ok() && meta.file_size > 0) {
      const Slice min_user_key = meta.smallest.user_key();
      const Slice max_user_key = meta.largest.user_key();
      if (base != nullptr) {
        level = base->PickLevelForMemTableOutput(min_user_key, max_user_key);
      }
      // 添加到版本变更信息中
      edit->AddFile(level, meta.number, meta.file_size, meta.smallest, meta.largest);
    }
    CompactionStats stats;
    stats.micros = env_->NowMicros() - start_micros;
    stats.bytes_written = meta.file_size;
    stats_[level].Add(stats);
```

```
    return s;
  }
```

Minor Compact 的执行分为两步：第一步，调用 WriteLevel0Table() 将 MemTable 中的内容写入磁盘文件中，生成 SSTable 并记录 version_edit 信息；第二步，更新并生成新的版本信息。其中，WriteLevel0Table() 方法主要调用 BuildTable() 方法来生成 SSTable。下面是该方法的代码实现。

```cpp
// 创建一个 SSTable
Status BuildTable(const std::string& dbname, Env* env, const Options& options,
                  TableCache* table_cache, Iterator* iter, FileMetaData* meta)
{
  Status s;
  meta->file_size = 0;
  // 迭代器定位到第一条数据
  iter->SeekToFirst();
  // 生成文件名称
  std::string fname = TableFileName(dbname, meta->number);
  if (iter->Valid()) {
    WritableFile* file;
    // 打开一个顺序写文件
    s = env->NewWritableFile(fname, &file);
    // 创建一个 TableBuilder 对象
    TableBuilder* builder = new TableBuilder(options, file);
    // 更新元数据信息中的 smallest
    meta->smallest.DecodeFrom(iter->key());
    Slice key;
    // 遍历迭代器，将数据逐条写入 builder 中
    for (; iter->Valid(); iter->Next()) {
      key = iter->key();
      // 向 TableBuilder 中添加数据
      builder->Add(key, iter->value());
    }
    // 更新元数据信息中的 largest
    if (!key.empty()) {
      meta->largest.DecodeFrom(key);
    }
    // 向 SSTable 文件中写入数据
    s = builder->Finish();
    if (s.ok()) {
      meta->file_size = builder->FileSize();
      assert(meta->file_size > 0);
    }
    delete builder;
    // 执行刷盘操作
    if (s.ok()) {
      s = file->Sync();
    }
    ...
  }
```

```
    ...
    return s;
}
```

BuildTable() 方法实际上就是将前面介绍的 TableBuilder 的 Add(k,v) 方法和 Finish() 方法进行组合。首先通过 MemTable 的迭代器依次调用 Add(k,v) 方法将每条数据添加到 TableBuilder 中；然后通过 Finish() 方法按照 SSTable 的数据格式，将每个 Block 和 Footer 的数据写入磁盘文件，形成 SSTable；最后再执行 Sync() 进行刷盘，确保数据完全持久化到文件中。

以上就是 ImmuMemTable 持久化到 SSTable 的 Minor Compact 过程。

9.6.3　Major Compact

在 LevelDB 中，Major Compact 的处理逻辑最为复杂。通过 Major Compact 可以有效减少每一层的 SSTable 个数，同时减小读放大和空间放大。本小节一起来看看 Major Compact 的实现过程。在执行 Major Compact 时主要借助两个函数：PickCompaction()、DoCompactionWork()。下面分别介绍它们的内部实现。

1. PickCompaction() 的实现

PickCompaction() 方法主要用于挑选出要进行压缩的 SSTable 文件。该方法的具体实现代码如下所示。

```
// 挑选待压缩的 SSTable 文件
Compaction* VersionSet::PickCompaction() {
  Compaction* c;
  int level;
  // 由于某个层级中的数据过多而触发的压缩，而不是由于查找而触发的压缩
  const bool size_compaction = (current_->compaction_score_ >= 1);
  const bool seek_compaction = (current_->file_to_compact_ != nullptr);
  // 数据大小触发
  if (size_compaction) {
    level = current_->compaction_level_;
    ...
    c = new Compaction(options_, level);
    // 记录第一个 compact_pointer_[level] 后的文件
    for (size_t i = 0; i < current_->files_[level].size(); i++) {
      FileMetaData* f = current_->files_[level][i];
      if (compact_pointer_[level].empty() ||
          icmp_.Compare(f->largest.Encode(), compact_pointer_[level]) > 0) {
        c->inputs_[0].push_back(f);
        break;
      }
    }
    if (c->inputs_[0].empty()) {
        c->inputs_[0].push_back(current_->files_[level][0]);
    }
```

```
  // 查找触发
  } else if (seek_compaction) {
    level = current_->file_to_compact_level_;
    c = new Compaction(options_, level);
    c->inputs_[0].push_back(current_->file_to_compact_);
  } else {
    return nullptr;
  }
  c->input_version_ = current_;
  c->input_version_->Ref();
  // L0 层特殊处理，因为 L0 层文件之间的数据是有重叠的
  if (level == 0) {
    InternalKey smallest, largest;
    GetRange(c->inputs_[0], &smallest, &largest);
    // 获取重叠的 SSTable 文件，并全部存放到 c->inputs_[0] 中
    current_->GetOverlappingInputs(0, &smallest, &largest, &c->inputs_[0]);
  }
  // 选择第 i+1 层的待压缩文件
  SetupOtherInputs(c);
  return c;
}

// 获取某一层的 SSTable 文件的最大值和最小值
void VersionSet::GetRange(const std::vector<FileMetaData*>& inputs,
                          InternalKey* smallest, InternalKey* largest) {
  smallest->Clear();
  largest->Clear();
  for (size_t i = 0; i < inputs.size(); i++) {
    FileMetaData* f = inputs[i];
    if (i == 0) {
      *smallest = f->smallest;
      *largest = f->largest;
    } else {
      if (icmp_.Compare(f->smallest, *smallest) < 0) {
        *smallest = f->smallest;
      }
      if (icmp_.Compare(f->largest, *largest) > 0) {
        *largest = f->largest;
      }
    }
  }
}
void VersionSet::GetRange2(const std::vector<FileMetaData*>& inputs1,
                           const std::vector<FileMetaData*>& inputs2,
                           InternalKey* smallest, InternalKey* largest) {
  std::vector<FileMetaData*> all = inputs1;
  all.insert(all.end(), inputs2.begin(), inputs2.end());
  GetRange(all, smallest, largest);
}
// 存储 level 层中范围在 [begin,end] 内的所有 SSTable 文件到 inputs 中
```

```cpp
void Version::GetOverlappingInputs(int level, const InternalKey* begin,
                                   const InternalKey* end,
                                   std::vector<FileMetaData*>* inputs) {
  ...
  inputs->clear();
  Slice user_begin, user_end;
  if (begin != nullptr) {
    user_begin = begin->user_key();
  }
  if (end != nullptr) {
    user_end = end->user_key();
  }
  const Comparator* user_cmp = vset_->icmp_.user_comparator();
  // 遍历第 level 层的所有文件
  for (size_t i = 0; i < files_[level].size();) {
    FileMetaData* f = files_[level][i++];
    const Slice file_start = f->smallest.user_key();
    const Slice file_limit = f->largest.user_key();
    if (begin != nullptr && user_cmp->Compare(file_limit, user_begin) < 0) {
      // file_start  <file_limit < user_begin<user_end
      // 跳过
    } else if (end != nullptr && user_cmp->Compare(file_start, user_end) > 0)
    {
      //    user_begin<user_end < file_start  <file_limit
    } else {
      // 有重叠
      inputs->push_back(f);
      if (level == 0) {
        // 如果 L0 层满足以下条件，则重新搜索。因为 L0 中文件可能会重叠，所以需要检查新添加的
        // 文件是否扩展了范围，如果是，则需要重新搜索
        if (begin != nullptr && user_cmp->Compare(file_start, user_begin) < 0)
        {
          user_begin = file_start;
          inputs->clear();
          i = 0;
        } else if (end != nullptr &&user_cmp->Compare(file_limit, user_end) > 0)
        {
          user_end = file_limit;
          inputs->clear();
          i = 0;
        }
      }
    }
  }
}
```

PickCompaction() 方法会准备相邻两层的待压缩的 SSTable 文件，并存储在 Compaction 对象的 input_ 属性中。该属性是一个二维数组，外层表示层数，而内层是一个 vector，里面存储 SSTable 文件的元数据信息。在上面的实现中，前半段判断触发压缩的原因是数据大小超过阈值还是查找过程触发。当确定了压缩策略后假设该层为第 level 层，会先挑选第 level 层的待压缩 SSTable 文件，并记录到 input_[0] 中。这个过程中还会对第 0 层

特殊处理，因为第 0 层的多个 SSTable 文件之间的数据有可能是重叠的。当第 level 层的数据准备就绪后，调用 SetupOtherInputs() 方法准备第 level+1 层的待压缩 SSTable 文件。下面是该方法的具体实现。

```
// 设置下一层的压缩文件
void VersionSet::SetupOtherInputs(Compaction* c) {
  const int level = c->level();
  InternalKey smallest, largest;
  AddBoundaryInputs(icmp_, current_->files_[level], &c->inputs_[0]);
  // 获取第 level 层的最小值和最大值
  GetRange(c->inputs_[0], &smallest, &largest);
  // 获取第 leve+1 层的重叠文件
  current_->GetOverlappingInputs(level + 1, &smallest, &largest,
                                 &c->inputs_[1]);
  AddBoundaryInputs(icmp_, current_->files_[level + 1], &c->inputs_[1]);
  InternalKey all_start, all_limit;
  // 获取整个压缩文件的范围
  GetRange2(c->inputs_[0], c->inputs_[1], &all_start, &all_limit);
  // 看看能否在不改变 "level+1" 文件数量的情况下增加 level 中的输入数量
  if (!c->inputs_[1].empty()) {
    std::vector<FileMetaData*> expanded0;
    // 根据 all_start 和 all_limit 获取第 level 层的重叠的 SSTable
    current_->GetOverlappingInputs(level, &all_start, &all_limit,&expanded0);
    AddBoundaryInputs(icmp_, current_->files_[level], &expanded0);
    const int64_t inputs0_size = TotalFileSize(c->inputs_[0]);
    const int64_t inputs1_size = TotalFileSize(c->inputs_[1]);
    const int64_t expanded0_size = TotalFileSize(expanded0);
    if (expanded0.size() > c->inputs_[0].size() &&
      inputs1_size + expanded0_size <ExpandedCompactionByteSizeLimit(options_)) {
      InternalKey new_start, new_limit;
      GetRange(expanded0, &new_start, &new_limit);
      std::vector<FileMetaData*> expanded1;
      current_->GetOverlappingInputs(level + 1, &new_start, &new_limit, &expanded1);
      AddBoundaryInputs(icmp_, current_->files_[level + 1], &expanded1);
      if (expanded1.size() == c->inputs_[1].size()) {
        smallest = new_start;
        largest = new_limit;
        c->inputs_[0] = expanded0;
        c->inputs_[1] = expanded1;
        GetRange2(c->inputs_[0], c->inputs_[1], &all_start, &all_limit);
      }
    }
  }

  // (parent == level+1; grandparent == level+2)
  // 统计 grandparent == level+2 的重叠的 SSTable
  if (level + 2 < config::kNumLevels) {
    current_->GetOverlappingInputs(level + 2, &all_start, &all_limit,
                                   &c->grandparents_);
  }
```

```
// 记录下一次要压缩的位置，这里立即更新而不是等待 VersionEdit 应用。因为如果压缩失败，
// 将在下一次尝试不同键的范围
// 更新第 level 层的压缩位置
compact_pointer_[level] = largest.Encode().ToString();
c->edit_.SetCompactPointer(level, largest);
}
```

SetupOtherInputs() 方法主要准备了 level+1 层待压缩的 SSTable。首先更新 level 层的范围，然后通过 GetOverlappingInputs() 方法获取 level+1 层的 SSTable，并存放到 input_[1] 中。当 level+1 层的 SSTable 准备就绪后，计算出来两层待压缩文件的范围 (all_start, all_limit)。在不改变 level+1 层文件数量的情况下，根据该范围尝试增加 level 层中的 SSTable 输入数量，并将新获取的 level 层的待压缩文件存放到 expanded0 中。通过不断修正，最终得到 level 层和 level+1 层的待压缩的 SSTable 文件，它们均存放在 input_ 列表中。下一步就是对这两层的 SSTable 文件执行压缩过程。这一阶段对应的是 DoCompactionWork() 的实现。下面接着介绍该方法的内部实现逻辑。

2. DoCompactionWork() 的实现

Major Compact 中 DoCompactionWork() 方法的内部实现如下所示。

```
// 执行 Major Compact 压缩过程
Status DBImpl::DoCompactionWork(CompactionState* compact) {
  ...
  if (snapshots_.empty()) {
    compact->smallest_snapshot = versions_->LastSequence();
  } else {
    compact->smallest_snapshot = snapshots_.oldest()->sequence_number();
  }
  // 创建要合并的迭代器
  Iterator* input = versions_->MakeInputIterator(compact->compaction);
  mutex_.Unlock();
  input->SeekToFirst();
  ...
  ParsedInternalKey ikey;
  SequenceNumber last_sequence_for_key = kMaxSequenceNumber;
  // 开始遍历所有的数据
  while (input->Valid() && !shutting_down_.load(std::memory_order_acquire)) {
    ...
    Slice key = input->key();
    if (compact->compaction->ShouldStopBefore(key) &&
        compact->builder != nullptr) {
      // 完成当前压缩的输出文件
      status = FinishCompactionOutputFile(compact, input);
      ...
    }
    bool drop = false;
    if (!ParseInternalKey(key, &ikey)) {
      current_user_key.clear();
```

```
        has_current_user_key = false;
        last_sequence_for_key = kMaxSequenceNumber;
      } else {
        ...
        // 根据一些条件判断是否要去掉当前这条 KV 数据
      }
      if (!drop) {
        if (compact->builder == nullptr) {
         // 打开一个压缩的输出文件
          status = OpenCompactionOutputFile(compact);
          ...
        }
        if (compact->builder->NumEntries() == 0) {
          compact->current_output()->smallest.DecodeFrom(key);
        }
        compact->current_output()->largest.DecodeFrom(key);
        // 将当前 KV 写入 SSTable 中
        compact->builder->Add(key, input->value());
        // 如果当前的压缩文件大小大于设置的阈值，则执行关闭操作
        if (compact->builder->FileSize() >=
            compact->compaction->MaxOutputFileSize()) {
          // 将压缩数据写入文件
          status = FinishCompactionOutputFile(compact, input);
          ...
        }
      }
      // 取下一条数据
      input->Next();
  }
      ...
  // 将剩余的 SSTable 数据也写入文件
  if (status.ok() && compact->builder != nullptr) {
    status = FinishCompactionOutputFile(compact, input);
  }
  ...
  // 更新统计信息
  stats_[compact->compaction->level() + 1].Add(stats);
  if (status.ok()) {
    // 安装压缩结果，实际上就是生成一个新的版本
    status = InstallCompactionResults(compact);
  }
  ...
}
// 打开一个新的压缩输出文件
Status DBImpl::OpenCompactionOutputFile(CompactionState* compact) {
  ...
  {
    mutex_.Lock();
    file_number = versions_->NewFileNumber();
    pending_outputs_.insert(file_number);
```

```
    CompactionState::Output out;
    out.number = file_number;
    out.smallest.Clear();
    out.largest.Clear();
    compact->outputs.push_back(out);
    mutex_.Unlock();
  }
  // 打开一个顺序写的文件
  std::string fname = TableFileName(dbname_, file_number);
  Status s = env_->NewWritableFile(fname, &compact->outfile);
  if (s.ok()) {
    // 初始化 TableBuilder
    compact->builder = new TableBuilder(options_, compact->outfile);
  }
  return s;
}


// 完成当前压缩的 output 文件
Status DBImpl::FinishCompactionOutputFile(CompactionState* compact,
                                          Iterator* input) {
  ...
  const uint64_t output_number = compact->current_output()->number;
  Status s = input->status();
  const uint64_t current_entries = compact->builder->NumEntries();
  if (s.ok()) {
    // 调用 builder 的 Finish() 方法向 SSTable 写入所有数据
    s = compact->builder->Finish();
  } else {
    compact->builder->Abandon();
  }
  ...
  if (s.ok()) {
    s = compact->outfile->Sync();
  }
  if (s.ok()) {
    s = compact->outfile->Close();
  }
  ...
}
// 安装压缩结果：记录压缩的结果，并更新版本
Status DBImpl::InstallCompactionResults(CompactionState* compact) {
  ...
  // 添加压缩过程中的变更记录
  compact->compaction->AddInputDeletions(compact->compaction->edit());
  const int level = compact->compaction->level();
  for (size_t i = 0; i < compact->outputs.size(); i++) {
    const CompactionState::Output& out = compact->outputs[i];
    compact->compaction->edit()->AddFile(level + 1, out.number,
out.file_size,out.smallest, out.largest);
  }
```

```
    // 应用并生成新的版本
    return versions_->LogAndApply(compact->compaction->edit(), &mutex_);
}
// 根据之前挑选的待压缩的 SSTable 集合创建一个迭代器
Iterator* VersionSet::MakeInputIterator(Compaction* c) {
    ...
    const int space = (c->level() == 0 ? c->inputs_[0].size() + 1 : 2);
    Iterator** list = new Iterator*[space];
    int num = 0;
    for (int which = 0; which < 2; which++) {
      if (!c->inputs_[which].empty()) {
        if (c->level() + which == 0) {
          const std::vector<FileMetaData*>& files = c->inputs_[which];
          // 为每一个 SSTable 文件创建一个迭代器
          for (size_t i = 0; i < files.size(); i++) {
            list[num++] = table_cache_->NewIterator(options, files[i]->number,
                                                    files[i]->file_size);
          }
        } else {
          // 如果不是第 0 层，则创建一个连接迭代器
          list[num++] = NewTwoLevelIterator(
              new Version::LevelFileNumIterator(icmp_, &c->inputs_[which]),
              &GetFileIterator, table_cache_, options);
        }
      }
    }
    // 根据上面的迭代器列表创建一个新的合并的迭代器
    Iterator* result = NewMergingIterator(&icmp_, list, num);
    delete[] list;
    return result;
}
```

DoCompactionWork() 方法的实现就是对之前挑选出的待压缩的 SSTable 文件集合，调用 MakeInputIterator() 方法创建一个迭代器，然后开始不断遍历数据，同时将数据逐条添加到新的 SSTable 中。当新的 SSTable 中的数据所占的空间超过指定的阈值后将其关闭，打开一个新的 SSTable 记录压缩后的数据。当所有的数据都压缩完成后，调用 InstallCompactionResults() 方法记录并应用压缩过程中的 SSTable 文件的变更信息，生成一个新的版本。

MakeInputIterator() 方法是根据创建的多个迭代器集合，调用 NewMergingIterator() 方法创建了一个专门用于合并的迭代器。下面是该方法的具体实现。

```
Iterator* NewMergingIterator(const Comparator* comparator, Iterator**
  children,int n) {
  if (n == 0) {
    return NewEmptyIterator();
  } else if (n == 1) {
    return children[0];
```

```
    } else {
        return new MergingIterator(comparator, children, n);
    }
}
// 专门用于合并的迭代器
class MergingIterator : public Iterator {
 public:
    MergingIterator(const Comparator* comparator, Iterator** children, int n)
        : comparator_(comparator),
          children_(new IteratorWrapper[n]),
          n_(n),
          current_(nullptr),
          direction_(kForward) {
        for (int i = 0; i < n; i++) {
            children_[i].Set(children[i]);
        }
    }
    const Comparator* comparator_;
    IteratorWrapper* children_;
    int n_;
    IteratorWrapper* current_;
    Direction direction_;
};
...
// 定位到第一条数据
void SeekToFirst() override {
    for (int i = 0; i < n_; i++) {
        children_[i].SeekToFirst();
    }
    FindSmallest();
    direction_ = kForward;
}
// 从 n 个迭代器中找到最小的一个值
void MergingIterator::FindSmallest() {
    IteratorWrapper* smallest = nullptr;
    for (int i = 0; i < n_; i++) {
        IteratorWrapper* child = &children_[i];
        if (child->Valid()) {
            if (smallest == nullptr) {
                smallest = child;
            } else if (comparator_->Compare(child->key(), smallest->key()) < 0) {
                smallest = child;
            }
        }
    }
    // 当前的迭代器指向最小值
    current_ = smallest;
}
void Next() override {
    // 确保所有子节点都位于 key() 之后。如果向前移动，对于所有非 current_ 子节点，这已经是正确的，
```

```
    // 因为 current_ 是最小的子节点，而且 key() == current_->key()；否则，需要显式地定位
    // 非 current_ 子节点
    if (direction_ != kForward) {
      for (int i = 0; i < n_; i++) {
        IteratorWrapper* child = &children_[i];
        if (child != current_) {
          child->Seek(key());
          if (child->Valid() &&
              comparator_->Compare(key(), child->key()) == 0) {
            child->Next();
          }
        }
      }
      direction_ = kForward;
    }
    current_->Next();
    FindSmallest();
}
```

在 MergingIterator 迭代器的实现中维护了一个 IteratorWrapper 结构的数组，它其实就是对一个迭代器的简单包装，本质上和迭代器一样。当每次调用 Next() 或者 Seek() 方法时，MergingIterator 都会调用 FindSmallest() 方法从多个迭代器的值中选出最小的一个，然后赋值给 current_ 属性。这样在每次获取值时取到的就是最小值了。该迭代器实际上采用了多路归并的实现逻辑。

以上就是 LevelDB 中的 Major Compact 的全部实现过程。它的实现还是非常巧妙的，通过合理地抽象和组合将复杂的过程用简洁的代码实现。

9.7 多版本的实现分析

多版本是 LevelDB 一个非常重要的特性，它一直伴随着 LevelDB 的读 / 写过程。当每次因为压缩操作导致 SSTable 文件增加、减少时都会触发版本更新。在读取时，用户可以指定快照来读取，而快照的功能就是根据序列号及多版本来实现的。本节中将介绍 Version、VersionEdit、VersionSet 这三个与版本有关的结构，同时分析 LevelDB 中多版本的实现机制。

9.7.1 Version 和 VersionEdit 结构

本小节分别介绍 Version 和 VersionEdit 的实现。

1. Version 结构

Version 表示 LevelDB 中的一个版本，它内部会保存每一层上 SSTable 的文件信息，以及前面介绍的压缩策略的相关信息。Version 结构的实现位于 db/ 目录下的 version_set.h 和

version_set.cc 文件中。Version 结构的代码实现如下所示。

```cpp
// 版本信息
class Version {
 public:
  // 从 Version 中查找数据
  Status Get(const ReadOptions&, const LookupKey& key, std::string* val,
             GetStats* stats);
  ...
  void GetOverlappingInputs(int level,const InternalKey* begin,
      const InternalKey* end,std::vector<FileMetaData*>* inputs);
  ...
    int NumFiles(int level) const { return files_[level].size(); }
 private:
    ...
    explicit Version(VersionSet* vset)
      : vset_(vset),
        ...
        compaction_level_(-1) {}
      ...
  // 遍历重叠的文件并执行方法 func(arg, level, f)
  void ForEachOverlapping(Slice user_key, Slice internal_key, void* arg,
                          bool (*func)(void*, int, FileMetaData*));
  VersionSet* vset_;
  Version* next_;
  Version* prev_;
  int refs_;
  // 每一层的文件信息
  std::vector<FileMetaData*> files_[config::kNumLevels];
  // 根据查找统计信息，记录要压缩的文件和层级
  FileMetaData* file_to_compact_;
  int file_to_compact_level_;
  // 记录的要压缩的分数和层级
  double compaction_score_;
  int compaction_level_;
};
// FileMetaData 描述了一个 SSTable 文件的元数据信息
struct FileMetaData {
  FileMetaData() : refs(0), allowed_seeks(1 << 30), file_size(0) {}
  int refs;
  // 统计允许 seek 操作失败的次数
  int allowed_seeks;
  // SSTable 文件的序号
  uint64_t number;
  // 文件大小
  uint64_t file_size;
  // 该 SSTable 文件中的存储范围为 [smallest,largest]
  InternalKey smallest;
  InternalKey largest;
};
```

Version 通过 files_[config::kNumLevels] 属性来存储每一层的 SSTable 信息。每一个 SSTable 文件对应一个 FileMetaData 指针，内部记录了该文件的编号、大小及存储的数据范围等信息。此外，Version 中还维护了和压缩策略相关的属性。其中，file_to_compact_ 和 file_to_compact_level_ 这两个属性用于标识下一次要压缩的层级和文件，这两个值是按照查找失败的次数来维护的；而 compaction_score_ 和 compaction_level_ 这两个属性则是按照文件个数和大小维度统计的。除此之外，Version 还有一个非常重要的 Get() 方法，表示从当前版本中查找数据。第 9.5.4 小节介绍了 Version::Get() 的实现，此处不再赘述。

2. VersionEdit 结构

VersionEdit 结构是用来保存压缩过程中的变更信息（增加文件、删除文件）和元数据信息。该结构的实现位于 db/ 目录下的 version_edit.h 和 version_edit.cc 文件中。该结构的定义及实现如下所示。

```cpp
// 版本变更信息
class VersionEdit {
 public:
  // 省略 Setxxx() 方法
  // 添加文件
  void AddFile(int level, uint64_t file, uint64_t file_size,
               const InternalKey& smallest, const InternalKey& largest) {
    FileMetaData f;
    f.number = file;
    f.file_size = file_size;
    f.smallest = smallest;
    f.largest = largest;
    new_files_.push_back(std::make_pair(level, f));
  }
  // 删除文件
  void RemoveFile(int level, uint64_t file) {
    deleted_files_.insert(std::make_pair(level, file));
  }
  // 编码方法
  void EncodeTo(std::string* dst) const;
  // 解码方法
  Status DecodeFrom(const Slice& src);
 private:
  typedef std::set<std::pair<int, uint64_t>> DeletedFileSet;
  // 省略 comparator_、log_number_、prev_log_number_、next_file_number_、
  // last_sequence_ 等属性定义
  // 每一层的压缩指针，下一次压缩时从记录的位置开始
  std::vector<std::pair<int, InternalKey>> compact_pointers_;
  // 删除的文件列表
  DeletedFileSet deleted_files_;
  // 新增的文件列表
  std::vector<std::pair<int, FileMetaData>> new_files_;
};
```

VersionEdit 中通过 new_files_ 和 deleted_files_ 两个属性分别记录增加和删除的 SSTable
文件信息，同时通过 compact_pointers_ 属性来存储每一层下一次要开始压缩的位置。对于
每一层而言，压缩是循环进行的。VersionEdit 除了有添加、删除文件的方法外，还有比较重
要的编码方法 EncodeTo() 和解码方法 DecodeFrom()。下面是这两个方法的实现。

```
enum Tag {
  kComparator = 1,
  kLogNumber = 2,
  kNextFileNumber = 3,
  kLastSequence = 4,
  kCompactPointer = 5,
  kDeletedFile = 6,
  kNewFile = 7,
  // 8 的取值被大 V 引用所适用
  kPrevLogNumber = 9
};
// 对 VersionEdit 编码
void VersionEdit::EncodeTo(std::string* dst) const {
  if (has_comparator_) {
    PutVarint32(dst, kComparator);
    PutLengthPrefixedSlice(dst, comparator_);
  }
  if (has_log_number_) {
    PutVarint32(dst, kLogNumber);
    PutVarint64(dst, log_number_);
  }
  ...
}
// 对 VersionEdit 解码
Status VersionEdit::DecodeFrom(const Slice& src) {
  Clear();
  Slice input = src;
  ...
  while (msg == nullptr && GetVarint32(&input, &tag)) {
    switch (tag) {
      case kComparator:
        if (GetLengthPrefixedSlice(&input, &str)) {
          comparator_ = str.ToString();
          has_comparator_ = true;
        } else {
          msg = "comparator name";
        }
        break;
      case kLogNumber:
        if (GetVarint64(&input, &log_number_)) {
          has_log_number_ = true;
        } else {
          msg = "log number";
        }
```

```
            break;
        case kPrevLogNumber:
            ...
        ...
        default:
            ...
        }
    }
}
```

VersionEdit 的编码方法 EncodeTo() 将 VersionEdit 的各个信息编码成一个字符串。在编码时，LevelDB 采用了一种很巧妙的方式，即给每个属性定义了一个类型，然后编码时首先记录类型，再编码对应属性的值，这样做，可以选择性地对 VersionEdit 中的属性进行编码，而解码时先解析对应的类型，再解码对应的属性值。

9.7.2 VersionSet 结构

LevelDB 通过 VersionSet 结构来维护版本集合，其实现是一个双向链表。VersionSet 的定义及实现如下所示。

```
class VersionSet {
 public:
  VersionSet(const std::string& dbname, const Options* options,
             TableCache* table_cache, const InternalKeyComparator*);
  // 对当前版本应用 *edit，以形成一个新的描述符，该描述符将作为新的当前版本来安装
  Status LogAndApply(VersionEdit* edit, port::Mutex* mu)
      EXCLUSIVE_LOCKS_REQUIRED(mu);
  // 挑选压缩的层级和压缩的 SSTable 文件集合
  Compaction* PickCompaction();
  // 压缩范围
  Compaction* CompactRange(int level, const InternalKey* begin,
                           const InternalKey* end);
  Iterator* MakeInputIterator(Compaction* c);
  ...
 private:
  ...
  void SetupOtherInputs(Compaction* c);
  Status WriteSnapshot(log::Writer* log);
  void AppendVersion(Version* v);
  ...
  TableCache* const table_cache_;
  const InternalKeyComparator icmp_;
  // 省略 next_file_number_、manifest_file_number_、last_sequence_、log_number_、
  // prev_log_number_ 的定义
  // 记录 Manifest 清单数据
  WritableFile* descriptor_file_;
  log::Writer* descriptor_log_;
  // 链表头节点
```

```
Version dummy_versions_;
// 当前的版本信息
Version* current_;
// 每个层级的键, 用于指示该层级下一次压缩应该从哪个位置开始。可以是空字符串, 也可以是一个有效的
// InternalKey
std::string compact_pointer_[config::kNumLevels];
};
```

上述 VersionSet 结构的定义中有很多眼熟的方法，比如 PickCompaction()、MakeInput-Iterator()、SetupOtherInputs() 等，这些方法在 9.6 节已介绍过。除此之外，在该结构内部还有 descriptor_file_ 和 descriptor_log_ 属性，它们将 VersionEdit 数据记录到 Manifest 文件。下面重点介绍一个非常重要的方法 LogAndApply()。该方法的代码实现如下所示。

```
// 将变更信息应用到当前的版本中, 并生成一个新的版本
Status VersionSet::LogAndApply(VersionEdit* edit, port::Mutex* mu) {
  ...
  edit->SetNextFile(next_file_number_);
  edit->SetLastSequence(last_sequence_);
  // 创建一个新的版本版本 v
  Version* v = new Version(this);
  {
    Builder builder(this, current_);
    // 应用变更信息
    builder.Apply(edit);
    // 将变更保存到版本 v 中
    builder.SaveTo(v);
  }
  Finalize(v);
  // 如果需要, 则创建一个包含当前版本快照的临时文件, 初始化新的描述符日志文件
  std::string new_manifest_file;
  Status s;
  if (descriptor_log_ == nullptr) {
    // 创建一个顺序写的文件
    new_manifest_file = DescriptorFileName(dbname_, manifest_file_number_);
    s = env_->NewWritableFile(new_manifest_file, &descriptor_file_);
    if (s.ok()) {
      descriptor_log_ = new log::Writer(descriptor_file_);
      // 写入当前的快照信息
      s = WriteSnapshot(descriptor_log_);
    }
  }
  {
    mu->Unlock();
    // 将 VersionEdit 的数据编码后写入 Manifest 文件中
    if (s.ok()) {
      std::string record;
      edit->EncodeTo(&record);
      s = descriptor_log_->AddRecord(record);
      if (s.ok()) {
```

```
        s = descriptor_file_->Sync();
      }
      ...
    }
    // 如果刚创建了一个新的 MANIFEST 文件，那么将它写入 CURRENT 文件中
    if (s.ok() && !new_manifest_file.empty()) {
      s = SetCurrentFile(env_, dbname_, manifest_file_number_);
    }
    mu->Lock();
  }

  // 记录新的版本
  if (s.ok()) {
    AppendVersion(v);
    log_number_ = edit->log_number_;
    prev_log_number_ = edit->prev_log_number_;
  } else {
    ...
  }
  return s;
}
// 写入版本的快照到日志文件中
Status VersionSet::WriteSnapshot(log::Writer* log) {
  // 保存元数据信息
  VersionEdit edit;
  edit.SetComparatorName(icmp_.user_comparator()->Name());
  // 保存压缩指针
  for (int level = 0; level < config::kNumLevels; level++) {
    if (!compact_pointer_[level].empty()) {
      InternalKey key;
      key.DecodeFrom(compact_pointer_[level]);
      edit.SetCompactPointer(level, key);
    }
  }
  // 保存每一层的 SSTable 文件信息
  for (int level = 0; level < config::kNumLevels; level++) {
    const std::vector<FileMetaData*>& files = current_->files_[level];
    for (size_t i = 0; i < files.size(); i++) {
      const FileMetaData* f = files[i];
      edit.AddFile(level, f->number, f->file_size, f->smallest, f->largest);
    }
  }
  std::string record;
  edit.EncodeTo(&record);
  return log->AddRecord(record);
}
// 追加版本
void VersionSet::AppendVersion(Version* v) {
  ...
  current_ = v;
```

```
  v->Ref();
  // 将 v 加入链表中, dummy_versions_ 是循环链表的头节点
  v->prev_ = dummy_versions_.prev_;
  v->next_ = &dummy_versions_;
  v->prev_->next_ = v;
  v->next_->prev_ = v;
}
```

可以发现，VersionSet::LogAndApply() 方法的实现主要分为三步：第一步，根据当前的版本 current_ 创建一个新的版本 v，然后将当前 VersionEdit 中保存的数据通过 VersionSet::Builder 对象写进去，并应用与保存到版本 v 中；第二步，在 Manifest 清单文件中记录 VersionEdit 的数据；第三步，调用 AppendVersion() 方法将 v 加入 VersionSet 中，其实内部就是通过链表操作将它加入环形双向链表中，并将 v 置为当前版本。那么，VersionSet::Builder 具体是如何实现的？该结构的实现代码如下所示。

```
class VersionSet::Builder {
 private:
  ...
  typedef std::set<FileMetaData*, BySmallestKey> FileSet;
  struct LevelState {
    std::set<uint64_t> deleted_files;
    FileSet* added_files;
  };

  VersionSet* vset_;
  Version* base_;
  LevelState levels_[config::kNumLevels];
 public:
  Builder(VersionSet* vset, Version* base) : vset_(vset), base_(base) {
    base_->Ref();
    BySmallestKey cmp;
    cmp.internal_comparator = &vset_->icmp_;
    for (int level = 0; level < config::kNumLevels; level++) {
      levels_[level].added_files = new FileSet(cmp);
    }
  }
  // 应用 edit 中的信息到当前的状态中
  void Apply(const VersionEdit* edit) {
    // 更新压缩指针
    for (size_t i = 0; i < edit->compact_pointers_.size(); i++) {
      const int level = edit->compact_pointers_[i].first;
      vset_->compact_pointer_[level] =
          edit->compact_pointers_[i].second.Encode().ToString();
    }
    // 删除的 SSTable 文件
    for (const auto& deleted_file_set_kvp : edit->deleted_files_) {
      const int level = deleted_file_set_kvp.first;
      const uint64_t number = deleted_file_set_kvp.second;
```

```
        levels_[level].deleted_files.insert(number);
    }
    // 新添加的 SSTable
    for (size_t i = 0; i < edit->new_files_.size(); i++) {
        const int level = edit->new_files_[i].first;
        FileMetaData* f = new FileMetaData(edit->new_files_[i].second);
        f->refs = 1;
        // 安排在一定数量的寻道之后自动压缩该文件。假设：
        // (1) 一次 seek 花费 10ms
        // (2) 读 / 写 1MB 需要 10ms (100MB/s)
        // (3) 压缩 1MB 需要 25MB 的 I/O:
        // 从当前层读取 1MB，从下一层读取 10-12MB（边界可能不对齐），然后再写入 10-12MB 到下一层。
        // 这意味着，25 次的 seek 搜索代价与压缩 1MB 的数据代价相同。也就是说，一次寻道的代价大约与
        // 压缩 40KB 的数据相同。保守估计，大约允许每 16KB 的数据进行一次寻道后触发一次压缩
        f->allowed_seeks = static_cast<int>((f->file_size / 16384U));
        if (f->allowed_seeks < 100) f->allowed_seeks = 100;
        levels_[level].deleted_files.erase(f->number);
        levels_[level].added_files->insert(f);
    }
}
// 保存当前的状态到 v 中
void SaveTo(Version* v) {
    BySmallestKey cmp;
    cmp.internal_comparator = &vset_->icmp_;
    for (int level = 0; level < config::kNumLevels; level++) {
        // 将添加的文件集与已存在的文件集合并，删除已删除的文件，将结果存储在 *v 中
        const std::vector<FileMetaData*>& base_files = base_->files_[level];
        std::vector<FileMetaData*>::const_iterator base_iter = base_files.begin();
        std::vector<FileMetaData*>::const_iterator base_end = base_files.end();
        const FileSet* added_files = levels_[level].added_files;
        v->files_[level].reserve(base_files.size() + added_files->size());
        for (const auto& added_file : *added_files) {
            for (std::vector<FileMetaData*>::const_iterator bpos =
                        std::upper_bound(base_iter, base_end, added_file, cmp);
                    base_iter != bpos; ++base_iter) {
                MaybeAddFile(v, level, *base_iter);
            }
            MaybeAddFile(v, level, added_file);
        }
        for (; base_iter != base_end; ++base_iter) {
            MaybeAddFile(v, level, *base_iter);
        }
    }
}
void MaybeAddFile(Version* v, int level, FileMetaData* f) {
    // 如果添加的文件被删除了，不用做任何操作
    if (levels_[level].deleted_files.count(f->number) > 0) {
        // 文件被删除，不用处理
    } else {
        std::vector<FileMetaData*>* files = &v->files_[level];
```

```
        if (level > 0 && !files->empty()) {
          assert(vset_->icmp_.Compare((*files)[files->size() - 1]->largest,
                                      f->smallest) < 0);
        }
        f->refs++;
        // 加入该文件
        files->push_back(f);
      }
    }
  };
```

VersionSet::Builder 中主要有两个方法：Apply(edit)、SaveTo(v)。其中，Apply(edit) 方法用于将 VersionEdit 的数据保存到 Builder 中，然后在调用 SaveTo(v) 方法时，将保存的 VersionEdit 数据合并到版本信息 v 中。Apply(edit) 方法的合并逻辑也很简单，就是将新增的 SSTable 文件加入版本 v 中，而删除的文件则不用添加，而在添加时要保证加入的 SSTable 之间的顺序。当执行完 SaveTo(v) 方法后，一个新的版本就生成了。

9.8　小结

本章主要对 LevelDB 的核心源码进行了详细分析。首先从整体上对 LevelDB 对外的 DB 接口及其实现类 DBImpl 的核心方法进行了源码分析，包括 Open()、Get()、Put() 等方法。接着分别对 LevelDB 中的 MemTable、WAL 日志、SSTable 三个核心模块的内部实现进行了分析。最后，介绍了 LevelDB 压缩与多版本实现机制，其实这部分内容并不属于 LSM Tree 的核心内容，但是它和第 5 章介绍的多版本的实现方案——基于时间戳（逻辑时钟）的并发控制原理类似，读者可以通过对这部分内容的阅读来加深对第 5 章介绍的多版本实现方案的理解。

后 记 *Postscript*

本书的写作到此就算告一段落了。下面简单记录一下本书写作过程中的一些细节和感悟。

1）何时开始构思写这本书的？

2）写作过程是如何展开的？

3）中间出现过哪些阶段？是否有心理起伏？是否想过放弃？

开始构思写作本书是在 2021 年的五六月份。最初的起因是在 2020 年年底，根据工作安排我需要调研 KV 存储引擎，用于项目方案的选型。在调研过程中，我首先在 GitHub 上搜索了一些开源项目，例如 LevelDB、RocksDB、BoltDB、BuntDB、Bitcask 等。一开始就是阅读项目文档和源码。在这个过程中，我用了很多"笨"办法来学习和研究，例如使用思维导图来画类结构之间的调用关系等。除了阅读开源项目源码外，我还搜集了一些书籍和论文来学习，例如前言提到的《数据库系统内幕》《数据库系统概念》《数据库系统实现》《数据密集型应用系统设计》，还有姜承尧所著的《MySQL 技术内幕：InnoDB 存储引擎》、廖环宇和张仕华所著的《精通 LevelDB》、小孩子 4919 所著的《MySQL 是怎样运行的：从根儿上理解 MySQL》等。对上述书籍中的部分章节我反复阅读了好几遍，尤其是《数据密集型应用系统设计》的第 3 章，每次阅读完后都感叹：存储引擎这么复杂的东西，却被作者讲解得如此简单！

然而，虽然有这么多好的学习资料，我还是有几个疑惑：存储引擎（尤其是单机的 KV 存储引擎）到底有哪些？它们之间有什么区别和联系？为什么很多关系数据库选择使用 B+ 树存储引擎？LSM Tree 的结构为什么是这样的？除了 B+ 树存储引擎和 LSM Tree 存储引擎外，是否还存在其他的存储引擎模型？这些存储引擎背后的设计理念是什么？是如何做出方案选型决策的？我发现始终找不到一本书能解答我的这些疑惑。抱着打破砂锅问到底的心态，我一直在搜索资料并进行探索，中间经历了很多波折。在研究 BoltDB 存储引擎源码时，我花了很长时间仍然感到困惑，后来下决心一定要啃下这个硬骨头。在坚持不懈的努力下，我终于攻克了这个难题。其间，我多次结合《MySQL 是怎样运行的：从根儿上理解 MySQL》这本书中的第 6 章内容进行理解。在那段时间里，我常和同事探讨：为什么在读多写少的场景中，MySQL 选择 B+ 树结构来构建存储引擎？得到的答案五花八门，很多答案不太具有说服力。随着我的进一步研究和探索，我慢慢地有了自己的理解和答案。

在当时，我还特意画了很多 B+ 树存储引擎中的内部结构图来分析不同场景下的情况，理解分裂合并过程、数据存储结构等。在自己理解之后，我还整理了一些资料，在团队内部和 "Go 夜读" 社区进行了几次分享。分享之后，我发现有很多和我有相同困惑的小伙伴，通过我的分享，他们解开了一些困惑，并给予了积极的反馈。于是，我将部分内容整理成了技术文章，在公司内部的平台上发表，为此还获得了技术写作奖。同时，我还在 B 站（账号：jaydenwen123）录制了一系列视频，并在自己的公众号上同步发布了几篇文章。

在持续了一段时间后，我觉得自己整理的资料已经相当全面，且发现目前市场上缺乏能解答我之前疑惑的资料。对于有相同需求的人来说，他们也需要花费很多时间和精力来整理、汇总这些内容。于是，经过再三考虑，我决定自己动手写本书，将之前探索、总结、整理、收集和思考的内容分享给更多的读者或爱好者，让他们能够少走一些弯路。有了这个念头后，我整理了一个粗糙的大纲。

有一天，突然出版社的编辑通过我的公众号文章找到了我，问我是否有写作意愿。因为我之前已经有这方面的规划，和编辑详聊了一下后，我爽快地答应了。

回想起来真的很梦幻，虽然之前曾经想过要出版一本书，但没有想到真的实现了。现在看来，写书并不是一蹴而就的，而是一个自然而然的过程。在开始写书之前，我已经做了很多准备和努力，积累了不少资料。但写书是一项漫长且没有边界的工作，需要投入大量的时间、精力和心血。对于自己的信心和耐力来说，也是一次巨大的考验，甚至在写作过程中会出现自我怀疑的情况。

在写作的过程中，每一章的写作分为以下几个阶段：**梳理写作大纲、整理搜集资料（书籍、论文、优质文章）、反复阅读消化、细化写作思路**⊖、**下笔写作、画图、章节校正**。其中，整理搜集资料和反复阅读消化是非常耗时的。一方面，担心搜集到的资料不全或者不够权威，没有参考价值；另一方面，最害怕的是自己的理解出错，然后把错误的东西传达给读者，误导他们。所以，每当我自己没有理解或者理解得不透彻时，就不会开始动笔写作，这个消化的过程非常痛苦。此外，细化写作思路、下笔写作也是耗时的部分。当遇到比较难的内容和主题时，我经常会陷入困境，冥思苦想很久，内心非常矛盾和纠结。当开始画图和章节校正时，基本上已经接近完成一章的内容，相对会轻松一些。

在写作的过程中，我有过几次感觉坚持不下去的情况。有些内容本身就很复杂，我自己都很难理解，更别说用简单的语言表达出来，让读者理解了。比如，写第 2 章的**红黑树**时，我反复挣扎了好几次。我看了几本书来理解，发现自己理解得差不多了，准备动手写

⊖　细化写作思路是指确定每一章分几节，某一节写几部分，每部分写哪几块，每块按照什么思路来写，它们之间的逻辑结构和关联性如何。

的时候却迟迟下不了决心，因为我感觉这部分内容太难了，内心非常抗拒。此外，在写第
3 章时也面临很大的困难，因为我对**操作系统**的理解并不够深入，现在要自己来写这部分内
容更是难上加难。这两章的难题克服后，第 5 章的**事务和异常情况处理**又是一个非常大的
难题。类似这样的例子还有很多。

　　庆幸的是，我每次都在与自己内心的斗争中取得了胜利。一方面，我强迫自己去做那
些让我害怕、具有挑战性、不想做的事情。实际上，往往是自己的内心在作祟，当真正开
始做的时候，发现其实也没那么难。在我第一次成功克服困难后，我的自信心得到了增强，
原来我也能够完成看似不可能完成的任务。另一方面，当我完成挑战性的工作后，我会及
时给自己奖励，比如吃火锅、看电影或者出去散步。无论如何，在经历了各种波折后我完
成了自己的处女作，没有在中途放弃，在怀疑自己的过程中坚定了信心。

　　总的来说，通过写作这本书，我收获了很多，也得到了锻炼。如果这本书分享的内容
能够帮助到读者，那将是我的荣幸。书中如果有一些错误的理解和观点，我也希望能够得
到读者的批评指正。

推荐阅读